高职高专土建类立体化创新系列教材

建筑材料

主　编　张晨霞　孙武斌
副主编　胡　青　王红霞　杨素霞　马维华
参　编　梁美平　焦同战　要强强　杨　帆
　　　　刘仁玲　李　晔
主　审　李仙兰

机械工业出版社

本教材为建筑工程专业高职高专教材，本书共12章，主要介绍了建筑工程中常用建筑材料的基本组成、技术要求、性能、应用及材料的验收、储存、质量控制等内容。本教材以材料的性能和应用为主线，注意理论与实际的结合，突出实用性，在内容安排上注意深度和广度之间的适当关系。为了便于教与学、每章前明示本章的知识目标和能力目标，每章后均有习题。本教材根据新标准和规范编写而成。通过对本书的学习，学生可掌握建筑材料的基础知识和试验技能，在实践中培养正确选用与合理使用建筑材料的基本能力，并为有关专业课打下基础。

本教材可作为高职高专建筑工程技术专业和其他相关专业的教材，也可作为专科、电大、职大、函大相关专业的教材及行业相关专业培训用书，同时可供有关技术人员参考。

图书在版编目（CIP）数据

建筑材料/张晨霞，孙武斌主编. —北京：机械工业出版社，2019.10（2023.8重印）

高职高专土建类立体化创新系列教材

ISBN 978-7-111-64229-9

Ⅰ.①建… Ⅱ.①张… ②孙… Ⅲ.①建筑材料-高等职业教育-教材 Ⅳ.①TU5

中国版本图书馆CIP数据核字（2019）第266792号

机械工业出版社（北京市百万庄大街22号 邮政编码100037）

策划编辑：张荣荣 责任编辑：张荣荣 范秋涛

责任校对：王 欣 封面设计：张 静

责任印制：单爱军

北京虎彩文化传播有限公司印刷

2023年8月第1版第8次印刷

184mm×260mm · 18印张 · 443千字

标准书号：ISBN 978-7-111-64229-9

定价：49.00元

电话服务

客服电话：010-88361066

010-88379833

010-68326294

网络服务

机 工 官 网：www.cmpbook.com

机 工 官 博：weibo.com/cmp1952

金 书 网：www.golden-book.com

机工教育服务网：www.cmpedu.com

前言

材料不仅是构成各种建筑工程的物质基础，而且是决定不同建筑工程性能的主要因素。为使建筑工程具有结构安全可靠、使用状态良好、美观以及经济、实用等性能，就必须合理地选择和使用材料。因此凡从事工程建设的技术人员都需要具有一定的建筑材料知识。“建筑材料”是建筑类专业的一门专业基础课，主要介绍建筑材料的组成与构造性质与应用、技术标准、检验方法及储存保管等知识。

本教材是为适应土木建筑类专业建筑材料课的教学需要而编写的。编写前，我们去多个高职院校调研，了解各个院校关于建筑材料课程的教学内容的设置情况，参考了多名具有丰厚一线教学经验的教师的宝贵意见，制订了本教材的编写大纲；在编写过程中，我们将实际工程中经常会遇到的一些问题融入了本教材，从而达到将理论应用于实践，使学生达到学以致用的目的。

本教材在教学设计和内容组织上，具有以下特点：

1. 以应用为主线，优化知识体系

本教材以建筑中最常使用的基础材料，如水泥、混凝土、砂浆和钢材等为重点进行详细讲解，分析常用建筑材料的成分、性质、技术标准、保管、储运等内容。对于石材、陶瓷、装饰材料等不常用到的材料，仅介绍其基本性质和使用场合以供学生了解。本教材在编写时力求简明扼要、重点突出、深入浅出地说明常用建筑材料的性能与使用，内容与工程实践紧密结合。

2. 图文并茂

很多时候，一幅适合的图片胜过千言万语。因此，本教材在编写过程中，对于一些较抽象、较难理解的知识点，除了必要的文字说明外，还配有相关图片，以帮助学生充分理解。此外，本教材第 12 章的试验部分，对于一些试验的试验原理和主要试验仪器，还配有相关原理图或试验仪器实物图，以便学生学习和理解。

3. 线上线下相结合

本教材编写团队就教材中的重点和难点部分录制了讲解视频，实训部分制作了实训过程视频和动画，也建立了网络教学平台，教师和学生们可根据实际情况进行线上和线下相结合的教学和学习，师生可通过网络平台及时互动，有利于提高教学效果。

本教材由内蒙古建筑职业技术学院张晨霞、孙武斌担任主编，胡青、王红霞、杨素霞、马维华担任副主编，全书由内蒙古建筑职业技术学院李仙兰教授担任主审。编写分工为：张

晨霞、孙武斌、王红霞编写第1、5、12章（第1、2、4、5、6节），梁美平、马维华编写第4章及第12章第3节，胡青编写第3、9章，要强强编写第6章、焦同战编写第7章，杨素霞编写第8章，杨帆编写第2、10章，刘仁玲、李晔编写第11章。

由于编者水平有限，编写中难免有不足之处，敬请读者批评指正。

编　者

目 录

第1章

绪 论

知识目标

(1) 了解建筑材料的分类方法。
(2) 熟悉常用建筑材料的所属类别。
(3) 熟悉建筑材料的检验与标准。

能力目标

(1) 懂得根据环境条件合理选择材料。
(2) 学会根据需要查阅各级标准。
(3) 了解建筑材料的发展趋势。

1.1 建筑材料的分类

广义的建筑材料是指构成建筑物和构筑物所有材料的总称，包括使用的各种原材料、半成品、成品等的总称，如黏土、石灰石、生石膏等。狭义的建筑材料是指直接构成建筑物和构筑物实体的材料，如混凝土、水泥、石灰、钢筋、黏土砖、玻璃等。建筑材料是构成各种土木工程的物质基础，也是决定不同种类土木工程性能的主要因素，并且在其使用过程中，能抵御周围环境的影响和有害介质的侵蚀，保证建筑物和构筑物的合理使用寿命，同时也不对周围环境产生危害。为便于学习和应用，土木工程中常从不同角度对其分类。

1.1.1 按主要组成成分分类

(1) 有机材料　包括天然有机材料及人工合成有机材料。它们均为以有机物构成的材料，具有有机物质耐水性好等一系列特性。

(2) 无机材料　包括金属材料及非金属材料。它们均为以无机物构成的材料，具有无机物质耐久性好等一系列特性。

（3）复合材料　包括有机与无机非金属材料复合、金属与无机非金属材料复合及金属与有机材料复合。由于它们能够克服单一材料的缺点，发挥复合后材料的综合优点，满足了当代土木建筑工程对材料性能的要求，因此复合材料目前已经成为应用最多的土木工程材料。建筑材料按主要组成成分分类见表 1-1。

表 1-1　建筑材料按主要组成成分分类

分　类			实　例
无机材料	金属材料	黑色金属	钢、铁及其合金等
		有色金属	铜、铝及其合金等
	非金属材料	天然石材	砂、石及石材制品
		烧土制品	黏土砖、瓦、陶瓷制品等
		胶凝材料及制品	石灰、石膏及制品、水泥及混凝土制品、硅酸盐制品等
		玻璃	普通平板玻璃、特种玻璃等
		无机纤维材料	玻璃纤维、矿物棉等
有机材料	植物材料		木材、竹材、植物纤维及制品等
	沥青材料		煤沥青、石油沥青及其制品等
	合成高分子材料		塑料、涂料、胶粘剂、合成橡胶等
复合材料	有机与无机非金属材料复合		聚合物混凝土、玻璃纤维增强塑料等
	金属与无机非金属材料复合		钢筋混凝土、钢纤维混凝土等
	金属与有机材料复合		PVC 钢板、有机涂层铝合金板等

1.1.2　按材料在工程中的作用分类

（1）结构材料　承受荷载作用的材料（如构筑物的基础、柱、梁所用的材料）。结构材料的合格与否是决定土木工程结构的安全性与使用可靠性的关键。

（2）其他功能材料　具有其他功能的材料，如起围护作用的材料、起防水作用的材料、起装饰作用的材料、起保温隔热作用的材料等。功能材料的选择与使用是否科学合理，往往决定了工程使用的可靠性、适用性和美观效果。

1.1.3　按使用部位分类

按使用部位可将建筑材料分为：建筑结构材料；桥梁结构材料；水工结构材料；路面结构材料；建筑墙体材料；建筑装饰材料；建筑防水材料；建筑保温材料等。材料在不同部位中使用时，对其主要性能的要求不尽相同，各自的技术质量标准也可能有所差别。

1.2　建筑材料的质量及其技术标准

1.2.1　建筑材料的质量

材料的质量是影响土木工程质量与技术水平最直接和最重要的因素之一，掌握与控制好材料的质量对于保证工程质量具有决定性作用。然而，不同的工程或工程部位，对于材料的

质量指标类型或其标准要求可能不同。这就要求对于不同的工程或工程部位确定相适应的质量指标。

材料的质量产生于生产、储运、应用等过程中，主要决定于材料的组成与结构。要想正确地选择和使用质量合格的材料，必须掌握材料的质量形成过程、工程对材料质量的具体要求，以及正确检测或鉴别材料质量的方法。从应用的角度来看，首先必须正确掌握材料的技术和质量标准。

1.2.2 建筑材料的技术标准

1. 标准的概念与分类

标准就是对重复性事物和概念所做的统一规定。它以科学技术和实践经验的综合成果为基础，经有关方面协商一致，由主管机构批准，以特定形式发布，作为共同遵守的准则和依据。简而言之，标准就是对某项技术或产品所实行统一规定的各项技术指标的要求。任何技术或产品必须符合相关标准才能生产和使用，因此，建筑材料标准是工程中对所使用材料进行质量检验的依据。工程实际中要正确地选择、验收和使用材料，必须掌握材料的各项标准。依据适用范围不同，我国现行的常用标准有四大类。

第一类是国家标准，如《通用硅酸盐水泥》（GB 175—2007）。其中“GB”为国家标准的代号；“175”为标准编号；“2007”为标准颁布年代号；“通用硅酸盐水泥”为该标准的技术（产品）名称。上述标准为强制性国家标准，任何技术（产品）不得低于此标准规定的技术指标。此外，还有推荐性国家标准，以“GB/T”为标准代号，表示也可以执行其他标准，为非强制性标准，如《建设用砂》（GB/T 14684—2011），表示“建设用砂”的国家推荐性标准，标准代号为14684，颁布年代为2011年。

第二类是行业标准，行业标准是指对没有国家标准而又需要在全国某个行业范围内统一技术要求所制定的标准。行业标准的制定不得与国家标准相抵触，国家标准公布实施后，相应的行业标准即行废止。行业标准由国务院有关行政主管部门制定。如《普通混凝土用砂、石质量及检验方法标准》（JGJ 52—2006）。其中“JGJ”为颁布此标准的建筑工业建设工程标准代号，其他行业标准的代号见表1-2；“52”为此技术标准的二级类目顺序号；“2006”为标准颁发年代号。

表1-2 几个行业标准的代号

行业名称	建工行业	冶金行业	石化行业	交通行业	建材行业	铁路行业
标准代号	JG	YJ	SH	JT	JC	TB

第三类是企业标准，只限于企业内部适用。在没有国家标准和行业标准时，企业为了控制生产质量而制定的技术标准，必须以保证材料质量，满足使用要求为目的。企业标准应报当地政府标准化行政主管部门和有关行政主管部门备案。企业标准是企业组织生产，经营活动的依据。企业标准在该企业内部适用。代号为“QB/”，其后分别注明企业代号、标准顺序号，制定年代号。

第四类是地方标准，又称为区域标准，对没有国家标准和行业标准而又需要在省、自治区、直辖市范围内统一的工业产品的安全、卫生要求，可以制定地方标准。地方标准由省、自治区、直辖市标准化行政主管部门制定，并报国务院标准化行政主管部门和国务院有关行政主管部门备案，在公布国家标准或者行业标准之后，该地方标准即应废止。

地方标准的代号为“DB”。例如《预拌混凝土技术规程》（DB21/T 1304—2012）（注：这里的“21”代表辽宁省地方标准）。

2. 材料技术标准在土木工程中的应用

为使材料满足设计要求的技术性能和相应的使用环境及使用条件，材料的技术性能就必须达到相应的技术要求。因此，建筑材料在使用前，必须根据工程要求通过验证试验，检验其部分或全部技术性质指标。只有这些指标能够达到技术标准规定的要求时，才允许其在工程中使用。

建筑材料分类及标准

在材料管理工作中，了解与确定材料的技术性质时，也必须要求使用统一的标准方法检测其技术参数，此时也应遵守材料的试验标准（或称试验规程）。在材料的储运、使用方面，国家也规定了相应的质量标准。在各种土木工程建设过程中，只有掌握了这些标准，并按照其进行操作和使用，才能正确管理与使用好材料。

1.3 建筑材料在土木工程中的作用

1.3.1 建筑材料对保证土木工程质量的作用

在土木工程建设中工程质量优良是人们追求的第一目标，而工程质量的优劣通常与所采用材料的优劣及使用的合理与否有直接的关系。以往工程实践表明，从材料的选择、生产、使用、检验评定，到材料的储运、保管等都必须做到科学合理。否则，任何环节的失误都可能造成工程质量缺陷，甚至是重大质量事故，国内外土木工程的重大质量事故无不与材料的质量不良有关。因此，在土木工程建设中要获得质量可靠的工程，就必须准确熟练地掌握有关材料的知识，能够正确地选择和使用有关材料。

1.3.2 建筑材料对工程造价的影响

在一般土木工程的总造价中，与材料有关的费用通常占50%以上。在实际工程建设过程中，在满足相同技术指标和质量要求的前提下，选择不同的材料可能对工程的构成成本影响很大；相同的材料采用不同的使用方法也可能产生不同的经济效果；材料的储运、保管等管理不当，也可能造成很大的浪费。工程实际中只有通过合理地选择、使用与管理材料，才能最大限度地获得经济效益。合格的建筑企业绝不会采取以次充好、盲目使用材料的做法来降低成本。土木工程建设中通过降低材料损耗的方法来控制成本，这是工程技术人员通常采用的方法。

1.3.3 建筑材料对土木工程技术的影响

在土木工程建设过程中，工程的设计方法、施工方法都与材料密切相关。通常，采用不同的材料就决定了工程的施工工艺与施工方法。从土木工程和土木工程技术发展的历史来看，材料性能的变化往往是变革工程建造方法的基础，是决定土木工程结构设计形式和施工方法的主要因素。在工程设计过程中，想更完美地实现设计意图，就必须选择适当的材料，

结合所选材料的特性，最大程度地优化并满足人们对工程性能的要求。在工程施工过程中，许多技术问题的解决往往离不开材料性能的改进或使用方法的改进。此外，某些新材料的出现通常会促使建筑施工技术的改进，产生更好的技术效果。

1.4 建筑材料的发展现状及发展方向

1.4.1 当代建筑材料的发展与应用现状

从某种程度上来说，土木工程采用的材料往往标志着一个时代的特点。随着人类文明及科学技术的不断进步，土木工程材料也在不断进步与更新换代。在现代土木工程中，尽管传统的土、石等材料仍在基础工程中广泛应用，砖瓦、木材等传统材料在工程的某些方面应用也很普遍，但是，这些传统的材料在土木工程中的主导地位已逐渐为新型材料所取代。目前，水泥混凝土、钢材、钢筋混凝土已是不可替代的结构材料；新型合金、陶瓷、玻璃、有机材料及其他人工合成材料、各种复合材料等在土木工程中也占有越来越重要的位置。

从建筑材料性能改进方面来看，与以往相比，当代土木工程材料的物理力学性能也已获得明显的改善与提高，应用范围也有明显的变化。例如水泥和混凝土的强度、耐久性及其他功能均有显著的改善；随着现代陶瓷与玻璃的性能改进，其应用范围与使用功能已经大大拓宽。此外，随着技术的进步，传统材料的应用方式也发生了较大的变化，现代施工技术与设备的应用也使得材料在工程中的性能表现比以往更好，为现代土木工程的发展奠定了良好的物质基础。

1.4.2 当代土木工程的发展对材料的要求

尽管目前土木工程材料的品种与性能已有很大的进步，但是与人们对于其性能要求的期望值还有较大的差距。

首先，从土木工程材料的来源来看，鉴于土木工程材料的用量巨大，尤其在应用方面，经过长期使用的不断累计，单一品种或数个品种的原材料来源已不能满足其持续不断的需求。尤其是历史发展到今天，以往大量采用的黏土砖瓦和木材等已经给社会的可持续发展带来了沉重的负担。从另一方面来看，由于人们对于各种建筑物性能要求的不断提高，传统建筑材料的性能也越来越不能满足社会发展的需求。为此，以天然材料为主要建筑材料的时代即将结束，取而代之的将是各种人工材料，这些人工材料将会向着再生化、利废化、节能化和绿色化等方向发展。

从土木工程发展对材料技术性能要求方面来看，对材料技术性能的要求越来越多，各种物理力学性能指标的要求也越来越高，从而表现为未来建筑材料的发展具有多功能性和高性能的特点。具体来说就是材料将向着轻质高强、多功能、良好的工艺性和优良耐久性的方向发展。

从土木工程材料应用的发展趋势来看，为满足现代土木工程结构性能和施工技术的要求，材料的应用也向着工业化方向发展。例如，水泥混凝土等结构材料向着预制化和商品化的方向发展，材料向着成品或半成品的方向延伸，材料的加工、储运、使用及其他施工操作的机械化、自动化水平不断提高，劳动强度逐渐下降。这不仅改变着材料在使用过程中的性能表现，也在逐渐改变着人们对于土木工程材料使用的手段和观念。

1.5 本课程的主要内容及学习任务

1.5.1 本课程的性质与主要内容

本课程是土木工程专业的专业技术基础课，通过学习，力图使学生掌握较扎实的基本理论和基础知识，为后续专业课程的学习及以后从事土木工程建设并在工作中认识与掌握材料的有关性质和正确使用材料打下良好的基础。

根据本课程的特点与要求，在本教材中重点介绍了建筑材料的一些基本性能。在此基础上，本书还重点介绍了当前土木工程中常用的材料，如水泥、石灰、沥青等胶凝材料；砖、砌块等砌体材料；钢材、混凝土等结构材料；此外，还介绍了玻璃、陶瓷、塑料及其他有机高分子材料等功能材料。针对上述常用材料的主要技术性能，本书还介绍了检测这些技术性能指标的试验检测及质量评定方法。

通过了解上述材料的有关知识和要求，可以指导学生正确使用这些材料，引导学生利用有关理论知识来分析和评定材料，并根据其对材料基本特点的了解和正确使用实例的分析，为以后认识和使用新的材料提供可借鉴的先例。

1.5.2 本课程的理论课学习任务

本课程在理论学习方面，以熟悉常用建筑材料的性能、掌握常用材料的标准及应用为主要宗旨。为达到此目的，在学习过程中应了解某些重点材料的生产工艺原理，较清楚地认识材料的组成、结构构造及其与性能的关系。在此基础上应能够利用已掌握的理论知识对材料进行分析，学会判断材料的用途和使用方法，明确材料的结构、组成、性能等之间的关系。

1.5.3 本课程的试验课学习任务

材料试验是检验建筑材料性能、鉴别其质量水平的主要手段，也是土木工程建设中质量控制的重要措施。对于某些材料，在选择过程中往往需要经验证试验后才能确定。在材料使用前，只有经过标准试验确认合格后，才能在工程实际中应用。在工程使用过程中，必须对材料按规定抽样试验，检验其在工程实际中使用的质量是否稳定，以判断其在工程中的真实表现。在工程验收中，工程实体的验收试验也是判定或鉴定工程质量的重要手段之一。由此可见，材料试验检验工作是一项经常化的、责任性很强的工作。

本课程中试验课的主要任务，就是通过试验操作，验证已学有关材料的基本理论，增加感性认识，熟悉试验鉴定、检验和评定材料质量的方法。通过试验课，一方面加深学生对理论知识的理解，掌握材料基本性能的试验检验和质量评定方法，培养学生的实践技能；另一方面，培养学生严谨的科学态度和实事求是的工作作风，为从事土木工程实践工作打下较坚实的基础。

习 题

1-1 简述材料在土木工程中的作用。

1-2 在土木工程建设中如何通过控制材料的质量状态来控制工程质量？

1-3 建筑材料按其主要组成成分的不同是如何分类的？

1-4 建筑材料的检验标准分为几类？

第2章

材料的基本性能

知识目标

(1) 了解材料与质量有关的性质的相关概念，熟悉各密度指标的表达。
(2) 熟悉耐水性、抗渗性的表达式，了解导热性、热容量与比热容、吸声性等性能。
(3) 了解材料的强度特征与等级。
(4) 熟悉材料耐久性的影响因素，并掌握材料耐久性的提高措施。

能力目标

(1) 能掌握建筑材料的基本物理性能，能进行相关参数的计算。
(2) 能对材料基本物理性能进行检测。
(3) 能根据材料的特点和使用情况对提高材料的耐久性采取相应的措施。

建筑材料是构成建筑工程的物质基础，各种建筑物都是由各种不同的材料经设计、施工、建造而成。这些材料所处的环境、部位、使用功能的要求和作用不同时，对材料的性能要求也就不同，为此材料必须具备相应的基本性能，如用于结构的材料要具有相应的力学性能，以承受各种力的作用。根据建筑工程的功能需要，还要求材料具有相应的防水、绝热、隔声、防火、装饰等性能，如地面的材料要具有耐磨的性能；墙体材料应具有绝热、隔声性能；屋面材料应具有防水性能。而建筑材料在长期的使用过程中，经受日晒、雨淋、风吹、冰冻和各种有害介质侵蚀，因此还要求材料有良好的耐久性。

可见，材料的应用与其所具有的性能是密切相关的。建筑材料的基本性能，主要包括物理性能、力学性能和耐久性。

2.1 材料的物理性能

2.1.1 材料与质量有关的性能

1. 材料的密度、表观密度与堆积密度

(1) 密度（绝对密度） 密度是指材料在绝对密实状态下单位体积的质量。材料的密度

可按下式计算：

$$\rho=\frac{m}{V} \tag{2-1}$$

式中　m——材料在干燥状态下的质量（g或kg）；

V——干燥材料在绝对密实状态下的体积（cm^3 或 m^3）；

ρ——材料的密度（g/cm^3 或 kg/m^3）。

应当注意的是，这里的质量是指材料所含物质的多少，工程上常用重量多少来衡量质量的大小，以避免材料质量与工程质量相混淆，但仍然需要注意，质量与重量不是同一个量。

材料在绝对密实状态下的体积，是指材料不包括孔隙体积在内的固体物质所占的体积。土木工程材料中，除了钢材、玻璃等材料可近似地直接量取其密实体积外，其他绝大多数材料都含有一定的孔隙，故可将材料磨成细粉，经干燥至恒重后，用李氏瓶法测定其密实体积。

密度测定演示动画

（2）表观密度（体积密度）　表观密度也称为体积密度，是指材料在自然状态下单位体积的质量。材料的表观密度可按下式计算：

$$\rho_0=\frac{m}{V_0} \tag{2-2}$$

式中　m——材料的质量（g或kg）；

V_0——材料在自然状态下的体积（cm^3 或 m^3）；

ρ_0——材料的表观密度（g/cm^3 或 kg/m^3）。

所谓材料在自然状态下的体积，是指构成材料的固体物质的体积与全部孔隙体积之和。规则形状的体积可直接测量其外形尺寸，用几何公式求出；不规则形状的体积可用排液法求得，为了防止液体成分渗入材料内部，测定时表面涂蜡。

材料的表观密度与其含水情况有关。材料含水时，质量增加，体积也将发生不同程度的变化，影响材料的表观密度，因此，在测定含水状态下的表观密度时，应同时测定含水量，并予以注明。如未注明均指绝对干燥状态下材料的表观密度。

（3）堆积密度　散粒材料或块状材料（砂、石子、水泥等）在自然堆积状态下单位体积的质量，称为堆积密度。自然堆积状态下的体积，包括颗粒之间的空隙体积在内，通常用容器的标定容积表示。材料的堆积密度可按下式计算：

$$\rho_0'=\frac{m}{V_0'} \tag{2-3}$$

式中　m——材料的质量（g或kg）；

V_0'——材料在自然堆积状态下的体积（cm^3 或 m^3）；

ρ_0'——材料的堆积密度（g/cm^3 或 kg/m^3）。

材料的堆积体积是指散粒状材料在堆积状态下的总体外观体积，既包括材料颗粒内部的孔隙，也包括了颗粒与颗粒之间的空隙。除了颗粒内孔隙的多少及其含水多少外，颗粒间空隙的大小也影响堆积体积的大小。因此，材料的堆积密度与散粒状材料在自然堆积时颗粒间空隙、颗粒内部结构、含水状态、颗粒间被压实的程度有关。材料的堆积体积常用材料填充容器的容积大小来测量。

建筑工程中，在计算材料用量、构件自重、配料、料堆体积或面积及材料运输量时，经常要用到密度、表观密度、堆积密度这样一些状态参数。

几种常用建筑材料的密度、表观密度及堆积密度见表 2-1。

表 2-1　常用建筑材料的密度、表观密度及堆积密度

材料名称	密度/(g/cm^3)	表观密度/(kg/m^3)	堆积密度/(kg/m^3)
钢材	7.85	7800~7850	—
花岗石	2.70~3.00	2500~2900	—
石灰石(碎石)	2.48~2.76	2300~2700	1400~1700
砂	2.50~2.60	—	1500~1700
水泥	2.80~3.10	—	1600~1800
粉煤灰(气干)	1.95~2.40	1600~1900	550~800
烧结普通砖	2.60~2.70	2000~2800	—
烧结多孔砖	2.60~2.70	900~1450	—
黏土	2.50~2.70		1600~1800
普通水泥混凝土	—	1950~2500	—
木材(松木)	1.55~1.60	400~600	—
普通玻璃	2.45~2.55	2450~2550	—
铝合金	2.70~2.90	2700~2900	—
泡沫塑料	—	20~50	—

堆积密度测定演示动画

密度、表观密度、堆积密度讲解视频

2. 材料的密实度与孔隙率

（1）密实度　密实度是指材料体积内被固体物质所充实的程度。密实度 D 可表示为：

$$D=\frac{V}{V_0}\times100\%=\frac{\rho_0}{\rho}\times100\% \tag{2-4}$$

式中　D——材料的密实度（%）；

V_0——材料在绝对密实状态下的体积（cm^3 或 m^3）；

ρ——材料的密度（g/cm^3 或 kg/m^3）；

ρ_0——材料的表观密度（g/cm^3 或 kg/m^3）。

（2）孔隙率　孔隙率是指材料中孔隙体积占材料总体积的百分数。孔隙率可表示为：

$$P=\frac{V_0-V}{V_0}\times100\%=\left(1-\frac{\rho_0}{\rho}\right)\times100\% \tag{2-5}$$

式中　P——材料的孔隙率（%）；

ρ_0——材料的表观密度（g/cm^3 或 kg/m^3）；

ρ——材料的密度（g/cm^3 或 kg/m^3）。

建筑材料的孔隙率在很大范围内波动，例如平板玻璃的孔隙率接近于零，而发泡塑料的孔隙率却高达95%以上。

材料孔隙率的大小，直接反应材料的密实程度，孔隙率大，则密实度小。孔隙率及孔隙特征（如孔隙的大小、是否封闭或连通、分散情况等）影响材料的力学、耐久及导热等性能。

工程中对需要保温隔热的建筑物或部位，要求其所用材料的孔隙率较大。相反，对要求高强或不透水的建筑物或部位，则其所用的材料孔隙率应很小。

含有孔隙的固体材料的密实度均小于1，材料的很多性能如强度、吸水性、耐久性、导热性等均与其密实度有关。

密实度与孔隙率之间的关系为：$P+D=1$。

3. 材料的填充率与空隙率

对于松散颗粒状态材料，如砂、石子等，可用填充率和空隙率表示互相填充的疏松致密程度。

（1）填充率　填充率是指散粒状材料在堆积体积内被颗粒所填充的程度。

$$D'=\frac{V_0}{V_0'}\times100\%=\frac{\rho_0'}{\rho_0}\times100\% \tag{2-6}$$

式中　D'——散粒状材料在堆积状态下的填充率（%）；

ρ_0'——材料的堆积密度（g/cm^3 或 kg/m^3）；

ρ_0——材料的表观密度（g/cm^3 或 kg/m^3）。

（2）空隙率　散粒材料在自然堆积状态下，其中的空隙体积与散粒材料在自然堆积状态下的体积之比的百分率称为空隙率。

$$P'=\frac{V_0'-V_0}{V_0'}\times100\%=\left(1-\frac{\rho_0'}{\rho_0}\right)\times100\% \tag{2-7}$$

式中　P'——散粒状材料在堆积状态下的空隙率（%）；

ρ_0——材料的表观密度（g/cm^3 或 kg/m^3）。

ρ_0'——材料的堆积密度（g/cm^3 或 kg/m^3）。

密实度与空隙率之间的关系为：$D'+P'=1$。

【例题】　经测定，质量为3.4kg，容积为10L的量筒装满绝干石子后的总质量为18.4kg，若向量筒内注水，待石子吸水饱和后，为注满此筒共注入水4.27kg，将上述吸水饱和后的石子擦干表面后称得总质量为18.6kg（含筒重），求该石子的表观密度、堆积密度及开口孔隙率。

解：由已知得 $V_0'=10L$

$$V_{开}=18.6-18.4=0.2(L)$$

$$V_{开}+V_{空}=4.27L \qquad V_{空}=4.07L \qquad V_0=10-4.07=5.93(L)$$

$$V'=V_0-V_{开}=5.93-0.2=5.73(L)$$

表观密度：

$$\rho_0=\frac{m}{V_0}=\frac{18.4-3.4}{5.93}=2.53(g/cm^3)$$

开口孔隙率：

$$P_k=\frac{m_2-m_1}{V_0}\times100\%=\frac{18.6-18.4}{5.93}\times100\%=3.37\%$$

堆积密度：

$$\rho_0'=\frac{m}{V_0'}=\frac{18.4-3.4}{10}=1.5(g/cm^3)$$

2.1.2 材料与水有关的性质

1. 亲水性与憎水性

材料与水接触时，首先遇到的问题就是材料是否能被水所润湿。润湿是水被材料表面吸附的过程，它和材料本身的性质有关。固体材料在空气中与水接触时，根据其表面能否被水润湿，可分为亲水性材料与憎水性材料两种。

当水与材料在空气中接触时，将出现图 2-1 所示的情况。在材料、水和空气交点处，沿水滴表面作切线，此切线和水与材料接触面所成的夹角 θ，称为润湿角或接触角。润湿角越小，说明材料越易被水所润湿。$\theta=0$ 时，材料完全被水浸润；θ 越大，表明材料越难被水湿润。

一般认为，当润湿角 $\theta\leq90°$ 时，表明水分子间的内聚力小于水分子与材料分子间的吸引力时，则材料表面会被水润湿，这种材料称为亲水性材料（图 2-1a、c），如木材、混凝土、砂石等有较多的毛细孔隙，对水有强烈的吸附作用；当润湿角 $\theta>90°$时，表明水分子间的内聚力大于水分子与材料分子间的吸引力时，则材料表面不会被水润湿，这种材料称为憎水性材料（图 2-1b、d），如沥青、石蜡等常用作防水材料。

亲水性和憎水性讲解视频

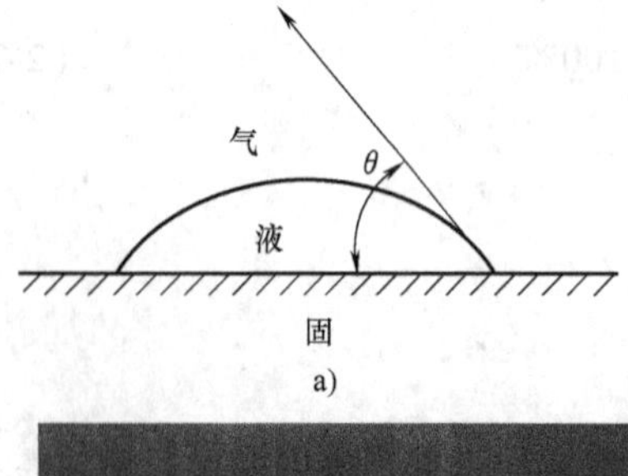

a)

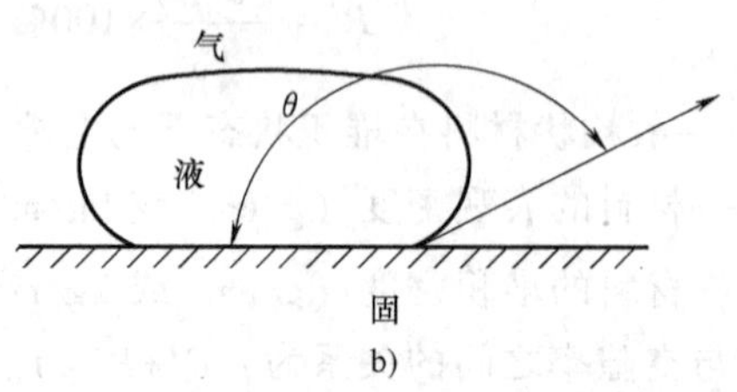

b)

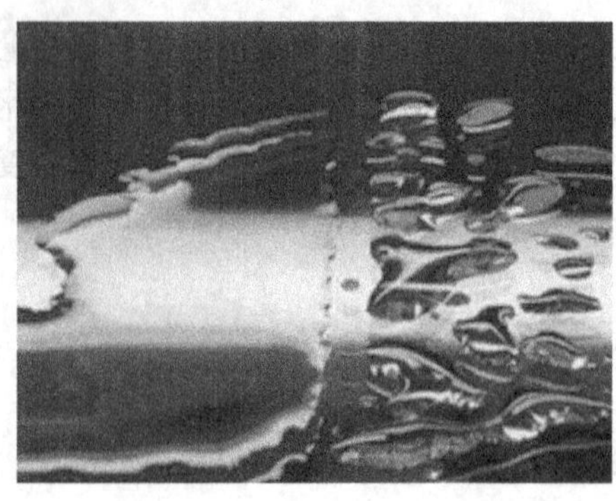
c)

d)

图 2-1 材料的浸润示意图

a）亲水性材料润湿角 $\theta\leq90°$ b）憎水性材料润湿角 $\theta>90°$ c）亲水性材料 d）憎水性材料

2. 吸水性与吸湿性

（1）吸水性　材料在水中吸收水分的性质称为吸水性。吸水性的大小常用吸水率表示，可用质量吸水率和体积吸水率两种表达方式来表示。

1）质量吸水率。质量吸水率是指材料吸水饱和时，所吸水的质量占材料干燥质量的百分率。用公式表示如下：

$$W_m = \frac{m_2 - m_1}{m_1} \times 100\% \tag{2-8}$$

式中　W_m——材料的质量吸水率（%）；

m_1——材料在绝对干燥状态下的质量（g或kg）；

m_2——材料在浸水饱和状态下的质量（g或kg）。

2）体积吸水率。体积吸水率是指材料吸水饱和时，所吸水分体积占材料干燥体积的百分率。用公式表示如下：

$$W_V = \frac{m_2 - m_1}{V_0} \times \frac{1}{\rho_W} \times 100\% \tag{2-9}$$

式中　W_V——材料的体积吸水率（%）；

V_0——干燥材料在自然状态下的体积（cm^3或m^3）；

ρ_W——水的密度，常温下取$\rho_W = 1g/cm^3$。

材料的体积吸水率与质量吸水率之间的关系为

$$W_V = W_m \rho_0 \tag{2-10}$$

式中　ρ_0——材料在干燥状态下的表观密度（g/cm^3）。

材料的吸水性，除与材料本身的亲水性或憎水性有关外，还与材料的孔隙特征有关。一般孔隙率越大，吸水性越强。孔隙率相同时，具有开口且连通的微小孔隙构造的材料，吸水性一般要强于封闭的或粗大连通孔隙构造的材料。

各种材料吸水率相差甚大，如花岗石等致密岩石，吸水率为0.02%~0.7%，普通混凝土为2%~4%，而木材或其他多孔的绝热材料的质量吸水率常大于100%，即湿质量是干质量的几倍，此时最好用体积吸水率表示其吸水性。材料吸水后，表观密度增大，导热性增大，强度降低，体积膨胀，一般会对材料造成不利影响，如表观密度增加，体积膨胀，导热性增大，强度及抗冻性下降等。

（2）吸湿性　材料在潮湿空气中吸收水分的性质称为吸湿性。材料的吸湿性用含水率表示。含水率是指材料内部所含水的质量占材料干质量的百分率。用公式表示为：

$$W_h = \frac{m_2 - m_1}{m_1} \times 100\% \tag{2-11}$$

式中　W_h——材料的含水率（%）；

m_1——材料在绝对干燥状态下的质量（g或kg）；

m_2——材料吸湿后的质量（g或kg）。

材料的吸湿性随空气的湿度和环境温度的变化而改变，当空气湿度较大且温度较低时，材料的含水率就大，反之则小。材料中所含水分与空气的湿度相平衡时的含水率，称为平衡含水率。具有微小开口孔隙的材料，吸湿性特别强，如木材及某些绝热材料，在潮湿空气中能吸收很多水分，这是由于这类材料的内表面积大，吸附水的能力强所致。

吸水性和吸湿性讲解视频

材料的吸湿性主要与材料的组成、孔隙率，特别是孔隙特征有关，还与周围环境的温度与湿度有关。一般来说，环境中温度越高，湿度越低，含水率越小。材料吸湿后，除了本身质量增加外，还会降低其绝热性、强度及耐久性，对工程产生不利的影响。含水率是随环境而变化的，而吸水率却是一个定值，材料的吸水率可以说是该材料的最大含水率。

3. 耐水性

材料长期在饱和水的作用下不破坏，强度也不显著降低的性质称为耐水性。

一般材料含有水分时，由于内部微粒间结合力减弱而强度有所降低，即使致密的材料也会因此影响强度。若材料中含有某些易被水软化的物质（如黏土、石膏等），强度降低就更为严重。因此，对长期处于水中或潮湿环境中的建筑材料，必须考虑耐水性。

材料的耐水性以软化系数$K_{软}$表示：

$$K_{软}=\frac{f_{饱}}{f_{干}} \tag{2-12}$$

式中 $K_{软}$——软化系数；

$f_{饱}$——材料在水饱和状态下的抗压强度（MPa）；

$f_{干}$——材料在干燥状态下的抗压强度（MPa）。

一般材料浸水后，内部质点的结合力减弱，强度都有不同程度的降低，如花岗石长期浸泡在水中，强度将下降3%，部分土砖和木材吸水后强度降低更大。软化系数的范围在0~1。钢铁、玻璃、陶瓷近似于1，石膏、石灰的软化系数较低。软化系数的大小，有时成为选择材料的重要依据。工程中通常把$K_{软}$大于0.85的材料称为耐水材料，对于经常与水接触或处于潮湿环境的重要建筑物，必须选用耐水材料建造；用于受潮较轻或次要的建筑物时，材料的软化系数也不得小于0.75。

4. 抗渗性

抗渗性是指材料在压力水作用下抵抗渗透的性质。材料的抗渗性通常用渗透系数K和抗渗等级P表示。渗透系数越小或抗渗等级越大，表示材料的抗渗性越好。

（1）渗透系数K　根据达西定律，在一定时间内，透过材料试件的水量Q与试件断面面积A及水位差H成正比，与试件厚度d成反比，即：

$$Q=K\frac{H}{d}At \quad 或 \quad K=\frac{Q\ d}{At\ H} \tag{2-13}$$

式中 K——渗透系数（m/s）；

Q——渗透水量（m^3）；

A——透水面积（m^2）；

d——试件厚度（m）；

H——水位差（m）；

t——透水时间（s）。

渗透系数K越大，表明材料的抗渗透性能越差。

（2）抗渗等级P　抗渗等级是以规定的试件，在标准试验方法下所能承受的最大水压

（按 MPa 计）来确定。如 P8、P10，分别表示抵抗 0.8MPa、1.0MPa 水压力不渗透。

材料抗渗性的好坏，与孔隙率及孔隙形态特征有关。细微连通的孔隙易于渗水，故这种孔隙越多，材料的抗渗性越差。闭口孔不能渗水，因此孔隙封闭且孔隙率小的材料，抗渗性就较高；闭口孔隙率大的材料，其抗渗性仍然良好。开口大孔最易渗水，故其抗渗性最差。

抗渗性是决定建筑材料耐久性的重要因素。在设计地下建筑、压力管道、容器等结构时，要求其所使用材料必须具有良好的抗渗性。抗渗性还是检验防水材料产品质量的重要指标。

5. 抗冻性

浸水饱和的材料在多次冻融循环作用下，保持其原有性质的能力称为抗冻性。当充满材料孔隙的水结冰时，由于体积增大约9%，冰对孔壁产生巨大压力，使孔壁开裂。当冰融化后，水又进入裂缝，再冻结时，裂缝进一步扩展。冻融次数越多，材料的破坏越严重。

材料抗冻性通常用抗冻等级（抵抗冻融循环的次数）来评定。抗冻等级的确定，是以规定的试件，在规定的试验条件下，测得其强度降低不超过规定的数值，没有明显的损坏（裂纹）和剥落（质量损失不超过规定的数值）时，所能经受的冻融循环的次数来确定。材料的抗冻性用抗冻等级 F 表示，如 F50 表示经过 50 次冻融循环，质量损失不超过 5%，强度损失不超过 25%。通常采用材料吸水饱和后，在-15℃冻结，再在 20℃的水中融化，这样的一个过程称为一次冻融循环。

材料的抗冻性，与材料本身的成分、构造、强度、耐水性、吸水饱和程度、孔隙率及孔隙特征等因素有关，也与冻结的温度、冻结速度及冻融频繁程度等因素有关。材料抗冻性的好坏，取决于材料吸水饱和程度（即水饱和度）、孔隙形态特征和抵抗冻胀应力的能力。如果孔隙充水不多，远未达到饱和，有足够的自由空间，即使冻胀也不致产生破坏应力；极细的孔隙虽然能充水饱和，但孔壁对水的吸附力极大，水的冰点很低，一般负温下不会结冰；粗大孔隙，水分不能充满其中；闭口孔隙一般情况下水分不能渗入，对冰冻破坏起缓冲作用；毛细孔隙既易充满水分，又能结冰，所以最易产生冻融破坏。材料的变形能力大，强度及软化系数大，则抗冻性较高。一般认为水饱和度大于 0.80 的材料，抗冻性较差。

用于建筑物冬季水位变化区的材料，要求有较好的抗冻性。另外，由于抗冻性较好的材料，对抵抗温度、干湿变化等风化作用的性能也较好，所以即使处于温暖地区的建筑物，为了抗风化，材料也必须具有一定的抗冻性要求。

抗冻性常作为考查材料耐久性的一项重要指标。抗冻性良好的材料，对于抵抗大气温度变化、干湿循环交替等风化作用的能力较强。在设计寒冷地区及寒冷环境（如冷库）的建筑物时，必须要考虑材料的抗冻性。对于温暖地区的建筑物，为了抗大气的风化作用，确保建筑物的耐久性，也常对其材料提出一定的抗冻性要求。

对于冬季室外温度低于-10℃的地区，工程中使用的材料必须进行抗冻性检验。

2.1.3 材料的声学、光学性能

1. 材料与声学有关的性质

（1）吸声性　材料吸收声音的能力称为材料的吸声性。评定材料吸声性能好坏的主要指标是吸声系数，其计算公式为：

$$\delta=\frac{E}{E_0} \tag{2-14}$$

式中 δ——材料的吸声系数；

E——被材料吸收的声能（包括部分穿透材料的声能）；

E_0——入射到材料表面的总声能。

当声波触及材料表面时，一部分被反射，另一部分穿透材料，其余的部分则传递给材料，在材料的孔隙中引起空气分子与孔壁的摩擦和黏滞阻力，使相当一部分声能转化为热能而被吸收。材料的吸声系数越大，则其吸声性能越好。

材料的吸声系数与声音的频率和入射方向有关。用不同频率的声波，从不同方向射向同一材料时，具有不同的δ值。所以吸声系数采用的是声音从各方向入射的平均值，但是需要指出是对哪个频率的吸收。通常采用的6个频率为125Hz、250Hz、500Hz、1000Hz、2000Hz和4000Hz。一般将对上述6个频率的平均吸声系数$\delta>0.2$的材料称为吸声材料。

材料的吸声性能与材料的厚度、孔隙的特征、构造形态等有关。材料开放的互相连通的气孔越多，材料的吸声性能越好。最常用的吸声材料大多为多孔材料，但其强度较低。多孔吸声材料易于吸湿，安装时应考虑胀缩的影响。

（2）隔声性　材料隔绝声音的能力称为材料的隔声性。材料的隔声性用隔声量来表示，计算公式为：

$$R=10\left(\lg\frac{E_0}{E_2}\right) \tag{2-15}$$

式中 R——隔声量（dB）；

E_0——入射到材料表面的总声能；

E_2——透过材料的声能。

空气对于墙体的激发服从于声学中的“质量定律”，其传声的大小主要取决于墙或板的单位面积质量，其质量越大，越不易被振动，则隔声效果越好。即隔声量越大，材料的隔声性能越好。隔绝空气声主要通过反射，因此必须选择密实、沉重的材料（如黏土砖、钢筋混凝土、钢板等）作为隔声材料。

对于固体声，是由于振源撞击固体材料，引起固体材料受迫振动而发声，并向四周辐射声能。固体声在传播过程中，声能的衰减极少。隔绝固体声主要通过吸收，这和吸声材料是一致的。隔绝固体声最有效的措施是在墙壁和承重梁之间、房屋的框架和墙壁及楼板之间加弹性衬垫，这些衬垫材料大多可采用上述的吸声材料，如毛毡、软木等，如图2-2所示；在楼板上可加地毯、木地板等。

2. 材料与光学有关的性质

（1）颜色　材料的颜色是由其自身的光谱特性、投射于材料表面的光线光谱特性和观看者眼睛的光谱特性决定的。材料的颜色可分为红、蓝、黄、绿、白、紫、黑七种。颜色是构成材料装饰性的重要因素，它决定了建筑装饰的基本格调，对确定环境气氛，塑造装饰艺术效果，具有极为重要的作用。

（2）透光性　光线投射于材料表面后，一部分被反射，一部分被透射，其余部分被吸收。材料允许光线透过的性质称为材料的透光性，可用透光率表示，即透过材料的光线的强度与入射光的强度之比。透光性好的材料，其透光率高达90%以上；而不透光材料，透光

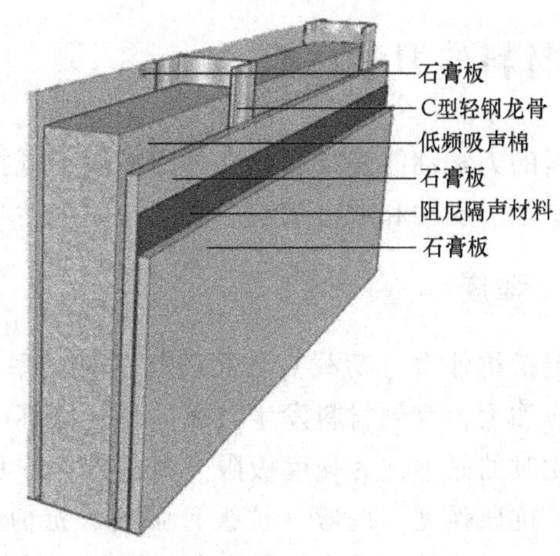

图 2-2　环保隔声毡及常见的隔声墙体做法

率则为零。此外，透光率较小的材料称为半透明材料。

（3）透视性　当材料中有光线透过时，若不改变光线的方向（即光线可平行透过），则这种材料不仅可以透过光线，而且可以透过影像，这种光学性质称为透视现象，也称为透明。若将透明的平板玻璃压花，则可将透明材料变成不透明材料。

（4）滤色性　对透光性材料，当光线透过时，材料能选择性地吸收一定波长的入射光，使透过的光线变成特定的颜色，这种性质称为材料的滤色性。建筑材料在使用过程中，透过的白光常被滤掉某种颜色，而呈现出特定颜色的光。

（5）光泽性　光线投射于材料表面后，若反射光线相互平行，则材料的表面会出现光泽现象。不同的材料表面组织结构不同，其反射光线的波长和角度也不相同，故金属和玻璃、陶瓷、大理石、塑料、油漆、木材、丝绸等非金属的光泽各不相同。

（6）光污染　在建筑环境中，若采用的光源不当，或使用透光、反光材料不当，会产生眩光，即光线直射行人、住户、驾驶人员的眼睛，引起人员的不安、不适或受伤害；或由于反光，使光线聚焦，导致局部空间产生强光、高热等现象，这种现象称为光污染（图 2-3）。为防止光污染，选用光源、反射性的外墙装饰板，或设计外墙玻璃使用面积时，都应符合有关建筑规范的规定和要求。

图 2-3　常见的建筑物光污染

2.2 材料的力学性能

材料的力学性能是指材料在外力作用下抵抗破坏的能力与变形性质，包括材料的强度、弹性和塑性、脆性和冲击韧性、硬度与耐磨性等。

2.2.1 强度

材料抵抗外力（荷载）作用破坏的能力称为材料的强度。若荷载增加，应力相应加大，直到材料发生破坏。材料破坏时的荷载称为破坏荷载或最大荷载，此时的应力称为强度极限。根据外力作用方式的不同，材料强度有抗拉强度、抗压强度、抗弯（抗折）强度、抗剪强度等四种，表 2-2 列出各种强度测定时，试件的受力情况和各种强度的计算公式。

材料受力变形演示动画

表 2-2 强度的分类

强度类别	受力情况	计算式	备注
抗拉强度	F ← → F	$f_t=\frac{F}{A}$	F—破坏荷载(N)； A—受荷面积(mm^2)； l—跨度(mm)； b—断面宽度(mm)； h—断面高度(mm)
抗压强度	↓F ↑F	$f_t=\frac{F}{A}$	
抗弯强度	l b h	$f_b=\frac{3FL}{2bh^2}$	
抗剪强度	F F	$f_t=\frac{F}{A}$	

材料的强度与其组成成分、结构构造有关。如砖、石、混凝土等材料的抗压强度较高，抗拉及抗弯强度很低；钢材的抗拉、抗压强度都很高。材料的强度主要是通过对材料试件进行破坏试验而测得的。

不同种类的材料，强度不同；同一种材料，受力情况不同时，强度也不同。如混凝土、砖、石等脆性材料，抗压强度较高，抗弯强度很低，抗拉强度则更低；而低碳钢、有色金属等塑性材料的抗压、抗拉、抗弯、抗剪强度则大致相等。同一种材料结构构造不同时，强度也有较大的差异。如孔隙率大的材料，强度往往较低。又如层状材料或纤维状材料会表现出各向强度有较大的差异。细晶结构的材料，强度一般要高于同类粗晶结构材料。

除上述内在因素会影响材料强度外，测定材料强度时的试验条件，如试件尺寸和形状、试验时的加荷速度、试验时的温度与湿度、试件的含水率等也会对试验结果有较大的影响。

如测定混凝土强度时，同样条件下，棱柱体试件的抗压强度要小于同样截面尺寸的立方体试件抗压强度。尺寸较小的正方体试件强度要高于尺寸较大的立方体试件强度。

总体来说，强度的影响因素主要有：

1）材料的组成、结构和构造。

2）试验条件：形状、尺寸、表面状况、加荷速度以及试验装置情况等。

3）材料的含水情况。

4）测试时，试件的温度及湿度。

每一种材料由于品质的不同，其强度值有很大的差别。为了生产和使用的方便，国家标准规定，对于以强度为主要指标的材料，通常以材料强度值的高低划分成若干等级，称为强度等级，如砖、混凝土等脆性材料，主要用于承受压力的构件，按照抗压强度的高低划分为若干强度等级，如普通混凝土有 C20、C30、……、C80 等；建筑钢材一般按照拉伸屈服强度划分强度等级，如 Q235、Q335 等。

比强度是按单位体积质量计算的材料强度，即材料的强度与其表观密度之比，是衡量材料轻质高强的一项重要指标。比强度越大，材料轻质高强的性能越好。优质的结构材料，要求具有较高的比强度。

选用比强度大的材料对增加建筑高度、减轻结构自重、降低工程造价等具有重大意义。轻质高强的材料是未来建筑材料发展的主要方向。

材料强度讲解视频

2.2.2　弹性和塑性

1. 弹性

材料在外力作用下产生变形，当外力除去后，又能恢复原来形状的性质称为弹性，这种能完全恢复的变形称为弹性变形（或瞬时变形）。

2. 塑性

在外力作用下，材料产生变形，当外力取消后，材料不能恢复到原来形状，且不产生裂缝的性质称为塑性。这种不能恢复的变形称为塑性变形（或永久变形）。

实际上，完全的弹性材料是没有的。有些材料当应力不大时，表现为弹性，而应力超过某一限度后，即发生塑性变形，如建筑钢材；有些材料受力后，弹性变形与塑性变形同时发生，外力除去后，弹性变形消失，塑性变形不能消失，如混凝土。图 2-4 所示为常见的弹性

图 2-4　弹性材料与塑性材料

材料与塑性材料。

材料弹塑性变形动画演示

2.2.3 脆性与韧性

1. 脆性

材料受外力被破坏时，无明显的塑性变形而突然破坏的性质，称为材料的脆性。在常温、静荷载下只有脆性的材料称为脆性材料，如砖、石、混凝土、砂浆、陶瓷、玻璃等。脆性材料的特点是塑性变形很小，抗压强度高，抗拉强度低，抵抗冲击、振动荷载的能力差，所以脆性材料不能承受振动和冲击荷载，也不宜用于受拉部位，只适用于作承压构件。

2. 韧性

材料在冲击或振动荷载的作用下，能吸收较大的能量，并产生一定变形而不发生破坏的性质，称为材料的韧性，又称为冲击韧性。在建筑工程中，对于要求承受冲击荷载和有抗震要求的结构，如吊车梁、桥梁、路面等所用的材料，均应具有较高的韧性。如建筑钢材、木材、橡胶沥青混凝土等都属于韧性材料。图 2-5 所示为常见的脆性材料和韧性材料。

图 2-5 脆性材料与韧性材料

2.2.4 硬度与耐磨性

1. 硬度

材料表面抵抗较硬物体压入或刻划的能力称为材料的硬度。测定材料硬度的方法有多种，通常采用的有压入法、刻划法和回弹法。

压入法经常测定钢材、木材和混凝土等材料的硬度，如布氏硬度（HB）是以单位面积压痕上所受到的压力表示的。

刻划法常用于测定天然矿物的硬度，可利用刻划法将天然矿物硬度分为 10 级，其硬度按递增的排列顺序为滑石、石膏、方解石、萤石、磷灰石、正长石、石英、黄玉、刚玉、金刚石。

回弹法常用于测定混凝土构件表面的硬度，并以此估算混凝土的抗压强度。材料的硬度越大，其耐磨性越好，加工越困难。工程中有时用硬度来间接测算材料的强度。图 2-6 所示为几种常用的硬度检测方法。

2. 耐磨性

材料表面抵抗磨损的能力称为材料的耐磨性。材料的耐磨性用磨损率 N 来表示，其计算公式为：

$$N=\frac{m_1-m_2}{A} \tag{2-16}$$

式中　N——材料的磨损率（g/cm^2）；

m_1、m_2——材料磨损前、后的质量（g）；

A——材料试件受磨面积（cm^2）。

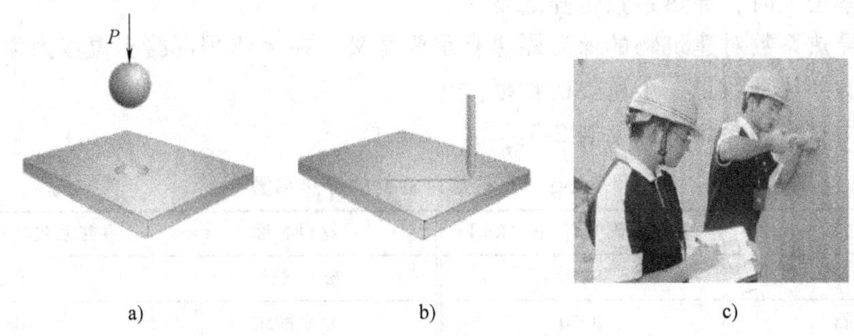

图 2-6　几种常用的硬度检测方法

a）压入法　b）刻划法　c）回弹法

试件的磨损率表示一定尺寸的试件，在一定压力作用下，在磨损试验机上磨一定次数后，试件每单位面积上的质量损失。

2.3　材料的热学性能

为了保证建筑物具有良好的室内环境，降低建筑物的使用能耗，建筑物墙体、屋顶及门窗等围护结构需要具有保温和隔热作用，以达到降低建筑使用能耗、维持室内温度的目的，这就需要考虑材料的热工性能。建筑材料常用的热工性能有导热性、热容量、比热容等。

2.3.1　导热性

材料传导热量的性质称为导热性。即当材料两侧表面存在温差时，热量会由温度较高的一面传向温度较低的一面，材料的导热性可用导热系数 λ 表示。

以单层平板为例，若 $T_1 > T_2$，经过时间 t，由温度为 T_1 的一侧传至温度为 T_2 的一侧的热量为：

$$Q=\lambda\frac{A(T_1-T_2)t}{d}$$

则导热系数的计算公式为：

$$\lambda=\frac{Qd}{At(T_1-T_2)} \tag{2-17}$$

式中　λ——导热系数［W/(m·K)］；

Q——传导的热量（J）；

d——材料的厚度（m）；

A——传热面积（m^2）；

t——传热时间（s）；

T_1-T_2——材料两侧的温度差（K）。

材料的导热系数越小，保温性越好。建筑材料的导热系数一般为 0.02~3.00 W/(m·K)。通常 $\lambda \leqslant 0.23$ W/(m·K) 的材料可做保温隔热材料。

材料的导热性与材料的孔隙率、孔隙特征有关。一般说，孔隙率越大，导热系数越小。具有互不连通封闭微孔构造材料的导热系数，要比粗大连通孔隙构造材料的导热系数小。当材料的含水率增大时，导热系数也随之增大。

材料的导热系数对建筑物的保温隔热有重要意义。在大体积混凝土温度及温度控制计算中，混凝土的导热系数是一个重要的指标。

几种常用材料的导热系数见表 2-3。

表 2-3　几种常用材料的导热系数

材料名称	导热系数 W/[(m·K)]	材料名称	导热系数/[W/(m·K)]
钢	44.74	松木 顺纹	0.34
花岗石	3.50	松木横纹	0.17
普通混凝土	1.51	石膏板	0.25
普通黏土砖	0.80	水	0.58
密闭空气	0.023	冰	2.33

2.3.2　热容量

热容量是指材料在受热时吸收热量、冷却时放出热量的能力。质量为 1 kg 材料的热容量，称为该材料的比热容。

热容量 Q 的计算公式为：

$$Q=cm(T_2-T_1) \tag{2-18}$$

式中　Q——材料吸收或放出的热量（J）；

c——材料的比热容 [J/(kg·K)]；

m——材料的质量（kg）；

T_2-T_1——材料受热或冷却前后的温差（K）。

式中比热容 c 值是真正反映不同材料热容性差别的参数，可由上式导出：

$$c=\frac{Q}{m(T_2-T_1)} \tag{2-19}$$

由此可知比热容的物理意义是：1kg 材料，温度升高（或降低）1K 所吸收（或放出）的热量。混凝土的比热容约为 1×10^3，钢为 0.48×10^3，松木为 2.72×10^3，普通黏土砖为 0.88×10^3，水为 4.19×10^3。

比热容 c 与质量 m 的乘积称为热容。采用高热容材料作为墙体、屋面或房屋其他构件，可以长时间保持房间温度的稳定。在计算围护结构（墙体、屋面等）保持温度稳定的能力，冬期施工加热材料的有关计算，以及工业窑炉热工计算时，均需要材料热容的数据。在房屋建筑中，用比热容大、导热系数小的材料，对保持室内温度的稳定有很大的意义。

2.3.3　耐燃性

材料对火焰和高温度的抵抗能力称为材料的耐燃性。材料的耐燃性按照耐火要求规定，在明

火或高温作用下燃烧与否及燃烧的难易程度分为非燃烧材料、难燃烧材料和燃烧材料三大类。

1. A级：不燃材料

在空气中受到明火或高温作用时，不起火、不碳化、不微燃的材料，称为不燃材料，如砖、天然石材、混凝土、砂浆、金属材料等。

2. B_1 级：难燃材料

在空气中受到明火或高温作用时，难燃烧、难碳化、离开火源后燃烧或微燃立即停止的材料，称为难燃材料，如石膏板、水泥石棉板等。

3. B_2 级：可燃材料

在空气中受到明火或高温作用时，可以起火或燃烧，离开火源后继续燃烧或微燃的材料，称为可燃材料，如胶合板、纤维板、木材、苇箔等。

在建筑工程中，应根据建筑物的耐火等级和材料的使用部位，选用非燃烧材料或难燃烧材料。当采用燃烧材料时，应进行防火处理。图2-7所示为常见的非燃烧、难燃烧和燃烧材料。

4. B_3 级：易燃材料

在空气中受到明火或高温作用时，极易起火燃烧，称为易燃材料，如织物、纸张等。

a)

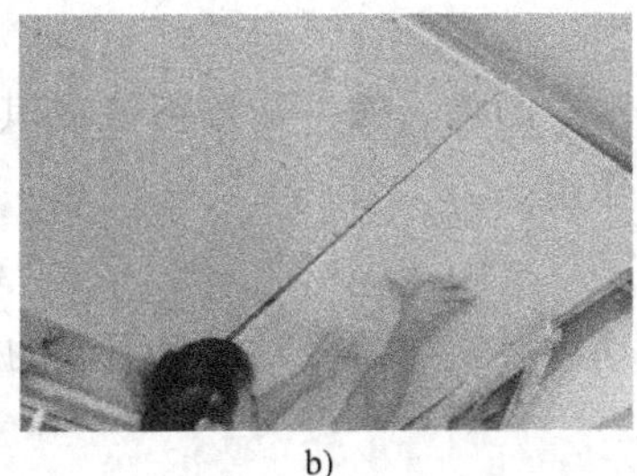
b)

c)

图2-7 常见的非燃烧、难燃烧和燃烧材料

a）砖——非燃烧材料 b）石膏板——难燃烧材料 c）木材——燃烧材料

2.3.4 耐火性

耐火性是指材料在火焰或高温作用下，保持自身不被破坏、性能不明显下降的能力，用其耐受时间（h）来表示，称为耐火极限。要注意耐燃性和耐火性概念的区别，耐燃的材料不一定耐火，耐火的一般都耐燃。例如钢材是非燃烧材料，但其耐火极限仅有0.25h，因此钢材虽为重要的建筑结构材料，但其耐火性却较差，使用时须进行特殊的耐火处理。

常用材料的极限耐火温度见表2-4。

表2-4 常用材料的极限耐火温度

材料	温度/℃	注解	材料	温度/℃	注解
普通黏土砖砌体	500	最高使用温度	预应力混凝土	400	火灾时最高允许温度
普通钢筋混凝土	200	最高使用温度	钢材	350	火灾时最高允许温度
普通混凝土	200	最高使用温度	木材	260	火灾危险温度
页岩陶粒混凝土	400	最高使用温度	花岗石	575	相变发生急剧膨胀温度
普通钢筋混凝土	500	火灾时最高允许温度	石灰石、大理石	750	开始分解温度

2.4 材料的耐久性

建筑材料的耐久性是指材料使用过程中，在内、外部因素的作用下，经久不被破坏、保持原有性能的性质，简单说就是经久耐用的性能。材料的耐久性是一项综合性能，一般是根据具体气候及使用条件下保持工作性能的期限来度量的。

2.4.1 材料耐久性的影响因素

材料在建筑物使用过程中，除材料内在原因使其组成、构造、性能发生变化以外，还要长期受到使用条件及各种自然因素的作用，这些作用可概括为以下几方面：

1. A 级：不燃材料

物理作用包括环境温度、湿度的交替变化，即冷热、干湿、冻融循环等作用，材料在经受这些作用后，将发生膨胀、收缩或产生内应力，长期的反复作用，将使材料渐遭破坏。

2. B 级：难燃材料

化学作用包括空气和环境水中的酸、碱、盐等溶液或其他有害物质对材料的侵蚀作用，以及日光、紫外线等对材料的作用。

3. 机械作用

机械作用包括荷载的持续作用，交变荷载对材料引起的疲劳、冲击、磨损、磨耗等。

4. 生物作用

生物作用包括菌类、昆虫等的侵害作用，导致材料发生腐朽、虫蛀等而破坏。

各种材料耐久性的具体内容，因其组成和结构不同而异。例如混凝土的耐久性，主要通过抗渗性、抗冻性、抗侵蚀性和抗碳化性来评价；钢材易受氧化而锈蚀，耐久性通常取决于其抗锈蚀性；沥青的耐久性则主要取决于其大气稳定性和温度敏感性。

2.4.2 材料耐久性的测定

耐久性是材料的一项综合性指标，也是一种长期性能，需对其在使用条件下进行长期的观察和测定。通常是根据材料的使用条件与要求在试验室进行快速试验，并据此对材料的耐久性做出判断。近年来已有快速检验法，即在试验室模拟实际使用条件，进行有关的快速试验，根据试验结果对耐久性做出判定。例如，常用软化系数来评定材料的耐水性；用冻融循环试验得出的抗冻等级来表示材料的抗冻性等。

材料的耐久性指标是根据工程所处的环境条件来决定的。例如处于冻融环境的工程，所用材料的耐久性以抗冻性指标来表示。处于暴露环境的有机材料，其耐久性以抗老化能力来表示。影响耐久性的内在因素很多，主要有：材料的组成与构造、材料的孔隙率及孔隙特征、材料的表面状态等。在工程中，必须考虑材料的耐久性。提高材料耐久性的主要措施有：根据使用环境选择耐久性较好的材料；采取各种方法尽可能降低材料的孔隙率，改善材料的孔隙结构，对材料表面进行表面处理以增强抵抗环境作用的能力。

习　题

2-1　材料吸水后，材料的密度、表观密度、堆积密度会发生怎样的变化？

2-2　某石材的密度为 2.70g/cm^3，孔隙率为 1.2%，将该石材破碎成石子，石子的堆积密度为 1580kg/m^3，求此石子的表观密度和空隙率。

2-3　室内温度 15℃，室外温度 −15℃，外墙面积 100m^2，每天烧煤 20kg，煤的发热量 4.2×10^4kJ/kg，砖的导热系数 0.78W/(m·K)，问外墙需要多厚？

2-4　建筑物的屋面、外墙、基础所使用的材料各应具备哪些性质？

第3章

气硬性胶凝材料

知识目标

（1）掌握胶凝材料的定义与分类。
（2）掌握石膏、石灰、水玻璃的特性及应用。

能力目标

（1）会鉴别与使用几种常用的气硬性胶凝材料。
（2）掌握石膏、石灰的生产、熟化与硬化、技术要求、性质与应用。
（3）掌握水玻璃的组成、性质与应用。

胶凝材料又称胶结材料，是指可以将块状、颗粒状或纤维状材料胶结为整体的材料。建筑上使用的胶凝材料按其化学组成可分为无机胶凝材料和有机胶凝材料两类。

无机胶凝材料是以无机化合物为主要成分，掺入水或适量的盐类水溶液，经一定的物理化学变化过程产生粘结力和强度，可将松散的材料胶结成整体，也可将构件结合成整体。无机胶凝材料按其硬化的条件不同分为气硬性胶凝材料和水硬性胶凝材料两类。气硬性胶凝材料是指只能在空气中凝结、硬化、保持并继续发展其强度的胶凝材料，如石灰、石膏、水玻璃；水硬性胶凝材料是指不仅能在空气中硬化，更能在水中凝结、硬化、保持并继续发展其强度的胶凝材料，如水泥。

有机胶凝材料是以天然或人工合成的高分子化合物为基本组成的胶凝材料。如沥青、树脂、橡胶等。

3.1 建筑石膏

以石膏作为原材料，可制成多种石膏胶凝材料，随着高层建筑的发展，其在建筑工程中的应用正在增多，可配制石膏砂浆，用于室内抹灰，石膏浆体也可作为室内粉刷涂料。石膏板也成为当前重点发展的新型建筑材料之一。

3.1.1　建筑石膏的生产与种类

石膏的生产原料主要是天然二水石膏，也可采用化工石膏。天然二水石膏（$CaSO_4 \cdot 2H_2O$）又称为生石膏。化工石膏是指含有（$CaSO_4 \cdot 2H_2O$）的化学工业副产品废渣或废液，经提炼处理后制得的建筑石膏，如磷石膏、氟石膏、硼石膏等。

石膏的生产工艺为煅烧工艺。将生石膏在不同的压力和温度下煅烧，经磨细制得的晶体结构和性质各异的石膏胶凝材料。

1. 低温煅烧石膏

（1）建筑石膏　当加热温度为110~170℃时，部分结晶水脱出，二水石膏转化为β型半水石膏，又称为熟石膏或建筑石膏。当加热温度继续升高，半水石膏继续脱水，成为可溶性硬石膏（$CaSO_4$Ⅲ）。这种石膏凝结速度快，但强度低。

$$CaSO_4 \cdot 2H_2O \longrightarrow CaSO_4 \cdot 1/2H_2O+3/2H_2O$$

（2）模型石膏　模型石膏与建筑石膏化学成分相同，也是β型半水石膏（β—$CaSO_4 \cdot 1/2H_2O$），但含杂质较少，细度小。可制作成各种模型和雕塑。

（3）高强石膏　当二水石膏在压力为0.13MPa、温度为125℃的压蒸条件下蒸炼脱水，则生成α型半水石膏，即高强石膏。高强石膏与建筑石膏相比，其晶体比较粗大，比表面积小，达到一定稠度时需水量较小，因此硬化后具有较高的强度，7d后强度可达15~40MPa。

2. 高温煅烧石膏

当加热温度高于400℃时，石膏完全失去水分，成为不溶性硬石膏（$CaSO_4$Ⅱ），失去凝结硬化能力，成为死烧石膏；当煅烧温度在800℃以上时，部分石膏分解出氧化钙，磨细后的产品称为高温煅烧石膏。氧化钙在硬化过程中起碱性激发剂的作用，硬化后具有较高的强度、抗水性和耐磨性，称为地板石膏。

3.1.2　建筑石膏的凝结硬化

建筑石膏与适量的水拌和最初为可塑的浆体，但很快失去塑性而产生凝结硬化，继而发展为固体。发生这种现象的实质，是由于浆体内部经历了一系列的物理化学变化。首先建筑石膏很快溶解于水并与水发生化学反应，形成二水石膏。

$$CaSO_4 \cdot 1/2H_2O+3/2H_2O \longrightarrow CaSO_4 \cdot 2H_2O$$

由于形成的二水石膏的溶解度比β型半水石膏小得多，仅为β型半水石膏溶解度的1/5，使溶液很快成为过饱和状态，二水石膏晶体将不断从饱和溶液中析出。这时，溶液中二水石膏浓度降低，使半水石膏继续溶解水化，直至半水石膏完全水化为止。

随着浆体中自由水分的逐渐减少，浆体会逐渐变稠而失去可塑性，这一过程称为凝结。随着二水石膏晶体的大量生成，晶体之间互相交叉连生，形成多孔的空间网络状结构，使浆体逐渐变硬，强度逐渐提高，这一过程称为硬化。由于石膏的水化过程很快，故石膏的凝结硬化过程非常快。建筑石膏的水化、凝结、硬化是一个联系的不可分割的过程，即水化是前提，凝结硬化是结果。

3.1.3　建筑石膏的技术要求

建筑石膏是以β型半水石膏为主要成分的白色粉末状气硬性无机胶凝材料，密度一般为 2.60~2.75g/cm^3，堆积密度为 800~1100kg/m^3。根据规定，建筑石膏按抗折、抗压强度，细度和凝结时间分为 3.0、2.0 和 1.6 三个等级。其物理力学性能见表 3-1。

表 3-1 建筑石膏物理力学性能（GB/T 9776—2008）

等级	细度(0.2mm 方孔筛筛余)(%)	凝结时间/min		2h 强度/MPa	
		初凝	终凝	抗折	抗压
3.0	≤10	≥3	≤30	≥3.0	≥6.0
2.0				≥2.0	≥4.0
1.6				≥1.6	≥3.0

3.1.4 建筑石膏的特性

1. 凝结硬化快

建筑石膏凝结硬化快，在常温下加水拌和，30min 内即达终凝；在室内自然条件下，达到完全硬化仅需一周。由于初凝时间过短，在实际工程中，往往需要掺入适量缓凝剂，如亚硫酸纸浆废液、硼砂、柠檬酸、动物皮胶等，但强度略有下降。若要加快石膏的硬化，可以采用对制品进行加热的方法或掺促凝剂（氟化钠、硫酸钠等）。

2. 孔隙率较大、体积密度小、强度较低

由于建筑石膏与水反应形成二水石膏的理论需水量为 18.6%，在生产中，为了使浆体达到一定的稠度以满足施工要求的可塑性，通常实际加水量为石膏质量的 60%~80%。硬化后多余水分蒸发，在内部留下大量孔隙，因此石膏的强度较低，但其强度发展较快，2h 的强度可达 3~6MPa，7d 的抗压强度为 8~12MPa，接近最高强度。

3. 吸湿性强，耐水性、抗渗性、抗冻性差

石膏硬化后，开口孔和毛细孔的数量较多，孔隙率大，使其具有较强的吸湿性，可以调节室内空气的湿度。硬化后的二水硫酸钙微溶于水，吸水饱和后石膏晶体的粘结力大大降低，强度明显下降，故软化系数较小，一般为 0.2~0.3。长期浸水会因二水石膏晶体溶解而引起溃散破坏，为了提高建筑石膏及其制品的耐水性，可在石膏中掺入适当的防水剂或掺入适量的水泥、粉煤灰、磨细的粒化高炉矿渣等。

4. 防火性能好、耐火性能差

硬化后的石膏制品大约含有 20%左右的结晶水，当遇火时，石膏制品中一部分结晶水放出并吸收大量的热，而蒸发出的水分在石膏制品表面形成水蒸气层，能够阻止火势蔓延。但二水石膏脱水后，强度下降，因而不耐火。

5. 硬化后体积产生微膨胀

建筑石膏硬化后体积产生微膨胀，膨胀值为 0.5%~1%。这是石膏胶凝材料的突出特性之一。石膏在硬化后不会产生收缩裂纹，硬化后表面光滑饱满、细腻、尺寸精确、形体饱满、装饰性好，有利于制造复杂图案花型的石膏装饰件。

6. 具有良好的可加工性和装饰性

建筑石膏制品在加工使用时，可以采用很多加工方式，如锯、刨、钉、钻，螺栓连接等。较纯净的石膏，其颜色洁白，材质细密，采用模具经浇注成型后，可形成各种图案，质感光滑细腻，具有较好的装饰效果。

7. 保温性和吸声性良好

建筑石膏制品的孔隙率大，且为微细的毛细孔，所以导热系数小，具有良好的保温性能。大量的毛细孔对吸声有一定的作用，吸声性能良好。

3.1.5　建筑石膏的应用

1. 作为室内粉刷涂料和室内抹灰应用

建筑石膏加水及缓凝剂拌和成石膏浆体，可作为室内粉刷涂料。建筑石膏加水、砂及缓凝剂拌和成石膏砂浆，可用于室内抹灰，抹灰后的表面光滑、细腻、洁白美观。石膏砂浆也可以作为油漆等的打底层，并可直接涂刷油漆或粘贴墙布或墙纸等。

2. 石膏类墙用板材

石膏类板材具有轻质、绝热、吸声、防火、尺寸稳定及可钉、可刨，施工安装方便等性能，在建筑工程中得到广泛的应用，是一种有发展前途的新型节能建筑材料。

(1) 纸面石膏板　纸面石膏板是以建筑石膏为主要原料，掺入纤维、外加剂等作为板芯，以特制的护面纸作为面层的一种轻质板材，分为普通纸面石膏板（P）、耐水纸面石膏板（S）、耐火纸面石膏板（H）三类。普通纸面石膏板是以建筑石膏为主要原料，掺入适量的纤维和外加剂制成芯板，再在其表面贴厚质护面纸板制成的板材。耐水纸面石膏板是以建筑石膏为主要原料，掺入适量耐水外加剂构成耐水芯材，并与耐水的护面纸牢固粘结在一起的轻质建筑板材。耐火纸面石膏板是以建筑石膏为主，掺入适量无机耐火纤维材料构成芯材，并与护面纸牢固粘结在一起的耐火轻质建筑板材。规格为长度1800mm、2100mm、2400mm、3000mm、3300mm和3600mm，宽度900mm、1200mm，厚度9.5 mm、15mm、18mm、21mm、25mm等几种。普通纸面石膏具有质轻、抗弯和抗冲击性高，防火、保温隔热、抗震性好，并具有较好的隔声性和调节室内湿度等优点。当与钢龙骨配合使用时，可作为A级不燃性装饰材料使用。普通纸面石膏板的耐火极限一般为5~15min。板材的耐水性差，受潮后强度明显下降且会产生较大变形或较大的挠度。耐水纸面石膏板具有较高的耐水性。耐火纸面石膏板属于难燃性建筑材料，具有较高的遇火稳定性，其遇火稳定时间20~30min以上。国家标准规定，当耐火纸面石膏板安装在钢龙骨上时，可作为A级装饰材料使用，其他性能与普通纸面石膏板相同。

普通纸面石膏板适用于办公楼、影剧院、饭店、宾馆、候车室、候机楼、住宅等建筑的室内顶棚、墙面、隔断、内隔墙等的装饰。普通纸面石膏板适用于干燥环境中，不宜用于厨房、卫生间、厕所以及空气相对湿度大于70%的潮湿环境中。普通纸面石膏板的表面还需要进行饰面处理。普通纸面石膏板与轻钢龙骨构成的墙体体系称为轻钢龙骨石膏板体系（简称QST）。该体系的自重仅为同厚度红砖的1%，并且墙体薄、占地面积小，可增大房间的有效使用面积。墙体内的空腔还可方便管道、电线等的埋设。耐水纸面石膏板主要用于厨房、卫生间、厕所等潮湿场合的装饰。其表面也需再处理以提高装饰性。耐火纸面石膏板主要用作防火等级要求高的建筑物的装饰材料，如影剧院、体育馆、幼儿园、展览馆、博物馆、候机（车）大厅、售票厅、商场、娱乐场所及其通道、楼梯间、电梯间等的顶棚、墙面、隔断等。

(2) 纤维石膏板　纤维石膏板是由建筑石膏、纤维材料（废纸纤维、木纤维或有机纤维）、多种添加剂和水经特殊工艺制成的石膏板。其规格尺寸与纸面石膏板基本相同，强度高于纸面石膏板。此种板材具有较好的尺寸稳定性和防火、防潮、隔声性能以及可钉、可锯、可装饰的二次加工性能，也可调节室内空气湿度，不产生有害人体健康的挥发性物质。纤维石膏板可用作工业与民用建筑中的隔墙、顶棚及预制石膏复合墙板，还可用来代替木材制作家具。

（3）石膏空心条板　石膏空心条板是以建筑石膏为胶凝材料，适量加入各种轻质骨料（膨胀珍珠岩、膨胀蛭石等）和改性材料（粉煤灰、矿渣、石灰、外加剂等），经拌和、浇注、振捣成型、抽芯、脱模、干燥而成，孔数7~9个，孔洞率为30%~40%。石膏空心条板按原材料分为石膏珍珠岩空心条板、石膏粉煤灰硅酸盐空心条板和石膏空心条板；按防水性能分为普通空心条板和耐水空心条板；按材料结构和用途分为素板、网板、钢埋件网板。石膏空心条板的长度为2100~3300mm、宽度为250~600mm、厚度为60~80mm。该板生产时不用纸、不用胶，安装时不用龙骨，适用于工业与民用建筑的非承重内隔墙。

3. 艺术装饰石膏制品

艺术装饰石膏制品是以优质建筑石膏粉为基料，配以纤维增强材料、胶粘剂等，加水拌料制成均匀的料浆，浇注在具有各种造型、图案、花纹的模具内，经硬化、干燥、脱模而成。

（1）浮雕艺术石膏线角、线板、花角　浮雕艺术石膏线角、线板和花角具有表面光洁、颜色洁白高雅、花型和线条清晰、立体感强、尺寸稳定、强度高、无毒、防火、施工方便等优点，广泛用于高档宾馆、饭店、写字楼和居民住宅的顶棚装饰，是一种造价低廉、装饰效果好、调节室内湿度和防火的理想装修材料，可直接用粘贴石膏腻子和螺钉进行固定安装。多用高强石膏或加筋建筑石膏制作，用浇注法成型。其表面呈现雕花形和弧形。

（2）浮雕艺术石膏灯圈　一般在灯座处、顶棚和角花多为雕花形或弧线形石膏饰件，灯圈多为圆形花饰，直径500~1800mm，美观、雅致，是一种良好的顶棚装饰材料。

（3）石膏花饰、壁挂、花台　石膏花饰是按设计方案先制作软模，然后浇入石膏麻丝料浆成型，再经硬化、脱模、干燥而成的一种装饰板材，板厚一般为15~30mm。石膏花饰的花形图案、品种规格很多，表面可为石膏天然白色，也可以制成金色、象牙白色、暗红色、淡黄色等多种彩绘效果。用于建筑物室内顶棚或墙面装饰。建筑石膏还可以制作成浮雕壁挂，表面可涂饰不同色彩的涂料，也是室内装饰的新型艺术制品。

石膏性质及应用讲解视频

4. 水泥的生产中，掺入石膏做缓凝剂

为了延缓水泥的凝结硬化，在生产水泥时需要加入天然二水石膏或无水石膏与水泥熟料共同磨细，此时石膏在水泥的凝结硬化中起到缓凝的作用。

3.1.6　建筑石膏的运输和储存

建筑石膏一般采用袋装储存，以具有防潮及不易破损的纸袋或其他复合袋包装。包装上应有产品标记、生产厂名、生产批号、出厂日期、质量等级、商标和防潮标志等。建筑石膏在运输和储存时不得受潮和混入杂物。不同等级应分别储运。自生产之日起，储存期为三个月（通常建筑石膏在储存三个月后强度将降低30%左右）。储存期超过三个月的建筑石膏，应重新进行检验，以确定其等级。

3.2 石灰

石灰的原材料分布广泛、生产工艺简单、成本低廉，是人类在建筑工程中使用最早的胶凝材料之一。

3.2.1 石灰的生产

将以碳酸钙为主要成分的石灰石等原材料，在900~1100℃左右的温度下煅烧所得到的块状气硬性胶凝材料称为生石灰，主要成分为CaO。化学反应式如下：

$$CaCO_3 \xrightarrow{900\sim1100} CaO + CO_2 \uparrow$$

在实际生产中，为了加快石灰石的分解，使$CaCO_3$充分分解为CaO，必须提高煅烧温度，一般为1000~1100℃，或者更高。当煅烧温度达到700℃时，石灰中的次要成分碳酸镁分解为氧化镁，反应如下：

$$MgCO_3 \xrightarrow{700℃} MgO + CO_2 \uparrow$$

在煅烧时由于火候或温度控制不均，常会产生欠火石灰、过火石灰。煅烧温度过低或煅烧时间过短，或者石灰石块体太大等原因，使生石灰中存在未分解完全的石灰石，这种石灰称为欠火石灰。欠火石灰产浆量小，质量较差，利用率较低，不会带来太大危害。若煅烧温度过高或煅烧时间过长，石灰块体体积密度增大，颜色变深，则会生成过火石灰。过火石灰与水反应速度大大降低，在硬化后才与游离水分发生熟化反应，产生较大体积膨胀，使硬化后的石灰表面局部产生凸出的网状裂纹、崩裂等现象，这种现象即为建筑工程质量通病之一的“爆灰”。

3.2.2 石灰的种类

1. 按照加工方法的不同分类

（1）生石灰　将以碳酸钙为主要成分的石灰石等原材料煅烧成白色疏松结构的块状物，主要成分为CaO。

（2）生石灰粉　主要由块状的生石灰磨细制成。

（3）消石灰粉　将生石灰用适量水经消化和干燥后制成的粉末，主要成分为$Ca(OH)_2$，也称为熟石灰或消石灰。

（4）石灰膏　将块状生石灰用过量水（为石灰体积的3~4倍）消化，或将消石灰粉和水拌和，所得到的一定稠度的膏状物，主要成分为$Ca(OH)_2$。

2. 按化学成分分类

根据石灰中MgO的含量多少，生石灰和消石灰的具体分类及指标见表3-2。

表3-2　生石灰和消石灰的具体分类及指标

石灰品种	种类	MgO含量
生石灰(粉)	钙质生石灰 镁质生石灰	<5% ≥5%

（续）

石灰品种	种类	MgO 含量
消石灰(粉)	钙质消石灰 镁质消石灰 白云石消石灰粉	<4% 4%~24% 25%~30%

3.2.3 石灰的熟化

石灰的熟化是指生石灰（CaO）加水形成熟石灰 $Ca(OH)_2$ 的过程，称为熟化或消化，熟石灰也称为消石灰。生石灰除磨细生石灰粉可以直接在工程中使用外，一般均需熟化后使用。在熟化过程中发生如下化学反应：

$$CaO+H_2O \longrightarrow Ca(OH)_2+64.83kJ$$

1. 熟化方式

熟化方式主要有淋灰和化灰两种。淋灰一般在石灰厂进行，是将块状生石灰堆成垛，先加入石灰熟化总用水量的70%的水，熟化1~2d后将剩余30%的水加入继续熟化而成。由于加水量小，熟化后为粉状，也称为消石灰粉。化灰一般在施工现场进行，是将块状生石灰放入化灰池中，用大量水冲淋，使水面超过石灰表面熟化而成。由于加入大量水分，形成的熟石灰为膏状，简称“灰膏”。为了消除过火石灰的危害，石灰膏应在储灰坑中存放半个月以上，方可使用。这一过程称之为“陈伏”，陈伏期间，石灰浆表面应覆盖一层水，以隔离空气，防止表面碳化。

2. 熟化过程的特点

1）反应可逆，在常温下该反应向右进行，在大于547℃时，反应向左进行，为了使消化顺利进行，注意不要使温度升高得太快。

2）水化热大，水化速率快。生石灰的消化反应即为放热反应，它在最初1h放出的热量几乎是硅酸盐水泥1d放出热量的9倍，28d放热的3倍。这主要是生石灰结构多孔，CaO的晶粒细小，内比表面积大造成的。

3）水化过程中体积增大。生石灰中氧化钙（CaO）与水反应是一个放热反应，放出的热量为64.83kJ/mol。由于生石灰疏松多孔，与水反应后形成氢氧化钙 $Ca(OH)_2$，体积比生石灰增大1.5~3.5倍，这一性质易在工程中造成事故，应予以重视。但也可以加以利用，即由于水化时体积增大，致使石灰块自动分散成粉末，制成消石灰粉。

3.2.4 石灰的硬化

石灰浆体使用后在空气中逐渐硬化，主要有以下三个过程：

1. 干燥硬化

水蒸发后留下空隙，尚存于空隙内的自由水，由于表面张力的作用，产生毛细管压力，使石灰粒子更加紧密，称为干燥硬化，由此获得的强度，称为干燥强度。

2. 结晶硬化

随着游离水的蒸发，氢氧化钙晶体逐渐从饱和溶液中析出，形成结晶结构网，从而使强度提高，由结晶硬化形成的强度称为结晶强度。在内部对强度增长起主导作用的是结晶硬化，但再遇水时，强度会降低。

3. 碳酸化硬化

石灰浆体在潮湿条件下，吸收空气中的二氧化碳发生化学反应，形成实际上不溶于水的碳酸钙晶体。

$$Ca(OH)_2+CO_2+nH_2O \longrightarrow CaCO_3+(n+1)H_2O$$

碳化作用是从熟石灰表面开始缓慢进行的，生成的碳酸钙晶体与氢氧化钙晶体交叉连生，形成网络状结构，由于碳酸钙的固相体积稍有增长，故硬化后的晶体更趋坚固。使石灰具有一定的强度。但表面形成的碳酸钙结构致密，会阻碍空气中的 CO_2 进一步进入，且空气中 CO_2 的浓度很低，在相当长的时间内，仍然是表层为 $CaCO_3$，内部为尚未碳化的 $Ca(OH)_2$。因此石灰的碳酸化硬化是一个相当缓慢的过程，所形成的强度也比较小，另外碳化层会阻碍水分的蒸发，会延缓浆体的硬化。从反应式看，这个过程的进行，一方面必须有水的存在，另一方面又放出较多的水，这将不利于干燥和结晶硬化。由于石灰浆的这种硬化机理，故它不宜用于长期处于潮湿或反复受潮的地方。

具体使用时，往往在石灰浆中掺入砂子配成石灰浆使用，掺入砂可减少收缩，更主要的是砂的掺入能在石灰浆内形成连通的毛细孔通道使内部水分蒸发并进一步碳化，以加速硬化。为了避免收缩裂缝，常加纤维材料，制成石灰麻刀灰、石灰纸筋灰等。石灰纸筋灰是一种用草或者纤维物质加工成浆状，按比例均匀地抹入抹灰砂浆内，作用在于防止墙体抹灰层裂缝，增加灰浆连接强度和稠度。石灰麻刀灰是将旧麻绳用麻刀机或竹条打成絮状的麻丝团，然后用来和石灰浆拌在一起，以达到防裂、加强的目的。

3.2.5　石灰的技术要求

1. 技术指标

（1）游离 CaO 与 MgO 含量　石灰中游离 CaO 与 MgO 含量是指石灰中活性的游离 CaO 和 MgO 占石灰试件质量的百分率。它是指石灰中产生粘结性的有效成分，是评价石灰质量的重要指标，其含量越高，活性越好，质量也越好。有效氧化钙含量采用中和滴定法确定。氧化镁含量是采用络合滴定法确定。

（2）生石灰产浆量和未消化残渣质量　生石灰产浆量是指单位质量（1kg）的生石灰消化后，所产石灰浆体的体积（L）。石灰产浆量越高，则表示其质量越好。

将规定质量一定粒径的生石灰块在规定时间内使其消化，生石灰消化后，那些未能消化而存留在 5mm 圆孔筛上的残渣试样占总试样的百分率，即为未消化残渣含量。未消化残渣含量越小，石灰的质量越好。

（3）二氧化碳（CO_2）含量　二氧化碳含量是为了控制石灰石在煅烧时“欠火”造成产品中未分解完全的碳酸盐的含量。CO_2 含量越高，表明未分解完全的碳酸盐含量越高，则游离的（CaO+MgO）含量相对降低，导致石灰的胶结性能下降，质量下降。

（4）消石灰粉游离水含量　消石灰粉游离水含量是指在 100~150℃ 时烘制恒重后消石灰试件的质量损失。生石灰消化时，除部分水被石灰消化过程中蒸发掉外，多加的水分残留于 $Ca(OH)_2$ 浆体中，形成消石灰的游离水，但这部分残余的水分蒸发后留下的空隙会加剧消石灰粉的碳化作用，影响消石灰的使用质量，因此应对消石灰粉游离水含量加以控制。

（5）细度　细度与石灰的质量有密切联系，细度用 0.2mm、90μm 筛孔的筛余百分率控制。筛余越小，石灰越细，石灰的质量越好。

（6）体积安定性　体积安定性是指在硬化过程中体积变化的均匀性。其测定方法是：将一定稠度的石灰浆压成形状为中间厚、边缘薄的一定直径的试饼，然后在100~105℃下烘干4h，若无溃散、裂纹、鼓包等现象，则安定性合格。

2. 技术要求

按照石灰中氧化镁的含量，将生石灰和生石灰粉分为钙质生石灰和镁质生石灰，按照消石灰粉中氧化镁的含量可分为钙质消石灰粉和镁质消石灰粉。建筑石灰按照化学成分可分为各个等级。具体指标如下：

1）按照标准《建筑生石灰》（JC/T 479—2013）的规定，建筑生石灰的技术指标见表3-3。

表3-3　建筑生石灰的技术指标

项目	钙质石灰			镁质石灰	
	CL90	CL85	CL75	ML85	ML80
CaO+MgO 含量(%)≥	90	85	80	85	80
SO_3 含量(%)≤	2	2	2	2	2
CO_2(%)含量≤	4	7	12	7	7
产浆量/(dm^3/10kg)≥	26	26	26	—	—

2）按照标准《建筑生石灰粉》（JC/T 479—2013）的规定，建筑生石灰粉的技术指标见表3-4。

表3-4　建筑生石灰粉的技术指标

项目		钙质生石灰			镁质生石灰	
		CL90-QP	CL85-QP	CL75-QP	ML85-QP	ML80-QP
CaO+MgO 含量(%)≥		90	85	75	85	80
CO_2(%)含量≤		4	7	12	7	7
细度	0.2mm 筛筛余(%)≤	2	2	2	2	2
	90μm 筛筛余(%)≤	7	7	7	7	7

3）按照标准《建筑消石灰粉》（JC/T 481—2013）中的规定，建筑消石灰粉的技术指标见表3-5。

表3-5　建筑消石灰粉的技术指标

项目		钙质消石灰粉			镁质消石灰粉	
		HCL90	HCL85	HCL75	HML85	HML80
CaO+MgO 含量(%)≥		90	85	75	85	80
游离水(%)含量≤		2	2	2	2	2
体积安定性		合格	合格	合格	合格	合格
细度	0.20mm 筛筛余(%)≤	2	2	2	2	2
	90μm 筛筛余(%)≤	7	7	7	7	7

3.2.6　石灰的特性

1. 保水性好

保水性是指固体材料与水混合时，能够保持水分不易泌出的能力。由于石灰膏中$Ca(OH)_2$粒子极小，比表面积很大，颗粒表面能吸附一层较厚的水膜，所以石灰膏具有较好的可塑性和保水性。将其掺入水泥砂浆中，配制成混合砂浆可以提高砂浆的保水能力，便于施工。

2. 吸湿性强，耐水性差

生石灰在存放过程中，会吸收空气中的水分而熟化。如存放时间过长，还会发生碳化使石灰的活性降低。硬化后的石灰，如果长期处于潮湿环境或水中，$Ca(OH)_2$就会逐渐溶解而导致结构破坏。

3. 凝结硬化慢，强度低

石灰浆体的凝结硬化所需时间较长。体积比为1∶3的石灰砂浆，其28d抗压强度为0.2~0.5MPa。

4. 硬化后体积收缩较大

在石灰浆体的硬化过程中，大量水分蒸发，使内部网状毛细管失水收缩，石灰会产生大的体积收缩，导致表面开裂。因此，工程中不宜用石灰单独制作建筑构件，通常需要在石灰膏中加入砂、纸筋、麻丝或其他纤维材料，以防止或减少开裂。

5. 放热量大，腐蚀性强

生石灰的熟化是放热反应，熟化时会放出大量的热。熟石灰中的$Ca(OH)_2$是一种中碱，具有较强的腐蚀性。

6. 化学稳定性差

石灰是碱性材料，与酸性物质接触时，容易发生化学反应，生成新物质。因此石灰及石灰的材料长期处在潮湿空气中，容易与二氧化碳作用生成碳酸钙，这种作用称为“碳化”。石灰材料还容易遭受酸性介质的腐蚀。

3.2.7　石灰的应用

建筑工程中使用的石灰品种主要有块状生石灰、磨细生石灰、消石灰粉和石灰膏。除块状生石灰外，其他品种均可在工程中直接使用。

1. 制成石灰膏、石灰乳涂料

用熟化并陈伏好的石灰膏，稀释成石灰乳，可用作内、外墙及顶棚的涂料，一般多用于内墙涂料。由于石灰乳为白色或浅灰色，具有一定的装饰效果，还可掺入碱性矿质颜料，使粉刷的墙面具有需要的颜色，主要用于要求不高的室内粉刷。

2. 配制成石灰砂浆或水泥石灰混合砂浆

以石灰膏为胶凝材料，掺入砂和水后，拌和成砂浆，称为石灰砂浆。它作为抹灰砂浆可用于墙面、顶棚等大面积暴露在空气中的抹灰层，也可以用做要求不高的砌筑砂浆。在水泥砂浆中掺入石灰膏后，可以提高水泥砂浆的保水性和砌筑、抹灰质量，节省水泥，这种砂浆称为水泥石灰混合砂浆，在建筑工程中用量很大。

3. 消石灰粉配制灰土和三合土

消石灰粉主要用来配制灰土（消石灰+黏土）和三合土（消石灰+黏土+砂、石或炉渣等填料），二灰土（消石灰+粉煤灰+黏土）。常用的三七灰土和四六灰土，分别表示熟石灰和黏土的体积比例为3∶7和4∶6。灰土和三合土广泛用于建筑物的基础，灰土和二灰土广泛用于道路的基层和垫层。

（1）灰土的特性　灰土的抗压强度一般随土的塑性指数的增加而提高。不随含灰率的增加而一直提高，并且灰土的最佳含灰率与土壤的塑性指数成反比。一般最佳含灰率的重量百分比为10%～15%；灰土的抗压强度随龄期（灰土制备后的天数）的增加而提高，当天的抗压强度与素土夯实相同，但在28d以后则可提高2.5倍以上；灰土的抗压强度随密实度的增加而提高。对常用的3∶7灰土多打一遍夯后，其90d的抗压强度可提高44%。

灰土的抗渗性随土的塑性指数及密实度的增高而提高，且随龄期的延长抗渗性也有提高。灰土的抗冻性与其是否浸水有很大关系。在空气中养护28d不经浸水的试件，历经三个冰冻循环，情况良好，其抗压强度不变，无崩裂破坏现象。但养护14d并接着浸水14d后的试件，同上试验后则出现崩裂破坏现象，是因为灰土龄期太短，灰土与土作用不完全，致使强度太差。灰土的主要优点是充分利用当地材料和工业废料（如炉渣灰土），节省水泥，降低工程造价，灰土基础比混凝土基础可降低造价60%～75%，在冰冻线以上代替砖或毛石基础可降低造价30%，用于公路建设时比泥结碎石降低40%～60%。

（2）注意事项　配制灰土、三合土或二灰土时，一般消石灰必须充分消化，石灰不能消解过早，否则消石灰碱性降低，减缓与土的反应，从而降低灰土的强度；所选土种以黏土、亚黏土及轻亚黏土为宜；准确掌握灰土的配合比；施工时，将灰土或三合土、二灰土混合均匀并夯实，使彼此粘结为一体。黏土等土中含有SiO_2和Al_2O_3等酸性氧化物，能与石灰在长期作用下反应，生成不溶性的水化硅酸钙和水化铝酸钙，使颗粒间的粘结力不断增强，灰土、三合土及二灰土的强度及耐水性能也不断提高。

4. 生产硅酸盐混凝土及其制品

以石灰与硅质材料（如石英砂、粉煤灰、矿渣等）为主要原料，经磨细、配料、拌和、成型、养护（蒸汽养护或压蒸养护）等工序得到的人造石材。常用的硅酸盐混凝土制品有蒸汽养护和压蒸养护的各种粉煤灰砖、灰砂砖，砌块及加气混凝土等。

碳化石灰板，将磨细的生石灰、纤维状填料（如玻璃纤维）或轻质骨料加水搅拌成型为坯体，然后再通入二氧化碳进行人工碳化（12～24h）而成的一种轻质板材。适合做非承重的内隔墙板、顶棚等。

5. 制造静态破碎剂

利用过火石灰水化慢且同时伴有体积膨胀的特性，配制静态破碎剂，用于混凝土和钢筋混凝土构筑物的拆除以及对岩石（大理石、花岗石等）的破碎和割断。静态破碎剂是一种非爆炸性破碎剂，它是由一定量的CaO晶体、粒径为10～100μm的过火石灰粉与5%～7%的水硬性胶凝材料及0.1%～0.5%的调凝剂混合制成。使用时，将静态破碎剂与适量的水混合调成浆体，注入到欲破碎物的钻孔中，由于水硬性胶凝材料硬化后，过火石灰才水化、膨胀，从而对孔壁可产生大于30MPa的膨胀压力，使物体破碎。

3.2.8 石灰的运输和储存

生石灰在运输时禁止与易燃、易爆和液体物品混装，同时要采取防水措施。生石灰、石灰粉应分类、分等级储存于干燥的仓库内，且不宜长期储存。块状生石灰通常进场后立即熟化，将保管期变为“陈伏”期。在石灰的储存和运输中必须注意，生石灰要在干燥环境中储存和保管。若储存期过长必须在密闭容器内存放。运输中要有防雨措施。要防止石灰受潮或遇水后水化，甚至由于熟化热量集中放出而发生火灾。磨细生石灰粉在干燥条件下储存期一般不超过一个月，最好是随产随用。

3.3 水玻璃

水玻璃俗称泡花碱，为无定型硅酸钾或硅酸钠的水溶液，是以石英砂和纯碱为原材料，在玻璃炉中熔融，冷却后溶解于水而制成的气硬性无机胶凝材料。水玻璃又称为防水油，它刷在水泥表面就像涂上了一层玻璃，这样就可以起阻水作用，水玻璃也因此得名。在建筑工程中常用来配制水玻璃胶泥和水玻璃砂浆、水玻璃混凝土，以及单独使用水玻璃为主要原料配制涂料。水玻璃在防酸工程和耐热工程中的应用较为广泛。

3.3.1 水玻璃的生产与组成

1. 水玻璃的生产

水玻璃是一种水溶性的硅酸盐，其化学式为 $R_2O \cdot nSiO_2$，式中 R_2O 为碱金属氧化物 Na_2O 或 K_2O，n 为二氧化硅与碱金属氧化物摩尔数的比值，称为水玻璃模数，建筑上常用的水玻璃是硅酸钠 $Na_2O \cdot nSiO_2$ 的水溶液。

制造水玻璃的方法很多，大体分为湿制法和干制法两种。它的主要原料是以含 SiO_2 为主的石英岩、石英砂、砂岩、无定形硅石及硅藻土等，和含 Na_2O 为主的纯碱（Na_2CO_3）、小苏打、硫酸钠（Na_2SO_4）及苛性钠（NaOH）等。

1）湿制法生产硅酸钠水玻璃是根据石英砂能在高温烧碱中溶解生成硅酸钠原理进行的。其反应式如下：

$$SiO_2+2NaOH \longrightarrow Na_2SiO_3+H_2O$$

2）干制法是根据原料的不同可分为碳酸钠法、硫酸法等。最常用的碳酸钠生产是根据纯碱（Na_2CO_3）与石英砂（SiO_2）在高温熔融状态下反应后生成硅酸钠的原理进行的。

$$Na_2CO_3+nSiO_2 \xrightarrow{1400\sim1500^\circ C} Na_2O \cdot nSiO_2+CO_2\uparrow$$

所得产物为固体块状的硅酸钠，然后用非蒸压法（或蒸压法）溶解，即可得到常用的水玻璃。

如果采用碳酸钾代替碳酸钠则可得到相应的硅酸钾水玻璃。由于钾、锂等金属盐类价格较贵，相应的水玻璃生产较少。不过，近年来水溶性硅酸钾生产有所发展，多用于要求较高的涂料和胶粘剂。通常水玻璃成品为分三类：

1）块状、粉状的固体水玻璃：是由熔炉中排出的硅酸盐冷却而得，不含水分。

2）液体水玻璃：是由块状水玻璃溶解于水而得。产品的模数、浓度、相对密度各不相同。经常生产的品种有 $Na_2O \cdot 2.4SiO_2$ 溶液，浓度有 40°、50°、56°波美度（波美度是表示溶液浓度的一种方法，把波美度比重计浸入所测溶液中得到的度数）三种，模数波动于 2.5~3.2。$Na_2O \cdot 2.8SiO_2$ 及 $K_2O \cdot Na_2O \cdot 2.8SiO_2$ 溶液，浓度为 45°波美度，模数波动于 2.6~2.9。$Na_2O \cdot 3.3SiO_2$ 溶液，浓度为 40°波美度，模数波动于 3~3.4。$Na_2O \cdot 3.6SiO_2$ 溶液，浓度为 35°波美度，模数波动于 3.5~3.7。

3）含有化合水的水玻璃：也称为水化玻璃，它在水中的溶解度比无水水玻璃大。

2. 水玻璃的组成

水玻璃是一种无色或淡黄、青灰色的透明或半透明的黏稠液体，是一种能溶于水的碱金属硅酸盐。其化学通式为：$R_2O \cdot nSiO_2$

其中：R_2O 为碱金属氧化物，多为 Na_2O，其次是 K_2O。n 为水玻璃的模数，表示一个碱金属氧化物分子与 n 个 SiO_2 分子化合。

我国生产的水玻璃模数一般都在 2.4~3.3 范围内，建筑中常用的水玻璃为 2.6~2.8 的硅酸钠水玻璃。水玻璃常以水溶液状态存在。表示为：$R_2O \cdot nSiO_2 + mH_2O$，水玻璃的模数越大，越难溶于水，但水玻璃的模数越大，胶体组分越多，其水溶液的粘结力越大。当模数相同时，水玻璃溶液的密度越大，则浓度越稠，黏性越好。

3.3.2 水玻璃的凝结硬化

水玻璃溶液在空气中吸收 CO_2 形成无定形硅胶，并逐渐干燥而硬化，其反应式为：

$$Na_2O \cdot nSiO_2 + CO_2 + mH_2O \longrightarrow Na_2CO_3 + nSiO_2 \cdot mH_2O$$

上述反应过程中硅胶（$nSiO_2 \cdot mH_2O$）脱水析出固态的 SiO_2。但这种反应进行很慢，为加速硬化，在水玻璃中加入硬化剂氟硅酸钠（Na_2SiF_6），促使硅酸凝胶加速析出，其反应式为：

$$2[Na_2O \cdot nSiO_2] + Na_2SiF_6 + mH_2O \longrightarrow 6NaF + (2n+1)SiO_2 \cdot mH_2O$$

$$SiO_2 \cdot mH_2O \longrightarrow SiO_2 + mH_2O\uparrow$$

氟硅酸钠的掺量不能太多，也不能太少，其适宜用量为水玻璃质量的 12%~15%。用量太少，不但硬化速度慢，强度降低，而且未反应的水玻璃易溶于水，导致耐水性差；用量过多会引起凝结过快，造成施工困难，而且渗透性大，强度降低。

3.3.3 水玻璃的技术性质

以水玻璃为胶凝材料配制的材料，硬化后变成以 SiO_2 为主的人造石材。它具有强度高、耐酸和耐热性能优良等特点。

1. 强度

水玻璃硬化后具有较高的粘结强度、抗拉强度、抗压强度。

水玻璃砂浆的抗压强度以边长为 70.7mm 的立方体试块为准。水玻璃混凝土则以边长为 150mm 的立方体试块为准。按规范规定的方法成型，然后在 20~25℃，相对湿度小于 80% 的空气中养护 2d 拆模，再养护至龄期达 14d 时，测得强度值作为标准抗压强度。

水玻璃硬化后的强度与水玻璃模数、相对密度、固化剂用量及细度，以及填料、砂和石的用量及配合比等因素有关，同时还与配制、养护、酸化处理等施工质量有关。

2. 耐酸性

硬化后的水玻璃，其主要成分为 SiO_2，所以它的耐酸性能很高。尤其是在强氧化性酸中具有较高的化学稳定性。除氢氟酸、20%以下的氟硅酸、热磷酸和高级脂肪酸外，几乎在所有酸性介质中都有较高的耐腐蚀性。如果硬化得完全，水玻璃材料耐稀酸、甚至耐酸性水腐蚀的能力也是很高的，但是水玻璃类材料不耐碱性介质的侵蚀。

3. 耐热性

水玻璃硬化形成 SiO_2 网状骨架，具有较好的耐热性能，若以铸石粉为填料，调成的水玻璃胶泥，其耐热度可达 900~1100℃。对于水玻璃混凝土其耐热度受骨料品种的影响。若用花岗石为骨料时，其耐热度仅在 200℃以下；若用石英岩、玄武岩、辉绿岩、安山岩时，其使用温度在 500℃以下；若以耐火黏土砖类耐热骨料配制的水玻璃混凝土，使用温度一般在 800℃以下；若以镁质耐火材料为骨料时耐热度可达 1100℃。

3.3.4　水玻璃的应用

水玻璃具有良好的胶结能力，硬化后具有堵塞毛细孔和防止水渗透的作用。水玻璃不燃烧，在高温下干燥得很快，强度不降低，甚至有所增加。水玻璃具有较高的耐酸性能，能抵抗大多数无机酸和有机酸的作用。其价格便宜，原料来源方便，多用于建筑涂料，胶结材料及防腐、耐酸材料。

1. 涂刷材料表面，浸渍多孔性材料，加固土壤与地基

以水玻璃涂刷石材表面，可提高其抗风化能力，提高建筑物的耐久性。以密度为 $1.35g/cm^3$ 的水玻璃浸渍或多次涂刷黏土砖、水泥混凝土等多孔材料，可提高材料的密实度和强度，其抗渗性和耐水性均有提高。这是由于水玻璃生成硅胶，与材料中的 $Ca(OH)_2$ 作用生成硅酸钙凝胶体，填充在孔隙中，从而使材料致密。不可以用水玻璃处理石膏制品，因为含 $CaSO_4$ 的材料与水玻璃生成 Na_2SO_4，产生膨胀，会使材料受结晶膨胀作用而破坏。若以模数 2.5~3 的水玻璃和氯化钙溶液一起灌入土壤中，生成的冻状硅酸凝胶在潮湿环境中，因吸收土壤水分而处于膨胀状态，使土壤固结，抗渗性得到提高。

2. 配制快凝防水剂

以水玻璃为基料，加入两种或四种矾的水溶液，称为二矾或四矾防水剂。这种防水剂可以掺入硅酸盐水泥砂浆或混凝土中，以提高砂浆或混凝土的密实性和凝结硬化速度。

二矾防水剂是以 1 份胆矾和 1 份红矾加入 60 份的沸水中，将冷却至 30~40℃的水溶液加入 400 份的水玻璃溶液中静置半小时即成。

四矾防水剂与二矾防水剂所不同的是除加入胆矾和红矾外，还加入紫矾，并控制四矾水溶液加入水玻璃时的温度为 50℃。这种四矾防水剂凝结速度快，适用于堵塞漏洞、缝隙等局部抢修工程。

3. 配制水玻璃耐酸混凝土与水玻璃耐热混凝土

以水玻璃为胶结材料，以氟硅酸钠为固化剂，掺入铸石粉等粉状填料和砂石骨料，经混合搅拌，振捣成型，干燥养护及酸化处理等加工而成的复合材料。

若选用填料和骨料为耐酸材料，则称为水玻璃耐酸混凝土；若选用填料和骨料为耐热材料时，则称为水玻璃耐热混凝土。

水玻璃混凝土具有机械强度高，耐酸和耐热性能好，整体性强，材料来源广泛，施工方便，成本低及使用效果好等特点。适用于耐酸地坪、墙裙、踢脚板、设备基础和支架、烟囱内衬以及耐酸池、槽、罐等设备外壳或内衬，还可以配筋后制成预制件。

习　题

3-1　建筑石膏的主要特性和用途有哪些?

3-2　什么是石灰的熟化与陈伏?

3-3　石灰在建筑工程中有何用途?

3-4　什么是水玻璃与水玻璃模数? 其性质和用途是什么?

3-5　工程实例题：某剧场石膏板做内部装饰，由于冬季散热器爆裂，大量热水流过剧场，一段时间后，石膏制品出现了局部变形，表面出现霉斑，试分析原因?

3-6　工程实例题：某工程室内抹面采用了石灰水泥混合砂浆，经干燥硬化后，墙面出现开裂及局部脱落现象，试分析原因?

3-7　工程实例题：某工程在配制石灰砂浆时，使用了潮湿且暴露于空气中的生石灰粉，施工完毕后发现建筑的内墙所抹砂浆出现大面积脱落，试分析原因?

第4章

水　泥

知识目标

(1) 通用硅酸盐水泥的主要技术要求及检测方法。

(2) 通用硅酸盐水泥的性质。

(3) 通用硅酸盐水泥的应用。

(4) 通用硅酸盐水泥的验收、运输与储存。

能力目标

通过本章内容的学习，要求学生掌握通用硅酸盐水泥的主要技术要求、检测方法、性质及应用。掌握通用硅酸盐水泥的验收方法，并知道运输和储存时的注意事项。

4.1　通用硅酸盐水泥概述

通用硅酸盐水泥是以硅酸盐水泥熟料、适量石膏和规定的混合材料制成的水硬性胶凝材料。

4.1.1　通用硅酸盐水泥的种类和代号

《通用硅酸盐水泥》（GB 175—2007）规定，通用硅酸盐水泥按混合材料的品种和掺量不同，可分为硅酸盐水泥、普通硅酸盐水泥、矿渣硅酸盐水泥、火山灰质硅酸盐水泥、粉煤灰硅酸盐水泥和复合硅酸盐水泥。各品种水泥的组分和代号应符合表4-1中的规定。

4.1.2　通用硅酸盐水泥的生产

1. 生产原料

生产通用硅酸盐水泥的主要原料是石灰质原料和黏土质原料。如石灰石、白垩等，主要为生产水泥提供 CaO；黏土质原料，如黏土、页岩等，主要为生产水泥提供 SiO_2、Al_2O_3 和

Fe_2O_3。有时两种原料中的成分不能满足生产要求，还需要加入少量的调节性原料（校正原料），如铁质校正原料和硅质校正原料。

表 4-1　通用硅酸盐水泥的组分和代号

品种	代号	组分(%)				
		熟料+石膏	粒化高炉矿渣	火山灰质混合材料	粉煤灰	石灰石
硅酸盐水泥	P·Ⅰ	100	—	—	—	—
	P·Ⅱ	≥95	≤5	—	—	—
		≥95	—	—	—	≤5
普通硅酸盐水泥	P·O	≥80 且<95	>5 且≤20			
矿渣硅酸盐水泥	P·S·A	≥50 且<80	>20 且≤50	—	—	—
	P·S·B	≥30 且<50	>20 且≤70	—	—	—
火山灰质硅酸盐水泥	P·P	≥60 且<80	—	>20 且≤40	—	—
粉煤灰硅酸盐水泥	P·F	≥60 且<80	—	—	>20 且≤40	—
复合硅酸盐水泥	P·C	≥50 且<80	>20 且≤50			

2. 工艺概述

首先将几种原料磨细后按适当比例混合，制成生料。然后将生料入水泥窑中煅烧，煅烧后得到硅酸盐水泥熟料。熟料和适量石膏，以及粒化高炉矿渣、火山灰质混合材料、粉煤灰等混合材料共同磨细，即制得了水泥成品。如图 4-1 所示水泥的生产工艺可以概括为“两磨一烧”，即磨细生料、磨细熟料、生料煅烧成熟料。

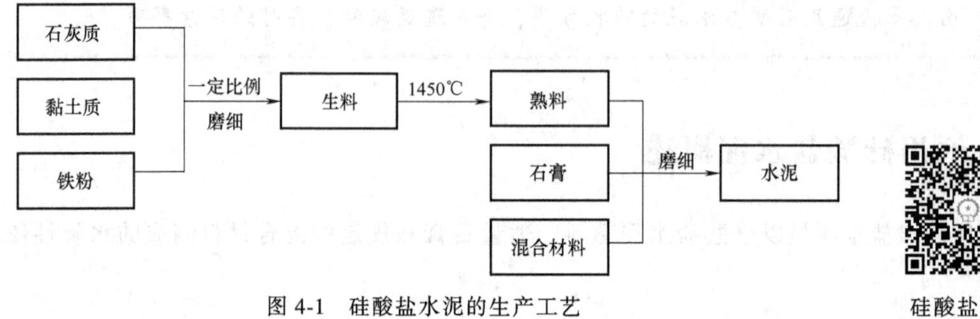

图 4-1　硅酸盐水泥的生产工艺

硅酸盐水泥
概述讲解视频

4.1.3　通用硅酸盐水泥熟料的主要矿物组成及特性

煅烧时，生料脱水后分解出 CaO、SiO_2、Al_2O_3、Fe_2O_3，在高温下它们形成了以硅酸钙为主的矿物，所以称为硅酸盐水泥。

硅酸盐水泥的主要矿物组成：

硅酸三钙 $3CaO \cdot SiO_2$，简式 C_3S，含量：37%~60%，密度：3.25g/cm^3。

硅酸二钙 $2CaO \cdot SiO_2$，简式 C_2S，含量：15%~37%，密度：3.28g/cm^3。

铝酸三钙 $3CaO \cdot Al_2O_3$，简式 C_3A，含量：7%~15%，密度：3.04g/cm^3。

铁铝酸四钙 $4CaO \cdot Al_2O_3 \cdot Fe_2O_3$，简式 C_4AF，含量：10%~18%，密度：$3.77g/cm^3$。

在硅酸盐水泥熟料的四种矿物组成中，硅酸三钙和硅酸二钙的总含量约为75%，铝酸三钙和铁铝酸四钙的总含量约为25%。除了这些主要矿物外，硅酸盐水泥中还含有少量的游离氧化钙、游离氧化镁和碱等。

水泥的技术性能，主要是由于水泥熟料中的几种主要矿物水化作用的结果。水泥熟料中各种矿物单独与水作用时所表现出的特性见表4-2。

从表4-2中可以看出水泥熟料由各种不同特性的矿物组成，当改变熟料中矿物的含量时，水泥的性质即发生相应的变化。例如：提高熟料中 C_2S 的含量，降低 C_3A 和 C_3S 的含量，就可以使水泥具有较低的水化热；提高熟料中 C_3S 的含量，就可以使水泥的强度提高。

表4-2 硅酸盐水泥熟料矿物的基本特性

矿物名称	C_3S	C_2S	C_3A	C_4AF
反应速率	快	慢	最快	快
放热量	大	小	最大	中
强度	高	早期低后期高	低	低
耐化学腐蚀	差	好	最差	中

4.2 硅酸盐水泥

凡由硅酸盐水泥熟料、0%~5%的石灰石或粒化高炉矿渣、适量石膏磨细制成的水硬性胶凝材料，称为硅酸盐水泥。硅酸盐水泥分为两种类型，不掺加混合材料的称为Ⅰ型硅酸盐水泥，代号P·Ⅰ；掺加混合材料不超过5%的称为Ⅱ型硅酸盐水泥，代号P·Ⅱ。

4.2.1 硅酸盐水泥的水化和凝结硬化

1. 硅酸盐水泥熟料的水化

硅酸盐水泥与水接触后，熟料中各种矿物立即与水发生水化作用，生成新的水化产物并且放出一定的热量。四种主要熟料矿物与水的反应如下：

$$2(3CaO \cdot SiO_2) + 6H_2O = 3CaO \cdot 2SiO_2 \cdot 3H_2O + 3Ca(OH)_2$$

水化硅酸钙凝胶

$$2(2CaO \cdot SiO_2) + 4H_2O = 3CaO \cdot 2SiO_2 \cdot 3H_2O + Ca(OH)_2$$

水化硅酸钙凝胶

$$3CaO \cdot Al_2O_3 + 6H_2O = 3CaO \cdot Al_2O_3 \cdot 6H_2O$$

水化铝酸钙晶体

$$4CaO \cdot Al_2O_3 \cdot Fe_2O_3 + 7H_2O = 3CaO \cdot Al_2O_3 \cdot 6H_2O + CaO \cdot Fe_2O_3 \cdot H_2O$$

水化铝酸钙晶体　　水化铁酸钙凝胶

生产水泥时为调节凝结时间而掺入的石膏也要参加反应：

$$3CaO \cdot Al_2O_3 \cdot 6H_2O + 3(CaSO_4 \cdot 2H_2O) + 20H_2O = 3CaO \cdot Al_2O_3 \cdot 3CaSO_4 \cdot 32H_2O$$

高硫型水化硫铝酸钙（钙矾石）

当石膏耗尽时，水中未水化的 C_3A 会与钙矾石作用生成低硫型的水化硫铝酸钙：

$$3CaO \cdot Al_2O_3 \cdot 3CaSO_4 \cdot 32H_2O + 2(3CaO \cdot Al_2O_3) + 4H_2O = 3(3CaO \cdot Al_2O_3 \cdot CaSO_4 \cdot 12H_2O)$$

低硫型水化硫铝酸钙

纯水泥熟料磨细加水后凝结时间很短，给水泥的施工应用造成不便。掺入适量石膏，这些石膏与铝酸三钙反应生成水化硫铝酸钙，覆盖于未水化的铝酸三钙周围，阻止其继续快速水化，由于水化硫铝酸钙非常难溶，迅速沉淀结晶形成针状晶体，包裹于铝酸盐矿物表面阻止水分与其接触和反应，因而延缓了水泥的凝结时间。但如果石膏过多，会引起水泥体积安定性不良。

综上所述，硅酸盐水泥水化生成的主要水化产物有：C—S—H 凝胶、氢氧化钙、水化铝酸钙和水化硫铝酸钙晶体、水化铁酸钙凝胶体。在充分水化的水泥石中，C—S—H 凝胶约占 70%，氢氧化钙约占 20%，钙矾石和单硫型水化硫铝酸钙约占 7%。

2. 硅酸盐水泥的凝结硬化过程

历史上曾提出多种理论来解释水泥的凝结硬化过程，近些年来又得到了一些完善，但仍有许多问题有待于进一步的研究。下面对这一过程做简要介绍。

水泥加水拌和后，水泥颗粒分散于水中，成为水泥浆体。水泥颗粒与水接触后，一些物质溶解于水中，并很快达到饱和状态，开始沉淀形成微小的颗粒；还有些物质直接与水反应生成水化产物，并包裹于水泥颗粒表面。水分透过水化产物包裹层，将可溶的物质溶解并透过水化产物层带出并沉淀，渐渐长大成为晶体。由于水分渗入速度慢，水泥的水化速度减慢。

随着水分渗入量增大，而溶解物质溶液很难渗出，产生了渗透压力。可溶物质在包裹层内沉淀形成微小晶体，以及直接与水反应生成的水化产物增多，包裹层发生了破裂。水分与新的水泥颗粒接触，发生了快速水化反应，水化产物增多，颗粒之间水分减少，颗粒相互接触，水泥浆黏度增加，渐渐失去可塑性，水泥浆进入凝结过程。

随着水泥水化的不断进行，水化产物增多，晶体长大，水分减少，水泥浆完全失去可塑性。水泥浆孔隙减少，密实度增加，产生了强度，强度不断增加，水泥浆进入硬化过程。硬化的过程在开始时速度很快，28d 以后硬化开始减慢。硬化过程可以持续几年甚至几十年。

硬化后的水泥石是由水泥凝胶、未完全水化的水泥颗粒、毛细孔（含毛细孔水）等组成的。

3. 影响硅酸盐水泥凝结、硬化的因素

（1）熟料矿物组成　矿物组成是影响水泥凝结硬化的主要内因，不同的熟料矿物单独与水作用时，水化反应的速度、水化热、水化产物的强度是不同的，因此改变水泥的矿物组成，其凝结硬化将产生明显的变化。

（2）水泥的细度　水泥颗粒的粗细直接影响水泥的水化、凝结硬化、强度、水化热、干燥收缩等。水泥颗粒越细，与水接触的表面积越大，水化速度则越快且比较充分，水泥的早期强度和后期强度都很高。但水泥颗粒过细，在生产过程中消耗的能量越多，机械损耗也越大，生产成本增加，且水泥在硬化时收缩也增大。因此，水泥的细度应控制在合理的范围内。

（3）石膏　石膏掺入水泥中的目的是为了延缓水泥的凝结、硬化速度，其缓凝原理如前所述。石膏的掺量必须严格控制，如果石膏掺量过多，在水泥硬化后仍有一部分石膏与 C_3A 继续水化生成水化硫铝酸钙针状晶体，体积膨胀，使水泥和混凝土强度降低，严重时还

会引起水泥体积安定性不良。

(4) 温度、湿度　温度对水泥的凝结硬化影响很大，提高温度，可加速水泥的凝结硬化，强度增长较快。一般情况下，提高温度可以加速硅酸盐水泥的早期水化，使早期强度能较快发展，但对后期强度反而可能会有降低作用。而在较低温度下进行水化，虽然凝结硬化慢，但水化产物比较致密，可以获得较高的最终强度。但当温度低于0℃时，水泥强度不仅不增长，而且还会因水的结冰而导致水泥石的破坏。

湿度是保证水泥水化的一个必备条件，水泥的凝结硬化实质是水泥的水化过程。因此，在缺乏水的干燥环境中，水化反应不能正常进行，硬化也将停止；潮湿环境下的水泥石能够保持足够的水分进行水化和凝结硬化，从而保证强度的不断发展。在工程中，保持环境的温度、湿度，使水泥石强度不断增长的措施称为养护，水泥混凝土在浇筑后的一段时间里应十分注意温度和湿度的养护。

(5) 龄期　龄期是指水泥在正常养护条件下所经历的时间。水泥的凝结硬化是随龄期的增长而渐进的过程，在适宜的温度、湿度环境中，随着水泥颗粒内部各熟料矿物水化程度的提高，凝胶体不断增加，毛细孔相应减少，水泥的强度增长可持续若干年。在水泥水化作用的最初几天内强度增长最为迅速，如水化7d的强度可达到28d强度的70%左右，28d以后的强度增长明显减缓。

(6) 水灰比　拌和水泥浆时，水与水泥的质量比称为水灰比。拌和水泥浆时，为使浆体具有一定的塑性和流动性，所加入的水量通常要大大超过水泥充分水化时所需用水量，多余的水在硬化的水泥石内形成毛细孔。因此拌合水越多，硬化后水泥石中的毛细孔就越多，在熟料矿物成分含量大致相近的情况下，水灰比的大小是影响水泥石强度的主要因素。

水泥的凝结、硬化除上述主要因素外，还与受潮程度及掺外加剂种类等因素有关。

4.2.2　硅酸盐水泥的技术要求

1. 细度（选择性指标）

水泥的细度是指水泥颗粒的粗细程度。水泥的细度对水泥安定性、需水量、凝结时间及强度有较大的影响。水泥颗粒越细，与水起反应的表面积越大，水化较快，其早期强度和后期强度都较高；但粉磨能耗增大，机械损耗增大，生产成本增加，而且硬化收缩增大，因此，水泥的细度应控制在合理的范围。

水泥的细度有两种表示方法：一种是用80μm或45μm方孔筛的筛余百分数表示。另一种是用比表面积即单位质量水泥粉末总表面积表示。比表面积越大，说明水泥颗粒越细。国家标准规定硅酸盐水泥的细度用比表面积表示，比表面积应不小于300m^2/kg。

2. 标准稠度用水量

标准稠度用水量的大小对水泥的凝结时间、体积安定性等的测定值有较大的影响。为了使所测得的结果具有可比性，要求必须采用标准稠度的水泥净浆来测定。水泥净浆达到标准稠度所需的用水量即为标准稠度用水量，用水占水泥质量的百分数来表示，对于不同的水泥品种，水泥的标准稠度用水量各不相同，一般在24%~33%。标准稠度用水量主要取决于熟料的矿物组成及水泥细度。在其他条件相同的情况下，标准稠度用水量越小越好。

水泥标准稠度测定演示动画

3. 凝结时间

凝结时间是水泥从加水拌和开始，至水泥浆失去流动性，即从可塑状态发展到固体状态所需的时间。凝结时间分为初凝时间和终凝时间：从水泥加水拌和开始至水泥浆体开始失去可塑性所需的时间称为初凝时间，从水泥加水开始至水泥浆体完全失去可塑性所需的时间称为终凝时间。

水泥初凝时间不宜过短，以便使用时有足够的时间进行搅拌、运输、浇捣或砌筑等施工操作，硅酸盐水泥初凝时间要求不小于 45min。水泥终凝时间不宜过长，以便水泥能尽快硬化并提高强度，进行下一道施工工序，硅酸盐水泥的终凝时间要求不大于 390min。

影响凝结时间的因素很多。水泥熟料中铝酸三钙含量越多，水泥中石膏越少，水泥的凝结时间越短；水泥越细，水灰比越小，水泥的凝结时间越短；温度越高，相对湿度越低，水泥凝结时间越短。

水泥凝结时间讲解视频

水泥凝结时间测定演示动画

4. 体积安定性

水泥的体积安定性是指水泥浆在硬化过程中体积变化的均匀性。若水泥浆硬化后产生不均匀的体积变化，即所谓安定性不良，会使混凝土产生膨胀性裂缝，降低工程质量。

引起水泥体积安定性不良的原因主要是：

（1）游离氧化钙过量　由于熟料烧成工艺上的原因，使熟料中含有较多过烧的游离氧化钙，水化速度很慢，在水泥浆硬化后才发生下面的反应：

$$CaO+H_2O = Ca(OH)_2$$

该反应使水泥石体积膨胀，会导致水泥石开裂。

（2）游离氧化镁过量　水泥中的游离氧化镁形成结晶方镁石时，其晶体结构致密，水化速度比游离氧化钙还要慢，要几个月甚至几年才有明显水化反应，生成氢氧化镁，体积膨胀将导致水泥石开裂。其反应式如下：

$$MgO + H_2O = Mg(OH)_2$$

水泥体积安定性讲解视频

（3）石膏掺量过多　当石膏掺量过多时，在水泥浆体硬化后，过量石膏还会继续与水化铝酸钙反应生成高硫型水化硫铝酸钙，体积膨胀，从而导致水泥石开裂。

国家标准规定用沸煮法检验硅酸盐水泥的体积安定性。其方法是将水泥净浆试饼或雷氏夹试件煮沸 3h，用肉眼观察试饼未发现裂纹，用直尺检查没有弯曲，或测得雷氏夹试件膨胀量在规定值内，则水泥体积安定性合格，反之为不合格。当对测定结果有争议时，以雷氏夹法为准。国家标准规定硅酸盐水泥的体积安定性经沸煮法检验必须合格，硅酸盐水泥中的 MgO 含量不大于 5.0%，经水泥压蒸试验合格，允许放宽至 6.0% 。SO_3 含量不大于 3.5%。

水泥体积安定性测定演示动画

氯离子含量不大于0.06%，当有更低要求时，含量由买卖双方协商确定。

5. 强度

水泥的强度按《水泥胶砂强度检验方法》（GB/T 17671—1999）（ISO法）中的规定进行。其规定如下：将水泥、标准砂和水按规定比例（1∶3.0∶0.50）用标准制作方法制成40mm×40mm×160mm的标准试件，在标准条件下养护，测定其3d和28d的抗折强度和抗压强度，按照3d和28d的抗折强度和抗压强度将硅酸盐水泥划分为42.5、42.5R、52.5、52.5R、62.5、62.5R六个强度等级；普通硅酸盐水泥划分为42.5、42.5R、52.5、52.5R四个强度等级。其中R型水泥为早强型，主要是3d强度较同强度等级水泥高。硅酸盐水泥和普通硅酸盐水泥各龄期的强度不得低于表4-3所示数值。

水泥强度测定讲解视频

表4-3　硅酸盐水泥、普通硅酸盐水泥各等级、各龄期的强度值（GB 175—2007）

品种	强度等级	抗压强度/MPa		抗折强度/MPa	
		3d	28d	3d	28d
硅酸盐水泥	42.5	17.0	42.5	3.5	6.5
	42.5R	22.0	42.5	4.0	6.5
	52.5	23.0	52.5	4.0	7.0
	52.5R	27.0	52.5	5.0	7.0
	62.5	28.0	62.5	5.0	8.0
	62.5R	32.0	62.5	5.5	8.0
普通硅酸盐水泥	42.5	17.0	42.5	3.5	6.5
	42.5R	22.0	42.5	4.0	6.5
	52.5	23.0	52.5	4.0	7.0
	52.5R	27.0	52.5	5.0	7.0

6. 水化热

水泥与水发生水化反应所放出的热量称为水化热，通常用J/kg表示。水化热的大小主要与水泥的细度及矿物组成有关。颗粒越细，水化热越大；矿物中C_3S、C_3A含量越多，水化放热越高。大部分的水化热集中在早期放出，3~7d以后逐步减少。

水化放热对冬期施工的混凝土是有利的，但对大体积混凝土工程是不利的。因为水化热积聚在混凝土内部不易散出，致使内外产生很大温差，引起温度应力，使混凝土产生裂缝。对于大体积混凝土工程，应采用低热水泥，否则应采取必要的降温措施。

7. 碱

水泥中碱含量按$Na_2O+0.658K_2O$计算值来表示。水泥中含碱是引起混凝土产生碱骨料反应的条件。为避免碱骨料反应的发生，若使用活性骨料，用户要求提供低碱水泥时，水泥中碱含量不得大于0.60%。

凡凝结时间、安定性、强度、不溶物、烧失量、三氧化硫、氧化镁、氯离子中的任何一项不符合标准规定者，为不合格品；反之，上述各项均符合标准规定者为合格品。

4.2.3　硅酸盐水泥的腐蚀和防止

1. 水泥腐蚀的类型

硅酸盐水泥硬化后，在一般条件下具有较好的耐久性，但若长期处在腐蚀性介质的作用下，强度会逐渐降低，甚至遭到破坏或完全崩溃，这种现象称为水泥石腐蚀。硅酸盐水泥的腐蚀可以分为以下几种类型：

（1）软水的腐蚀（溶出性腐蚀） 雨水、雪水、冷凝水及含重碳酸盐甚少的河水、湖水均属于软水。水泥石中的氢氧化钙在软水中有较大的溶解度。在水泥石中首先溶解的是氢氧化钙，很快达到溶解平衡，如在静水中或无压力水中，溶解仅限于表面，对水泥石影响不大。如在流动水及有压力水中，氢氧化钙不断溶出被带走，腐蚀也就不断地进行。由于水泥石中氢氧化钙浓度不断降低，还会造成水泥石中其他水化产物的分解，最终会引起水泥石强度降低和结构破坏。

（2）酸性腐蚀

1）碳酸腐蚀。工业污水及地下水中常溶解有较多的二氧化碳。水中二氧化碳和水泥石中氢氧化钙反应生成不溶于水的碳酸钙，再与水中的二氧化碳反应生成了一种易溶于水的碳酸氢钙，由于碳酸氢钙的不断溶解，造成氢氧化钙不断溶出，水泥石的其他水化产物不断分解，使水泥石结构破坏。其化学反应式如下：

$$Ca(OH)_2 + CO_2 + H_2O = CaCO_3 + 2H_2O$$

$$CaCO_3 + CO_2 + H_2O = Ca(HCO_3)_2$$

2）一般酸的腐蚀。在工业污水、地下水、沼泽水中常含有一定量不同种类的酸，其中有无机酸和有机酸。这些酸与水泥石中的氢氧化钙作用，生成的化合物有的易溶于水，有的体积膨胀，使水泥石受到破坏，其中硫酸、盐酸、氢氟酸和醋酸、蚁酸及乳酸等对水泥石的腐蚀最为严重。

例如：盐酸与水泥石中的 $Ca(OH)_2$ 反应生成极易溶于水的氯化钙，导致溶出性化学腐蚀：

$$2HCl + Ca(OH)_2 = CaCl_2 + 2H_2O$$

硫酸与水泥石中的 $Ca(OH)_2$ 反应生成膨胀性组分：

$$H_2SO_4 + Ca(OH)_2 = CaSO_4 + 2H_2O$$

生成的二水石膏，或直接在水泥石孔隙中结晶产生膨胀，或再与水泥石中的水化铝酸钙反应生成水化硫铝酸钙，又产生膨胀作用，即

$$3CaO \cdot Al_2O_3 \cdot 6H_2O + 3CaSO_4 \cdot 2H_2O + 20H_2O = 3CaO \cdot Al_2O_3 \cdot 3CaSO_4 \cdot 32H_2O$$

（3）盐类腐蚀 镁盐与水泥石接触后，会与氢氧化钙发生置换反应，生成无胶凝性的氢氧化镁。即

$$Ca(OH)_2 + Mg^{2+} = Mg(OH)_2 + Ca^{2+}$$

硫酸盐对水泥石的腐蚀同硫酸的腐蚀，而硫酸镁对水泥石的腐蚀包括镁盐和硫酸盐的双重腐蚀作用。

（4）强碱腐蚀 强碱（如氢氧化钠）与水泥中未水化的铝酸钙反应生成易溶的铝酸钠，即

$$3CaO \cdot Al_2O_3 + 6NaOH = 3Na_2O \cdot Al_2O_3 + 3Ca(OH)_2$$

当水泥石被氢氧化钠溶液浸透后，又在空气中干燥，氢氧化钠会与空气中的二氧化碳反应，生成膨胀性的碳酸钠，即

$$2NaOH + CO_2 = Na_2CO_3 + H_2O$$

2. 水泥腐蚀的基本原因和防止措施

(1) 水泥腐蚀的基本原因　通过上述几种腐蚀类型，可以得出水泥腐蚀的基本原因是：

1) 水泥石中存在氢氧化钙、水化铝酸钙等水化物是造成腐蚀的内在原因。

2) 水泥石本身不密实，有渗水的毛细管渗水通道。

3) 水泥石周围有以液相形式存在的腐蚀性介质。

(2) 防止水泥腐蚀的措施

1) 根据环境特点，选用适宜的水泥品种。如选用含氢氧化钙少的水泥，可以提高抵抗软水、酸等腐蚀性介质的作用。如选用铝酸盐含量低的抗硫酸盐水泥来提高抵抗硫酸盐的腐蚀能力。

2) 提高水泥石的密实度，减少孔隙率。水泥石越密实，抗渗能力越强，腐蚀介质也越难进入。可通过降低水灰比，掺加外加剂，改善施工方法等措施完成。

3) 设置隔离层和保护层。当腐蚀作用较强，采用上述措施也难以满足防腐要求时，可用耐腐蚀性的材料，如采用石料、陶瓷、塑料、沥青等做水泥表面保护层和隔离层，可以达到抗腐蚀的目的。

4.2.4 硅酸盐水泥的性质与应用

1. 凝结硬化快、强度高

硅酸盐水泥凝结硬化快、强度高，尤其是早期强度增长率高。主要用于配制高强混凝土、预应力混凝土以及用于冬期施工、有早强要求的重要混凝土结构中。

2. 抗冻性好

由于硅酸盐水泥凝结硬化后孔隙率低，早期强度高，故具有优良的抗冻性，适用于冬期施工、遭受反复冻融的混凝土工程及干湿交替的部位。

3. 耐腐蚀性差

因为硬化后的水泥石中氢氧化钙和水化铝酸钙含量较多，耐腐蚀性差，故硅酸盐水泥不适用于受海水、矿物水、硫酸盐等化学腐蚀性介质腐蚀的地方。

4. 水化热大

由于硅酸盐水泥中含有大量的 C_3S、C_3A，故放热速度快且热量多，不适用于大体积混凝土工程中，但有利于混凝土的冬期施工。

5. 抗碳化性好

水泥石中的氢氧化钙与空气中的二氧化碳反应称为碳化。碳化使水泥石的碱度降低，引起钢筋锈蚀和水泥石收缩。硅酸盐水泥中含较多氢氧化钙，碳化时碱度不易降低。这种水泥制成的混凝土抗碳化性好，适用于空气中二氧化碳含量较高的环境中。

6. 干缩小

硅酸盐水泥在凝结硬化过程中生成大量的水化硅酸钙凝胶，游离水分少，水泥石密实，不易产生干缩裂纹，可用于干燥环境中的混凝土工程。

7. 耐热性差

硅酸盐水泥中的一些重要成分在250℃温度时会发生脱水或分解，使水泥石强度下降。当受热700℃以上时，将遭受破坏，所以硅酸盐水泥不适用于耐热混凝土工程。

8. **耐磨性好**

硅酸盐水泥强度高，耐磨性好。适用于道路、地面等对耐磨性要求高的工程。

4.3 掺混合材料的硅酸盐水泥

掺混合材料的硅酸盐水泥是由硅酸盐水泥熟料，加入适量混合材料及石膏共同磨细而成的水硬性胶凝材料。加入混合材料，可以改善水泥的某些性质，调节水泥强度等级，增加品种，提高产量，节约熟料，降低成本；同时综合利用工业废料和地方性材料，节约资源，降低能耗。根据掺入混合材料的数量和品种的不同，分为普通硅酸盐水泥、矿渣硅酸盐水泥、火山灰质硅酸盐水泥和粉煤灰硅酸盐水泥、复合硅酸盐水泥。

4.3.1 混合材料

掺入到水泥或混凝土中的人工或天然矿物材料称为混合材料。混合材料按照其参与水化的程度分为活性混合材料和非活性混合材料两类。

1. **活性混合材料**

常温下能与氢氧化钙和水发生化学反应，生成水硬性水化产物，并能逐渐凝结硬化产生强度的混合材料称为活性混合材料。常用的活性混合材料有粒化高炉矿渣、火山灰质混合材料、粉煤灰。

（1）粒化高炉矿渣　将炼铁高炉中的熔融矿渣经水淬等急冷方式处理而成的松软颗粒称为高炉矿渣，又称水淬矿渣，其中主要的化学成分是 CaO、SiO_2 和 Al_2O_3，约占 90%以上。一般以 CaO 和 Al_2O_3 含量较高者，活性较大，质量较好。急速冷却的矿渣结构为不稳定的玻璃体，储有较高的潜在活性，在有激发剂的情况下，具有水硬性，如果熔融状态的矿渣缓慢冷却，其中的 SiO_2 等形成晶体，活性极小，称为慢冷矿渣，则不具有活性。

（2）火山灰质混合材料　凡是天然的或人工的以活性氧化硅 SiO_2 和活性氧化铝 Al_2O_3 为主要成分，其含量一般可达 65%～95%，具有火山灰活性的矿物质材料，都称为火山灰质混合材料。按其成因分为天然的和人工的两类。天然的火山灰主要是火山喷发时随同熔岩一起喷发的大量碎屑沉积在地面或水中的松软物质，包括浮石、火山灰、凝灰岩等。还有一些天然材料或工业废料，如硅藻土、沸石、烧黏土、煤矸石、煤渣等也属于火山灰质混合材料。

（3）粉煤灰　粉煤灰属于具有一定活性的火山灰质混合材料，它是发电厂燃煤锅炉排出的烟道灰。由于它是比较大宗的工业废渣，为了大量利用这些工业废渣，保护环境、节约资源，把它专门列出作为一类活性混合材料。

粉煤灰的主要化学成分是 SiO_2、Al_2O_3、Fe_2O_3、CaO，其颗粒直径一般为 0.001～0.050mm，呈玻璃态实心或空心的球状颗粒，表面比较致密。

2. **非活性混合材料**

常温下不与水泥发生化学反应或化学反应很微弱的矿物材料，称为非活性混合材料。它在水泥中主要起填充作用，将它们掺入水泥中的目的主要是为了调节水泥的强度等级范围，降低水化热，提高水泥产量，降低成本等。常用的非活性混合材料主要有石灰石、石英砂、慢冷矿渣、黏土等。

3. 活性混合材料的水化

活性混合材料都含有大量的活性 SiO_2 和活性 Al_2O_3，它们在氢氧化钙溶液中，会发生水化反应，在饱和的氢氧化钙溶液中水化反应更快，生成水化硅酸钙和水化铝酸钙：

$$xCa(OH)_2 + SiO_2 + nH_2O = xCaO \cdot SiO_2 \cdot (x+n)H_2O$$

$$yCa(OH)_2 + Al_2O_3 + mH_2O = yCaO \cdot Al_2O_3 \cdot (y+m)H_2O$$

当液相中有石膏存在时，将与水化铝酸钙反应生成水化硫铝酸钙。水泥熟料的水化产物 $Ca(OH)_2$ 和熟料中的石膏具备了使活性混合材料发挥活性的条件，即氢氧化钙和石膏起着激发水化、促进水泥硬化的作用，故称为激发剂。

掺活性混合材料的硅酸盐水泥与水拌和后，首先的反应是硅酸盐水泥熟料水化，生成氢氧化钙。然后，它与掺入的石膏作为活性混合材料的激发剂，产生前述的反应（称为二次水化反应）。二次水化反应速度较慢，受温度影响敏感。

4.3.2 普通硅酸盐水泥

1. 定义

凡由硅酸盐水泥熟料、>5%且≤20%的混合材料、适量石膏磨细制成的水硬性胶凝材料，称为普通硅酸盐水泥，简称普通水泥，代号 P·O。掺活性混合材料时，活性混合材料掺加量为>5%且≤20%，其中允许用不超过水泥质量 5%且符合标准（JC/T 742）的窑灰或不超过水泥质量 8%且符合国家标准的非活性混合材料代替。

2. 技术要求

（1）细度（选择性指标）　用比表面积表示，不小于 $300m^2/kg$。

（2）凝结时间　初凝时间不小于 45min，终凝时间不大于 600min。

（3）强度　根据 3d 和 28d 龄期的抗压和抗折强度，将普通硅酸盐水泥划分为 42.5、42.5R、52.5、52.5R 共 4 个强度等级。各强度等级水泥的各龄期强度不得低于国家标准规定的数值（表 4-4）。

普通硅酸盐水泥的体积安定性、氧化镁含量、三氧化硫含量、氯离子含量的要求与硅酸盐水泥相同。

普通硅酸盐水泥中绝大部分仍为硅酸盐水泥熟料，其性质与硅酸盐水泥相近，但由于掺入少量混合材料，各性质稍有区别：与硅酸盐水泥比较，早期硬化速度稍慢，强度略低；抗冻性、耐磨性及抗碳化性稍差；耐腐蚀性、耐热性稍好、水化热略有降低。

4.3.3 矿渣硅酸盐水泥、火山灰质硅酸盐水泥及粉煤灰硅酸盐水泥

1. 定义

凡由硅酸盐水泥熟料和粒化高炉矿渣、适量石膏磨细制成的水硬性胶凝材料称为矿渣硅酸盐水泥，简称矿渣水泥。水泥中粒化高炉矿渣的掺加量按质量百分比计为>20%且≤70%，并分为 A 型和 B 型。A 型矿渣掺量>20%且≤50%，代号 P·S·A；B 型矿渣掺量>50%且≤70%，代号 P·S·B。允许用石灰石、窑灰、粉煤灰和火山灰质混合材料中的一种材料代替矿渣，代替数量不得超过水泥质量的 8%，代替后水泥中粒化高炉矿渣不得少于 20%。

凡由硅酸盐水泥熟料和火山灰质混合材料、适量石膏磨细制成的水硬性胶凝材料称为火山灰质硅酸盐水泥，简称火山灰水泥，代号 P·P。水泥中火山灰质混合材料掺量按质量百

分比计为>20%且≤40%。

凡由硅酸盐水泥熟料和粉煤灰、适量石膏磨细制成的水硬性胶凝材料称为粉煤灰硅酸盐水泥，简称粉煤灰水泥，代号P·F。水泥中粉煤灰掺量按质量百分比计为>20%且≤40%。

2. 技术要求

（1）细度（选择性指标） 80μm方孔筛筛余不大于10%或45μm方孔筛筛余不大于30%。

（2）凝结时间、安定性、氯离子含量 凝结时间、安定性、氯离子含量与普通硅酸盐水泥相同。

（3）氧化镁、三氧化硫含量 P·S·A、P·P、P·F中的氧化镁含量不大于6.0%，如果水泥中氧化镁含量大于6.0%时，应进行水泥压蒸试验并合格。

矿渣水泥中三氧化硫的含量不大于4.0%；火山灰水泥、粉煤灰水泥中三氧化硫的含量不大于3.5%。

（4）强度等级 这三种水泥的强度等级按3d、28d抗压强度和抗折强度分为32.5、32.5R、42.5、42.5R、52.5、52.5R六个强度等级。各强度等级水泥的各龄期强度不得低于表4-4中的数值。

表4-4 矿渣水泥、火山灰水泥、粉煤灰水泥、复合水泥各等级、各龄期的强度值

强度等级	抗压强度/MPa		抗折强度/MPa	
	3d	28d	3d	28d
32.5	10.0	32.5	2.5	5.5
32.5R	15.0	32.5	3.5	5.5
42.5	15.0	42.5	3.5	6.5
42.5R	19.0	42.5	4.0	6.5
52.5	21.0	52.5	4.0	7.0
52.5R	23.0	52.5	4.5	7.0

3. 性质和应用

（1）共性

1）凝结硬化慢、早期强度低、后期强度增长较快。由于这三种水泥中熟料含量少，即快硬的C_3S和C_3A含量较少，加之二次水化反应又比较慢，因此早期强度低。后期由于二次水化反应不断进行及熟料的继续水化，水化产物不断增多，使得水泥强度发展较快，后期强度可以赶上甚至超过同强度等级的普通硅酸盐水泥。这三种水泥不适用于早期强度要求高的混凝土工程。

2）水化热低。由于这三种水泥中熟料少，即水化放热量高的C_3S、C_3A含量相对减小，使水化放热量少而且慢，因此适用于大体积混凝土工程。

3）耐腐蚀性强。由于这三种水泥中，熟料含量相对较少，所以水化后生成氢氧化钙较少；再有混合材料水化反应又消耗了一部分的氢氧化钙，因此氢氧化钙含量就更少了，并且水化铝酸钙的含量也大大降低。所以，这三种水泥抵抗软水、海水及硫酸盐腐蚀的能力较强。适用于水工、海港工程及受腐蚀性作用的工程。

4）抗碳化能力差。由于这三种水泥石中氢氧化钙含量大幅度降低，因而抗碳化性能较

差，不适用于二氧化碳浓度较高的环境中。

5）硬化时对湿热敏感性强。这三种水泥在低温下水化明显减慢，强度较低，采用高温养护时，加大了二次水化反应的速度，并可加速熟料的水化，故可大大提高早期强度，且不影响后期强度的发展。而硅酸盐水泥或普通水泥，采用高温养护也可以提高早期强度，但后期强度比一直在常温下养护的强度低。

6）抗冻性及耐磨性差。由于加入了混合材料，三种水泥需水量都略有提高，因此孔隙率较大，所以抗冻性、耐磨性较差。不适用于严寒地区的水位变化区及有耐磨要求的混凝土工程。

（2）特性

1）矿渣水泥。

① 泌水性大、干缩性大。粒化高炉矿渣系玻璃体，亲水性差，在拌制混凝土时泌水性大，容易形成毛细通道粗大的水隙，在空气中硬化时易产生较大的干缩。所以，矿渣水泥不适用于有抗渗要求的混凝土工程。

② 耐热性好。由于矿渣水泥硬化后氢氧化钙的含量较低，矿渣本身又是耐火掺料，所以矿渣水泥具有较好的耐热性，适用于有耐热要求的混凝土工程。例如高温车间、高炉基础。

2）火山灰水泥。火山灰水泥需水量大，在硬化过程中的干缩较矿渣水泥更显著，在干热环境中容易产生干缩裂缝。所以，使用时必须加强养护，较长时间保持潮湿，以免产生干缩裂缝。

火山灰水泥颗粒较细，泌水性小，并且在水化过程中生成大量的水化硅酸钙凝胶，使水泥石结构密实，因而具有较高的抗渗性。适用于有抗渗要求的混凝土工程。

3）粉煤灰水泥。与大多数火山灰质混合材料相比，由于粉煤灰颗粒结构比较致密，而且含有球状玻璃体颗粒，所以粉煤灰水泥的需水量小，因此该水泥干缩性小，抗裂性较好。

粉煤灰水泥早期强度低、水化热比矿渣水泥和火山灰水泥还要低，这是因为粉煤灰呈球形颗粒，表面致密，不易水化。粉煤灰活性的发挥主要在后期，因此粉煤灰水泥特别适合用于大体积混凝土工程。

4.3.4 复合硅酸盐水泥

凡由硅酸盐水泥熟料、两种或两种以上规定的混合材料、适量石膏磨细制成的水硬性胶凝材料称为复合硅酸盐水泥，简称复合水泥，代号 P·C。水泥中混合材料总掺加量为>20%且≤50%。允许用不超过水泥质量 8%的窑灰代替部分混合材料。掺矿渣时混合材料掺量不得与矿渣硅酸盐水泥重复。

复合硅酸盐水泥分为 32.5、32.5R、42.5、42.5R、52.5 和 52.5R 六个强度等级。各强度等级水泥的强度要求和对细度、凝结时间及体积安定性的要求与火山灰质硅酸盐水泥、粉煤灰硅酸盐水泥相同。氧化镁含量、三氧化硫含量、氯离子含量的要求与火山灰质硅酸盐水泥和粉煤灰硅酸盐水泥相同。

复合硅酸盐水泥的特性取决于所掺的混合材料的种类、掺量和相对比例，基本上与矿渣硅酸盐水泥、火山灰质硅酸盐水泥、粉煤灰硅酸盐水泥有不同程度的相似，其使用应根据所掺入的混合材料种类，参照其他掺混合材料水泥的适用范围和工程实践经验选用。

硅酸盐水泥、普通硅酸盐水泥、矿渣硅酸盐水泥、火山灰质硅酸盐水泥、粉煤灰硅酸盐水泥、复合硅酸盐水泥是我国广泛使用的六种水泥，其组成、性质及适用范围见表4-5。

表4-5　通用硅酸盐水泥的组成、性质及适用范围

<table>
<tr><th rowspan="2">项目</th><th rowspan="2">硅酸盐水泥
（P·Ⅰ、P·Ⅱ）</th><th rowspan="2">普通水泥
（P·O）</th><th colspan="2">矿渣水泥（P·S）</th><th rowspan="2">火山灰水泥
（P·P）</th><th rowspan="2">粉煤灰水泥
（P·F）</th><th rowspan="2">复合水泥
（P·C）</th></tr>
<tr><th>（P·S·A）</th><th>（P·S·B）</th></tr>
<tr><td rowspan="2">组成</td><td colspan="7">硅酸盐水泥熟料、适量石膏</td></tr>
<tr><td>0%～5%的混合材料</td><td>>5%且≤20%的混合材料</td><td>>20%且≤50%的粒化高炉矿渣</td><td>>50%且≤70%的粒化高炉矿渣</td><td>>20%且≤40%的火山灰质混合材料</td><td>>20%且≤40%的粉煤灰</td><td>>20%且≤50%的两种或两种以上规定的混合材料</td></tr>
<tr><td rowspan="2">性质</td><td rowspan="2">（1）强度高
（2）快硬早强
（3）抗冻性、耐磨性好
（4）耐腐蚀性差
（5）水化热高
（6）耐热性差</td><td rowspan="2">（1）早期强度较高
（2）抗冻性、耐磨性较好
（3）耐腐性较差
（4）水化热较高
（5）耐热性较差</td><td colspan="4">（1）凝结硬化慢、早期强度低、后期强度增长较快
（2）水化热低
（3）耐腐蚀性强
（4）抗碳化能力差
（5）硬化时湿热敏感性强
（6）抗冻性、耐磨性差</td><td rowspan="2">性质与掺加主要混合材料的水泥接近</td></tr>
<tr><td colspan="2">（1）耐热性好
（2）抗渗性差、干缩大</td><td>抗渗性好、保水性好、干缩大</td><td>干缩性小，抗裂性好</td></tr>
<tr><td rowspan="2">适用范围</td><td colspan="2">（1）抗冻混凝土
（2）有早强要求的混凝土
（3）抗碳化性要求高的混凝土
（4）有耐磨要求的混凝土
（5）一般的混凝土工程</td><td colspan="5">（1）大体积混凝土
（2）蒸汽养护构件
（3）一般混凝土构件
（4）一般耐软水、耐海水、耐硫酸盐腐蚀的混凝土</td></tr>
<tr><td>高强混凝土</td><td>地下与水工结构</td><td colspan="2">有耐热要求的混凝土工程</td><td>有抗渗要求的混凝土</td><td colspan="2">受荷载较晚的混凝土</td></tr>
<tr><td rowspan="3">不适用范围</td><td colspan="2">（1）大体积混凝土
（2）耐腐蚀性要求较高的混凝土</td><td colspan="5">（1）早期强度要求较高的混凝土
（2）抗冻性要求较高的混凝土、低温或冬期施工的混凝土
（3）抗碳化性要求高的混凝土</td></tr>
<tr><td rowspan="2">耐热混凝土、高温养护的混凝土</td><td rowspan="2"></td><td colspan="2" rowspan="2">抗渗性要求高的混凝土</td><td colspan="2">（1）干燥环境中的混凝土
（2）有耐磨要求的混凝土</td><td rowspan="2">与掺加主要混合材料的水泥类似</td></tr>
<tr><td></td><td>有抗渗要求的混凝土</td></tr>
</table>

4.4　其他品种水泥

4.4.1　道路硅酸盐水泥

以适当成分生料烧至部分熔融，得到以硅酸钙为主要成分和较多量的铁铝酸四钙的硅酸

盐水泥熟料，加0~10%活性混合材料和适量石膏磨细制成的水硬性胶凝材料，称为道路硅酸盐水泥，简称道路水泥，代号为P·R。

道路水泥熟料中C_3A含量不得大于5.0%，C_4AF含量不得小于15%。限制C_3A的含量主要是因为水化铝酸三钙孔隙较多、干缩较大，降低其水化物含量，可以减少水泥的干缩率。提高C_4AF的含量是为了增加水泥的抗折强度和耐磨性。因为C_4AF脆性小，体积收缩小。

道路水泥的细度要求是80μm方孔筛筛余不得超过10%；初凝时间不得早于90min，终凝时间不得迟于720min；道路水泥按3d和28d抗压强度和抗折强度分为7.5、8.5两个强度等级。各强度等级水泥的各龄期强度不得低于表4-6中的数值。

表4-6 道路硅酸盐水泥各等级、各龄期的强度值

强度等级	抗压强度/MPa		抗折强度/MPa	
	3d	28d	3d	28d
7.5	≥21	42.5	≥4.0	≥7.5
8.5	≥26	52.5	≥5.0	≥8.5

道路水泥强度高，特别是抗折强度高、耐磨性好、干缩小，抗冲击性、抗冻性好，抗硫酸盐腐蚀性能好。适用于道路路面、机场跑道道面，城市广场等工程。

4.4.2 快硬硅酸盐水泥

快硬硅酸盐水泥简称快硬水泥，是硅酸盐水泥熟料和适量石膏磨细制成的以3d抗压强度表示强度等级的水硬性胶凝材料。

快硬硅酸盐水泥的制造方法与硅酸盐水泥基本相同，只是适当提高了熟料中铝酸三钙和硅酸三钙的含量，适当增加石膏的掺量，并提高了水泥的粉磨细度，比表面积在330~450m^2/kg。

快硬硅酸盐水泥的初凝时间不得早于45min，终凝时间不得迟于10h。氧化镁含量不得超过5.0%，如水泥经压蒸安定性试验合格，允许放宽到6.0%。三氧化硫含量不得超过4.0%，80μm方孔筛筛余不得超过10%。各龄期强度数值不得低于表4-7中的数值。

表4-7 快硬硅酸盐水泥各等级、各龄期的强度值

强度等级	抗压强度/ MPa			抗折强度/ MPa		
	1d	3d	28d	1d	3d	28d
32.5	15.0	32.5	52.5	3.5	5.0	7.2
37.5	17.0	37.5	57.5	4.0	6.0	7.6
42.5	19.0	42.5	62.5	4.5	6.4	8.0

快硬硅酸盐水泥主要适用于早期强度要求高的工程，紧急抢修工程、冬期施工工程和预应力混凝土及预制构件。

快硬硅酸盐水泥容易受潮变质，在运输和储存时，必须注意防潮，一般储存期不宜超过一个月。已经风化的水泥必须对其性能重新检验，合格后方可使用。

4.4.3 白色和彩色硅酸盐水泥

1. 白色硅酸盐水泥

凡以适当成分的生料煅烧至部分熔融，得到以硅酸钙为主要成分、氧化铁含量少的熟料，加入适量石膏，磨细制成的水硬性胶凝材料称为白色硅酸盐水泥，简称白水泥。

硅酸盐水泥的颜色呈暗灰色，主要原因是含 Fe_2O_3（3%~4%）较多。当 Fe_2O_3 含量在0.5%以下时，水泥颜色接近白色。白色硅酸盐水泥在生产过程中要严格控制 Fe_2O_3 的含量，并尽可能减少锰、铬、钛等着色氧化物的含量。

白度是白水泥的一项重要技术指标。目前白水泥的白度是通过白度计对可见光的反射程度确定的。将白水泥样品装入压样器中压成表面平整的白板，置于白度仪中测定白度，以其表面对红、绿、蓝三原色光的反射率与氧化镁标准白板的反射率比较，用相对反射百分率表示。白水泥的白度根据表4-8分为1级和2级共两个等级，代号分别为P、W-1和P、W-2。

白水泥按3d、28d的强度值划分为32.5、42.5、52.5三个强度等级，各龄期强度数值不得低于表4-9中的数值。

表4-8 白水泥各等级白度要求

等级	一级	二级
白度(%)	≥89	≥87

表4-9 白色硅酸盐水泥各等级、各龄期的强度值

强度等级	抗压强度/MPa		抗折强度/MPa	
	3d	28d	3d	28d
32.5	≥12.0	≥32.5	≥3.0	≥6.0
42.5	≥17.0	≥42.5	≥3.5	6.5
52.5	≥22.0	≥52.5	≥4.0	7.0

2. 彩色硅酸盐水泥

白色硅酸盐水泥配入耐碱矿物颜料可制成彩色水泥，常用的耐碱矿物颜料有氧化铁、氧化锰、氧化铬等。白水泥和彩色水泥主要用于各种装饰混凝土及装饰砂浆中，以及制造各种彩色水刷石、人造大理石及水磨石等制品。

4.4.4 铝酸盐水泥

凡以铝酸钙为主要成分的铝酸盐水泥熟料，磨细制成的水硬性胶凝材料称为铝酸盐水泥，代号CA。

铝酸盐水泥按 Al_2O_3 含量百分数分为四类：

CA50-Ⅰ、CA50-Ⅱ、CA50-Ⅲ、CA50-Ⅳ　　$50\% \leqslant Al_2O_3 < 60\%$

CA60-Ⅰ、CA60-Ⅱ　　$60\% \leqslant Al_2O_3 < 68\%$

CA-70　　$68\% \leqslant Al_2O_3 < 77\%$

CA-80　　$77\% \leqslant Al_2O_3$

1. 铝酸盐水泥的技术要求

（1）细度　比表面积不小于 300m²/kg 或 0.045mm 筛余不大于 20%。

（2）凝结时间　凝结时间符合表 4-10 的要求。

表 4-10　铝酸盐水泥的凝结时间　　（单位：min）

类型		初凝时间	终凝时间
CA50		≥30	≤360
CA60	CA60-Ⅰ	≥30	≤360
	CA60-Ⅱ	≥60	≤1080
CA70		≥30	≤360
CA80		≥30	≤360

（3）强度　强度试验按国家标准 GB/T 17671—1999 规定的方法进行，但水灰比应按 GB/T 201—2015 规定调整，各类型水泥各龄期强度值不得低于表 4-11 规定的数值。

表 4-11　铝酸盐水泥的胶砂强度　　（单位：MPa）

类型		抗压强度				抗折强度			
		6h	1d	3d	28d	6h	1d	3d	28d
CA50	CA50-Ⅰ	≥20°	≥40	≥50	—	≥3°	≥5.5	≥6.5	—
	CA50-Ⅱ		≥50	≥60	—		≥6.5	≥7.5	—
	CA50-Ⅲ		≥60	≥70	—		≥7.5	≥8.5	—
	CA50-Ⅳ		≥70	≥80	—		≥8.5	≥9.5	—
CA60	CA60-Ⅰ	—	≥65	≥85	—	—	≥7.0	≥10.0	—
	CA60-Ⅱ	—	≥20	≥45	≥85	—	≥2.5	≥5.0	≥10.0
CA70		—	≥30	≥40	—	—	≥5.0	≥6.0	—
CA80		—	≥25	≥30	—	—	≥4.0	≥5.0	—

2. 铝酸盐水泥的性质及应用

（1）早期强度增长快　1d 强度可以达到 3d 强度的 80%左右，属快硬型水泥。适用于紧急抢修工程和早期强度要求较高的特殊工程，但必须考虑后期强度的降低。后期强度降低会引起抗冻、抗渗和抗腐蚀等性能也随之降低，为此不宜用作结构工程。使用铝酸盐水泥应严格控制其养护温度，一般不得超过 30℃。超过 30℃以上的环境下，强度急剧下降。

（2）水化热大　硬化过程中放热量大而且主要集中在早期，因此不宜用于大体积混凝土工程。

（3）耐热性好　铝酸盐水泥硬化后的水泥石在高温下（1000℃以上）仍能保持较高强度，因此，可作为耐热混凝土的胶结材料。

（4）抗渗性及耐腐蚀性强　硬化后的铝酸盐水泥石中没有氢氧化钙，且水泥石结构密实，因此具有较高的抗渗、抗冻性，同时具有良好的抗硫酸盐、盐酸、碳酸等腐蚀性溶液的作用。铝酸盐水泥适用于有抗硫酸盐要求的工程，但铝酸盐水泥对碱的腐蚀无抵抗能力。

铝酸盐水泥在使用时不得与硅酸盐类水泥、石灰等能析出氢氧化钙的胶凝物质混合。

4.5 水泥的验收、运输与储存

4.5.1 验收

1. 包装标志和数量的验收

(1) 包装标志的验收　水泥包装袋上应清楚表明：生产者名称、生产许可证标志及编号、水泥名称、代号、强度等级、出厂编号、执行标准号、包装日期、净含量。掺火山灰质混合材料的普通水泥还应标上“掺火山灰”字样。包装袋两侧应印有水泥名称和强度等级，其中硅酸盐水泥和普通硅酸盐水泥的两侧印刷采用红色，矿渣硅酸盐水泥的两侧印刷采用绿色；火山灰质硅酸盐水泥、粉煤灰硅酸盐水泥和复合硅酸盐水泥的两侧印刷采用黑色或蓝色。

散装发运时应提交与袋装标志相同内容的卡片。

(2) 数量的验收　水泥可以散装或袋装，袋装水泥每袋净含量为50kg，且应不少于标志质量的99%；随机抽取20袋总质量（包含包装袋）应不少于1000kg。其他包装形式由供需双方协商确定，但有关袋装质量要求，应符合上述规定。

2. 质量的验收

交货时水泥的质量验收可抽取实物试样以其检验结果为依据，也可以生产的同编号水泥的检验报告为依据。采取何种方法验收由买卖双方商定，并在合同或协议中注明。卖方有告知买方验收方法的责任。当无书面合同或协议，或未在合同、协议中注明验收方法的，卖方应在发货票上注明“以本厂同编号水泥的检验报告为验收依据”字样。

以抽取实物试样的检验结果为验收依据时，买卖双方应在发货前或交货地共同取样和签封。取样数量为20kg，缩分为两等份。一份由卖方保存40d，一份由买方按标准规定的项目和方法进行检验。在40d以内，买方检验认为产品质量不符合标准要求，而卖方又有异议时，则双方应将卖方保存的另一份试样送省级或省级以上国家认可的水泥质量监督检验机构进行仲裁检验。

以生产者同编号水泥的检验报告为验收依据时，在发货前或交货时买方在同编号水泥中取样，双方共同签封后由卖方保存90d，或认可卖方自行取样、签封并保存90d的同编号水泥的封存样。在90d内，买方对水泥质量有疑问时，则买卖双方应将共同认可的试样送省级或省级以上国家认可的水泥质量监督检验机构进行仲裁检验。

4.5.2 运输与储存

水泥运输和储存时，主要应防止受潮。不同品种、强度等级和出厂日期的水泥应分别储运，不得混杂，也不可储存过久。

水泥是一种具有较大表面积、极易吸湿的材料，在储运过程中，如与空气接触，则会吸收空气中的水分和二氧化碳而发生部分的水化反应和碳化反应，即风化，俗称受潮。水泥风化后会凝固成粒状或块状。

受潮后的水泥强度降低、密度降低、凝结迟缓。水泥强度等级越高，细度越细，吸湿受潮越快。水泥风化的快慢与水泥的储运条件、储运期限、包装质量有关，但即使储运条件很好，储运时间过长，水泥也会产生不同程度的风化。一般储存 3 个月的水泥，强度降低 10%~25%，储存 6 个月降低 25%~40%。通用硅酸盐水泥储存期为 3 个月。过期水泥应按规定进行取样复验，按实际强度使用。

水泥一般入库存放，储存水泥的库房必须干燥，存放地面应高出室外地面 30cm，离开窗户和墙壁 30cm 以上，袋装水泥堆垛不宜过高，以免下部水泥受压结块，一般高度不超过 10~15 袋；露天临时储存袋装水泥时，应选择地势高、排水条件好的场地，并认真做好上盖下垫工作，以防止水泥受潮。

水泥的验收与储存讲解视频

散装水泥应按品种、强度等级及出厂日期分库存放，同时应密封良好，严格防潮。

习　题

4-1　现有甲乙两厂生产的硅酸盐水泥熟料，其矿物组成见下表，比较这两厂生产的硅酸盐水泥的性质有何差异。

生产厂	熟料矿物成分(%)			
	C_3S	C_2S	C_3A	C_4AF
甲	53	20	10	12
乙	42	33	7	16

4-2　水泥的细度有哪两种表示方法？国家标准对硅酸盐水泥的细度是如何规定的？

4-3　什么是水泥的体积安定性？引起水泥体积安定性不良的原因是什么？

4-4　检测水泥体积安定性有哪些方法？经常用哪种方法检测？

4-5　水泥的水化热对大体积混凝土有何危害？

4-6　硅酸盐水泥强度等级是如何确定的？分为哪些强度等级？

4-7　硅酸盐水泥石遭受腐蚀的类型有哪些？可采取哪些防止措施？

4-8　硅酸盐水泥有何特性及应用？

4-9　简述掺混合材料的硅酸盐水泥的共性和各自的特性？

4-10　请为下列混凝土工程选择合适的水泥品种。

(1) 早期强度要求高、抗冻性好的混凝土。

(2) 大体积混凝土。

(3) 在我国北方，冬期施工混凝土。

(4) 位于海水下的建筑物。

(5) 采用湿热养护的混凝土构件。

(6) 高炉基础。

(7) 紧急军事工程。

4-11　水泥在运输和储存过程中应注意哪些问题？

第5章

混　凝　土

知识目标

(1) 掌握混凝土组成材料砂、石的技术要求。
(2) 掌握常用混凝土外加剂的性能及使用。
(3) 掌握混凝土拌合物和易性的测定及影响因素和改善措施。
(4) 掌握混凝土强度的测定及影响因素和改善措施。
(5) 掌握评价混凝土耐久性的指标以及提高耐久性的措施。
(6) 了解普通混凝土配合比的设计方法。

能力目标

(1) 会检测粗细骨料的技术性质。
(2) 会评定混凝土拌合物和易性并能提出相应的改善措施。
(3) 会测定混凝土的强度并提出相应改善措施。
(4) 懂得混凝土耐久性的指标，能提出提高耐久性的措施。
(5) 能对混凝土施工中出现的常见问题进行判别、分析、处理。

5.1　概述

5.1.1　混凝土的定义

广义上，凡由胶凝材料、粗细骨料（或称集料）和水按适当比例配合，拌和制成的混合物，经一定时间硬化而成的人造石材，统称为混凝土。目前，工程上使用最多的是以水泥为胶结材料，以石为粗骨料、砂为细骨料，加水并掺入适量外加剂和掺合料拌制的普通混凝土。

5.1.2　混凝土的分类

混凝土有以下几种分类方法：

1. 按表观密度分类

(1) 重混凝土　干表观密度大于2500kg/m^3，是采用密度很大的重晶石、铁矿石、钢屑等重骨料和钡水泥、锶水泥等重水泥配制而成。重混凝土具有防射线性能，又称防辐射混凝土。主要用作核能工程的屏障结构材料。

(2) 普通混凝土　干表观密度1950~2500kg/m^3，是用普通的天然砂石为骨料配制而成，为建筑工程中常用的混凝土。主要用作各种建筑的承重结构材料。

(3) 轻混凝土　干表观密度小于1950kg/m^3，是采用陶粒等轻质多孔的骨料，或者不采用骨料而掺入加气剂或泡沫剂，形成多孔结构的混凝土。主要用作轻质结构材料和绝热材料。

2. 按所用胶凝材料分类

按所用胶凝材料可分为水泥混凝土、沥青混凝土、石膏混凝土、水玻璃混凝土、聚合物混凝土等。

3. 按用途分类

按用途可分为结构混凝土、防水混凝土、道路混凝土、防辐射混凝土、耐热混凝土、耐酸混凝土、大体积混凝土、膨胀混凝土等。

4. 按生产和施工方法分类

按生产和施工方法可分为泵送混凝土、喷射混凝土、碾压混凝土、挤压混凝土、离心混凝土、压力灌浆混凝土、预拌混凝土（商品混凝土）等。

5.1.3　混凝土的特点

普通混凝土在建筑工程中能得到广泛的应用，是因为与其他材料相比有许多优点。如：组成材料中砂石等地方材料占80%以上，原材料丰富，成本低，符合就地取材和经济原则；在凝结前具有良好的可塑性，可以按工程结构的要求，浇筑成各种形状和任意尺寸的整体结构或预制构件；硬化后有较高的力学强度（抗压强度可达120MPa）和良好的耐久性；与钢筋有牢固的粘结力，二者复合成钢筋混凝土后，能互补优缺点，大大扩展了混凝土的应用范围；可根据不同要求，通过调整配合比制出不同性能的混凝土；可充分利用工业废料作骨料或掺合料，有利于环境保护。

混凝土也存在一些缺点，如自重大，比强度低；抗拉强度低，一般只有其抗压强度的1/10~1/20；硬化速度慢，生产周期长；强度波动因素多等。

虽然混凝土存在上述缺点，但其不足正在不断克服。如采用轻质骨料可显著降低混凝土的自重，提高比强度；掺入纤维或聚合物，可提高抗拉强度，大大降低混凝土的脆性；掺入减水剂、早强剂等外加剂，可显著缩短硬化周期，改善力学性能。

5.1.4　混凝土的发展方向

随着现代科学技术的发展，高性能混凝土（HPC）将是今后混凝土的发展方向之一。高性能混凝土除要求具有高强度等级（$f_{cu}\geqslant 60$MPa）外，还必须具有良好的工作性、体积稳定性和耐久性。目前，我国发展高性能混凝土的主要途径有两方面：①采用高性能的原料以及与之相适应的工艺。②采用多元复合途径提高混凝土的综合性能。可在基本组成材料之外加入其他有效材料，如高效减水剂、缓凝剂、引气剂、硅灰、优质粉煤灰等一种或多种复合的外加组分，以调整和改善混凝土的浇筑性能及内部结构，综合提高混凝土的性能和质量。

从节约资源、能源；不破坏环境，更有利于环境；可持续发展，既要满足当代人的要求，又不危及后代人满足其需求的能力出发，绿色混凝土（GC）将成为主要的发展方向。综上所述，今后混凝土的发展趋势为“三化”，即高性能化、功能化、绿色化。

混凝土概述
讲解视频

由于混凝土具有上述重要优点，使其成为建筑工程的主要建筑材料，广泛应用于工业与民用建筑工程、水利工程、地下工程、公路、铁路、桥涵及国防建设等工程中。

5.2 普通混凝土的组成材料

普通混凝土的基本组成材料是水泥、水、砂和石子，另外还常掺入适量的掺合料和外加剂。砂、石子在混凝土中起骨架作用，故也称为骨料（或称集料）。水泥和水形成水泥浆，包裹在砂粒表面并填充砂粒之间的空隙而形成水泥砂浆，水泥砂浆又包裹石子并填充石子间的空隙而形成混凝土（图 5-1）。在混凝土硬化前（图 5-2），水泥浆起润滑作用，赋予混凝土一定的流动性，便于施工。水泥浆硬化后，起胶结作用，把砂石骨料胶结在一起，成为坚硬的人造石材，并产生力学强度（图 5-3）。

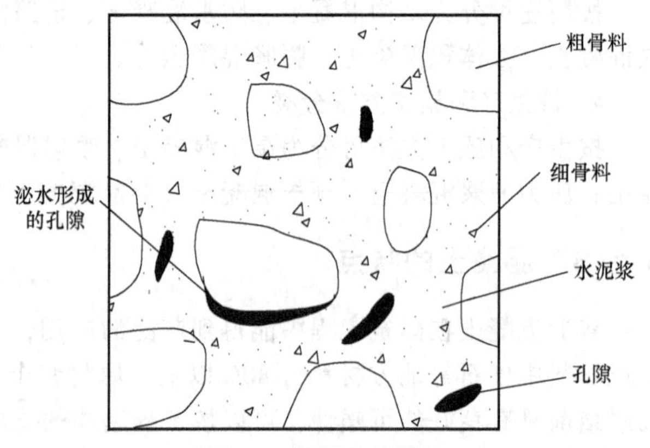

图 5-1 混凝土的结构

图 5-2 混凝土硬化前

图 5-3 混凝土硬化后

混凝土是一个宏观匀质、微观非匀质的堆聚结构，混凝土的质量和技术性能很大程度上

是由原材料的性质及其相对含量所决定，同时也与施工工艺（配料、搅拌、捣实成型、养护等）有关。因此，首先必须了解混凝土原材料的性质、作用及质量要求，合理选择原材料，以保证混凝土的质量。

5.2.1　水泥

水泥在混凝土中起胶结作用，是最重要的材料，正确、合理地选择水泥的品种和强度等级，是影响混凝土强度、耐久性及经济性的重要因素。

1. 水泥品种的选择

配制混凝土用的水泥品种，应当根据工程性质与特点、工程所处环境及施工条件，依据各种水泥的特性，合理选择。常用水泥品种的选用见表5-1。

表5-1　常用水泥品种的选用

混凝土工程特点或所处环境条件		优先选用	可以使用	不得使用
环境条件	在普通气候环境中的混凝土	普通水泥	矿渣水泥、火山灰水泥、粉煤灰水泥、复合水泥	
	在干燥环境中的混凝土	普通水泥	矿渣水泥	火山灰水泥、粉煤灰水泥
	在高湿度环境中或永远处在水下的混凝土	矿渣水泥	普通水泥、火山灰水泥、粉煤灰水泥、复合水泥	
	严寒地区的露天混凝土、寒冷地区的处在水位升降范围内的混凝土	普通水泥	矿渣水泥	火山灰水泥、粉煤灰水泥
	严寒地区处在水位升降范围内的混凝土	普通水泥（强度等级≥42.5级）		矿渣水泥、火山灰水泥、粉煤灰水泥
	受侵蚀性环境水或侵蚀性气体作用的混凝土	根据侵蚀性介质的种类、浓度等具体条件按专门（或设计）规定选用		
工程特点	厚大体积的混凝土	矿渣水泥、粉煤灰水泥	火山灰水泥	快硬硅酸盐水泥、硅酸盐水泥
	要求快硬的混凝土	快硬硅酸盐水泥、硅酸盐水泥	普通水泥	矿渣水泥、火山灰水泥、粉煤灰水泥
	高强的混凝土	硅酸盐水泥	普通水泥	火山灰水泥、粉煤灰水泥
	有抗渗性要求的混凝土	普通水泥、火山灰水泥		矿渣水泥
	有耐磨性要求的混凝土	硅酸盐水泥、普通水泥		

2. 水泥强度等级的选择

水泥强度等级的选择应与混凝土的设计强度等级相适应。原则上是配制高强度等级的混凝土选用高强度等级的水泥，低强度等级的混凝土选用低强度等级的水泥。若用低强度等级的水泥配制高强度等级的混凝土，为满足强度要求必然使水泥用量过多，这不仅不经济，而

且会使混凝土收缩和水化热增大；若用高强度等级的水泥配制低强度等级的混凝土，从强度考虑，少量水泥就能满足要求，但为满足混凝土拌和物的和易性和混凝土的耐久性，就需额外增加水泥用量，造成水泥浪费。

经过大量的试验，现将配制混凝土所用水泥的强度等级推荐于表 5-2。

表 5-2　配制混凝土所用水泥的强度等级

预配混凝土强度等级	所选水泥强度等级	预配混凝土强度等级	所选水泥强度等级
C15～C25	32.5 级	C50～C60	52.5 级
C30	32.5 级,42.5 级	C65	52.5 级,62.5 级
C35～C45	42.5 级	C70～C80	62.5 级

5.2.2　细骨料（砂）

混凝土用骨料按其粒径大小不同分为细骨料和粗骨料。粒径在 0.15～4.75mm 的岩石颗粒称为细骨料（图 5-4）；粒径大于 4.75mm 的岩石颗粒称为粗骨料（图 5-5）。粗细骨料的总体积占混凝土体积的 70%～80%，因此骨料的性能对所配制的混凝土性能有很大影响。为保证混凝土的质量，对骨料技术性能的要求主要有：有害杂质含量少；具有良好的颗粒形状，适宜的颗粒级配和细度；表面粗糙，与水泥粘结牢固；性能稳定、坚固耐久等。

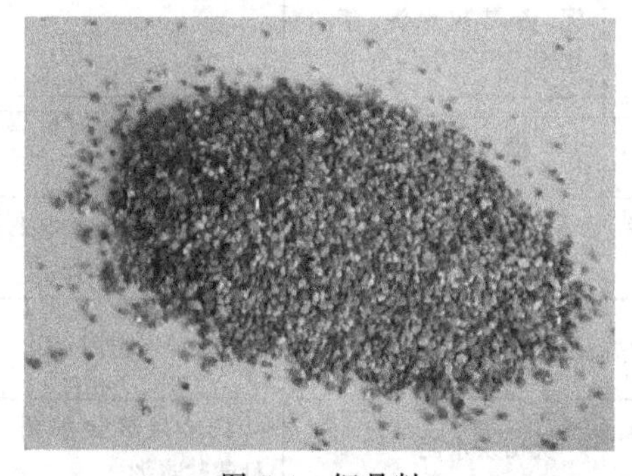

图 5-4　细骨料

图 5-5　粗骨料

混凝土的细骨料主要采用天然砂，有时也可采用机制砂。

天然砂是由自然生成的，经人工开采和筛分的粒径小于 4.75mm 的岩石颗粒，包括河砂、湖砂、山砂、淡化海砂，但不包括软质、风化岩石的颗粒。河砂、湖砂和海砂由于长期受水流的冲刷作用，颗粒表面比较圆滑，比较洁净，且产源较广，但海砂中常含有贝壳、碎片及可溶盐等有害杂质。山砂颗粒多具棱角，表面粗糙，砂中含泥量及有机质等有害杂质较多。建筑工程一般采用河砂作细骨料。

机制砂是经除土处理，由机械破碎、筛分制成的，粒径小于 4.75mm 的岩石、矿山尾矿或工业废渣颗粒，但不包括软质、风化的颗粒，俗称人工砂。

砂按其技术要求分为Ⅰ类、Ⅱ类、Ⅲ类三个类别。

根据我国《建设用砂》（GB/T 14684—2011），对所采用的细骨料的质量要求主要有以下几个方面。

1. **有害杂质含量**

砂不应混有草根、树叶、树枝、塑料、煤块、炉渣等杂物。砂中如含有云母、轻物质、有机物、硫化物及硫酸盐、氯化物、贝壳等，其含量应符合表5-3的规定。

表5-3　有害物质含量

类别	Ⅰ	Ⅱ	Ⅲ
云母(按质量计)(%)	≤1.0	≤2.0	
轻物质(按质量计)(%)	≤1.0		
有机物	合格		
硫化物及硫酸盐(按 SO_3 质量计)(%)	≤0.5		
氯化物(以氯离子质量计)(%)	≤0.01	≤0.02	≤0.06
贝壳(按质量计)(%)㊀	≤3.0	≤5.0	≤8.0

㊀ 该指标仅适用于海砂，其他砂种不做要求。

云母为表面光滑的层、片状物质，与水泥粘结性差，影响混凝土的强度和耐久性；轻物质为表观密度小于2000kg/m^3 的物质，影响混凝土的强度；硫化物及硫酸盐杂质对水泥有侵蚀作用；有机质影响水泥的水化硬化；氯化物对钢筋有锈蚀作用，因此，对预应力钢筋混凝土结构，不宜采用海砂。

2. **含泥量、石粉含量和泥块含量**

1）天然砂的含泥量和泥块含量应符合表5-4的规定。

表5-4　天然砂的含泥量和泥块含量

类　别	Ⅰ	Ⅱ	Ⅲ
含泥量(按质量计)(%)	≤1.0	≤3.0	≤5.0
泥块含量(按质量计)(%)	0	≤1.0	≤2.0

注：1. 含泥量是指天然砂中粒径小于75μm的颗粒含量。
2. 泥块含量是指砂中原粒径大于1.18mm，经水浸洗、手捏后小于600μm的颗粒含量。

2）机制砂MB值≤1.4或快速法试验合格时，石粉含量和泥块含量应符合表5-5的规定；机制砂MB值>1.4或快速法试验不合格时，石粉含量和泥块含量应符合表5-6的规定。

表5-5　石粉含量和泥块含量（MB值≤1.4或快速法试验合格）

类　别	Ⅰ	Ⅱ	Ⅲ
MB值	≤0.5	≤1.0	≤1.4或合格
石粉含量(按质量计)(%)㊀	≤10.0		
泥块含量(按质量计)(%)	0	≤1.0	≤2.0

㊀ 此指标根据使用地区和用途，经试验验证，可由供需双方协商确定。

表5-6　石粉含量和泥块含量（MB值>1.4或快速法试验不合格）

类　别	Ⅰ	Ⅱ	Ⅲ
石粉含量(按质量计)(%)	≤1.0	≤3.0	≤5.0
泥块含量(按质量计)(%)	0	≤1.0	≤2.0

注：亚甲蓝MB值：用于判定机制砂中粒径小于75μm颗粒的吸附性能的指标。

当砂中有害杂质及含泥量多，又无合适砂源时，可过筛和用清水或石灰水（有机质含量多时）冲洗后使用，以符合就地取材原则。

3. 砂的粗细程度和颗粒级配

砂的粗细程度是指不同粒径的砂粒，混合在一起后的总体砂的粗细程度。砂子通常分为粗砂、中砂、细砂三种规格。在相同砂用量条件下，细砂的总表面积较大，粗砂的总表面积较小。在混凝土中砂子表面需用水泥浆包裹，赋予流动性和粘结强度，砂子的总表面积越大，则需要包裹砂粒表面的水泥浆就越多。一般用粗砂配制的混凝土比用细砂所用水泥量要省。

砂的颗粒级配是指不同大小颗粒和数量比例的砂子的组合或搭配情况。在混凝土中砂粒之间的空隙是由水泥浆所填充，为达到节约水泥和提高强度的目的，就应尽量减少砂粒之间的空隙。从图 5-6 可以看出：如果用同样粒径的砂，空隙率最大（图 5-6a）；两种粒径的砂搭配起来，空隙率就减小（图 5-6b）；三种粒径的砂搭配，空隙就更小（图 5-6c）。因此，要减小砂粒间的空隙，就必须有大小不同的颗粒搭配。

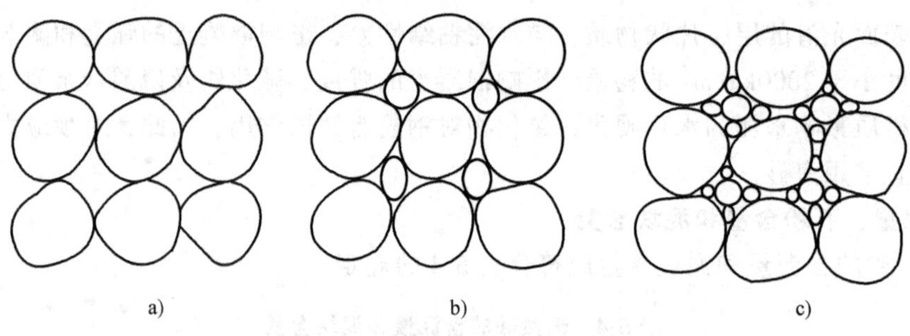

图 5-6　骨料的颗粒级配

在拌制混凝土时，砂的粗细和颗粒级配应同时考虑。当砂中含有较多的粗颗粒，并以适当的中颗粒及少量的细颗粒填充其空隙，则该种颗粒级配的砂，其空隙率及总表面积均较小，是比较理想的，不仅水泥用量少，而且还可以提高混凝土的密实性与强度。

砂的颗粒级配和粗细程度常用筛分析方法进行测定。用级配区表示砂的级配，用细度模数表示砂的粗细。筛分析方法，是用一套孔径（净尺寸）为 0.15mm、0.30mm、0.60mm、1.18mm、2.36mm、4.75mm 的 6 个标准方孔筛，将 500g 干砂试样由粗到细依次过筛，然后称量余留在各筛上的砂量，并计算出各筛上的分计筛余百分率 α_1、α_2、α_3、α_4、α_5、α_6（各筛上的筛余量占砂样总质量的百分率）及累计筛余百分率 A_1、A_2、A_3、A_4、A_5、A_6（各筛和比该筛粗的所有分计筛余百分率之和）。累计筛余百分率与分计筛余百分率的关系见表 5-7。

表 5-7　累计筛余百分率与分计筛余百分率的关系

筛孔尺寸/mm	分计筛余(%)	累计筛余(%)
4.75	α_1	$A_1=\alpha_1$
2.36	α_2	$A_2=\alpha_1+\alpha_2$
1.18	α_3	$A_3=\alpha_1+\alpha_2+\alpha_3$
0.60	α_4	$A_4=\alpha_1+\alpha_2+\alpha_3+\alpha_4$
0.30	α_5	$A_5=\alpha_1+\alpha_2+\alpha_3+\alpha_4+\alpha_5$
0.15	α_6	$A_6=\alpha_1+\alpha_2+\alpha_3+\alpha_4+\alpha_5+\alpha_6$

砂的粗细程度用细度模数（M_X）表示，其计算公式为：

$$M_X=\frac{(A_2+A_3+A_4+A_5+A_6)-5A_1}{100-A_1} \tag{5-1}$$

细度模数（M_X）越大，表示砂越粗，普通混凝土用砂的细度模数范围为3.7~1.6，其中M_X在3.7~3.1为粗砂，M_X在3.0~2.3为中砂，M_X在2.2~1.6为细砂。

砂的颗粒级配用级配区表示，以级配区或筛分曲线判定砂级配的合格性。对细度模数为3.7~1.6的普通混凝土用砂，根据0.60mm孔径筛（控制粒级）的累计筛余百分率，划分成为1区、2区、3区三个级配区，砂的颗粒级配应符合表5-8的规定，砂的级配类别应符合表5-9的规定。

表5-8　砂的颗粒级配

砂的分类	天然砂			机制砂		
级配区	1区	2区	3区	1区	2区	3区
方筛孔	累计筛余(%)					
4.75mm	10~0	10~0	10~0	10~0	10~0	10~0
2.36mm	35~5	25~0	15~0	35~5	25~0	15~0
1.18mm	65~35	50~10	25~0	65~35	50~10	25~0
0.60mm	85~71	70~41	40~16	85~71	70~41	40~16
0.30mm	95~80	92~70	85~55	95~80	92~70	85~55
0.15mm	100~90	100~90	100~90	97~85	94~80	94~75

注：对于砂浆用砂，4.75mm筛孔的累计筛余量应为0。砂的实际颗粒级配除4.75mm和0.60mm筛孔外，可以略有超出，但各级累计筛余超出值总和应不大于5%。

表5-9　砂的级配类别

类别	Ⅰ	Ⅱ	Ⅲ
级配区	2区	1、2、3区	

普通混凝土用砂的颗粒级配，应处于表5-8的任何一个级配区中，才符合级配要求。

以累计筛余百分率为纵坐标，以筛孔尺寸为横坐标，根据表5-8的数值可以画出砂1、砂2、砂3三个级配区的筛分曲线，如图5-7所示。通过观察所计算的砂的筛分曲线是否完

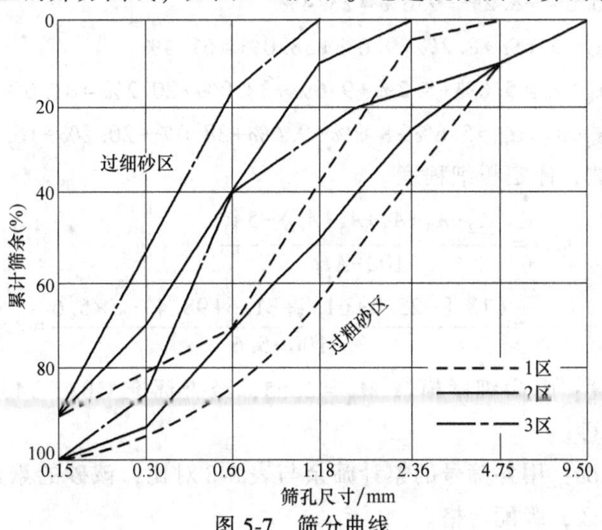

图5-7　筛分曲线

全落在三个级配区的任一区内，即可判定该砂级配的合格性。同时也可根据筛分曲线偏向情况大致判断砂的粗细程度，当筛分曲线偏向右下方时，表示砂较粗，筛分曲线偏向左上方时，表示砂较细。

配制混凝土时宜优先选用 2 区砂。当采用 1 区砂时，应适当提高砂率，并保证足够的水泥用量，以满足混凝土的和易性；当采用 3 区砂时，宜适当降低砂率，以保证混凝土的强度。

砂的粗细程度和颗粒级配

在实际工程中，若砂的级配不合适，可采用人工掺配的方法来改善，即将粗、细砂按适当的比例进行掺和使用；或将砂过筛，筛除过粗或过细颗粒。

【例 5-1】 某建材实验室进行砂子筛分试验，取烘干砂样 500g，按规定步骤进行了筛分，筛分结果见表 5-10。试根据标准评定此砂的粗细程度，并按书中级配区查出此砂级配是否合格？属于哪个级配区？

表 5-10　砂子筛分结果

筛孔尺寸/mm	9.5	4.75	2.36	1.18	0.60	0.30	0.15	筛底
筛余量/g	0	28	41	48	190	101	84	6

解： 1）计算总计及校核值 28+41+48+190+101+84+6=498，(500−498)/500×100%=0.4%<1%，按标准规定可以进行评定。

2）计算分计筛余百分率

$\alpha_1=m_1/500\times100\%=28/500\times100\%=5.6\%$　　$\alpha_2=m_2/500\times100\%=41/500\times100\%=8.2\%$

$\alpha_3=m_3/500\times100\%=48/500\times100\%=9.6\%$　　$\alpha_4=m_4/500\times100\%=190/500\times100\%=38.0\%$

$\alpha_5=m_5/500\times100\%=101/500\times100\%=20.2\%$　　$\alpha_6=m_6/500\times100\%=84/500\times100\%=16.8\%$

3）计算累计筛余百分率

$A_1=\alpha_1=5.6\%$

$A_2=\alpha_1+\alpha_2=5.6\%+8.2\%=13.8\%$

$A_3=\alpha_1+\alpha_2+\alpha_3=5.6\%+8.2\%+9.6\%=23.4\%$

$A_4=\alpha_1+\alpha_2+\alpha_3+\alpha_4=5.6\%+8.2\%+9.6\%+38.0\%=61.4\%$

$A_5=\alpha_1+\alpha_2+\alpha_3+\alpha_4+\alpha_5=5.6\%+8.2\%+9.6\%+38.0\%+20.2\%=81.6\%$

$A_6=\alpha_1+\alpha_2+\alpha_3+\alpha_4+\alpha_5+\alpha_6=5.6\%+8.2\%+9.6\%+38.0\%+20.2\%+16.8\%=98.4\%$

4）计算细度模数，评定粗细程度。

$$M_X=\frac{(A_2+A_3+A_4+A_5+A_6)-5A_1}{100-A_1}$$

$$=\frac{(13.8+23.4+61.4+81.6+98.4)-5\times5.6}{100-5.6}=2.65$$

5）评定粗细程度：因为细度模数 $M_X=2.65$，经查标准 GB/T 14684—2011 相关规定，则此砂粗细程度为中砂。

判断颗粒级配情况：用各筛号的累计筛余与表 5-8 对比，该砂的累计筛余百分率落在Ⅱ区，故该砂级配为Ⅱ区，级配合格。

4. 砂的坚固性

砂的坚固性是指砂在自然风化和其他外界物理化学因素作用下抵抗破裂的能力。

1）天然砂采用硫酸钠溶液法进行试验，砂样经5次循环后其质量损失应符合表5-11的规定。

表5-11 坚固性指标

类　别	Ⅰ类	Ⅱ类	Ⅲ类
质量损失(%)	≤8		≤10

2）机制砂除了要满足表5-11的规定外，压碎指标还应满足表5-12的规定。

表5-12 压碎指标

类　别	Ⅰ类	Ⅱ类	Ⅲ类
单级最大压碎指标(%)	≤20	≤25	≤30

压碎指标试验，是将一定质量（通常330g）烘干状态下单粒级（0.30~0.60mm；0.60~1.18mm；1.18~2.36mm及2.36~4.75mm四个粒级）的砂子装入受压钢模内，以每秒钟500N的速度加荷，加荷至25kN时稳荷5s后，以同样速度卸荷。然后用该粒级的下限筛（如粒级为4.75~2.36mm时，则其下限筛孔径为2.36mm的筛）进行筛分，称出试样的筛余量G_1和通过量G_2，压碎指标Y_i可按下式计算：

$$Y_i=\frac{G_2}{G_1+G_2}\times 100\% \tag{5-2}$$

压碎指标越小，表示砂子抵抗受压破坏的能力越强，砂子越坚固。

5. 砂的表观密度、松散堆积密度、空隙率

砂的表观密度不小于2500kg/m^3，松散堆积密度不小于1400kg/m^3，空隙率不大于44%。

6. 碱骨料反应

经碱骨料反应试验后，试件应无裂缝、酥裂、胶体外溢等现象，在规定的试验龄期膨胀率应小于0.10%。

5.2.3 粗骨料

普通混凝土常用的粗骨料有卵石（砾石）和碎石。卵石是由自然风化、水流搬运和分选、堆积形成的、粒径大于4.75mm的岩石颗粒，按其产源可分为河卵石、海卵石、山卵石等几种，其中河卵石应用较多。碎石是由天然岩石、卵石或矿山废石经机械破碎、筛分制成的、粒径大于4.75mm的岩石颗粒。

依据《建设用卵石、碎石》（GB/T 14685—2011）规定，按卵石、碎石技术要求把粗骨料分为Ⅰ类、Ⅱ类、Ⅲ类三个类别。对其质量的要求主要有：

1. 有害杂质含量

粗骨料中常含有一些有害杂质，如硫化物、硫酸盐、氯化物和有机质。它们的危害作用与在细骨料中相同。它们的含量应符合表5-13的规定。

表 5-13 有害杂质含量

类 别	Ⅰ	Ⅱ	Ⅲ
有机物	合格	合格	合格
硫化物及硫酸盐(按 SO_3 质量计)(%)	≤0.5	≤1.0	≤1.0

2. 含泥量和泥块含量

卵石、碎石的含泥量和泥块含量应符合表 5-14 的规定。

表 5-14 含泥量和泥块含量

类 别	Ⅰ	Ⅱ	Ⅲ
含泥量(按质量计)(%)	≤0.5	≤1.0	≤1.5
泥块含量(按质量计)(%)	0	≤0.2	≤0.5

注：1. 含泥量是指卵石、碎石中粒径小于 75μm 的颗粒含量。

2. 泥块含量是指卵石、碎石中原粒径大于 4.75mm，经水浸洗、手捏后小于 2.36mm 的颗粒含量。

3. 强度

为保证混凝土的强度要求，粗骨料必须具有足够的强度。碎石和卵石的强度，采用岩石抗压强度和压碎指标两种方法检验。

岩石抗压强度检验，是将轧制碎石的母岩制成边长为 5cm 的立方体（或直径与高均为 5cm 的圆柱体）试件，在水饱和状态下，测定其极限抗压强度值。其抗压强度火成岩应不小于 80MPa，变质岩应不小于 60MPa，水成岩应不小于 30MPa。

压碎指标检验，是指一定质量 G_1 气干状态粒径 9.50～19.0mm 的石子装入一标准圆筒内，放在压力机上以 1kN/s 速度均匀加荷至 200kN 并稳荷 5s，然后卸荷，用孔径 2.36mm 的筛筛除被压碎的细粒，称出留在筛上的试样质量 G_2，压碎指标 Q_e 可按下式计算：

$$Q_e=\frac{G_1-G_2}{G_1}\times 100\% \tag{5-3}$$

压碎指标 Q_e 值越小，表示粗骨料抵抗受压破坏的能力越强。普通混凝土用碎石和卵石的压碎指标见表 5-15。

表 5-15 普通混凝土用碎石和卵石的压碎指标

类别	Ⅰ	Ⅱ	Ⅲ
碎石压碎指标(%)	≤10	≤20	≤30
卵石压碎指标(%)	≤12	≤14	≤16

压碎指标检验实用方便，用于经常性的质量控制；而在选择采石场或对粗骨料有严格要求，以及对质量有争议时，宜采用岩石立方体强度检验。

4. 颗粒形状及表面特征

为提高混凝土强度和减小骨料间的空隙，粗骨料比较理想的颗粒形状应是三维长度相等或相近的球形或立方体形颗粒，而三维长度相差较大的针、片状颗粒形较差。粗骨料中针、片状颗粒不仅本身受力时容易折断，影响混凝土的强度，而且会增大骨料的空隙率，使混凝土拌合物的和易性变差。针、片状颗粒含量应符合表 5-16 的规定。

表 5-16　针、片状颗粒含量

类　别	Ⅰ	Ⅱ	Ⅲ
针、片状颗粒总质量(按质量计)(%)	≤5	≤10	≤15

注：1. 针状颗粒是指颗粒长度大于骨料平均粒径 2.4 倍者。
2. 片状颗粒是指颗粒厚度小于骨料平均粒径 0.4 倍者。
3. 平均粒径是指该粒级上、下限粒径的算术平均值。

骨料表面特征主要是指骨料表面的粗糙程度及孔隙特征等。它主要影响骨料与水泥石之间的粘结性能，进而影响混凝土的强度。碎石表面粗糙而且具有吸收水泥浆的孔隙特征，所以它与水泥石的粘结能力较强（图 5-8）；卵石表面光滑且少棱角，与水泥石的粘结能力较差，但混凝土拌合物的和易性较好（图 5-9）。在相同条件下，碎石混凝土比卵石混凝土强度高 10%左右。

图 5-8　碎石

图 5-9　卵石

5. 最大粒径及颗粒级配

（1）最大粒径（D_{max}）　粗骨料公称粒级的上限称为该粒级的最大粒径。骨料的粒径大，其表面积相应减小，因而包裹在其表面所需的水泥浆量减少，可节约水泥；而且，在一定和易性和水泥用量条件下，能减少用水量而提高强度。但对于用普通配合比配制的结构混凝土，尤其是高强混凝土时，当粗骨料的最大粒径超过 40mm 后，由于减少用水量获得的强度提高被较少的粘结面积及大粒径骨料造成的不均匀性的不利影响所抵消，因而并没有什么好处。

根据《混凝土结构工程施工质量验收规范》（GB 50204—2015）规定，混凝土用粗骨料的最大粒径不得大于结构截面最小尺寸的 1/4；同时不得大于钢筋最小净距的 3/4；对于混凝土实心板，可允许采用最大粒径达 1/3 板厚的骨料，但最大粒径不得超过 40mm；对泵送混凝土，碎石最大粒径与输送管内径之比，宜小于或等于 1∶3，卵石宜小于或等于 1∶2.5。

（2）颗粒级配　粗骨料与细骨料一样，也要求有良好的颗粒级配，以减少空隙率，增强密实性，从而可以节约水泥，保证混凝土的和易性及混凝土的强度。特别是配制高强混凝土，粗骨料级配特别重要。

粗骨料的级配也是通过筛分试验来确定，其标准筛为孔径为 2.36mm、4.75mm、9.50mm、16.0mm、19.0mm、26.5mm、31.5mm、37.5mm、53.0mm、63.0mm、75.0mm、90.0mm 十二个筛。分计筛余百分率及累计筛余百分率的计算与砂相同。依据标准 GB/T

14685—2011，普通混凝土用碎石及卵石的颗粒级配范围应符合表 5-17 的规定。

表 5-17　碎石及卵石的颗粒级配

公称粒级/mm		累计筛余(%)											
		方孔筛/mm											
		2.36	4.75	9.50	16.0	19.0	26.5	31.5	37.5	53.0	63.0	75.0	90
连续粒级	5~16	95~100	85~100	30~60	0~10	0							
	5~20	95~100	90~100	40~80	—	0~10	0						
	5~25	95~100	90~100	—	30~70	—	0~5	0					
	5~31.5	95~100	90~100	70~90	—	15~45	—	0~5	0				
	5~40	—	95~100	70~90	—	30~65	—	—	0~5	0			
单粒粒级	5~10	95~100	80~100	0~15	0								
	10~16		95~100	80~100	0~15								
	10~20		95~100	85~100		0~15	0						
	16~25			95~100	55~70	25~40	0~10						
	16~31.5		95~100		85~100			0~10	0				
	20~40			95~100		80~100			0~10	0			
	40~80					95~100			70~100		30~60	0~10	0

粗骨料的级配按供应情况有连续级配和间断级配两种。连续级配是按颗粒尺寸由小到大连续分级（5mm~D_{max}），每级骨料都占有一定比例，如天然卵石。连续级配颗粒级差小（$D/d \approx 2$），配制的混凝土拌合物和易性好，不宜发生离析，目前应用较广泛。间断级配是人为剔除某些中间粒级颗粒，大颗粒的空隙直接由比它小得多的颗粒去填充，颗粒级差大（$D/d \approx 6$），空隙率的降低比连续级配快得多，可最大限度地发挥骨料的骨架作用，减小水泥用量。但混凝土拌合物易产生离析现象，增加施工困难，工程应用较少。

粗骨料的颗粒级配讲解视频

单粒级宜用于组合成具有所要求级配的连续粒级，也可与连续粒级配合使用，以改善骨料级配或配成较大粒级的连续粒级。工程中不宜采用单一的单粒级粗骨料配制混凝土。

6. 骨料的坚固性

卵石、碎石在自然风化和其他外界物理化学因素作用下抵抗破裂的能力称为骨料的坚固性。当骨料由于干湿循环或冻融交替等风化作用引起体积变化而导致混凝土破坏时，即认为坚固性不良。具有某种特征孔结构的岩石会表现出坚固性不良。曾经发现由某些页岩、砂岩等配制的混凝土较易遭受冰冻及骨料内盐类结晶所导致的破坏。骨料越密实、强度越高、吸水率越小时，其坚固性越好；而结构疏松，矿物成分越复杂、不均匀，其坚固性越差。骨料的坚固性采用硫酸钠溶液法进行试验，卵石和碎石 5 次循环后，其质量损失应符合表 5-18 的规定。

表 5-18　碎石和卵石的坚固性指标

类别	Ⅰ	Ⅱ	Ⅲ
质量损失(%)	≤5	≤8	≤12

7. 表观密度、连续级配松散堆积空隙率

卵石、碎石表观密度、连续级配松散堆积空隙率应符合如下规定：

1）表观密度不小于 2600kg/m³。

2）连续级配松散堆积空隙率应符合表 5-19 的规定。

表 5-19 连续级配松散堆积空隙率

类别	Ⅰ	Ⅱ	Ⅲ
空隙率(%)	≤43	≤45	≤47

8. 吸水率

吸水率应符合表 5-20 的规定。

表 5-20 吸水率

类别	Ⅰ	Ⅱ	Ⅲ
吸水率(%)	≤1.0	≤2.0	≤2.0

9. 碱骨料反应

经碱骨料反应试验后，试件应无裂缝、酥裂、胶体外溢等现象，在规定的试验龄期膨胀率应小于 0.10%。

10. 含水率和堆积密度

骨料的含水状态可分为干燥状态、气干状态、饱和面干状态和湿润状态等四种，如图 5-10 所示。干燥状态的骨料含水率等于或接近于零；气干状态的骨料含水率与大气湿度相平衡，但未达到饱和状态；饱和面干状态的骨料其内部孔隙含水达到饱和而其表面干燥；湿润状态的骨料不仅内部孔隙含水达到饱和，而且表面还附着一部分自由水。计算普通混凝土配合比时，一般以干燥状态的骨料为基准，而一些大型水利工程常以饱和面干状态的骨料为基准。

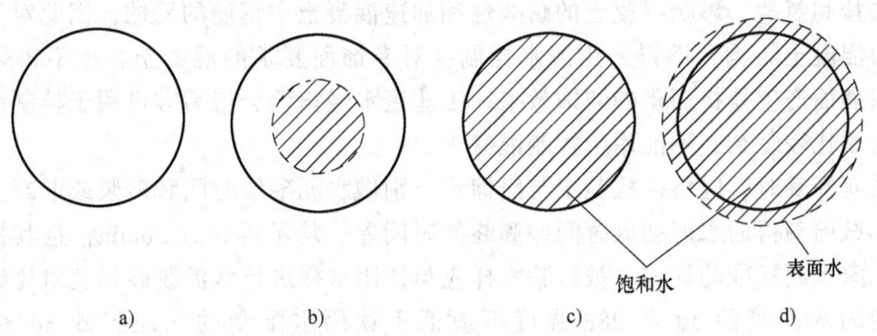

图 5-10 骨料的含水状态

a）干燥状态 b）气干状态 c）饱和面干状态 d）湿润状态

骨料的含水状态常随外界气候条件而变化，尤其是细骨料的含水率的变化更大，即使在同一料场的不同部位，骨料的含水状态也不一样。拌制混凝土时，由于骨料的含水量不同，将影响混凝土的用水量和骨料用量，因为骨料颗粒内部如果不是饱水状态，在拌制混凝土时，所加的用水量有一部分会被骨料吸收。如果骨料表面附着有自由水，则在拌制混凝土时这些表面水合成为混凝土加水量的一部分。因此在拌制混凝土时，必须经常测定骨料的含水率，及时调整混凝土组成材料的用量比例，以保证混凝土质量的均匀性。

细骨料的堆积密度和体积与其含水状态关系极大，潮湿的砂，由于颗粒表面吸附水膜的存在，砂粒互相粘附，形成疏松结构，会引起体积显著增加，一般当砂的含水率为5%～8%时，其堆积密度最小而体积最大，这种现象称为湿胀。当砂的含水率继续增大，随着颗粒表面水膜的增厚，水的自重超过砂颗粒表面的吸附力而发生流动，并迁移到砂颗粒间的空隙中去，砂粒相互间不能粘结，重新恢复其流动性，所以体积反而缩小，当含水率为20%左右时，湿砂的体积与干砂相近。含水率继续增加，颗粒互相挤紧，湿砂的体积小于干砂。所以在配制混凝土或丈量砂方时，应特别注意这一点，砂的用量应以重量来控制较为准确。砂的含水率与体积的关系如图5-11所示。

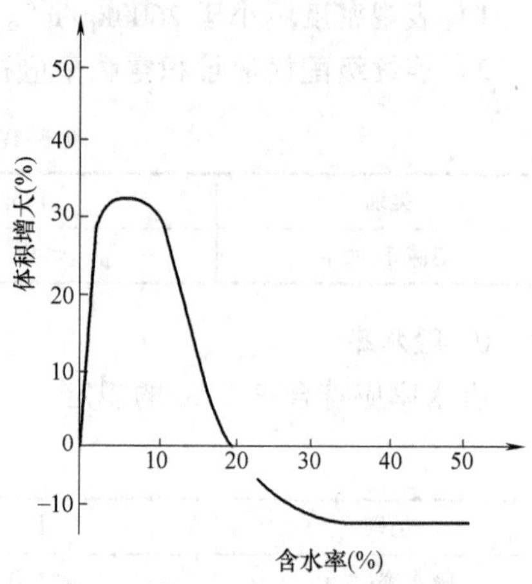

图5-11　砂的含水率与体积的关系

5.2.4　混凝土拌和及养护用水

水是混凝土的主要组分之一。对混凝土用水的质量要求是：不影响混凝土的凝结和硬化；无损于混凝土强度发展及耐久性；不加快钢筋锈蚀；不引起预应力钢筋脆断；不污染混凝土表面。因此，《混凝土用水标准》（JGJ 63—2006）对混凝土用水提出了具体的质量要求。

混凝土用水是指混凝土拌和用水和混凝土养护用水的总称，包括饮用水、地表水、地下水、再生水、混凝土企业设备洗刷水和海水等。拌制及养护混凝土易采用饮用水。地表水和地下水常溶有较多的有机质和矿物盐类，必须按标准规定检验合格后方可使用。海水中含有较多的硫酸盐和氯盐，影响混凝土的耐久性和加速混凝土中钢筋的锈蚀，因此对于钢筋混凝土和预应力混凝土结构，不得采用海水拌制；对有饰面要求的混凝土，也不得采用海水拌制，以免因表面产生盐析而影响装饰效果。工业废水经检验合格后方可用于拌制混凝土。生活污水的水质比较复杂，不能用于拌制混凝土。

对水质有怀疑时，应将待检验水与蒸馏水分别做水泥凝结时间和砂浆或混凝土强度对比试验。对比试验测得的水泥初凝时间差和终凝时间差，均不得超过30min，且其初凝及终凝时间符合国家水泥标准的规定。被检验水样应与饮用水样进行水泥胶砂强度对比试验，被检验水样配制的水泥胶砂3d和28d强度不应低于饮用水配制的水泥胶砂3d和28d强度的90%。

混凝土拌合用水水质要求见表5-21。

表5-21　混凝土拌合用水水质要求（JGJ 63—2006）

项　　目	预应力混凝土	钢筋混凝土	素混凝土
pH值	≥5.0	≥4.5	≥4.5
不溶物/(mg/L)	≤2000	≤2000	≤5000

（续）

项目	预应力混凝土	钢筋混凝土	素混凝土
可溶物/(mg/L)	≤2000	≤5000	≤10000
Cl^-/(mg/L)	≤500	≤1000	≤3500
SO_4^{2-}/(mg/L)	≤600	≤2000	≤2700
碱含量/(mg/L)	≤1500	≤1500	≤1500

注：对于设计使用年限为100年的结构混凝土，氯离子含量不得超过500mg/L；对使用钢丝或经热处理钢筋的预应力混凝土，氯离子含量不得超过350mg/L。

5.2.5 混凝土的外加剂

混凝土外加剂是指在混凝土拌和过程中掺入的用以改善混凝土性能的物质。除特殊情况外，掺量一般不超过水泥用量的5%。

外加剂的使用是混凝土技术的重大突破。随着混凝土工程技术的发展，对混凝土性能提出了许多新的要求。如泵送混凝土要求高的流动性；冬期施工要求高的早期强度；高层建筑、海洋结构要求高强、高耐久性。这些性能的实现，需要应用高性能外加剂。由于外加剂对混凝土技术性能的改善，它在工程中应用的比例越来越大，不少国家使用掺外加剂的混凝土已占混凝土总量的60%~90%。因此，外加剂也就逐渐成为混凝土中的第五种成分。

1. 混凝土外加剂的分类

（1）按主要功能分类　混凝土外加剂按其主要功能分为四类：

1）调节混凝土拌合物流变性能的外加剂，如减水剂、泵送剂、引气剂等。

2）调节混凝土凝结时间和硬化性能的外加剂，如早强剂、缓凝剂、速凝剂等。

3）改善混凝土耐久性的外加剂，如引气剂、防水剂、防冻剂和阻锈剂等。

4）改善混凝土其他性能的外加剂，包括加气剂、膨胀剂、防冻剂、着色剂、防水剂和泵送剂等。

（2）按主要化学成分分类　按外加剂主要化学成分可分为三类：

1）无机化合物，多为电解质盐类。

2）有机化合物，多为表面活性剂。

3）有机和无机混合物。

具有两种以上功能的复合外加剂是当前的发展方向，如引气型减水剂、缓凝型减水剂等。

2. 常用混凝土外加剂

（1）减水剂　减水剂是指在保持混凝土稠度不变的条件下，具有减水增强作用的外加剂。根据减水剂的作用效果及功能情况，可分为普通减水剂、高效减水剂、早强减水剂、缓凝减水剂、缓凝高效减水剂及引气减水剂等。

1）减水剂的技术经济效果。根据使用目的不同，在混凝土中加入减水剂后，一般可取得以下效果：

①增加流动性。在用水量及水泥用量不变时，混凝土坍落度可增大100~200mm，明显提高混凝土流动性，且不影响混凝土的强度。泵送混凝土或其他大流动性混凝土均需掺入高效减水剂。

② 提高混凝土强度。在保持流动性及水泥用量不变的条件下，可减少拌和水量 10%~15%，从而降低了水灰比，使混凝土强度提高 15%~20%，特别是早期强度提高更为显著。掺入高效减水剂是制备早强、高强、高性能混凝土的技术措施之一。

③ 节约水泥。在保持流动性及水灰比不变的条件下，可以在减少拌和水量的同时，相应减少水泥用量，即在保持混凝土强度不变时，可节约水泥用量 10%~15%，且有利于降低工程成本。

④ 改善混凝土的耐久性。由于减水剂的掺入，显著地改善了混凝土的孔结构，使混凝土的密实度提高，透水性降低，从而可提高抗渗、抗冻、抗化学腐蚀及防锈蚀等能力。

此外，掺用减水剂后，还可以改善混凝土拌合物的泌水、离析现象，延缓混凝土拌合物的凝结时间，减慢水泥水化放热速度，防止因内外温差而引起的裂缝。

2）常用的减水剂。减水剂种类很多，按减水效果可分为普通减水剂和高效减水剂；按凝结时间可分为标准型、早强型、缓凝型三种；按是否引气可分为引气型和非引气型两种；按其化学成分主要有木质素磺酸盐系、萘系、水溶性树脂类和复合型减水剂等。

① 木质素磺酸盐系减水剂。这类减水剂包括木质素磺酸钙（木钙）、木质素磺酸钠（木钠）、木质素醋酸镁（木镁）等。其中，木钙减水剂（又称 M 型减水剂）使用较多。

木钙减水剂是以生产纸浆或纤维浆剩余下来的亚硫酸浆废液为原料，采用石灰乳中和，经生物发酵除糖、蒸发浓缩、喷雾干燥而制得的棕黄色粉末，可实现废物利用，是治理环境污染的有效途径之一。

木钙减水剂的适宜掺量，一般为水泥质量的 0.2%~0.3%。当保持水泥用量和坍落度不变时，其减水率为 10%~15%，混凝土 28d 抗压强度提高 10%~20%；若不减水即配合比不变，混凝土坍落度可增大 80%~100%；若保持混凝土的抗压强度和坍落度不变，可节约水泥用量 10%左右。木钙减水剂对混凝土有缓凝作用，一般缓凝 1~3h。掺量过多或在低温下，其缓凝作用更为显著，而且还可能使混凝土强度降低，使用时应注意。

木钙减水剂可用于一般混凝土工程，尤其适用于大体积浇筑、滑模施工、泵送混凝土及夏期施工等。木钙减水剂不宜单独用于冬期施工，在日最低气温低于 5℃时，应与早强剂或防冻剂复合使用。木钙减水剂也不宜单独用于蒸养混凝土。

② 萘系减水剂。萘系减水剂（图 5-12）是用萘或萘的同系物经磺化与甲醛缩合而成。萘系减水剂通常是由工业萘或煤焦油中萘、蒽、甲基萘等馏分，经磺化、水碱、综合、中和、过滤、干燥而成，一般为棕色粉末。目前，我国生产的主要有 NNO、NF、FDN、UNF、MF、建 I 型等减水剂，其中大部分品牌为非引气型减水剂。

萘系减水剂的适宜掺量为水泥质量的 0.5%~1.0%，减水率为 10%~25%，混凝土 28d 强度提高 20%以上。在保持混凝土强度和坍落度相近时，可节约水泥 10%~20%。掺入萘系减水剂后，混凝土的其他力学性能以及抗渗、耐久性等均有所改善，且对钢筋无锈蚀

图 5-12　萘系减水剂

作用。

萘系减水剂的减水增强效果好，对不同品种水泥的适应性较强。适用于配制早强、高强、流态、蒸养混凝土。也适用于最低气温0℃以上施工的混凝土，低于此温时宜与早强剂复合使用。

③ 水溶性树脂减水剂。这类减水剂是以一些水溶性树脂为主要原料制成的减水剂，如三聚氰胺树脂、古玛隆树脂等。该类减水剂增强效果显著，为高效减水剂，号称减水剂之王，我国产品有SM树脂减水剂等。

SM减水剂掺量为水泥质量的0.5%~2.0%，其减水率为15%~27%，混凝土3d强度提高30%~100%，28d强度可提高20%~30%。同时，能提高混凝土抗渗、抗冻性能。

SM减水剂价格昂贵，适于配制高强混凝土、早强混凝土、流态混凝土及蒸养混凝土等。

④ 聚羧酸高性能减水剂（图5-13）。由含有羧基的不饱和单体和其他单体共聚而成，使混凝土在减水、保坍、增强、收缩及环保等方面具有优良性能的系列减水剂。掺用聚羧酸高性能减水剂混凝土的强度增长也十分明显，相比于传统高效减水剂，聚羧酸高性能减水剂生产工艺简单，生产过程中不涉及甲醛、苯酚等有毒物质，也不涉及硫酸等强腐蚀性物质，对环境无污染。

图5-13 聚羧酸高性能减水剂

混凝土减水剂讲解视频

（2）早强剂 早强剂是加速混凝土早期强度发展，并对后期强度无显著影响的外加剂。早强剂能加速水泥的水化和硬化，缩短养护期，从而达到尽早拆模、提高模板周转率、加快施工速度的目的。早强剂可以在常温、低温和负温（不低于-5℃）条件下加速混凝土的硬化过程，多用于冬期施工和抢修工程。早强剂主要有无机盐类（氯盐类、硫酸盐类）和有机胺类及有机-无机的复合物三大类。

1）氯盐类早强剂。氯化钙可加速水泥的凝结硬化，有时也称为促凝剂。氯化钙促进早强的机理是：$CaCl_2$ 能与水泥中的 C_3A 作用生成几乎不溶于水的水化氯铝酸盐（$3CaO \cdot Al_2O_3 \cdot 3CaCl_2 \cdot 32H_2O$），又能与 $Ca(OH)_2$ 反应生成溶解度极小的氧氯化钙［$3CaCl_2 \cdot 3Ca(OH)_2 \cdot 12H_2O$］，水化氯铝酸钙和氧氯化钙固相早期析出，形成骨架，加速水泥浆体结构的形成；同时由于水泥浆中 $Ca(OH)_2$ 浓度的降低，有利于 C_3A 水化反应的进行，因此早期强度得以提高。氯化钙的一般掺量为水泥质量的0.5%~1%，混凝土3d强度可提高40%~100%，7d强度可提高25%。

氯化钙的缺点是存在 Cl^-，易使钢筋锈蚀，故在钢筋混凝土结构中应慎用，在素混凝土中引入的氯离子含量不应大于胶凝材料质量的1.8%。为了抑制氯化钙对钢筋的锈蚀作用，常将氯化钙与阻锈剂亚硝酸钠复合使用。

2）硫酸盐类早强剂。硫酸盐类早强剂主要有硫酸钠、硫代硫酸钠、硫酸钙、硫酸铝、硫酸铝钾等，其中硫酸钠应用较多。硫酸钠分为无水硫酸钠（白色粉末）和有水硫酸钠（白色晶粒）。硫酸钠的适宜掺量为水泥质量的0.5%~2%。当掺量为1%~1.5%时，达到混凝土设计强度70%的时间可缩短一半左右。

硫酸钠掺入混凝土后产生早强的原因，一般认为是硫酸钠与水泥水化产物$Ca(OH)_2$作用，生成高分散性的硫酸钙，均匀分布在混凝土中，并极易与C_3A反应，能使水化硫铝酸钙迅速生成。同时，由于上述反应的进行，使得溶液中$Ca(OH)_2$浓度降低，从而促使C_3A水化加速，大大加快了水泥的硬化，使混凝土早期强度提高。

硫酸钠对钢筋无锈蚀作用，适用于不允许掺用氯盐的混凝土。但由于它与$Ca(OH)_2$作用生成强碱NaOH，为防止碱—骨料反应，硫酸钠严禁用于含有活性骨料的混凝土。同时，不得用于与镀锌钢材或铝铁相接触部位的结构，外露钢筋预埋件而无防护措施的结构，使用直流电源的工厂及使用电气化运输设施的钢筋混凝土结构。硫酸钠早强剂应注意不能超量掺加，以免导致混凝土产生后期膨胀开裂破坏，并防止混凝土表面产生“白霜”。硫酸钠掺量限值见表5-22。

表5-22　硫酸钠掺量限值

混凝土种类	使用环境	掺量限值（胶凝材料质量%）
预应力混凝土	干燥环境	≤1.0
钢筋混凝土	干燥环境	≤2.0
	潮湿环境	≤1.5
有饰面要求的混凝土	—	≤0.8
素混凝土	—	≤3.0

3）有机胺类早强剂。有机胺类早强剂主要有三乙醇胺、三异丙醇胺等，其中早强效果以三乙醇胺为佳。三乙醇胺不改变水泥水化生成物，但能加速水化速度，在水泥水化过程中起催化作用。

三乙醇胺为无色或淡黄色油状液体，呈碱性，能溶于水，无毒，不燃，三乙醇胺掺量极少，掺量为水泥质量的0.02%~0.05%，能使混凝土早期强度提高。

三乙醇胺对混凝土稍有缓凝作用，掺量过多会造成混凝土严重缓凝和混凝土后期强度下降，掺量越大，强度下降越多，故应严格控制掺量。三乙醇胺单独使用时，早强效果不明显，与其他外加剂（如氯化钠、氯化钙、硫酸钠等）复合使用，效果更加显著，故一般复合使用。

（3）缓凝剂　缓凝剂是指能延缓混凝土凝结时间，并对混凝土后期强度发展无不利影响的外加剂。缓凝剂主要有五类：糖类，如糖蜜；木质素磺酸盐类，如木钙、木钠；羟基羧酸及其盐类，如柠檬酸、酒石酸；无机盐类，如锌盐、硼酸盐；其他，如胺盐及其衍生物、纤维素醚等。常用的缓凝剂是木钙和糖蜜，其中糖蜜的缓凝效果最好。

常用的缓凝剂中，糖蜜缓凝剂是制糖下脚料经石灰处理而成，也是表面活性剂，掺入混凝土拌合物中，能吸附在水泥颗粒表面，形成同种电荷的亲水膜，使水泥颗粒相互排斥，并

阻碍水泥水化，从而起缓凝作用。糖蜜的适宜掺量为0.1%～0.3%，混凝土凝结时间可延长2～4h，掺量每增加0.1%，可延长1h。掺量如大于1%，会使混凝土长期酥松不硬，强度严重下降。

缓凝剂具有缓凝、减水、降低水化热和增强作用，对钢筋也无锈蚀作用。主要适用于大体积混凝土和炎热气候下施工的混凝土，泵送混凝土及滑模施工的混凝土，以及需长时间停放或长距离运输的混凝土。缓凝剂不宜用于日最低气温5℃以下施工的混凝土，也不宜单独用于有早强要求的混凝土及蒸养混凝土。

（4）引气剂　引气剂是指在混凝土搅拌过程中，能引入大量分布均匀的微小气泡，以减少混凝土拌合物的泌水、离析，改善和易性，并能显著提高硬化混凝土抗冻性、耐久性的外加剂。目前，应用较多的引气剂为松香热聚物、松香皂、烷基苯磺酸盐等。

松香热聚物是松香与苯酚、硫酸、氢氧化钠以一定配合比经加热缩聚而成。松香皂是由松香经氢氧化钠皂化而成。松香热聚物的适宜掺量为水泥质量的0.005%～0.02%，混凝土的含气量为3%～5%，减水率为8%左右。

引气剂属憎水性表面活性剂，表面活性作用类似减水剂，区别在于减水剂的界面活性作用主要发生在液-固界面，而引气剂的界面活性作用主要在气-液界面上。由于能显著降低水的表面张力和界面能，使水溶液在搅拌过程中极易产生许多微小的封闭气泡，气泡直径多在50～250μm。同时，因引气剂定向吸附在气泡表面，形成较为牢固的液膜，使气泡稳定而不破裂。按混凝土含气量3%～5%计（不加引气剂的混凝土含气量为1%），1m^3混凝土拌合物中含数百亿个气泡。由于大量微小、封闭并均匀分布的气泡的存在，使混凝土的某些性能得到明显改善或改变。

1）改善混凝土拌合物的和易性。由于大量微小封闭球状气泡在混凝土拌合物内形成，如同滚珠一样，减少了颗粒间的摩擦阻力，使混凝土拌合物流动性增加。同时，由于水分均匀分布在大量气泡的表面，使能自由移动的水量减少，混凝土拌合物的保水性、黏聚性也随之提高。

2）显著提高混凝土的抗渗性、抗冻性。大量均匀分布的封闭气泡有较大的弹性变形能力，对由水结冰所产生的膨胀应力有一定的缓冲作用，因而混凝土的抗冻性得到提高。大量微小气泡占据于混凝土的孔隙，切断毛细管通道，使抗渗性得到改善。

3）降低混凝土强度。由于大量气泡的存在，减少了混凝土的有效受力面积，使混凝土强度有所降低。一般混凝土的含气量每增加1%时，其抗压强度将降低4%～6%，抗折强度降低2%～3%。

引气剂可用于抗渗混凝土、抗冻混凝土、抗硫酸盐侵蚀混凝土、泌水严重的混凝土、贫混凝土、轻混凝土，以及对饰面有要求的混凝土等。但引气剂不宜用于蒸养混凝土及预应力混凝土。

（5）防冻剂　防冻剂是指能使混凝土在负温下硬化，并在规定养护条件下达到预期足够防冻强度的外加剂。常用的防冻剂为复合型，由防冻、早强、减水、引气等多组分组成，各尽其能，完成预定抗冻性能。

防冻剂可分为以下四类：

1）强电解质无机盐类：

① 氯盐类：以氯盐为防冻组分的外加剂。

② 氯盐阻锈类：以氯盐与阻锈组分为防冻组分的外加剂。

③ 无氯盐类：以亚硝酸盐、硝酸盐等无机盐为防冻组分的外加剂。

2）水溶性有机化合物类：以某些醇类等有机化合物为防冻组分的外加剂。

3）有机化合物与无机盐复合类。

4）复合型防冻剂：以防冻组分复合早强、减水、引气等多组分的外加剂。

不同类别的防冻剂性能具有差异，合理的选用十分重要。氯盐类防冻剂适用于无筋混凝土；氯盐阻锈类防冻剂可用于钢筋混凝土；无氯盐类防冻剂可用于钢筋混凝土工程和预应力钢筋混凝土工程。硝酸盐、亚硝酸盐、碳酸盐易引起钢筋的应力腐蚀，故此类防冻剂不适用于预应力混凝土以及与镀锌钢材相接触部位的钢筋混凝土结构。另外，含有六价铬盐、亚硝酸盐等有毒成分的防冻剂，严禁用于饮水工程及与仪器接触的部位。

防冻剂用于负温条件下施工的混凝土。目前，国产防冻剂品种适用于 0～20℃ 的气温，当在更低气温下施工时，应增加其他混凝土冬期施工措施，如暖棚法、原料（砂、石、水）预热法等。

（6）速凝剂　速凝剂是指能使混凝土迅速凝结硬化的外加剂。速凝剂主要有无机盐类和有机物类两类。我国常用的速凝剂是无机盐类，主要有红星 I 型、711 型、728 型、8604 型等。在满足施工要求的前提下，以最小掺量为宜。

速凝剂掺入混凝土后，能使混凝土在 5min 内初凝，10min 内终凝，1h 就可产生强度，1d 强度提高 2～3 倍，但后期强度会下降，28d 强度为不掺时的 80%～90%。

速凝剂主要用于矿山井巷、铁路隧道、引水涵洞、地下工程以及喷锚支护时的喷射混凝土或喷射砂浆工程。

（7）减缩剂　混凝土很大的一个缺点是在干燥条件下产生收缩，这种收缩导致了硬化混凝土的开裂和其他缺陷的形成和发展，使混凝土的使用寿命大大下降。在混凝土中加入减缩剂能大大降低混凝土的干燥收缩，典型性的能使混凝土的 28d 收缩值减少 50%～80%，最终收缩值减少 25%～50%。

减缩剂减少混凝土收缩的机理，主要是能降低混凝土中的毛细管张力，从本质上讲，减缩剂是表面活性物质，有些种类的减缩剂还是表面活性剂。当混凝土由于干燥而在毛细孔中形成毛细管张力使混凝土收缩时，减缩剂的存在使毛细管张力下降，从而使得混凝土的宏观收缩值降低，所以减缩剂对减少混凝土的干缩和自缩有较大作用。

混凝土减缩剂已经发展成为一个新系列的混凝土外加剂。随着对减缩剂研究的深入以及其性能的提高，在日益关注混凝土耐久性的情况下，混凝土减缩剂作为一种能提高混凝土耐久性的外加剂即将会有大的发展。

（8）膨胀剂　膨胀剂是指能使混凝土产生一定体积膨胀的外加剂。工程中常用的膨胀剂有硫铝酸钙类、硫铝酸钙-氧化钙类、氧化钙类等。

硫铝酸钙类膨胀剂加入混凝土中后，膨胀剂组分参与水泥矿物的水化或与水泥水化产物反应，生成高硫型水化铝酸钙（钙矾石），使固相体积大为增加，从而导致体积膨胀。氧化钙类膨胀剂的膨胀作用主要由氧化钙晶体水化生成氢氧化钙晶体时的体积增大所引起。

膨胀剂主要用于补偿收缩混凝土、自应力混凝土、填充混凝土和有较高抗裂防渗要求的混凝土工程。膨胀剂的掺量与应用对象和水泥及掺合料的活性有关，一般为水泥、掺合料与膨胀剂总量的 8%～25%，并应通过试验确定。加强养护（最好是水中养护）和限制膨胀变

形是能否取得预期效果的关键，否则可能会导致出现更多的裂缝。

3. 外加剂的选择和使用

在混凝土中掺用外加剂，若选择和使用不当，会造成质量事故。因此，应注意以下几点：

（1）外加剂品种的选择　外加剂品种、品牌很多，效果各异，特别是对不同品种水泥效果不同。在选择外加剂时，应根据工程需要，现场的材料条件，参考有关资料，通过试验确定。

（2）外加剂掺量的确定　混凝土外加剂均有适宜掺量。掺量过小，往往达不到预期效果；掺量过大，则会影响混凝土质量，甚至造成质量事故。因此，应通过试验试配，确定最佳掺量。

（3）外加剂的掺加方法　外加剂的掺量很少，必须保证其均匀分散，一般不能直接加入混凝土搅拌机内，掺入方法会因外加剂不同而异，其效果也会因掺入方法不同而存在差异。故应严格按产品技术说明操作。如：减水剂有同掺法、后渗法、分掺法等三种方法。同掺法为减水剂在混凝土搅拌时一起掺入；后掺法是搅拌好混凝土后间隔一定时间，然后再掺入；分掺法是一部分减水剂在混凝土搅拌时掺入，另一部分在间隔一段时间后再掺入。而实践证明，后掺法最好，能充分发挥减水剂的功能。

（4）外加剂的储运保管　混凝土外加剂大多为表面活性物质或电解质盐类，具有较强的反应能力，敏感性较高，对混凝土性能影响很大，所以在储存和运输中应加强管理。失效的、不合格的、长期存放、质量未经明确的禁止使用；不同品种类别的外加剂应分别储存和运输；应注意防潮、防水、避免受潮后影响功效；有毒性的外加剂必须单独存放，专人管理；有强氧化性外加剂必须进行密封储存，同时还必须注意储存期不得超过外加剂的有效期。

5.2.6　矿物掺合料

矿物掺合料也称为矿物外加剂，是现代混凝土中不可缺少的第六组分。矿物掺合料很多，其组成和性能有很大的差异，具有各自的特点。混凝土中通常掺入的是具有活性的混合材料。常用的混凝土矿物掺合料有粉煤灰、粒化高炉矿渣粉、硅灰、沸石粉及其他工业废料。尤其是磨细Ⅰ级粉煤灰、磨细粒化高炉矿渣粉、硅灰等应用效果最好。

1. 粉煤灰

粉煤灰是从燃煤热电厂的煤燃烧后的烟气中收集下来的粉状材料，是燃煤电厂排出的主要固体废物。

（1）粉煤灰的化学组成　我国火电厂粉煤灰的主要氧化物组成为：SiO_2、Al_2O_3、Fe_2O_3、CaO、MgO、SO_3、Na_2O、K_2O、FeO 等。表 5-23 是我国电厂粉煤灰主要的化学组成。

表 5-23　我国电厂粉煤灰主要的化学组成

项目	化学组成（%）								
组成	烧失量	SiO_2	Al_2O_3	Fe_2O_3	CaO	MgO	SO_3	Na_2O	K_2O
范围	1.1~26.5	31.1~60.8	11.9~35.6	1.4~37.5	0.7~9.6	0.1~1.9	0~1.8	0.1~1.1	0.3~2.9
平均值	7.1	51.1	27.6	7.8	2.9	1.0	0.4	0.4	1.2

(2) 粉煤灰在水泥混凝土中的作用　根据粉煤灰的化学特征、几何特征和物理特征，将粉煤灰在水泥混凝土中作用机理归结为三个基本效应：

1) 形态效应。在显微镜下显示，粉煤灰中含有70%以上的玻璃微珠，粒形完整，表面光滑，质地致密。这种形态对混凝土而言，无疑能起到减水作用、致密作用和匀质作用，促进初期水泥水化的解絮作用，改变拌合物的流变性质、初始结构以及硬化后的多种功能，尤其对泵送混凝土，能起到良好的润滑作用。

2) 活性效应。粉煤灰中的化学成分含有大量活性 SiO_2 及 Al_2O_3，在潮湿的环境中与 $Ca(OH)_2$ 等碱性物质发生化学反应，生成水化硅酸钙、水化铝酸钙等胶凝物质，对粉煤灰制品及混凝土能起到增强作用和堵塞混凝土中的毛细组织，提高混凝土的抗腐蚀能力。

3) 微骨料效应。粉煤灰中粒径很小的微珠和碎屑，在水泥石中可以相当于未水化的水泥颗粒，极细小的微珠相当于活泼的纳米材料，能明显地改善和增强混凝土及制品的结构强度，提高匀质性和致密性。

在上述粉煤灰的三大效应中，形态效应是物理效应，活性效应是化学效应，而微骨料效应既有物理效应又有化学效应。这三种效应相互关联，互为补充。粉煤灰的品质越高，效应越大。所以在应用粉煤灰时应根据水泥、混凝土、粉煤灰的不同要求选用适宜和定量的粉煤灰。

(3) 粉煤灰的级别　用于混凝土中的粉煤灰按质量指标分为Ⅰ、Ⅱ、Ⅲ三个等级，见表5-24。

表5-24　粉煤灰的质量指标分级

等级＼质量指标	细度(45μm方孔筛,%)	烧失量(%)	需水量比(%)	SO_3(%)
Ⅰ	≤12	≤5	≤95	≤3
Ⅱ	≤25	≤8	≤105	≤3
Ⅲ	≤45	≤15	≤115	≤3

注：代替细骨料或用以改善和易性的粉煤灰可不受此规定的限制。

商品混凝土中多采用Ⅰ级和Ⅱ级粉煤灰，并对细度、烧失量、需水量比、SO_3 的含量、活性指数按规定进行检验。

(4) 粉煤灰的应用　粉煤灰治理的指导思想已从过去的单纯环境角度转变为综合治理、资源化利用。粉煤灰综合利用的途径已从过去的路基、填方、混凝土掺合料、土壤改造等方面的应用，发展到目前的在水泥原料、水泥混合材、大型水利枢纽工程、泵送混凝土、大体积混凝土制品、高强高性能混凝土等方面。

粉煤灰加入到商品混凝土中取代部分水泥，减少水泥用量，降低了混凝土的成本；同时大大改善混凝土拌合物的和易性，提高混凝土的强度和耐久性，降低水化热等。

2. 硅灰

硅灰是硅铁合金厂和硅单质厂在冶炼时通过收尘装置收集的随气体从烟道排出的极细粉末，外观为青灰色或灰白色，耐火度>1600℃。

(1) 化学组成　硅灰的化学组成主要是 SiO_2，此外还含有少量的氧化铁、氧化钙等，但成分很少。

（2）颗粒组成与细度 硅灰颗粒主要为非晶态的球形颗粒，颗粒表面较为光滑。而且颗粒远比水泥和粉煤灰小得多，主要是0.5μm以下的颗粒，平均粒径为0.1~0.2μm，一般采用比表面积法来表示细度。硅灰比表面积为水泥的80~100倍，粉煤灰的50~70倍。

（3）应用 硅灰属于火山灰质材料，硅灰在混凝土中主要有如下作用：显著提高混凝土的抗压、抗折、抗渗、防腐、抗冲击及耐磨性能；具有保水、防止离析、泌水、大幅降低混凝土泵送阻力的作用；显著延长混凝土的使用寿命，特别是在氯盐污染侵蚀、硫酸盐侵蚀、高湿度等恶劣环境下，可使混凝土的耐久性提高一倍甚至数倍；是高强混凝土和高性能混凝土的必不可少的成分，在强度等级 C_{100} 以上的混凝土中大量应用。

3. 粒化高炉矿渣粉

粒化高炉矿渣是指凡在高炉冶炼生铁时，所得以硅酸盐与硅铝酸盐为主要成分的熔融物，经淬冷成粒后，即为粒化高炉矿渣。

（1）矿渣粉的化学组成 取决于矿渣的化学组成，一般是一些氧化物（CaO、SiO_2、Al_2O_3、MgO 、FeO 等）和一些硫化物（CaS、MnS、FeS 等）。前四种氧化物一般占90%以上。因此矿渣粉的化学组成与硅酸盐水泥较接近，但CaO含量稍低些，而 SiO_2 含量则高于水泥。

（2）技术要求 在我国国家标准《用于水泥砂浆和混凝土中的粒化高炉矿渣粉》（GB/T 18046—2017）中，对磨细矿粉有六项指标要求，即密度、比表面积、活性指数、流动度比、含水量和烧失量。同时，将磨细矿粉分为S105 、S95、S75三个等级，见表5-25。在这三个等级的磨细矿粉中，对密度、流动度比含水量和烧失量的要求是相同的，其区别在于活性指数和比表面积。从表中可以看出采用等级较高的磨细矿粉时，流动度将减小，需水量将增加。

表5-25 磨细矿粉的质量指标

项目		级别		
		S105	S95	S75
密度/(g/cm^3)		2.8		
比表面积/(m^2/kg)		500	400	300
活性指数(%),不小于	7d	95	75	55
	28d	105	95	75
流动度比(%),不小于		95		
含水量(%),不小于		1.0		
烧失量(%),不小于		3.0		

（3）应用

1）取代部分硅酸盐水泥熟料，生产矿渣硅酸盐水泥，有效地降低了水泥的成本，增加了产量，扩大了水泥使用范围。

2）商品混凝土中用矿渣粉取代部分水泥，减少了水泥用量，降低了混凝土的生产成本。

3）商品混凝土中掺入矿渣粉，可大大改善混凝土拌合物的和易性、可泵性。

4）矿渣粉和粉煤灰双掺时，对混凝土后期强度发展具有增强作用，还可提高混凝土的耐久性。

5.3 混凝土拌合物的性质

混凝土的各组成材料按一定比例配合、搅拌而成的尚未凝固的材料，称为混凝土拌合物，又称新拌混凝土。混凝土是由不同粒径的骨料、水泥、水、外加剂组成的复杂分散系，新拌混凝土应具备的性能主要是满足施工要求，即拌合物必须具有良好的和易性，这样才能便于施工和按设计要求成型，从而保证混凝土的强度和耐久性。

5.3.1 和易性的概念

和易性是指混凝土拌合物在一定的施工条件下（如设备、工艺、环境等）易于各工序（搅拌、运输、浇筑、捣实）施工操作，并能获得质量稳定，整体均匀，成型密实的性能。和易性是一项综合性的技术指标，包括流动性、黏聚性（或称可塑性）、保水性（或称稳定性）等三方面性能，和易性也称工作性。

1. 流动性

流动性是指混凝土拌合物在自重或机械振捣作用下，易于流动并均匀密实地填满模板的性能。流动性的大小，反映混凝土拌合物的稀稠，直接影响浇捣施工的难易和混凝土的质量，流动性好，混凝土容易操作、成型。

2. 黏聚性

黏聚性是指混凝土各组成材料之间有一定的黏聚力，使混凝土保持整体均匀完整和稳定的性能，在运输和浇筑过程中不致产生分层和离析现象。黏聚性差会影响混凝土的成型、浇筑质量，造成强度下降，耐久性不满足要求。

3. 保水性

保水性是指混凝土拌合物在施工过程中，具有一定的保持内部水分的能力而不致产生严重的泌水现象。新拌混凝土是由不同密度、不同粒径的颗粒（骨料和水泥）和水组成，在自重和外力作用下，固体颗粒下沉，水上浮于混凝土表面形成泌水，造成硬化后混凝土表面酥软，当泌水发生在骨料或钢筋下面时，影响混凝土的整体均匀性。保水性差的混凝土拌合物，因泌水会形成易透水的孔隙，使混凝土的密实性变差，强度和耐久性降低。

混凝土拌合物的流动性、黏聚性、保水性三者之间既互相联系，又互相矛盾。如黏聚性好则保水性一般也较好，但流动性可能较差；当增大流动性时，黏聚性和保水性往往变差。因此，拌合物的和易性良好，一般需要这三方面性能在某种具体工作条件下达到统一，达到均为良好的状况。

混凝土和易性
讲解视频

5.3.2 和易性的测定及评定

目前，还没有一种科学的测试方法和定量指标，既能简便易行、迅速准确，又能完整表达混凝土拌合物的和易性。通常采用测定混凝土拌合物的流动性，辅以直观经验评定黏聚性和保水性，最后综合判断混凝土拌合物的和易性是否满足需要。

按照《普通混凝土拌合物性能试验方法标准》（GB/T 50080—2016）规定，采用坍落度与坍落扩展度法和维勃稠度法两种试验方法来评定混凝土拌合物的和易性。

1. 坍落度与坍落扩展度法

坍落度与坍落扩展度试验的方法是将以混凝土拌合物按规定方法装入标准坍落度筒内，装满刮平后将筒垂直向上提起，然后测出混凝土因自重而产生坍落的尺寸，以mm表示，即为坍落度。如图5-14所示，坍落度值越大，表示流动性越大。然后，再用捣棒轻击拌合物锥体的侧面，观察其黏聚性，若锥体逐渐下沉，表示黏聚性良好；若锥体倒塌、部分坍塌或出现离析现象，则表示黏聚性不好。与此同时，观察锥体底部是否有较多稀浆析出，评定其保水性。最后以流动性、黏聚性及保水性来综合评定混凝土拌合物的和易性。

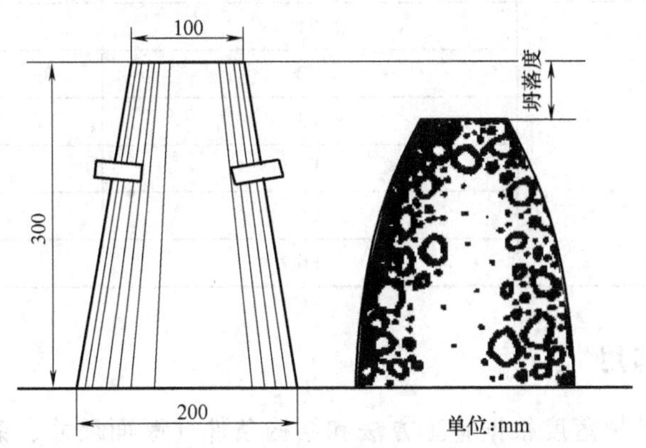

图5-14　混凝土拌合物坍落测定示意图

当混凝土拌合物的坍落度大于220mm时，用钢尺测量混凝土扩展后最终的最大直径和最小直径，在这两个直径之差小于50mm的条件下，用其算术平均值作为坍落扩展度值；否则，此次试验无效。

混凝土拌合物的流动性，根据坍落度值不同可分为大流动性混凝土（坍落度值>160mm）、流动性混凝土（坍落度值为100~150mm）、塑性混凝土（坍落度值为50~90mm）及低塑性混凝土（坍落度值为10~40mm）。当拌合物的坍落度值小于10mm时，为干硬性混凝土，须用维勃稠度-时间秒数（s）表示其流动性。

坍落度试验只适用于测定石子最大粒径小于40mm和坍落度大于10mm的混凝土拌合物。

2. 维勃稠度法

利用维勃稠度仪测定混凝土拌合物的稠度时，将混凝土拌合物按规定方法装入坍落度筒内，将筒垂直提起，把规定透明有机玻璃圆盘放在混凝土拌合物锥体顶面上（图5-15），然后开启振动台，并记录时间，直到透明圆盘底部布满水泥浆为止，此段时间（s）称为维勃稠度。维勃稠度越大，流动性越小。该法适用于维勃稠度在5~30s，且最大粒径小于40mm的混凝土拌合物。

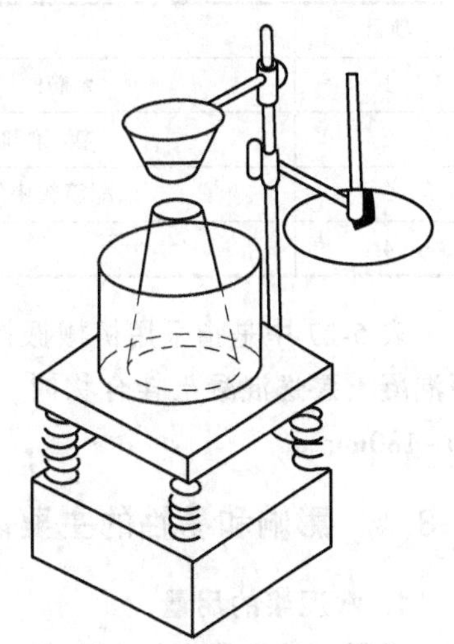
图5-15　混凝土拌合物维勃稠度测定示意图

根据混凝土坍落度和扩展度的大小，分别将混凝土拌合物分为4级、5级和6级，见表5-26。

表 5-26　混凝土拌合物的分级

分类	等级	要求(mm)
按坍落度值分	S1	10~40
	S2	50~90
	S3	100~150
	S4	160~210
	S5	≥220
按扩展度分	F1	≤340
	F2	350~410
	F3	420~480
	F4	490~550
	F5	560~620
	F6	≥630

5.3.3　和易性的选用

新拌水泥混凝土的坍落度根据施工方法和结构条件（断面尺寸、钢筋分布情况），并参考有关资料（经验）加以选择。对无筋厚大结构、钢筋配置稀疏易于施工的结构，尽可能选用较小的坍落度，以节约水泥，提高硬化后混凝土的强度和耐久性。反之，对断面尺寸较小、形状复杂或配筋特密的结构，则应选用较大的坍落度，从而便于施工。具体选择可参考表 5-27。

表 5-27　混凝土坍落度的适宜范围

项目	结构特点	坍落度/mm
1	无筋的厚大结构或配筋稀疏的构件	10~30
2	板、梁和大型及中型截面的柱子等	35~50
3	配筋较密的结构(薄壁、筒仓、细柱等)	55~70
4	配筋特密的结构	75~90

表 5-27 中是指采用机械振捣的坍落度，当采用人工捣实时可适当增大。当施工工艺采用混凝土泵送混凝土拌合物时，可通过掺入高效减水剂等措施提高流动性，使坍落度达到 80~180mm。

5.3.4　影响和易性的主要因素

1. 水泥浆的用量

混凝土拌合物中的水泥浆，赋予混凝土拌合物以一定的流动性。在水灰比不变的情况下，单位体积拌合物内，如果水泥浆越多，则拌合物的流动性越大，但若水泥浆过多，将会出现流浆现象，使拌合物的黏聚性变差，同时对混凝土的强度与耐久性也会产生一定的影响，且水泥用量也大。水泥浆过少，不能填满骨料间隙或不能很好地包裹骨料表面时，拌合物就会产生崩塌现象，黏聚性也变差。因此，混凝土拌合物中水泥浆的用量，应以满足流动

性和强度的要求为度，不宜过量。

2. 水泥浆的稠度——水灰比（W/C）或水胶比（W/B）

水灰比是指1m^3混凝土中水与水泥用量的比值，用符号W/C表示。

水胶比是指1m^3混凝土中水与所用胶凝材料用量的比值，用W/B表示。

在水泥用量不变的情况下，水灰比越小，水泥浆就越稠，混凝土拌合物的流动性就越小。当水灰比过小时，水泥浆干稠，混凝土拌合物的流动性过低，会使施工困难，不能保证混凝土的密实性。增大水灰比会使流动性加大，但如果水灰比过大，又会造成混凝土拌合物的黏聚性和保水性不良，而产生流浆、离析现象，并严重影响混凝土的强度。所以，水灰比不能过大或过小，一般应根据混凝土强度和耐久性要求，合理地选用。

3. 单位体积用水量

无论是水泥浆的多少还是水泥浆的稀稠，实际上对混凝土拌合物流动性起决定作用的是单位体积用水量的多少。当使用确定的骨料，如果单位体积用水量一定，单位体积水泥用量增减不超过50~100kg，混凝土拌合物的坍落度大体可保持不变。如果单纯加大用水量会降低混凝土的强度和耐久性，因此对混凝土拌合物流动性的调整，应在保证水灰比不变的条件下，以调整水泥浆量的方法来进行。

4. 砂率

砂率是指混凝土中砂的质量占砂石总质量的百分率。砂率的变动，会使骨料的空隙率和骨料的总表面积有明显改变，因而对混凝土拌合物的和易性产生显著的影响。砂率过大时，骨料的总表面积及空隙率都会增大，在水泥浆含量不变的情况下，相对地水泥浆显得少了，减弱了水泥浆的润滑作用，导致混凝土拌合物流动性降低。如果砂率过小，又不能保证粗骨料之间有足够的砂浆层，也会降低混凝土拌合物的流动性，并严重影响其黏聚性和保水性，容易造成离析、流浆。当砂率适宜时，砂不但填满石子间的空隙，而且还能保证粗骨料间有一定厚度的砂浆层，以减小粗骨料间的摩擦阻力，使混凝土拌合物有较好的流动性。这个适宜的砂率，称为合理砂率。当采用合理砂率时，在用水量及水泥用量一定的情况下，能使混凝土拌合物获得最大的流动性，保持良好的黏聚性和保水性，如图5-16所示。或者，当采用合理砂率时，能使混凝土拌合物获得所要求的流动性及良好的黏聚性与保水性，而水泥用量为最少，如图5-17所示。

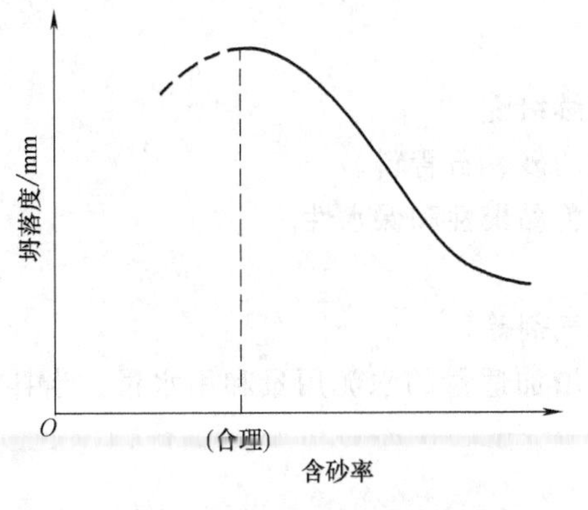

图5-16 砂率与坍落度的关系

（水与水泥用量一定）

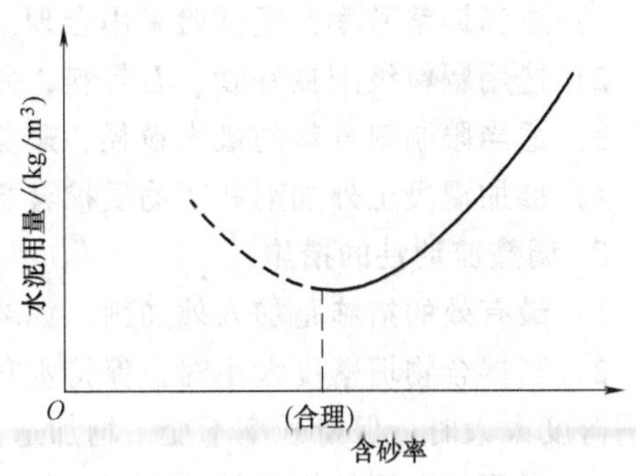

图5-17 砂率与水泥用量的关系

（达到相同的坍落度）

5. 组成材料性质的影响

水泥对和易性的影响主要表现在水泥的需水性上。需水量大的水泥品种，达到相同的坍落度，需要较多的用水量。常用水泥中以普通硅酸盐水泥所配制的混凝土拌合物的流动性和保水性较好。矿渣、火山灰质混合材料对水泥的需水性都有影响，矿渣水泥所配制的混凝土拌合物的流动性较大，但黏聚性差，易泌水。火山灰水泥需水量大，在相同加水量条件下，流动性显著降低，但黏聚性和保水性较好。

骨料的性质对混凝土拌合物的和易性影响较大。级配良好的骨料，空隙率小，在水泥浆量相同的情况下，包裹骨料表面的水泥浆较厚，和易性好。碎石比卵石表面粗糙，所配制的混凝土拌合物流动性较卵石配制的差。细砂的比表面积大，用细砂配制的混凝土比用中、粗砂配制的混凝土拌合物流动性小。

6. 外加剂

外加剂（如减水剂、引气剂等）对拌合物的和易性有很大的影响。在拌制混凝土时，加入少量的外加剂能使混凝土拌合物在不增加水泥用量的条件下，获得良好的和易性，不仅流动性显著增加，而且还能有效地改善混凝土拌合物的黏聚性和保水性。而且在不改变混凝土配合比的情况下，能提高强度和耐久性。

7. 时间和温度

搅拌后的混凝土拌合物，随着时间的延长而逐渐变得干稠，坍落度降低，流动性下降，这种现象称为坍落度损失，从而使和易性变差。其原因是一部分水已与水泥水化，一部分水被骨料吸收，一部分水蒸发，以及混凝土凝聚结构的逐渐形成，致使混凝土拌合物的流动性变差。

混凝土拌合物的和易性也受温度的影响。因为环境温度升高，水分蒸发及水化反应加快，相应使流动性降低。因此，施工中为保证一定的和易性，必须注意环境温度的变化，采取相应的措施。

5.3.5 改善混凝土和易性的措施

根据经验，改善新拌混凝土和易性，一般先调整黏聚性和保水性，然后再调整流动性，而且调整流动性时，须保证黏聚性和保水性符合要求。

1. 调整黏聚性和保水性的方法

1）适当调整砂率，经试验采用合理砂率。

2）选用颗粒级配良好砂、石骨料，并且选用连续级配。

3）适当限制粗骨料的最大粒径，避免选用较粗的砂、石骨料。

4）掺加混凝土外加剂和矿物质掺合料能极大改善黏聚性和保水性。

2. 调整流动性的措施

1）最有效的措施是加入外加剂，如减水剂、引气剂等。

2）当拌合物坍落度太小时，保持水灰比不变，增加适量的水泥用量和用水量；当拌合物坍落度太大时，保持砂率不变，增加适量的砂石。

3）尽可能选用较粗大的砂、石骨料。

4）砂率不能太大，经试验采用合理砂率。

5）粗细骨料含泥量要少，且级配合格。

5.4 混凝土的强度

强度是混凝土硬化后的主要力学性能，并且与其他性质关系密切。按照国家标准《普通混凝土力学性能试验方法标准》（GB/T 50081—2002）规定，混凝土强度有抗压强度、轴心抗压强度、劈裂抗拉强度、抗折强度等。其中以抗压强度最大，抗拉强度最小（为抗压强度的1/10~1/20），因此结构工程中混凝土主要用于承受压力。

5.4.1 混凝土的立方体抗压强度与强度等级

1. 立方体抗压强度

混凝土的抗压强度是指其标准试件在压力作用下直到破坏时单位面积所能承受的最大压力。混凝土结构构件常以抗压强度为主要设计依据。

根据国家标准《普通混凝土力学性能试验方法标准》（GB/T 50081—2002）制作150mm×150mm×150mm的标准立方体试件，在标准条件［温度（20±2）℃，相对湿度95%以上的标准养护室养护，或在温度（20±2）℃的不流动的$Ca(OH)_2$饱和溶液中养护］下，养护到28d龄期，所测得的抗压强度值为混凝土立方体试件抗压强度（简称立方体抗压强度），以f_{cc}表示。采用标准试验方法测定其强度是为了使混凝土的质量有对比性，它是结构设计、混凝土配合比设计和质量评定的重要数据。

在实际的混凝土工程中，其养护条件（温度、湿度）不可能与标准养护条件一样，为了能说明工程中混凝土实际达到的强度，往往把混凝土试件放在与工程实际相同的条件下养护，再按所需的龄期测得立方体试件抗压强度值，作为工地混凝土质量控制的依据。

测定混凝土立方体试件抗压强度，也可以按粗骨料最大粒径的尺寸而选用不同的试件尺寸。但是在计算其抗压强度时，应乘以换算系数，以得到相当于标准试件的试验结果。

在特殊情况下，可采用ϕ150mm×300mm的圆柱体标准试件或ϕ100mm×200mm和ϕ200mm×400mm的圆柱体非标准试件。

2. 强度等级

为了正确进行结构设计和控制工程质量，根据混凝土立方体抗压强度标准值（以$f_{cu,k}$表示），将混凝土划分不同的强度等级。混凝土立方体抗压强度标准值，是指按标准方法制作和养护的立方体试件，在28d龄期，用标准试验方法测得的抗压强度总体分布中的一个值，强度低于该值的百分率不超过5%（即具有强度保证率为95%的立方体抗压强度）。混凝土强度等级采用符号C与立方体抗压强度标准值（以N/mm^2即MPa计）表示，按照《混凝土结构设计规范》（GB 50010—2010）规定，共划分成C15、C20、C25、C30、C35、C40、C45、C50、C55、C60、C65、C70、C75、C80等14个强度等级。例如，以C40表示混凝土立方体抗压强度标准值$f_{cu,k}=40$MPa。

5.4.2 混凝土的轴心抗压强度（f_{cp}）

确定混凝土强度等级采用立方体试件，但实际工程中钢筋混凝土构件形式极少是立方体的，大部分是棱柱体形或圆柱体形。为了使测得的混凝土强度接近于混凝土构件的实际情况，在钢筋混凝土结构计算中，计算轴心受压构件（例如柱子、桁架的腹杆等）时，都采用混凝土的轴心抗压强度f_{cp}作为设计依据。

根据国家标准（GB/T 50081—2002）的规定，轴心抗压强度采用150mm×150mm×300mm的棱柱体作为标准试件，如有必要，也可采用非标准尺寸的棱柱体试件，尺寸为100mm×100mm×300mm和200mm×200mm×400mm，当混凝土的强度等级低于C60时，应分别乘以尺寸换算系数0.95和1.05。轴心抗压强度值比同截面的立方体抗压强度值小，棱柱体试件高宽比（h/a）越大，轴心抗压强度越小，但当h/a达到一定值后，强度不再降低。在立方体抗压强度为10~55MPa范围内时，轴心抗压强度$f_{cp} \approx (0.70 \sim 0.80) f_{cc}$。

5.4.3 混凝土的抗拉强度（f_{ts}）

混凝土的抗拉强度只有抗压强度的1/10~1/20，并且这个比值随着混凝土强度等级的提高而降低。由于混凝土受拉时呈脆性断裂，破坏时无明显残余应变，故在钢筋混凝土结构设计中，不考虑混凝土承受拉力，而是在混凝土中配以钢筋，由钢筋来承受结构中的拉力。但混凝土抗拉强度对于混凝土抗裂性具有重要作用，它是结构设计中确定混凝土抗裂度的主要指标，有时也用它来间接衡量混凝土与钢筋间的粘结强度，并预测由于干湿变化和温度变化而产生裂缝的情况。

用轴向拉伸试件测定混凝土的抗拉强度，荷载不易对准轴线，夹具处常发生局部破坏，致使测值很不准确，故我国目前采用由劈裂抗拉强度试验法间接得出混凝土的抗拉强度，称为劈裂抗拉强度（f_{ts}）。标准规定，劈裂抗拉强度采用边长为150mm的立方体试件，在试件的两个相对的表面上加上垫条，如图5-18所示。当施加均匀分布的压力，就能在外力作用的竖向平面内，产生均匀分布的拉应力，如图5-19所示，该应力可以根据弹性理论计算得出。这个方法不但大大简化了抗拉试件的制作，并且能较正确地反映试件的抗拉强度。

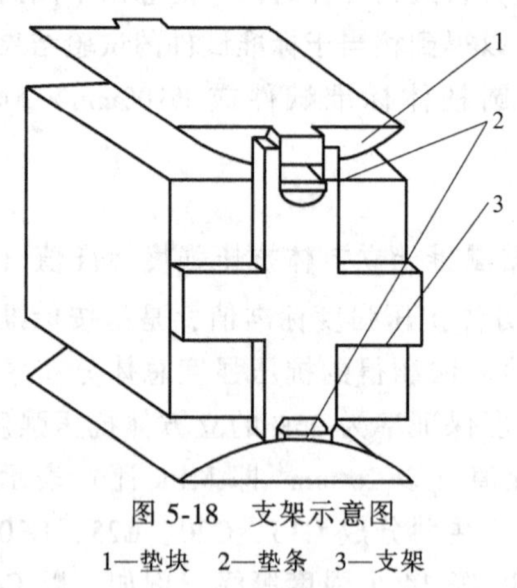

图5-18　支架示意图

1—垫块　2—垫条　3—支架

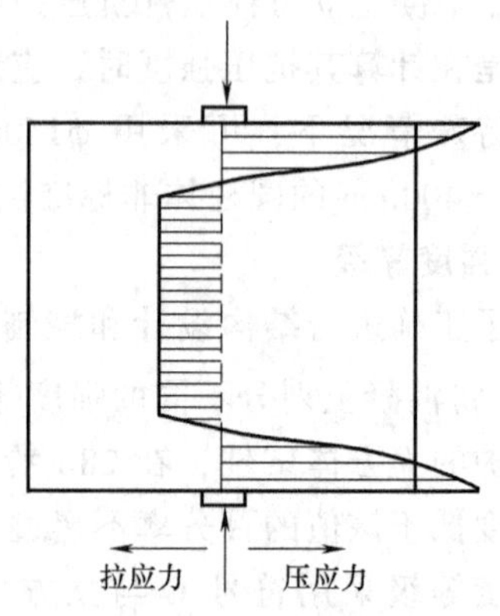

图5-19　劈裂试验时垂直于受力面的应力分布

劈裂抗拉强度计算公式为：

$$f_{ts} = \frac{2F}{\pi A} = 0.637 \frac{F}{A} \tag{5-4}$$

式中　f_{ts}——混凝土劈裂抗拉强度（MPa）；

F——破坏荷载（N）；

A——试件劈裂面积（mm^2）。

混凝土的劈裂抗拉强度与混凝土标准立方体抗压强度之间的关系，可用经验公式表达如下：

$$f_{ts}=0.35f_{cc}^{3/4} \tag{5-5}$$

5.4.4　混凝土与钢筋的粘结强度

在钢筋混凝土结构中，为使钢筋和混凝土能有效协同工作，混凝土与钢筋之间必须要有适当的粘结强度。这种粘结强度，主要来源于混凝土与钢筋之间的摩擦力、钢筋与水泥之间的粘结力及变形钢筋的表面机械啮合力。粘结强度与混凝土质量有关，与混凝土抗压强度成正比，此外，粘结强度还受其他许多因素影响，如钢筋尺寸及变形钢筋种类；钢筋在混凝土中的位置（水平钢筋或垂直钢筋）；加载类型（受拉钢筋或受压钢筋）以及干湿变化、温度变化等。

5.4.5　影响混凝土强度的因素

硬化后的混凝土在未受到外力作用之前，由于水泥水化造成的化学收缩和物理收缩引起砂浆体积的变化，在粗骨料与砂浆界面上产生了分布极不均匀的拉应力，从而导致界面上形成了许多微细的裂缝。另外，还因为混凝土成型后的泌水作用，某些上升的水分为粗骨料颗粒所阻止，因而聚集于粗骨料的下缘，混凝土硬化后就成为界面裂缝。当混凝土受力时，这些预存的界面裂缝会逐渐扩大、延长并汇合连通起来，形成可见的裂缝，致使混凝土结构丧失连续性而达到完全破坏。强度试验也证实，正常配合比的混凝土破坏主要是骨料与水泥石的粘结界面发生破坏。所以，混凝土的强度主要取决于水泥石强度及其与骨料的粘结强度，而粘结强度又与水泥强度等级、水灰比及骨料的性质有密切关系，此外混凝土的强度还受施工质量、养护条件及龄期的影响。

1. 影响混凝土强度的主要因素

水泥强度等级和水灰比是决定混凝土强度最主要的因素，也是决定性因素。

水泥是混凝土中的活性组成，在水灰比不变时，水泥强度等级越高，则硬化水泥石的强度越大，对骨料的胶结力就越强，配制成的混凝土强度也就越高。在水泥强度等级相同的条件下，混凝土的强度主要取决于水灰比。从理论上讲，水泥水化时所需的结合水，一般只占水泥质量的23%左右，但在拌制混凝土拌合物时，为了获得施工所要求的流动性，常需多加一些水，如常用的塑性混凝土，其水灰比均在0.4~0.8。当混凝土硬化后，多余的水分就残留在混凝土中或蒸发后形成气孔或通道，大大减小了混凝土抵抗荷载的有效断面，而且可能在孔隙周围引起应力集中。因此，在水泥强度等级相同的情况下，水灰比越小，水泥石的强度越高，与骨料粘结力越大，混凝土强度也越高。但是，如果水灰比过小，拌合物过于干稠，在一定的施工振捣条件下，混凝土不能被振捣密实，出现较多的蜂窝、孔洞，将导致混凝土强度严重下降，如图5-20所示。

根据工程实践的经验资料统计，可建立如下的混凝土强度与水灰比、水泥强度等因素之间的线性经验公式：

$$f_{cu}=\alpha_a f_{ce}\left(\frac{C}{W}-\alpha_b\right) \tag{5-6}$$

式中　f_{cu}——混凝土28d龄期的抗压强度（MPa）；

C——$1m^3$ 混凝土中水泥用量（kg）；

W——$1m^3$ 混凝土中水的用量（kg）；

f_{ce}——水泥的实际强度（MPa），水泥厂为保证水泥出厂强度，所生产水泥的实际强度要高于其强度的标准值（$f_{ce,k}$），在无法取得水泥实际强度数据时，可用式 $f_{ce}=\gamma_c f_{ce,k}$ 代入，其中 γ_c 为水泥强度值的富余系数，根据各地区统计资料取得；

α_a、α_b——回归系数，与骨料品种及水泥品种等因素有关，其数值通过试验求得，若无试验资料，则可按《普通混凝土配合比设计规程》（JGJ 55—2011）提供的 α_a、α_b 系数取用：碎石 $\alpha_a=0.53$，$\alpha_b=0.20$；卵石 $\alpha_a=0.49$，$\alpha_b=0.13$。

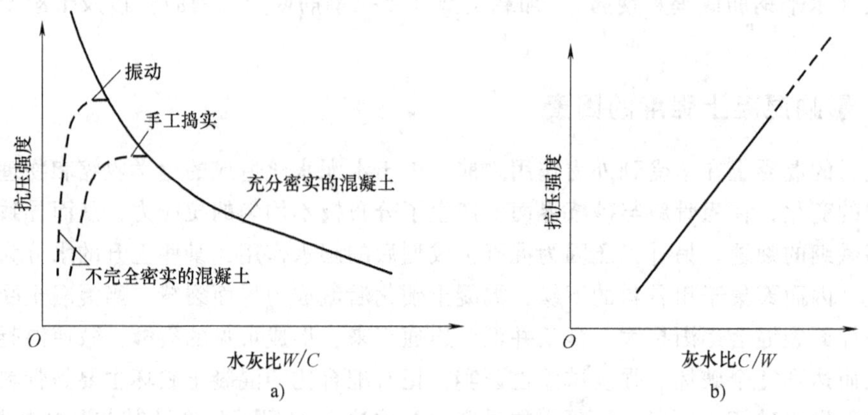

图 5-20　混凝土强度与水灰比的关系

a）强度与水灰比的关系　b）强度与灰水比的关系

以上的经验公式，一般只适用于流动性混凝土及低流动性混凝土，对于干硬性混凝土则不适用。利用混凝土强度公式，可根据所用的水泥强度和水灰比来估计所配制混凝土的强度，也可根据水泥强度和要求的混凝土强度等级来计算应采用的水灰比。

2. 骨料的影响

当骨料级配良好、砂率适当时，由于组成了坚强密实的骨架，有利于混凝土强度的提高。如果混凝土骨料中有害杂质较多，品质低，级配不好时，会降低混凝土的强度。

由于碎石表面粗糙有棱角，提高了骨料与水泥砂浆之间的机械啮合力和粘结力，所以在原材料、坍落度相同的条件下，用碎石拌制的混凝土比用卵石拌制的混凝土的强度要高。

骨料的强度影响混凝土的强度。一般骨料强度越高，所配制的混凝土强度越高，这在低水灰比和配制高强混凝土时，特别明显。骨料粒形以三维长度相等或相近的球形或立方体形为好，若含有较多扁平或细长的颗粒，会增加混凝土的孔隙率，扩大混凝土中骨料的表面积，增加混凝土的薄弱环节，导致混凝土强度下降。

3. 养护温度及湿度的影响

混凝土强度是一个渐进发展的过程，其发展的程度和速度取决于水泥的水化状况，而温度和湿度是影响水泥水化速度和程度的重要因素。因此，混凝土成型后，必须在一定时间内保持适当的温度和足够的湿度，以使水泥充分水化，这就是混凝土的养护。养护温度高，水

泥水化速度加快，混凝土的强度发展也快；反之，在低温下混凝土强度发展迟缓，如图5-21所示。当温度降至冰点以下时，由于混凝土中的水分大部分结冰，不但水泥停止水化，强度停止发展，而且由于混凝土孔隙中的水结冰，产生体积膨胀（约9%），而对孔壁产生相当大的压应力（可达100MPa），从而使硬化中的混凝土结构遭到破坏，导致混凝土已获得的强度受到损失。同时，混凝土早期强度低，更容易冻坏。

因为水是水泥水化反应的必要条件，只有周围环境湿度适当，水泥水化反应才能顺利进行，使混凝土强度得到充分发展。如果湿度不够，水泥水化反应不能正常进行，甚至停止水化，会严重降低混凝土强度。图5-22为潮湿养护对混凝土强度的影响。水泥水化不充分，水化作用未完成，还会使混凝土结构疏松，形成干缩裂缝，增大渗水性，从而影响混凝土的耐久性。为此，施工规范规定，在混凝土浇筑成型后，必须保证足够的湿度，应在12h内进行覆盖，以防止水分蒸发。在夏期施工的混凝土，要特别注意浇水保湿。使用硅酸盐水泥、普通水泥和矿渣水泥时，浇水保湿应不少于7d；使用火山灰水泥和粉煤灰水泥或在施工中掺用缓凝型外加剂或混凝土有抗渗要求时，保湿养护应不少于14d。

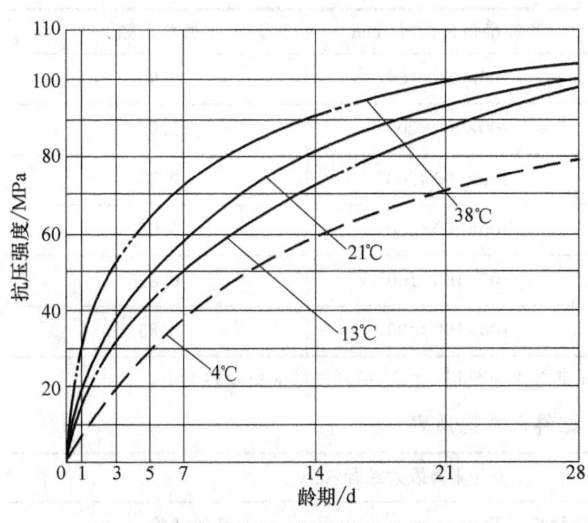

图5-21 养护温度对混凝土强度的影响

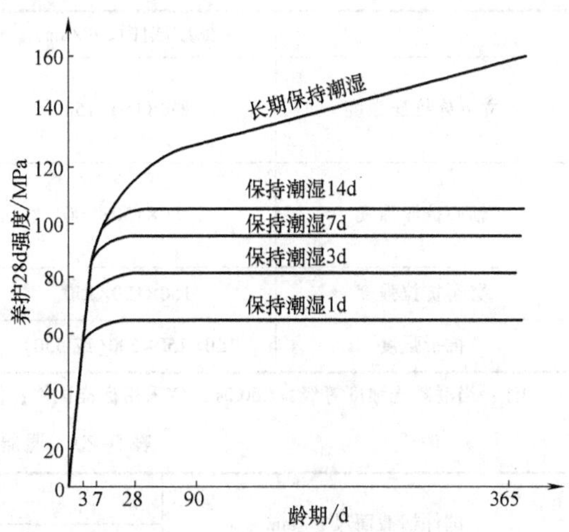

图5-22 混凝土强度与保湿养护时间的关系

4．龄期

龄期是指混凝土在正常养护条件下所经历的时间。在正常养护的条件下，混凝土的强度将随龄期的增长而不断发展，最初7~14d内强度发展较快，以后逐渐缓慢，28d达到设计强度。28d后强度仍在发展，其增长过程可延续数十年之久，混凝土强度与龄期的关系从图5-22也可看出。

普通水泥制成的混凝土，在标准养护条件下，混凝土强度的发展，大致与其龄期的常用对数成正比关系（龄期不少于3d）：

$$\frac{f_n}{f_{28}}=\frac{\lg n}{\lg 28} \tag{5-7}$$

式中 f_n——nd龄期混凝土的抗压强度（MPa）；

f_{28}——28d龄期混凝土的抗压强度（MPa）；

n——养护龄期（d），$n \geqslant 3$。

根据上式，可以由所测混凝土的早期强度，估算其 28d 龄期的强度。或者，可由混凝土的 28d 强度，推算 28d 前混凝土达到其一强度需要养护的天数，来确定混凝土拆模、构件起吊、放松预应力筋、制品养护、出厂等日期。但由于影响强度的因素很多，故按此式计算的结果只能作为参考。

5. 试验条件对混凝土强度测定值的影响

试验条件是指试件的尺寸、形状、表面状态及加荷速度等。试验条件不同，会影响混凝土强度的试验值。

（1）试件尺寸　相同的混凝土，试件尺寸越小，测得的强度越高。试件尺寸影响强度的主要原因是，当试件尺寸大时，内部孔隙、缺陷等出现的概率也大，导致有效受力面积减小及应力集中，从而引起强度的降低。我国标准规定，采用 150mm×150mm×150mm 的立方体试件作为标准试件，当采用非标准的其他尺寸试件时，所测得的抗压强度应乘以换算系数，见表 5-28，试件尺寸的大小取决于粗骨料的最大粒径，见表 5-29。

表 5-28　混凝土试件不同尺寸的强度换算系数

	标准试件尺寸/mm	非标准试件尺寸/mm	换算系数
立方体抗压强度	150×150×150	100×100×100	0.95
		200×200×200	1.05
轴心抗压强度	150×150×300	100×100×300	0.95
		200×200×400	1.05
劈裂抗拉强度	150×150×150	100×100×100	0.85
抗折强度	150×150×600(或 550)	100×100×400	0.85

注：当混凝土强度等级≥C60 时，宜采用标准试件；使用非标准试件时，尺寸换算系数应由试验确定。

表 5-29　混凝土试件尺寸选用表

试件横截面尺寸/mm	骨料最大粒径/mm	
	劈裂抗拉强度试验	其他试验
100×100	20	31.5
150×150	40	40
200×200	—	63

（2）试件的形状　当试件受压面积（$a \times a$）相同，而高度（h）不同时，高宽比（h/a）越大，抗压强度越小。这是由于试件受压时，试件受压面与试件承压板之间的摩擦力，对试件相对于承压板的横向膨胀起着约束作用，该约束有利于强度的提高，如图 5-23 所示。越接近试件的端面，这种约束作用就越大，在距端面大约$\frac{\sqrt{3}}{2}a$的范围以外，约束作用才消失，通常称这种约束作用为环箍效应，如图 5-24 所示。

（3）表面状态　混凝土试件承压面的状态，也是影响混凝土强度的重要因素。当试件受压面上有油脂类润滑剂时，试件受压时的环箍效应大大减小，试件将出现直裂破坏（图 5-25），测出的强度值也较低。

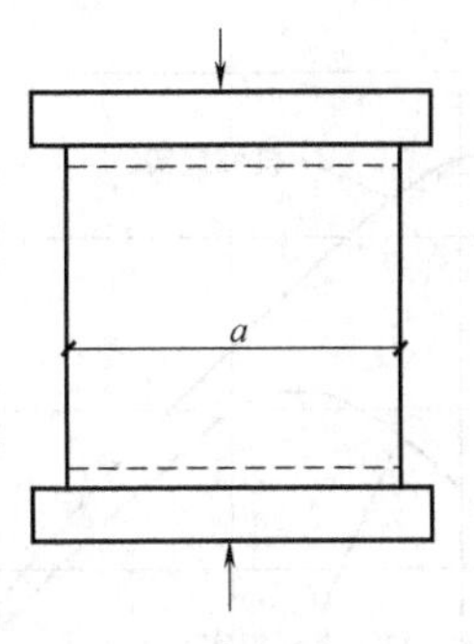

图 5-23 压力机压板对试件的约束作用

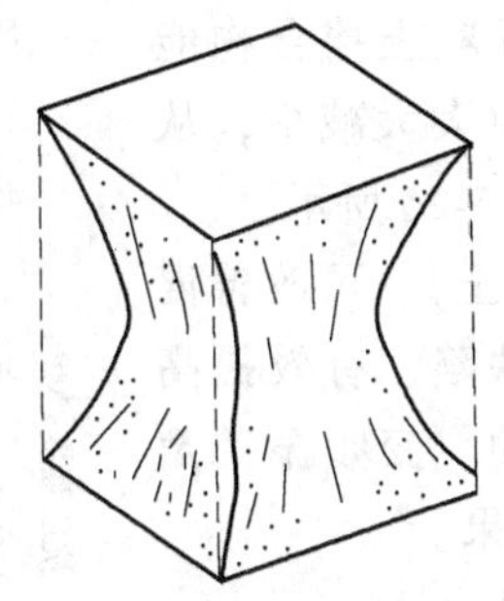

图 5-24 试件破坏后残存的棱锥体

图 5-25 不受压板约束时试件的破坏情况

（4）加荷速度 加荷速度越快，测得的混凝土强度值也越大，当加荷速度超过 1.0MPa/s 时，这种趋势更加显著。因此，我国标准规定，混凝土强度等级<C30 时，加荷速度取 0.3~0.5MPa/s；混凝土强度等级≥C30 且<C60 时，取 0.5~0.8MPa/s；混凝土强度等级≥C60 时，取 0.8~1.0MPa/s，且应连续均匀地进行加荷。

混凝土强度测定讲解视频

5.4.6 提高混凝土强度的措施

1. 采用高强度等级水泥或早强型水泥

在混凝土配合比相同的情况下，水泥的强度等级越高，混凝土的强度越高。采用早强型水泥可提高混凝土的早期强度，有利于加快施工进度。

2. 采用低水灰比的干硬性混凝土

低水灰比的干硬性混凝土拌合物游离水分少，硬化后留下的孔隙少，混凝土密实度高，强度可显著提高。因此，降低水灰比是提高混凝土强度的最有效途径。但水灰比过小，将影响拌合物的流动性，造成施工困难，一般采取同时掺加减水剂的方法，使混凝土在低水灰比下，仍具有良好的和易性。

3. 采用湿热处理养护混凝土

湿热处理，可分为蒸汽、蒸压养护两类，水泥混凝土一般不必采用蒸压养护。

蒸汽养护是将混凝土放在温度低于 100℃的常压蒸汽中进行养护。一般混凝土经过 16~20h 蒸汽养护，其强度可达正常条件下养护 28d 强度的 70%~80%，蒸汽养护最适于掺活性混合材料的矿渣水泥、火山灰水泥及粉煤灰水泥制备的混凝土。因为蒸汽养护可加速活性混合材料内的活性 SiO_2 及活性 Al_2O_3 与水泥水化析出的 $Ca(OH)_2$ 反应，使混凝土不仅提高早期强度，而且后期强度也有所提高，其 28d 强度可提高 10%~20%。而对普通硅酸盐水泥和硅酸盐水泥制备的混凝土进行蒸汽养护，其早期强度也能得到提高，但因在水泥颗粒表面过早形成水化产物凝胶膜层，阻碍水分继续深入水泥颗粒内部，使后期强度增长速度反而减缓，其 28d 强度比标准养护 28d 的强度低 10%~15%。

4. 采用机械搅拌和振捣

机械搅拌比人工拌和能使混凝土拌合物更均匀，特别是在拌和低流动性混凝土拌合物时效果显著。采用机械振捣，可使混凝土拌合物的颗粒产生振动，暂时破坏水泥浆体的凝聚结构，从而降低水泥浆的黏度和骨料间的摩擦阻力，提高混凝土拌合物的流动性，使混凝土拌合物能很好地充满模板，混凝土内部孔隙大大减少，从而使密实度和强度大大提高，如图 5-26 所示。

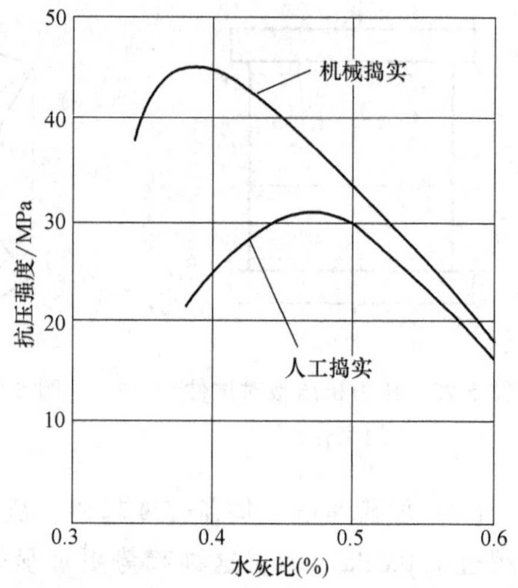

图 5-26　振捣方法对混凝土强度的影响

采用二次搅拌工艺（造壳混凝土），可改善混凝土骨料与水泥砂浆之间的界面缺陷，有效提高混凝土强度。采用先进的高频振动、变频振动及多向振动设备，可获得更佳振动效果。

5. 掺入混凝土外加剂、掺合料

在混凝土中掺入早强剂可提高混凝土早期强度；掺入减水剂可减少用水量，降低水灰比，提高混凝土强度。此外，在混凝土中掺入高效减水剂的同时，掺入磨细的矿物掺合料（如硅灰、优质粉煤灰、超细磨矿渣粉等），可显著提高混凝土的强度，配制出强度等级为 C60～C100 的高强混凝土。

5.5　混凝土的耐久性

混凝土的耐久性是指混凝土在所处环境及使用条件下经久耐用的性能。环境对混凝土结构的物理、化学和生物作用以及混凝土结构抵御环境作用的能力，是影响混凝土结构耐久性的因素，如空气、水的作用，温度变化，阳光辐射、侵蚀性介质作用等。在通常的混凝土结构设计中，往往忽视环境对结构的作用，许多混凝土结构在未达到预定的设计使用期限前，就出现了钢筋锈蚀、混凝土劣化剥落等结构性能及外观的耐久性破坏现象，需要大量投资进行修复，甚至拆除重建。近年来，混凝土结构的耐久性及耐久性设计受到普遍关注。我国的混凝土结构设计规范把混凝土结构的耐久性设计作为一项重要内容，高性能混凝土的设计以耐久性为依据。把混凝土结构耐久性作为首要的技术指标，目的是通过对混凝土材料硬化前后各种性能的改善，提高混凝土结构的耐久性和可靠性，使混凝土在特定环境下达到预期的使用年限。

混凝土结构耐久性设计的目标是，使混凝土结构在规定期限即设计使用寿命内，在常规的维修条件下，不出现混凝土劣化，钢筋锈蚀等影响结构正常使用和影响外观的损坏。它涉及所建工程的造价、维护费用和使用年限等问题，混凝土的耐久性与强度同等重要，所以必须认真对待。

混凝土的耐久性是一个综合性概念，它包含的内容很多，如抗渗性、抗冻性、抗侵蚀性、抗碳化反应、抗碱骨料反应等。这些性能都决定着混凝土经久耐用的程度，故统称为耐久性。

5.5.1　混凝土的抗渗性

混凝土的抗渗性是指混凝土抵抗有压介质（水、油、溶液等）渗透作用的能力。它是

决定混凝土耐久性最基本的因素，若混凝土的抗渗性差，不仅周围水等液体物质易渗入内部，而且当遇有负温或环境水中含有侵蚀性介质时，混凝土就易遭受冰冻或侵蚀作用而破坏，对钢筋混凝土还将引起其内部钢筋锈蚀，并导致表面混凝土保护层开裂与剥落。因此，对地下建筑、水坝、水池、港工、海工等工程，必须要求混凝土具有一定的抗渗性。

混凝土的抗渗性用抗渗等级表示。抗渗等级是以 28d 龄期的标准试件，在标准试验方法下进行试验，以每组 6 个试件，4 个试件未出现渗水时，所承受的最大静水压来表示，国家标准《混凝土质量控制标准》（GB 50164—2011）将混凝土抗渗性划分为 P4、P6、P8、P10、P12 及> P12 等 6 个等级，表示混凝土能抵抗 0.4MPa、0.6MPa、0.8MPa、1.0MPa、1.2MPa 和>1.2MPa 的静水压力而不渗水。

混凝土渗水的主要原因是由于内部的孔隙形成连通的渗水孔道。这些孔道除产生于施工振捣不密实外，主要来源于水泥浆中多余水分的蒸发而留下的气孔，水泥浆泌水所形成的毛细孔，以及粗骨料下部界面水富集所形成的孔穴。这些渗水通道的多少，主要与水灰比大小有关，因此水灰比是影响抗渗性的决定因素，水灰比增大，抗渗性下降，除此之外，粗骨料最大粒径、养护方法、外加剂、水泥品种等对混凝土的抗渗性也有影响。

提高混凝土抗渗性的主要措施是，提高混凝土的密实度和改善混凝土中的孔隙结构，减少连通孔隙。这些可通过降低水灰比、选择好的骨料级配、充分振捣和养护、掺入引气剂等方法来实现。

5.5.2 混凝土的抗冻性

混凝土的抗冻性是指混凝土在饱和水状态下，能经受多次冻融循环而不破坏，同时也不严重降低所具有性能的能力。在寒冷地区，特别是接触水又受冻的环境下的混凝土，要求具有较高的抗冻性。

混凝土的抗冻性用抗冻等级或抗冻标号表示，采用抗冻标号时需要做慢冻法试验，抗冻标号分为 D25，D50，D100，D150，D200，D250，D300 及 D300 以上。抗冻标号应以抗压强度损失率不超过 25%或者质量损失率不超过 5%时的最大冻融循环次数来确定。采用抗冻等级时需要做快冻法试验，抗冻等级分为 F50，F100，F150，F200，F250，F300，F350，F400 及 F400 以上。抗冻等级应以相对动弹性模量下降至不低于 60%或者质量损失率不超过 5%时的最大冻融循环次数来确定。

混凝土受冻融破坏的原因，是由于混凝土内部孔隙中的水在负温下结冰后体积膨胀形成的静水压力，当这种压力产生的内应力超过混凝土的抗拉强度，混凝土就会产生裂缝，多次冻融循环使裂缝不断扩展直至破坏。混凝土的密实度、孔隙率和孔隙构造、孔隙的充水程度是影响抗冻性的主要因素。密实的混凝土和具有封闭孔隙的混凝土（如引气混凝土），抗冻性较高。掺入引气剂、减水剂和防冻剂，可有效提高混凝土的抗冻性。

5.5.3 混凝土的抗侵蚀性

当混凝土所处环境中含有侵蚀性介质时，混凝土便会遭受侵蚀，通常有软水侵蚀、硫酸盐侵蚀、镁盐侵蚀、碳酸侵蚀、一般酸侵蚀与强碱侵蚀等，其侵蚀机理详见本书第 4 章。随着混凝土在地下工程、海岸工程等恶劣环境中的大量应用，对混凝土的抗侵蚀性提出了更高的要求。

混凝土的抗侵蚀性与所用水泥品种、混凝土的密实度和孔隙特征等有关。密实和孔隙封闭的混凝土，环境水不易侵入，抗侵蚀性较强。提高混凝土抗侵蚀性的主要措施是合理选择水泥品种，降低水灰比，提高混凝土密实度和改善孔结构。

5.5.4 混凝土的碳化

1. 混凝土碳化的含义

混凝土的碳化是指混凝土内水泥石中的氢氧化钙与空气中的二氧化碳在湿度相宜时发生化学反应，生成碳酸钙和水，也称混凝土的中性化。碳化过程是二氧化碳由表及里地逐渐向混凝土内部扩散的过程。混凝土碳化深度随时间的延长而增大，但增大速度逐渐减慢。

2. 碳化对混凝土性能的影响

碳化对混凝土弊多利少，其不利影响首先是减弱了对钢筋的保护作用。这是因为本来混凝土中水泥水化生成大量的氢氧化钙，使钢筋处在这种碱性环境中其表面能生成一层钝化膜，保护钢筋不易锈蚀，但当碳化深度穿透混凝土保护层而达钢筋表面时，使钢筋处在了中性环境，于是钢筋钝化膜被破坏而发生锈蚀，此时产生体积膨胀，致使混凝土保护层产生开裂。开裂后的混凝土又促进碳化的进行和钢筋的锈蚀，因此最后导致混凝土产生顺筋开裂而破坏。另外，碳化作用会增加混凝土的收缩，引起混凝土表面产生拉应力而出现微细裂缝，从而降低混凝土的抗拉、抗折强度及抗渗能力。

碳化作用对混凝土也有一些有利影响，即碳化作用产生的碳酸钙填充了水泥石的孔隙，以及碳化时放出的水分有助于未水化水泥的水化进行，从而可提高混凝土碳化层的密实度，对提高抗压强度有利。如预制混凝土基桩就常常利用碳化作用来提高桩的表面质量。

3. 影响混凝土碳化速度的主要因素

（1）环境中二氧化碳的浓度　二氧化碳浓度越大，混凝土碳化作用越快。一般室内混凝土碳化速度较室外快，铸工车间建筑的混凝土碳化更快。

（2）环境湿度　当环境的相对湿度在50%~75%时，混凝土碳化速度最快，当相对湿度小于25%或达到100%时，碳化将停止进行，这是因为前者环境中水分太少，而后者环境使混凝土孔隙中充满水，二氧化碳不得渗入扩散。

（3）水泥品种　普通水泥水化产物碱度较高，故其抗碳化性能优于矿渣水泥、火山灰水泥及粉煤灰水泥，且水泥又随混合材料掺量的增多而碳化速度加快。

（4）水灰比　水灰比越小，混凝土越密实，二氧化碳和水不易渗入，故碳化速度就慢。

（5）外加剂　混凝土中掺入减水剂、引气剂或引入减水剂时，由于可降低水灰比或引入封闭小气泡，故可使混凝土碳化速度明显减慢。

（6）施工质量　混凝土施工振捣不密实或养护不良时，致使密实度较差而加快混凝土的碳化。经蒸汽养护的混凝土，其碳化速度较标准养护时的为快。

4. 阻滞混凝土碳化的措施

1）在可能的情况下，应尽量降低水灰比，采用减水剂，以提高混凝土的密实度，这是带有根本性的措施。

2）根据环境和使用条件，合理选用水泥品种。

3）对于钢筋混凝土构件，必须保证有足够的混凝土保护层，以防钢筋易生锈蚀。

4）在混凝土表面抹刷涂层（如抹聚合物砂浆、刷涂料等）或粘贴面层材料（如贴面砖

等)，以防二氧化碳侵入。

在设计钢筋混凝土结构，尤其在确定采用钢丝网薄壁结构时，必须要考虑混凝土的抗碳化问题。

5.5.5　混凝土的碱骨料反应

碱骨料反应是指混凝土内水泥中的碱性氧化物——氧化钠和氧化钾，与骨料中的活性二氧化硅发生化学反应，生成碱-硅酸凝胶，其吸水后会产生很大的体积膨胀（体积增大可达3倍以上)，从而导致混凝土产生膨胀开裂而破坏，这种现象称为碱骨料反应。

混凝土发生碱骨料反应必须具备以下三个条件：

(1) 水泥中碱含量高　以等当量 Na_2O，即 $(Na_2O+0.658K_2O)$%大于0.6%。

(2) 砂、石骨料中夹含有活性二氧化硅成分　含活性二氧化硅成分的矿物有蛋白石、玉髓、鳞石英等，它们常存在于流纹岩、安山岩、凝灰岩等天然岩石中。

(3) 有水存在　在无水情况下，混凝土不可能发生碱骨料膨胀反应。

为此，工程中当采用高碱水泥（含碱量大于0.6%）时，应不同时采用含有活性二氧化硅的骨料，必要时须对骨料进行检验，当认定骨料无活性时方可进行拌制混凝土。当确认骨料中含有活性二氧化硅又非用不可时，可采取以下预防措施：

1) 采用含碱量小于0.6%的低碱水泥。

2) 在水泥中掺加火山灰质混合材料，因其可吸收溶液中的钠离子和钾离子，使反应产物早期能均匀分布在混凝土中，不致集中于骨料颗粒周围，从而减轻膨胀反应。

3) 混凝土掺用引气剂或引气减水剂，以使在混凝土中造成许多分散的微小气泡，使碱骨料反应的产物可渗嵌到这些气孔中去，以降低膨胀破坏应力。

混凝土耐久性讲解视频

混凝土的碱骨料反应通常进行较缓，因此由碱骨料反应引起的破坏往往要经过若干年后才会出现，而且难以修复，故在混凝土施工前就要考虑到这个问题，应争取把问题消灭在发生之前。

5.5.6　提高混凝土耐久性的措施

混凝土所处的环境和使用条件不同，对其耐久性的要求也不相同，但影响耐久性的因素却有许多相同之处。混凝土的密实程度是影响耐久性的主要因素，其次是原材料的性质、施工质量等。提高混凝土耐久性的主要措施有：

1) 合理选择水泥品种，根据混凝土工程的特点和所处的环境条件，参照表5-1选用。

2) 选用质量良好、技术条件合格的砂石骨料。

3) 控制最大水胶比及保证足够的胶凝材料用量，是保证混凝土密实度并提高混凝土耐久性的关键。《混凝土结构设计规范》(GB 50010—2010) 规定了混凝土结构的环境类别，见表5-30。还规定了最大水胶比、最大氯离子含量、最大碱含量、最低混凝土强度等级，见表5-31。《普通混凝土配合比设计规程》(JGJ 55—2011) 规定了工业与民用建筑所用混凝土的最小胶凝材料用量的限值，见表5-32。

表 5-30 混凝土结构的环境类别

环境类别	条件
一	室内干燥环境 无侵蚀性静水浸没环境
二 a	室内潮湿环境 非严寒和非寒冷地区的露天环境 非严寒和非寒冷地区与无侵蚀性的水或土壤直接接触的环境 严寒和寒冷地区的冰冻线以下与无侵蚀性的水或土壤直接接触的环境
二 b	干湿交替环境 水位频繁变动环境 严寒和寒冷地区的冰冻线以上与无侵蚀性的水或土壤直接接触的环境
三 a	严寒和寒冷地区冬季水位变动区环境 受除冰盐影响环境 海风环境
三 b	盐渍土环境 受除冰盐作用环境 海岸环境
四	海水环境
五	受人为或自然的侵蚀性物质影响的环境

注：1. 室内潮湿环境是指构件表面经常处于结露或湿润状态的环境。

2. 严寒和寒冷地区的划分应符合现行国家标准《民用建筑热工设计规范》GB 50176 的有关规定。

3. 海岸环境和海风环境宜根据当地情况，考虑主导风向及结构所处迎风、背风部位等因素的影响，由调查研究和工程经验确定。

4. 受除冰盐影响环境是指受到除冰盐盐雾影响的环境；受除冰盐作用环境是指被除冰盐溶液溅射的环境以及使用除冰盐地区的洗车房、停车楼等建筑。

5. 暴露的环境是指混凝土表面所处的环境。

表 5-31 结构混凝土材料的耐久性基本要求

环境等级	最大水胶比	最低强度等级	最大氯离子含量(%)	最大碱含量/(kg/m^3)
一	0.6	C20	0.30	不限制
二 a	0.55	C25	0.20	3.0
二 b	0.50(0.55)	C30(C25)	0.15	
三 a	0.45(0.50)	C35(C30)	0.15	
三 b	0.40	C40	0.10	

注：1. 氯离子含量是指其占胶凝材料总量的百分比。

2. 预应力构件混凝土中的最大氯离子含量为 0.06%；其最低混凝土强度等级宜按表中的规定提高两个等级。

3. 素混凝土构件的水胶比及最低强度等级的要求可适当放松。

4. 有可靠工程经验时，二类环境中的最低混凝土强度等级可降低一个等级。

5. 处于严寒和寒冷地区二 b、三 a 类环境中的混凝土应使用引气剂，并可采用括号中的有关参数。

6. 当使用非碱活性骨料时，对混凝土中的碱含量可不做限制。

除配制 C15 及其以下强度等级的混凝土外，混凝土的最小胶凝材料用量应符合表 5-32 的规定。

表 5-32 混凝土的最小胶凝材料用量

最大水胶比	最小胶凝材料用量/(kg/m^3)		
	素混凝土	钢筋混凝土	预应力混凝土
0.60	250	280	300
0.55	280	300	300
0.50	320		
≤0.45	330		

5.6 混凝土的变形性能

混凝土的变形，分为非荷载作用下的变形和荷载作用下的变形。非荷载作用下的变形，分为混凝土的化学收缩、干湿变形及温度变形；荷载作用下的变形，分为短期荷载作用下的变形及长期荷载作用下的变形——徐变。

5.6.1 非荷载作用下的变形

1. 化学收缩

在混凝土硬化过程中，由于水泥水化生成物的固体体积，比反应前物质的总体积小，从而引起混凝土的收缩，称为化学收缩。化学收缩是不可恢复的。其收缩量随混凝土硬化龄期的延长而增加，一般在混凝土成型后 40d 内增长较快，以后逐渐趋于稳定。化学收缩值很小，对混凝土结构没有破坏作用，但在混凝土内部可能产生微细裂缝，而影响承载状态(产生应力集中) 和耐久性。

2. 干湿变形

由于混凝土周围环境湿度的变化，会引起混凝土的干湿变形，表现为干缩湿胀。

混凝土在干燥过程中，由于毛细孔水的蒸发，使毛细孔中形成负压，随着空气湿度的降低，负压逐渐增大，产生收缩力，导致混凝土收缩。同时，水泥凝胶体颗粒的吸附水也发生部分蒸发，凝胶体因失水而产生紧缩。混凝土这种体积收缩，在重新吸水以后大部分可以恢复。当混凝土在水中硬化时，体积产生轻微膨胀，这是由于凝胶体中胶体粒子的吸附水膜增厚，胶体粒子间的距离增大所致。

混凝土的湿胀变形量很小，一般无破坏作用。但干缩变形对混凝土危害较大。干缩能使混凝土表面出现拉应力而导致开裂，严重影响混凝土的耐久性。

一般条件下，混凝土的极限收缩值达 $(50 \sim 90) \times 10^{-5}$mm/mm。在工程设计中，混凝土的线收缩采用 $(15 \sim 20) \times 10^{-5}$mm/mm，即 1m 收缩 0.15~0.20mm。

影响混凝土干缩变形的因素很多，主要有以下几方面：

(1) 水泥的用量、细度及品种的影响　由于混凝土的干缩变形主要由混凝土中水泥石的干缩所引起，而骨料对干缩具有制约作用，因此在水灰比不变的情况下，混凝土中水泥浆量越多，混凝土干缩率就越大。水泥颗粒越细，干缩也越大。采用掺混合材料的硅酸盐水泥配制的混凝土，比用普通水泥配制的混凝土干缩率大，其中火山灰水泥混凝土的干缩率最大，粉煤灰水泥混凝土的干缩率较小。

（2）水灰比的影响　当混凝土中的水泥用量不变时，混凝土的干缩率随水灰比的增大而增加，塑性混凝土的干缩率较干硬性混凝土大得多。混凝土单位用水量的多少，是影响其干缩率的重要因素。一般用水量平均每增加1%，干缩率增大2%~3%。

（3）骨料质量的影响　混凝土所用骨料的弹性模量较大，则其干缩率较小。混凝土采用吸水率较大的骨料，其干缩较大。骨料的含泥量较多时，会增大混凝土的干缩性。骨料最大粒径较大、级配良好时，由于能减少混凝土中水泥浆用量，故混凝土干缩率较小。

（4）混凝土施工质量的影响　混凝土浇筑成型密实，并延长湿养护时间，可推迟干缩变形的发生和发展，但对混凝土的最终干缩率无显著影响。采用湿热处理养护混凝土，可减小混凝土的干缩率。

3. 温度变形

混凝土与其他材料一样，也会随着温度的变化产生热胀冷缩的变形。混凝土的温度线胀系数为 $(1\sim1.5)\times10^{-5}$mm/(mm·℃)，即温度每升降1℃，每1m胀缩0.01~0.015mm。温度变形对大体积混凝土及大面积混凝土工程极为不利，易使这些混凝土造成温度裂缝。

在混凝土硬化初期，水泥水化放出较多热量，而混凝土又是热的不良导体，散热很慢，因此造成混凝土内外温差很大，有时可达50~70℃，这将使混凝土产生内胀外缩，结果在混凝土外表面产生很大的拉应力，严重时使混凝土产生裂缝。因此，在大体积混凝土施工时，常采用低热水泥，减少水泥用量，掺加缓凝剂及采用人工降温等措施，以减少因温度变形而引起的混凝土质量问题。

5.6.2 荷载作用下的变形

1. 短期荷载作用下的变形

（1）混凝土的弹塑性变形　混凝土是一种由水泥石、砂、石、游离水、气泡等组成的不匀质的多组分三相复合材料。它既不是一个完全弹性体，也不是一个完全塑性体，而是一个弹塑性体。受力时既产生弹性变形，又产生塑性变形，其应力与应变曲线如图5-27所示。

在静力试验的加荷过程中，若加荷至应力为 σ，应变为 ε 的 A 点，然后将荷载逐渐卸去，则卸荷时的应力-应变曲线如 AC 所示（微向上弯曲）。卸荷后能恢复的应变 $\varepsilon_{弹}$ 是由混凝土的弹性性质引起的，称为弹性应变；剩余的不能恢复的应变 $\varepsilon_{塑}$ 则是由混凝土的塑性性质引起的，称为塑性应变。

（2）混凝土的弹性模量　在应力-应变曲线上任一点的应力 σ 与其应变 ε 的比值，称为混凝土在该应力下的变形模量。它反映混凝土所受应力与所产生应变之间的关系。在计算钢筋混凝土结构的变形、裂缝开展及大体积混凝土的温度应力时，均需知道该混凝土的弹性模量。

当应力 σ 小于 $(0.3\sim0.5)f_{cp}$ 时，在重复荷载作用下，每次卸荷载都在应力-应变曲线中残留一部分塑性变形 $\varepsilon_{塑}$，但随着重复次数的增加，$\varepsilon_{塑}$ 的增量减小，最后曲线稳定于 $A'C'$ 线，它与初始切线大致平行，如图5-28所示。

根据《普通混凝土力学性能试验方法标准》（GB/T 50081—2002）中规定，采用150mm×150mm×300mm的棱柱体作为标准试件，混凝土弹性模量按下式计算：

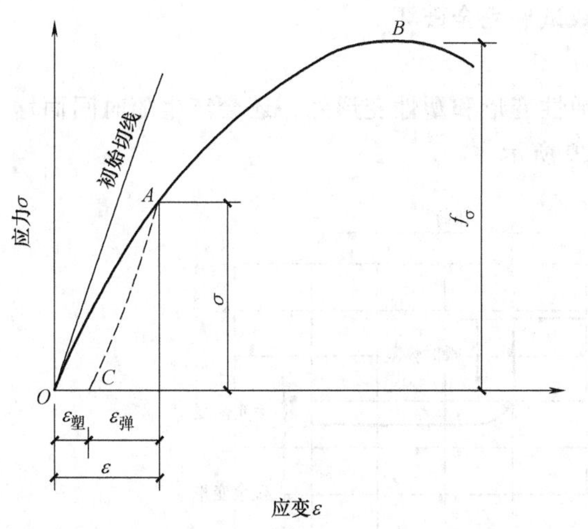

图 5-27 混凝土在压力作用下的应力-应变曲线

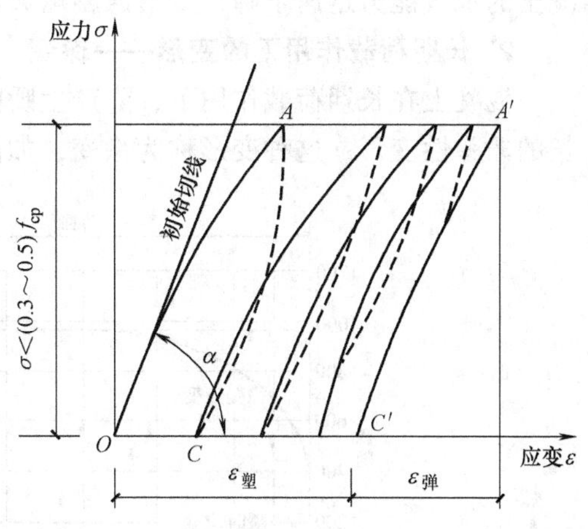

图 5-28 低应力下重复荷载的应力-应变曲线

$$E_c=\frac{F_a-F_0}{A}\times\frac{L}{\Delta n} \tag{5-8}$$

式中 E_c——混凝土弹性模量（MPa）；

F_a——应力为 1/3 轴心抗压强度时的荷载（N）；

F_0——应力为 0.5MPa 时的初始荷载（N）；

A——试件承压面积（mm^2）；

L——测量标距（mm）。

$$\Delta n=\varepsilon_a-\varepsilon_0 \tag{5-9}$$

式中 Δn——最后一次从 F_0 加荷至 F_a 时试件两侧变形的平均值（mm）；

ε_a——F_a 时试件两侧变形的平均值（mm）；

ε_0——F_0 时试件两侧变形的平均值（mm）。

影响混凝土弹性模量的因素，主要有混凝土的强度、骨料的含量及其弹性模量以及养护条件等。混凝土的强度越高，弹性模量越大，当混凝土的强度等级由 C15 增加至 C60 时，其弹性模量大致由 1.75×10^4MPa 增加至 3.60×10^4MPa；骨料的含量越多，弹性模量越大，混凝土的弹性模量越高；混凝土的水灰比较小，养护较好及龄期较长时，混凝土的弹性模量就较大。

（3）混凝土受压变形与破坏　混凝土在未受力前，其水泥浆与骨料之间及水泥浆内部，就已存在着随机分布的不规则的微细原生界面裂缝。而混凝土在短期荷载下产生变形，则是与裂缝的变化发展密切相关的。当混凝土试件单向静力受压，而荷载不超过极限应力的30%时，这些裂缝无明显变化，此时荷载（应力）与变形（应变）接近直线关系。当荷载达到 30%~50%极限应力时，裂缝数量有所增加，且稳定地缓慢伸展，因此，在这一阶段，应力-应变曲线随裂缝的变化也逐渐偏离直线，产生弯曲。当荷载超过 50%极限应力时，界面裂缝就不稳定，而且逐渐延伸至砂浆基体中。当超过 75%极限应力，在界面裂缝继续发展的同时，砂浆基体中的裂缝也逐渐增生，并与邻近的界面裂缝连接起来，成为连续裂缝，变形加速增大，荷载曲线明显地弯向水平应变轴。超过极限荷载后，连续裂缝急剧扩展，混凝土的承载能力迅速下降，变形急剧增大而导致试件完全破坏。

2. 长期荷载作用下的变形——徐变

混凝土在长期荷载作用下，除产生瞬间的弹性变形和塑性变形外，还会产生随时间而增长的非弹性变形，这种变形称为徐变，如图 5-29 所示。

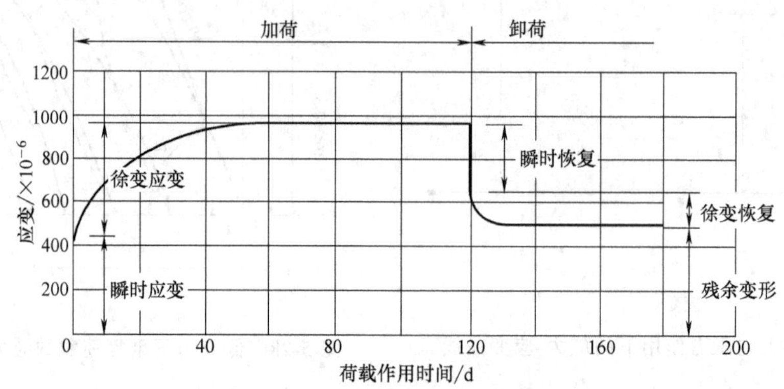

图 5-29　徐变变形与徐变恢复

在加荷的瞬间，混凝土产生瞬时变形，随着时间的延长，又产生徐变变形。在荷载初期，徐变变形增长较快，以后逐渐变慢并稳定下来，最终徐变应变可达 $(3\sim15)\times10^{-4}$。即 0.3~1.5mm/m。在荷载除去后，一部分变形瞬时恢复，其值小于在加荷瞬间产生的瞬时变形。在卸荷后的一段时间内变形还会继续恢复，称为徐变恢复。最后残存的不能恢复的变形，称为残余变形。

混凝土的徐变，一般认为是由于水泥中凝胶体在长期荷载作用下的黏性流动，使凝胶孔水向毛细孔内迁移的结果。在混凝土的较早龄期加荷，水泥尚未充分水化，所含凝胶体较多，且水泥石中毛细孔较多，凝胶体易流动，所以徐变发展较快。在晚龄期加载，由于水泥继续硬化，凝胶体含量相对减少，毛细孔也少，徐变发展渐慢。

混凝土的徐变受许多因素的影响。混凝土的水灰比较小或水中养护时，徐变较小；水灰比相同的混凝土，其水泥用量越多，徐变越大；混凝土所用骨料的弹性模量较大时，徐变较小；所受应力越大，徐变越大。

混凝土的徐变对结构物的影响有有利的方面，也有不利的方面。有利的是徐变可减弱钢筋混凝土内的应力集中，使应力重新分布，从而使局部应力集中得到缓解；对大体积混凝土则能消除一部分由于温度变形所产生的破坏应力。不利的是，在预应力钢筋混凝土中，混凝土的徐变将使钢筋的预加应力受到损失。

5.7　其他混凝土

5.7.1　高强混凝土

高强混凝土是指 C60 及其以上强度等级的混凝土，C100 级以上称为超高强混凝土。

提高混凝土强度的途径很多，通常是同时采取几种技术措施进行复合，增强效果显著。目前常用的配制原理及其措施有如下几种：

(1) 减少混凝土内部孔隙，改善孔隙结构，提高混凝土密实度 其最好的办法是掺加高效减水剂，以大幅度降低水灰比，再配合加强振捣，这是目前提高混凝土强度最有效而简便的措施。

(2) 提高水泥石与骨料界面的粘结强度 除采用高强度等级水泥外，在混凝土中掺加优质的掺合料（如硅灰）及聚合物，或者采用活性骨料（如水泥熟料），均可大大减少粗骨料周围的薄弱区影响，明显改善混凝土内部结构，提高密实程度。

(3) 改善水泥水化产物的性质 采用蒸压养护混凝土，即将成型的混凝土构件先经常压蒸汽养护，脱模后再入蒸压釜进行高温高压蒸汽养护，这时将生成托勃莫来石水化产物而使混凝土获得高强。

(4) 采用增强材料 在混凝土中掺加纤维材料，如钢纤维、碳纤维等，可显著提高混凝土的抗拉和抗弯强度。

配制高强混凝土时，应选用强度等级不低于42.5级、质量稳定的优质硅酸盐水泥和普通水泥，并应采用优质的骨料。粗骨料最大粒径不应超过31.5mm，针、片状颗粒含量不宜超过5%，含泥量不应超过0.5%。粗骨料应进行压碎指标值检验，对碎石尚应进行立方体强度试验。细骨料宜采用偏粗的中砂，其细度模数宜大于2.6，含泥量不应超过2%。

发展高强混凝土有着重大的技术经济意义，由于高强混凝土与高强度钢筋的复合，使得建造钢筋混凝土结构的高层建筑变得有可能了。但是，混凝土随着强度等级的提高，其拉压比将降低，也即混凝土脆性增大，这是当前研究和开发应用高强混凝土的主要课题。目前我国实际应用的高强混凝土为C60~C80，主要用于混凝土基桩、预应力轨枕、电杆、大跨度薄壳结构、钢丝网水泥制品以及现代高层建筑中。

5.7.2 高性能混凝土（HPC）

混凝土的高性能化是近一二十年才提出的，作为主要的结构材料，混凝土的耐久性的重要性不亚于强度和其他性能。不少混凝土建筑因材质劣化引起开裂破坏甚至崩塌，水工、海港工程与桥梁尤为多见，它们破坏的原因往往不是强度不足，而是耐久性不够。因此，早在20世纪30年代水工混凝土就要求同时按强度和耐久性来设计配合比。现在，高性能混凝土已成为国防土木工程研究的一个热点。

高性能混凝土的出现，把混凝土技术从经验技术转变为高科技，代表着当今混凝土技术发展的总趋势。就目前的工程急需和研究热点来看，高性能混凝土的特点集中表现为大流动性、高强度、高耐久性、低水化热、高体积稳定性和高工作性。高性能混凝土综合了施工、结构、材料等诸多因素，是系统的高科技的功能性材料。为使混凝土达到高性能主要可采用以下方法：

1. 改善水泥的水化条件

(1) 增加水泥中早强和高强矿物成分的含量 水泥矿物中硅酸三钙、铝酸三钙和氟铝酸钙的含量增加时，对水泥混凝土早强、高强都有一定的效果，特别是以铝酸钙为主要成分的水泥，快凝、快硬的效果显著，4d的抗压强度可达20MPa以上。

(2) 提高水泥的细度 提高水泥的细度可使水泥加速水化。一般认为水泥中3~30μm的颗粒对强度增加作用大。其中小于10μm的颗粒主要影响早期强度，但含量高时影响流变性能，含量应<10%。

2. 掺加各种高性能混合料

使用水泥以外的混合料，目前主要是在混凝土中掺加各种性能的混合料，混合料可以封闭混凝土中的孔隙，增强骨料和水泥的粘附性，改善工作性能，增加后期强度，同时增加混凝土的韧性。

3. 掺加高效外加剂

掺加外加剂降低水灰比，从而有效地提高混凝土强度，这也是目前配制高性能混凝土最主要的技术途径。

4. 增加混凝土的密实度

随着混凝土密实度的增加（即孔隙率的减少），混凝土的强度也随之提高，同时其他一系列物理力学性能也得到改善。也可以采用纤维增强，对提高混凝土强度可达到良好的高强效果。

总之，高性能水泥、高性能掺合料、高效外加剂、优质的砂石骨料，是高性能混凝土的基本要素。高性能混凝土与生态、环境、可持续发展的观念结合起来，加入绿色理念，即可成绿色高性能混凝土。

5.7.3 抗渗混凝土（防水混凝土）

采用水泥、砂、石或掺加少量外加剂、高分子聚合物等材料，通过调整配合比而配制成抗渗压力大于 0.6MPa，并具有一定抗渗能力的刚性防水材料称为防水混凝土。

普通混凝土之所以不能很好地防水，主要是由于混凝土内部存在着渗水的毛细管通道。如能使毛细管减少或将其堵塞，混凝土的渗水现象就会大为减小。

防水混凝土的抗渗等级，应根据防水混凝土的最大作用水头与最小设计壁厚的比值是否符合表 5-33 中的要求来确定。

表 5-33 防水混凝土的抗渗等级

最大水头与混凝土壁厚的比值		设计抗渗等级/MPa
$H_a=\dfrac{H}{h}$	<10	0.6
	10~15	0.8
	15~25	1.2
	25~35	1.6
	>35	2.0

常用的防水混凝土有普通防水混凝土、外加剂防水混凝土和膨胀水泥防水混凝土三种，它们的适用范围见表 5-34。

表 5-34 防水混凝土的适用范围

种类		最高抗渗压力/MPa	特点	适用范围
普通防水混凝土		3.0	施工简便，材料来源广泛	适用于一般工业、民用建筑及公共建筑的地下防水工程
外加剂防水混凝土	引气剂防水混凝土	>2.2	抗冻性好	适用于北方高寒地区、抗冻性要求较高的防水工程及一般防水工程，不适于抗压强度>20MPa 或耐腐性要求较高的防水工程

（续）

种类		最高抗渗压力/MPa	特点	适用范围
外加剂防水混凝土	减水剂防水混凝土	>2.2	拌合物流动性好	用于钢筋密集或捣固困难的薄壁型防水构筑物；也适用于对混凝土凝结时间和流动性有特殊要求的防水工程
	三乙醇胺防水混凝土	>3.8	早期强度高抗渗等级高	适用于工期紧迫，要求早强及抗渗性较高的防水工程及一般防水工程
	氯化铁防水混凝土	>3.8	抗渗等级高	适用于水中结构的无筋少筋厚大防水混凝土工程及一般地下防水工程，砂浆修补抹面工程；在接触直流电源或预应力混凝土及重要的薄壁结构上不宜使用
膨胀水泥防水混凝土		3.6	密实性好、抗裂性好	适用于地下工程和地上防水构筑物、山洞、非金属油罐和主要工程的后浇缝

1. 普通防水混凝土

普通防水混凝土是以调整配合比的方法来提高自身密实度和抗渗性的一种混凝土。通常普通混凝土主要是根据强度配制，石子起骨架作用，砂填充石子的空隙，水泥浆填充骨料空隙并将骨料结合在一起，而没有充分考虑混凝土的密实性。而普通防水混凝土则是根据抗渗要求配制的，以尽量减少空隙为着眼点来调整配合比。在普通防水混凝土内，应保证有一定数量及质量的水泥砂浆，在粗骨料周围形成一定厚度的砂浆包裹层，把粗骨料彼此隔开，从而减少粗骨料之间的渗水通道，使混凝土具有较高的抗渗能力。水灰比的大小影响着混凝土硬化后空隙的大小和数量，并直接影响混凝土的密实性。因此，在保证混凝土拌合物工作性的前提下降低水灰比。选择普通防水混凝土配合比时，应符合以下技术规定：

1）粗骨料的最大粒径不宜大于40mm。

2）水泥强度等级为32.5级以上时，水泥用量不得少于300kg/m^3，当水泥强度等级为42.5级以上，并掺有活性粉细料时，水泥用量不得少于280kg/m^3，且每立方混凝土中的水泥和矿物掺合料总量不宜小于320kg。

3）砂率宜为35%~45%。

4）灰砂比宜为1：2.0~1：2.50。

5）水灰比宜在0.55以下。

6）坍落度不宜大于50mm，以减少渗水率。坍落度值可参见表5-35。

表5-35　普通防水混凝土的坍落度要求

结构种类	坍落度/mm
厚度≥350mm 结构	20~30
厚度<250mm 或钢筋稠密结构	30~50
厚度大的少筋结构	<30
大体积混凝土或墙体	根据其高度逐渐减小坍落度

2. 外加剂防水混凝土

外加剂防水混凝土是在混凝土中掺入适当品种和数量的外加剂，隔断或堵塞混凝土中的各种孔隙、裂缝及渗水通路，以达到改善抗渗性能的一种混凝土。常用的外加剂有引气剂、减水剂、三乙醇胺和氯化铁防水剂。

3. 膨胀水泥防水混凝土

用膨胀水泥配制的防水混凝土称为膨胀水泥防水混凝土。由于膨胀水泥在水化的过程中，形成大量体积增大的水化硫铝酸钙，产生一定的体积膨胀，在有约束的条件下，能改善混凝土的孔结构，使总孔隙率减少，毛细孔径减小，从而提高混凝土的抗渗性。

5.7.4 轻骨料混凝土

按《轻骨料混凝土技术规程》（JGJ 51—2002），用轻粗骨料、轻细骨料（或普通砂）、水和水泥配制而成，干表观密度不大于 1950kg/m^3 的混凝土称为轻骨料混凝土。

轻骨料混凝土对于高层、大跨建筑结构以及高抗震区、软土地基地区建筑是重要的建筑材料。目前，这种新技术已广泛应用于各种建筑，由此所带来的良好效果也已日益凸现。

1. 轻骨料混凝土的分类

（1）按其在建筑工程中的用途不同分类

1）保温轻骨料混凝土，主要用于保温的维护结构或者热工构筑物。

2）结构保温轻骨料混凝土，主要用于不配筋或配筋的维护结构。

3）结构轻骨料混凝土，主要用于承重的配筋构件、预应力构件或构筑物。

（2）按所用细骨料品种分类

1）全轻混凝土：细骨料采用轻砂的轻骨料混凝土。

2）砂轻混凝土：采用部分或全部轻砂作为细骨料的轻骨料混凝土。

3）无砂轻骨料混凝土：轻骨料中不含有细骨料。

2. 轻骨料的性能

（1）颗粒级配　尤其是粗骨料的最大粒径，对轻骨料混凝土的工作性、耐久性、强度等影响最大。标准规定结构轻骨料混凝土用的粗骨料，其最大粒径不宜大于 20mm。保温及结构保温轻骨料混凝土用的粗骨料，其最大粒径不宜大于 30mm。颗粒级配也应符合标准要求。

（2）堆积密度　堆积密度不仅能反映出轻骨料的强度大小，还能反映出轻骨料的颗粒密度、粒形、级配、粒径的变化。堆积密度小于 300kg/m^3，只能用于配制非承重的、保温用的轻骨料混凝土。轻粗骨料的堆积密度直接影响所配制的轻骨料混凝土的表观密度和性能，轻粗骨料按堆积密度分为 8 个等级：300、400、500、600、700、800、900 及 1000。

（3）筒压强度　轻粗骨料的强度对混凝土强度有很大影响，通常以筒压强度（将轻粗骨料装入 ϕ115×100mm 的带底圆筒内，上面加 ϕ113×70mm 的冲压模，取冲压模压入深度为 2cm 时的压力值，除以承压面积 100cm^2 为轻粗骨料筒压强度值）来间接反映轻粗骨料颗粒强度。由于轻骨料在筒内做点接触，因此其抗压强度不是轻粗骨料的极限抗压强度，只是反映颗粒强度的相对强度，与松堆密度有密切关系。

（4）吸水率　轻骨料的吸水率主要以测定其干燥状态的吸水率作为评定轻骨料质量和确定混凝土拌合物附加水量的指标。

吸水率过大会给混凝土带来不利的影响。工作性难以控制，保温、抗冻、强度降低。国家标准中规定除粉煤灰烧胀陶粒（24h）外，其他轻骨料取 1h 吸水率作为附加水的依据。

轻骨料的吸水率一般不宜大于22%。

3. 轻骨料混凝土的主要技术性质

（1）轻骨料混凝土等级　按干表观密度（kg/m^3）可分为14个等级：600、700、800、900、1000、1100、1200、1300、1400、1500、1600、1700、1800及1900。

（2）轻骨料混凝土拌合物的和易性　由于轻骨料具有颗粒表观密度小、表面粗糙、表面积大、易于吸水等特点，所以其拌合物适用的流动性范围较窄，过大就会使轻骨料上浮、离析；过小则捣实困难。流动性的大小主要决定于用水量，轻骨料吸水率大，一部分被骨料吸收，其数量相当于1h的吸水量，这部分水称为附加用水量，其余部分称为净用水量，这就保证了拌合物获得所要求的流动性和水泥水化的进行。净用水量可根据混凝土的用途及要求的流动性来选择。

（3）轻骨料混凝土的强度　轻骨料混凝土的强度等级按立方体抗压强度标准值划分为LC5.0、LC7.5、LC10、LC20、LC25、LC30、LC35、LC40、LC45、LC50、LC55、LC60等。

由于轻骨料多为多孔结构，强度低，因而轻骨料的强度是决定轻骨料混凝土强度的主要因素。反映在轻骨料混凝土强度上有两方面的特点：首先是轻骨料会导致混凝土强度下降，用量越多，混凝土强度降低越多，而其表观密度也减小。其次每种骨料只能配制一定强度的混凝土，如欲配制高于此强度的混凝土，即使用降低水灰比的方法来提高砂浆的强度，也不可能使混凝土的强度明显提高。

4. 轻骨料混凝土施工技术特点

1）轻骨料混凝土拌合用水中，应考虑1h吸水量或将轻骨料预湿饱和后再进行搅拌的方法。

2）轻骨料混凝土拌合物中轻骨料容易上浮，因此，应使用强制式搅拌机，搅拌时间应略长。施工中最好采用加压振捣，并掌握振捣的时间。

3）轻骨料混凝土拌合物的工作性比普通混凝土差。为获得相同的工作性，应适当增加水泥浆或砂浆的用量。轻骨料混凝土拌合物搅拌后，宜尽快浇筑，以防坍落度损失。

4）轻骨料混凝土易产生干缩裂缝，必须加强早期养护。采用蒸汽养护时，应适当控制静停时间及升温速度。

5.7.5 聚合物混凝土

在水泥问世以后，人们发现，水泥制品坚固耐压，可以随心所欲地做成各种形状，这是它的优点。然而水泥制品凝结以后容易收缩，造成细小的裂缝是它的缺点。法国一名泥瓦匠在水泥中掺加了一些牛和羊的血，凡经他粉刷的地窖无一发生渗水现象。

在聚合物混凝土中，用作胶结材料的聚合物组分最终全部参与固化反应，因而聚合物混凝土中没有连通的毛细孔，使得聚合物混凝土抗渗透性比水泥混凝土高得多，因而具有优良的耐久性（包括耐水、耐冻融、耐腐蚀等）。

此外，聚合物混凝土的强度发展也比普通水泥混凝土快得多，可以在常温和低温下固化。一般来说，24h的强度可以达到最终强度的80%，而且抗拉、抗折和抗压强度都很高。

聚合物混凝土与普通混凝土相比，具有如下优点：抗拉、抗弯、抗化学腐蚀性好；不吸水，低收缩；良好的耐水性和抗冻性；硬化时间可以控制。

聚合物混凝土按其组成及制作工艺可分为以下三种：

1. 聚合物水泥混凝土（PCC）

将聚合物乳液拌合物掺入普通混凝土中制成的混凝土，称为聚合物水泥混凝土。聚合物的硬化和水泥的水化同时进行，聚合物能均匀分布于混凝土内，填充水泥水化物和骨料之间的空隙，与水泥水化物结合成一个整体，从而改善混凝土的抗渗性、耐磨性及抗冲击性。由于其制作简便，成本较低，故实际应用较多。目前主要用于现场灌筑无缝地面、耐腐蚀性地面及修补混凝土路面、机场跑道面层和做防水层等。

2. 聚合物浸渍混凝土（PIC）

聚合物浸渍混凝土是以混凝土为基材（被浸渍的材料），而将聚合物有机单体渗入混凝土中，然后再用加热或放射线照射的方法使其聚合，使混凝土与聚合物形成一个整体。

单体常用浸渍有机物有甲基丙烯酸甲酯、苯乙烯、聚酯-苯乙烯、环氧树脂-聚乙烯等此外还要加入催化剂、交联剂等。

在聚合物浸渍混凝土中，聚合物填充了混凝土的内部孔隙，除了全部填充水泥浆中的毛细孔外，很可能也大量进入了胶孔，形成连续的空间网络相互穿插，使聚合物混凝土形成了完整的结构。因此，这种混凝土具有高强度（抗压强度可达200MPa以上，抗拉强度可达10MPa以上）、高防水性（几乎不吸水、不透水），以及抗冻性、抗冲击性、耐蚀性和耐磨性都有显著提高的特点。

这种混凝土适用于要求高强度、高耐久性的特殊构件，特别适用于储运液体的有筋管、无筋管、坑道管。在国外已用于耐高压的容器，如原子反应堆、液化天然气储罐等。

3. 聚合物胶结混凝土（PC）

又称树脂混凝土，是以合成树脂为胶结材料的一种聚合物混凝土。常用的合成树脂是环氧树脂、不饱和聚酯树脂等热固性树脂。这种混凝土具有较高的强度、良好的抗渗性、抗冻性、耐蚀性及耐磨性，并且有很强的粘结力，缺点是硬化时收缩大，耐火性差。这种混凝土适用于机场跑道面层、耐腐蚀的化工结构、混凝土构件的修复、堵缝材料等，但由于目前树脂的成本较高，限制了在工程中的实际应用。

5.7.6 大体积混凝土

日本建筑学会标准（JASS5）规定："结构断面最小厚度在80cm以上，同时水化热引起混凝土内部的最高温度与外界气温之差预计超过25℃的混凝土，称为大体积混凝土"。

大型水坝、桥墩、高层建筑的基础等工程所用混凝土，应按大体积混凝土设计和施工，为了减少由于水化热引起的温度应力，在混凝土配合比设计时，应选用水化热低和凝结时间长的水泥，如低热矿渣硅酸盐水泥、中热硅酸盐水泥、矿渣硅酸盐水泥、粉煤灰硅酸盐水泥、火山灰质硅酸盐水泥等；当采用硅酸盐水泥或普通硅酸盐水泥时，应采取相应措施延缓水化热的释放；大体积混凝土应掺用缓凝剂、减水剂和能减少水泥水化热的掺合料。

大体积混凝土在保证混凝土强度及坍落度要求的前提下，应提高掺合料及骨料的含量，以降低每立方米混凝土的水泥用量。粗骨料宜采用连续级配，细骨料宜采用中砂。

大体积混凝土配合比的计算和试配步骤应按《普通混凝土配合比设计规程》（JGJ 55—2011）的规定进行，并宜在配合比确定后进行水化热的验算或测定。

5.7.7 纤维混凝土

以普通混凝土为基材，外掺各种纤维材料而组成的复合材料，称为纤维混凝土。近年来

在国内外发展很快，在工业、交通、国防、水利、矿山等工程建设中广泛推广应用。

纤维材料的品种很多，通常使用的有钢纤维、玻璃纤维、石棉纤维、合成纤维、碳纤维等。其中钢、玻璃、石棉、碳等纤维为高弹性模量纤维，掺入混凝土中后，可使混凝土获得较高的韧性，并提高抗拉强度、刚度和承担动荷载的能力。而尼龙、聚乙烯、聚丙烯等低弹性模量的纤维，掺入混凝土只能增加韧性，不能提高强度。由于钢纤维的弹性模量比混凝土高 10 倍以上，是最有效的增强材料之一，故目前应用最广。按外形钢纤维又分为平直纤维、薄板纤维、大头针纤维、弯钩纤维、波形纤维等多种。纤维的直径很细，通常几十至几百微米。纤维的长径比是重要的技术参数，一般为 70~120。纤维的掺量按占混凝土体积的百分比计，其掺加体积率一般为 0.3%~8%。常用钢纤维的直径为 0.35~0.7mm，长径比在 50~80，适宜掺加体积率为 1%~2%。

纤维在混凝土中只有当其取向与荷载一致时才是有效的，与之相比，双向配置的纤维增强效果只有约 50%，而三向任意配置的纤维增强效果更低。但纤维乱向分布对提高抗剪效果较好。混凝土掺加钢纤维后，初裂抗弯强度可提高 2.5 倍，劈裂抗拉强度提高 1.4 倍，冲击韧性提高达 5~10 倍。混凝土抗压强度虽提高不大，但其受压破坏时情况不同，即破坏时不崩裂成碎块。

钢纤维混凝土主要用于公路路面、桥面、机场跑道护面、水坝覆面、薄壁结构、桩头、桩帽等要求高耐磨、高抗冲、抗裂的部位及构件。随着现代建筑施工技术的发展，钢纤维混凝土现已采用喷射施工技术，喷射钢纤维混凝土可对表面不规则或坡度很陡的山岩岸坡及隧洞等，提供一定厚度的加固保护层。

5.7.8 防辐射混凝土

能遮蔽 X、γ 射线及中子辐射等对人体危害的混凝土，称为防辐射混凝土，它由水泥、水及重骨料配制而成，其表观密度一般在 $3000kg/m^3$ 以上。混凝土越重，其防护 X、γ 射线的性能越好，且防护结构的厚度可减小。但对中子流的防护，除需要混凝土很重外，还需要含有足够多的最轻元素——氢。

配制防辐射混凝土时，宜采用胶结力强、水化热较低、水化结合水量高的水泥，如硅酸盐水泥，最好使用硅酸钡、硅酸锶等重水泥。采用高铝水泥施工时需采取冷却措施。常用重骨料主要有重晶石（$BaSO_4$）、褐铁矿（$2Fe_2O_3 \cdot 3H_2O$）、磁铁矿（Fe_3O_4）、赤铁矿（Fe_2O_3）等。另外，掺入硼和硼化物及锂盐等，也可有效改善混凝土的防护性能。

防辐射混凝土用于原子能工业以及国民经济各部门应用放射性同位素的装置中，如反应堆、加速器、放射化学装置等的防护结构。

5.7.9 泵送混凝土

为了使混凝土施工适应于狭窄的施工场地以及大体积混凝土结构物和高层建筑，多采用泵送混凝土。泵送混凝土是指拌合物的坍落度不小于 80mm，并用混凝土输送泵输送的混凝土。它能一次连续完成水平运输和垂直运输，效率高、节约劳动力，因而近年来在国内外引起重视，逐步得到推广。

泵送混凝土拌合物必须具有较好的可泵性。所谓可泵性，即拌合物具有顺利通过管道、摩擦阻力小、不离析、不阻塞和黏聚性良好的性能。

为了保证混凝土有良好的可泵性，对原材料的要求如下：

1. 水泥

泵送混凝土应选用硅酸盐水泥、普通硅酸盐水泥、矿渣硅酸盐水泥、粉煤灰硅酸盐水泥，不宜采用火山灰质硅酸盐水泥。

2. 骨料

泵送混凝土所用粗骨料最大粒径与输送管径之比，当泵送高度在 50m 以下时，碎石不宜大于 1∶3，卵石不宜大于 1∶2.5；泵送高度在 50~100m 时，碎石不宜大于 1∶4，卵石不宜大于 1∶3；泵送高度在 100m 以上时，碎石不宜大于 1∶5，卵石不宜大于 1∶4；粗骨料应采用连续级配，且针片状颗粒含量不宜大于 10%；宜采用中砂，其通过 0.315mm 筛孔的颗粒含量不应小于 15%，通过 0.160mm 筛孔的含量不应少于 5%。

3. 掺合料与外加剂

泵送混凝土应掺用泵送剂或减水剂，并宜掺用粉煤灰或其他活性掺合料以改善混凝土的可泵性。

5.7.10 钢管混凝土

钢管混凝土是钢管套箍混凝土（the concrete-filled steel tubular structure）的简称。它是由混凝土填入薄壁钢管内而形成的组合结构材料，是套箍混凝土的一种特殊形式。混凝土受到钢管壁的紧箍作用，强度和韧性可大大提高。钢管中填充了混凝土，可提高结构的稳定性并减少用钢量。

钢管混凝土结构是在钢结构的基础上演变和发展起来的，钢管混凝土作为一种结构构件形式早在 19 世纪 80 年代就已经被人类设计应用。起初仅仅是用作桥墩。20 世纪 80 年代后期，由于泵送混凝土工艺的发展，较好地解决了现场管内浇灌混凝土的工艺问题。在高层建筑中，钢管混凝土柱越来越多地取代了传统的钢筋混凝土柱和钢柱。20 世纪 90 年代以来，随着对大跨、高耸、重载结构需求的提高，钢管混凝土结构在高层和超高层建筑中得到了应用。因此，选择合理的混凝土微膨胀率，以及科学的混凝土配合比，成为施工控制的关键因素之一。钢管内部混凝土质量对工程结构安全影响很大，稍有不慎，就可能造成质量事故或缺陷，如出现管内滞留空气、混凝土不饱满、混凝土与钢管间有太大的收缩空隙等引起结构承载力下降的现象。

钢管混凝土具有以下优点：

1. 结构承载力高

在钢管中灌注的一般是 C40 以上的高性能微膨胀混凝土，其基本性能为：早期强度高、高流态、缓凝、自密实及可泵性良好，且具有微应力的特点。混凝土自身的微应力，将大大弥补与改善因采用普通灌注法造成的管内混凝土和钢管间存在间隙的缺陷。钢管混凝土组合材料在复合作用下形成“紧箍作用”后，钢管约束了混凝土，改变了混凝土的受力状况，在轴心荷载作用下，将单向受压改变为三向受压，可延缓其受压时的纵向开裂，提高了混凝土的抗压强度。同时，由于混凝土的填入，可以延缓或避免薄壁钢管过早地发生局部屈曲，保证了钢管的局部稳定性。由于两者的协同承载作用，钢管混凝土组合结构的轴向承载能力可以超过钢管和混凝土单独承载能力之和。而且还可以使结构的抗变形能力明显增强。另一

方面承载力高，可使构件截面减小，增加使用空间，其次构件自重减轻，从而减小基础负担，降低基础造价。

2. 塑性和韧性好

在钢管混凝土中，核心混凝土由于受到钢管的约束，混凝土处于三向受力状态，这可以有效改变其在使用过程中的弹性性质，也使破坏时产生较大的塑性变形。钢管的套箍作用大大提高了混凝土的塑性和韧性，克服了单独受压时脆性大的缺点。试验证明，钢管混凝土受压构件属于塑性破坏。

3. 耐火性能好

耐火性能差是钢结构建筑的致命隐患。在火灾高温环境下，或在急剧降温情况下，裸露的混凝土会发生崩裂现象。钢管混凝土内部灌注的混凝土，可以形成一个很大的吸热场。钢管混凝土结构在经受高温冲击时，核心混凝土可以接受钢管壁传来的热量，使其升温软化过程滞后。即使在钢管壁发生一定程度的软化时核心混凝土仍然可以保持较高的承载力，使结构不会发生突然破坏或坍塌。

4. 抗震性能好

抗震性能是指在动荷载或地震作用下，具有良好的延性和吸能性。钢管混凝土用于高层建筑时，可不受轴压比的限制而由长细比进行控制，与钢筋混凝土柱相比，柱截面可大大减小，自重也随之减小，使得地震作用对结构产生的反应也减小。圆钢混凝土任意轴均为对称轴，在各个方向的惯性矩、强度均相等，因此它非常适合受不确定方向地震作用、风载作用的高层建筑。在压弯反复荷载作用下，弯矩曲率滞回曲线表明，结构的吸能性能特别好，无刚度退化，且无下降段，和不丧失局部稳定性的钢柱相同。

5. 施工方便

与混凝土结构相比，钢管本身就是耐侧压的模板，因此在浇灌混凝土时可以免去支模、拆模等一系列工序。同时，钢管还是“钢筋”，它兼有混凝土柱纵向受拉、受压钢筋和横向钢筋的作用，因此管内无需放置纵筋和箍筋，为混凝土的浇灌与振捣带来很大方便。钢管的制作远比钢筋骨架的绑扎省工得多，尤其是在北方严寒地区，还可以在冬季安装空钢管组成的框架或构架，开春后再浇灌混凝土，从而争取时间，加快建设速度。而且，在浇灌后，钢管内处于相当稳定的温度条件，水分不易蒸发，省去浇水养护工序，简化了混凝土的养护工艺。

5.7.11　预拌混凝土

1903 年德国建造了世界第一座预拌混凝土工厂。

预拌混凝土在我国“十一五”期间获得了很大的发展，在世界各发达国家目前预拌混凝土产量不断下降的时候，我国预拌混凝土产量却在直线上升，十分符合目前我国预拌混凝土行业进入高速发展时期的特征。

预拌混凝土是现代混凝土与现代化施工工艺的结合，其普及程度能代表一个国家或地区的混凝土施工水平和现代化程度。国外实践表明，采用预拌混凝土之后，一般可提高劳动率200%~250%，节约水泥 10%~15%，降低生产成本超过 5%。

1. 预拌混凝土定义

在搅拌站生产的、通过运输设备送至使用地点的、交货时为拌合物的混凝土称为预拌混凝土。

2. 分类与标记

（1）分类　预拌混凝土根据特性要求分为通用品和特制品。

1）通用品是指在下列范围内规定的预拌混凝土：

强度等级不大于C50。坍落度25，50，80，100，120，150，180（mm）。粗骨料最大公称粒径为20、25、31.5、40（mm）。

2）特制品是指混凝土强度等级、坍落度及粗骨料最大公称粒径除通用品规定的范围外，还可在下列范围内选取：

强度等级为C55，C60，C65，C70，C80。坍落度大于180mm。粗骨料最大公称粒径小于20mm或大于40mm。

（2）标记　用于预拌混凝土标记的符号，应根据其分类及使用材料不同按下列规定选用：

1）通用品用A表示，特制品用B表示。

2）混凝土强度等级用C和强度等级值表示。

3）坍落度用所选定以毫米为单位的混凝土坍落度值表示。

4）粗骨料最大公称粒径用GD和粗骨料最大公称粒径值表示。

5）水泥品种用其代号表示。

6）当有抗冻、抗渗及抗折强度要求时，应分别用F表示抗冻等级值、P表示抗渗等级值、Z表示抗折强度等级值表示。抗冻、抗渗及抗折强度直接标记在强度等级之后。

预拌混凝土标记如下：

× C××-×××-GD××-P·×

式中　P·×——水泥品种；

GD××——粗集料最大公称粒径；

×××——坍落度；

C××——强度等级，抗冻、抗渗或抗折等级值（有要求时）；

×——预拌混凝土类别。

示例1：预拌混凝土的强度等级为C20，坍落度为150mm，粗集料最大公称粒径为20mm，采用矿渣硅酸盐水泥，无其他特殊要求，其标记为：A C20-150-GD20-P·S。

示例2：预拌混凝土的强度等级为C30，坍落度为180mm，粗集料最大公称粒径为25mm，采用普通硅酸盐水泥，抗渗要求为P8，其标记为：B C30P8-180-GD25-P·O。

（3）对预拌混凝土的要求

1）对原材料要求：水泥、骨料、外加剂和矿物掺合料进场时应具有质量证明文件，并按规定进行复验；拌合用水符合JGJ 63规定。

2）预拌混凝土配合比设计应根据合同要求由供方按JGJ 55等国家现行有关标准的规定进行，原材料质量变化时应及时通过试验调整确定配合比。

3）生产企业在供应预拌混凝土时，应向施工单位提供的资料有：原材料检测检验报告、配合比报告、预拌混凝土发货（运输）单、预拌混凝土合格证。在出厂时要对混凝土拌合物坍落度、混凝土强度等进行检验。

5.8　普通混凝土的配合比设计

普通混凝土的配合比设计是确定混凝土中各组成材料数量之间的比例关系。

5.8.1　混凝土配合比设计的基本要求

配合比设计的任务就是根据原材料的技术性能及施工条件，确定出能满足工程所要求的技术经济指标的各项组成材料的用量。具体说混凝土配合比设计的基本要求是：

1）达到混凝土结构设计的强度等级。

2）满足混凝土施工所要求的和易性。

3）满足工程所处环境对混凝土耐久性的要求。

4）符合经济原则，节约水泥，降低成本。

5.8.2　混凝土配合比设计的资料准备

在设计混凝土配合比之前，必须通过调查研究，预先掌握下列基本资料：

1）了解工程设计要求的混凝土强度等级，以便确定混凝土配制强度。

2）了解工程所处环境对混凝土耐久性的要求，以便确定所配制混凝土的最大水胶比和最小胶凝材料用量。

3）了解结构构件的断面尺寸及钢筋配置情况，以便确定混凝土骨料的最大粒径。

4）了解混凝土施工方法及管理水平，以便选择混凝土拌合物坍落度及骨料最大粒径。

5）掌握原材料的性能指标，包括水泥的品种、强度等级、密度；砂、石骨料的种类、表观密度、级配、最大粒径；拌合用水的水质情况；外加剂的品种、性能、适宜掺量。

5.8.3　混凝土配合比设计中的五个参数

（1）水胶比　混凝土中用水量与胶凝材料用量的质量比，胶凝材料用量是指每立方米混凝土中水泥用量和活性矿物掺合料用量之和。

（2）单位用水量　每立方米混凝土的用水量。

（3）矿物掺合料掺量　混凝土中矿物掺合料用量占胶凝材料用量的质量百分比。

（4）外加剂掺量　混凝土中外加剂用量相对于胶凝材料用量的质量百分比。

（5）砂率　砂的用量占砂石总量的百分比。

5.8.4　混凝土配合比设计的步骤

混凝土配合比设计程序为：根据设计要求的混凝土强度等级及耐久性要求确定配制强度，按工程实际所用材料的技术资料进行计算得出“计算配合比”；经实验室试拌、调整，得出满足施工工艺要求的“试拌配合比”，在“试拌配合比”的基础上，采用水胶比不少于3个的配合比制备混凝土，进行试配，并检测表观密度、拌合物性能、强度及相关性能后，经调整，确定能满足工程设计的“设计配合比”；最后根据现场砂、石的实际含水率对设计配合比进行调整，求出“施工配合比”。

1. 计算配合比的确定

（1）配制强度（$f_{cu,o}$）的确定

1）当混凝土的设计强度等级小于C60时，配制强度应按下式确定：

$$f_{cu,o} \geqslant f_{cu,k} + 1.645\sigma \tag{5-10}$$

式中 $f_{cu,o}$——混凝土配制强度（MPa）；

$f_{cu,k}$——混凝土立方体抗压强度标准值（MPa）；

σ——混凝土强度标准差（MPa）。

2）当设计强度等级不小于C60时，配制强度应按下式确定：

$$f_{cu,o} \geqslant 1.15 f_{cu,k} \tag{5-11}$$

3）混凝土强度标准差应按下列规定确定：

① 当具有近1~3个月的同一品种、同一强度等级混凝土的强度资料，且试件组数不小于30时，其混凝土强度标准差σ应按下式计算：

$$\sigma = \sqrt{\frac{\sum_{i=1}^{n} f_{cu,i}^{2} - n\bar{f}_{cu}^{2}}{n-1}} \tag{5-12}$$

式中 $f_{cu,i}$——第i组试件的强度值（MPa）；

$n\bar{f}_{cu}^{2}$——n组试件强度的平均值（MPa）；

n——混凝土试件的组数。

对于强度等级不大于C30的混凝土，当混凝土强度标准差计算值不小于3.0MPa时，应按式（5-12）计算结果取值；当混凝土强度标准差计算值小于3.0MPa时，应取3.0MPa。

对于强度等级大于C30且小于C60的混凝土，当混凝土强度标准差计算值不小于4.0MPa时，应按式（5-12）计算结果取值；当混凝土强度标准差计算值小于4.0MPa时，应取4.0MPa。

② 当没有近期的同一品种、同一强度等级混凝土强度资料时，其强度标准差σ可按表5-36取值。

表5-36 混凝土σ取值

混凝土强度等级	≤C20	C25~C45	C50~C55
σ/MPa	4.0	5.0	6.0

（2）确定相应的水胶比（W/B）

1）当混凝土强度等级小于C60级时，混凝土水胶比宜按下式计算：

$$W/B = \frac{\alpha_a f_b}{f_{cu,o} + \alpha_a \alpha_b f_b} \tag{5-13}$$

式中 W/B——混凝土水胶比；

f_b——胶凝材料28d胶砂抗压强度（MPa），可实测，且试验方法应按现行国家标准《水泥胶砂强度检验方法（ISO法）》GB/T 17671执行，也可按公式确定；

α_a、α_b——回归系数，可按2）条的规定取值。

2）回归系数（α_a、α_b）宜按下列规定确定：

① 根据工程所使用的原材料，通过试验建立的水胶比与混凝土强度关系式来确定。

② 当不具备上述试验统计资料时，可按表5-37选用。

表5-37 回归系数 α_a、α_b 取值表

系数 \ 粗骨料品种	碎石	卵石
α_a	0.53	0.49
α_b	0.20	0.13

3）当胶凝材料28d胶砂抗压强度值（f_b）无实测值时，可按下式计算：

$$f_b=\gamma_f\gamma_s f_{ce} \tag{5-14}$$

式中 γ_f、γ_s——粉煤灰影响系数和粒化高炉矿渣粉影响系数，可按表5-38选用；

f_{ce}——水泥28d胶砂抗压强度（MPa），可实测，也可按4）条确定。

表5-38 粉煤灰影响系数（γ_f）和粒化高炉矿渣粉影响系数（γ_s）

掺量(%) \ 种类	粉煤灰影响系数(γ_f)	粒化高炉矿渣粉影响系数(γ_s)
0	1.00	1.00
10	0.85~0.95	1.00
20	0.75~0.85	0.95~1.00
30	0.65~0.75	0.90~1.00
40	0.55~0.65	0.80~0.90
50	—	0.70~0.85

注：1. 采用Ⅰ级、Ⅱ级粉煤灰宜取上限值。

2. 采用S75级粒化高炉矿渣粉宜取下限值，采用S95级粒化高炉矿渣粉宜取上限值，采用S105级粒化高炉矿渣粉可取上限值加0.05。

3. 当超出表中的掺量时，粉煤灰和粒化高炉矿渣粉影响系数应经试验确定。

4）当水泥28d胶砂抗压强度（f_{ce}）无实测值时，可按下式计算：

$$f_{ce}=\gamma_c f_{ce,g} \tag{5-15}$$

式中 γ_c——水泥强度等级值的富余系数，可按实际统计资料确定；当缺乏实际统计资料时，也可按表5-39选用；

$f_{ce,g}$——水泥强度等级值（MPa）。

表5-39 水泥强度等级值的富余系数（γ_c）

水泥强度等级值	32.5	42.5	52.5
富余系数	1.12	1.16	1.10

（3）用水量的确定

1）每立方米干硬性或塑性混凝土的用水量（m_{wo}）应符合下列规定：

① 混凝土水胶比在0.40~0.80范围时，可按表5-40和表5-41选取。

② 混凝土水胶比小于0.40时，可通过试验确定。

表 5-40　干硬性混凝土的用水量　（单位：kg/m^3）

拌合物稠度		卵石最大公称粒径/mm			碎石最大公称粒径/mm		
项目	指标	10.0	20.0	40.0	16.0	20.0	40.0
维勃稠度/s	16~20	175	160	145	180	170	155
	11~15	180	165	150	185	175	160
	5~10	185	170	155	190	180	165

表 5-41　塑性混凝土的用水量　（单位：kg/m^3）

拌合物稠度		卵石最大公称粒径/mm				碎石最大公称粒径/mm			
项目	指标	10.0	20.0	31.5	40.0	10.0	20.0	31.5	40.0
坍落度/mm	10~30	190	170	160	150	200	185	175	165
	35~50	200	180	170	160	210	195	185	175
	55~70	210	190	180	170	220	205	195	185
	75~90	215	195	185	175	230	215	205	195

注：1. 本表用水量是采用中砂时的平均取值。采用细砂时，每立方米混凝土用水量增加 5~10kg；采用粗砂时，则可减少 5~10kg。

2. 掺用各种外加剂或掺合料时，用水量应相应调整。

2）掺外加剂时，每立方米流动性或大流动性混凝土的用水量（m_{wo}）可按下式计算：

$$m_{wo}=m'_{wo}(1-\beta) \tag{5-16}$$

式中　m_{wo}——计算配合比每立方米混凝土的用水量（kg/m^3）；

m'_{wo}——未掺外加剂时推定的满足实际坍落度要求的每立方米混凝土用水量（kg/m^3），以表 5-41 中 90mm 坍落度的用水量为基础，按每增大 20mm 坍落度相应增加 $5kg/m^3$ 用水量来计算，当坍落度增大到 180mm 以上时，随坍落度相应增加的用水量可减少；

β——外加剂的减水率（%），应经混凝土试验确定。

（4）胶凝材料、矿物掺合料和水泥用量

1）每立方米混凝土的胶凝材料用量（m_{bo}）应按式（5-17）计算，并应进行试拌调整，在拌合物性能满足的情况下，取经济合理的胶凝材料用量。

$$m_{bo}=\frac{m_{wo}}{W/B} \tag{5-17}$$

式中　m_{bo}——计算配合比每立方米混凝土中胶凝材料用量（kg/m^3）；

m_{wo}——计算配合比每立方米混凝土的用水量（kg/m^3）；

W/B——混凝土水胶比。

2）每立方米混凝土的矿物掺合料用量（m_{fo}）应按下式计算：

$$m_{fo}=m_{bo}\beta_f \tag{5-18}$$

式中　m_{fo}——计算配合比每立方米混凝土中矿物掺合料用量（kg/m^3）；

β_f——矿物掺合料掺量（%），掺量应符合以下规定：

矿物掺合料在混凝土中的掺量应通过试验确定。采用硅酸盐水泥或普通硅酸盐水泥时，钢筋混凝土中矿物掺合料最大掺量宜符合表 5-42 的规定，预应力混凝土中矿物掺合料最大

掺量宜符合表 5-43 的规定。对基础大体积混凝土，粉煤灰、粒化高炉矿渣粉和复合掺合料的最大掺量可增加 5%。采用掺量大于 30%的 C 类粉煤灰的混凝土应以实际使用的水泥和粉煤灰掺量进行安定性检验。

表 5-42　钢筋混凝土中矿物掺合料最大掺量

矿物掺合料种类	水胶比	最大掺量(%)	
		采用硅酸盐水泥时	采用普通硅酸盐水泥时
粉煤灰	≤0.40	45	35
	>0.40	40	30
粒化高炉矿渣粉	≤0.40	65	55
	>0.40	55	45
钢渣粉	—	30	20
磷渣粉	—	30	20
硅灰	—	10	10
复合掺合料	≤0.40	65	55
	>0.40	55	45

注：1. 采用其他通用硅酸盐水泥时，宜将水泥混合材料掺量 20%以上的混合材料量计入矿物掺合料。
2. 复合掺合料各组分的掺量不宜超过单掺时的最大掺量。
3. 在混合使用两种或两种以上矿物掺合料时，矿物掺合料总掺量应符合表中复合掺合料的规定。

表 5-43　预应力混凝土中矿物掺合料最大掺量

矿物掺合料种类	水胶比	最大掺量(%)	
		采用硅酸盐水泥时	采用普通硅酸盐水泥时
粉煤灰	≤0.40	35	30
	>0.40	25	20
粒化高炉矿渣粉	≤0.40	55	45
	>0.40	45	35
钢渣粉	—	20	10
磷渣粉	—	20	10
硅灰	—	10	10
复合掺合料	≤0.40	55	45
	>0.40	45	35

注：1. 采用其他通用硅酸盐水泥时，宜将水泥混合材料掺量 20%以上的混合材料量计入矿物掺合料。
2. 复合掺合料各组分的掺量不宜超过单掺时的最大掺量。
3. 在混合使用两种或两种以上矿物掺合料时，矿物掺合料总掺量应符合表中复合掺合料的规定。

3）每立方米混凝土的水泥用量（m_{co}）应按下式计算：

$$m_{co}=m_{bo}-m_{fo} \tag{5-19}$$

式中　m_{co}——计算配合比每立方米混凝土中水泥用量（kg/m³）。

（5）外加剂用量的确定　每立方米混凝土中外加剂用量（m_{ao}）应按下式计算：

$$m_{ao}=m_{bo}\beta_a \tag{5-20}$$

式中　m_{ao}——计算配合比每立方米混凝土中外加剂用量（kg/m^3）；

m_{bo}——计算配合比每立方米混凝土中胶凝材料用量（kg/m^3）；

β_a——外加剂掺量（%），应经混凝土试验确定。

（6）砂率的确定

1）砂率（β_s）应根据骨料的技术指标、混凝土拌合物性能和施工要求，参考既有历史资料确定。

2）当缺乏砂率的历史资料时，混凝土砂率的确定应符合下列规定：

① 坍落度小于 10mm 的混凝土，其砂率应经试验确定。

② 坍落度为 10~60mm 的混凝土，其砂率可根据粗骨料品种、最大公称粒径及水胶比按表 5-44 选取。

③ 坍落度大于 60mm 的混凝土，其砂率可经试验确定，也可在表 5-44 的基础上，按坍落度每增大 20mm、砂率增大 1%的幅度予以调整。

表 5-44　混凝土的砂率（%）

水胶比	卵石最大公称粒径/mm			碎石最大公称粒径/mm		
	10.0	20.0	40.0	16.0	20.0	40.0
0.40	26~32	25~31	24~30	30~35	29~34	27~32
0.50	30~35	29~34	28~33	33~38	32~37	30~35
0.60	33~38	32~37	31~36	36~41	35~40	33~38
0.70	36~41	35~40	34~39	39~44	38~43	36~41

注：1. 本表数值是中砂的选用砂率，对细砂或粗砂可相应地减少或增大砂率。
2. 采用人工砂配制混凝土时，砂率可适当增大。
3. 只用一个单粒级粗骨料配制混凝土时，砂率应适当增大。

（7）计算粗、细骨料的用量（m_{go}）及（m_{so}）　粗、细骨料的用量可用质量法或体积法求得。

1）质量法。如果原材料情况比较稳定，所配制的混凝土拌合物的表观密度将接近一个固定值，这样可以先假设一个 $1m^3$ 混凝土拌合物的质量值。因此可列出以下两式：

$$m_{cp}+m_{co}+m_{go}+m_{so}+m_{wo}=m_{cp} \tag{5-21}$$

$$\beta_s=\frac{m_{so}}{m_{go}+m_{so}}\times100\% \tag{5-22}$$

式中　m_{go}——计算配合比每立方米混凝土的粗骨料用量（kg/m^3）；

m_{so}——计算配合比每立方米混凝土的细骨料用量（kg/m^3）；

β_s——砂率（%）；

m_{cp}——$1m^3$ 混凝土拌合物的假定质量（kg），其值可取 2350~2450kg。

联立解两式，即可求出 m_{go}，m_{so}。

2）体积法。假定混凝土拌合物的体积等于各组成材料绝对体积和混凝土拌合物中所含空气体积之总和。因此，在计算 $1m^3$ 混凝土拌合物的各材料用量时，可列出以下两式：

$$\frac{m_{co}}{\rho_c}+\frac{m_{fo}}{\rho_f}+\frac{m_{go}}{\rho_g}+\frac{m_{so}}{\rho_s}+\frac{m_{wo}}{\rho_w}+0.01\alpha=1 \tag{5-23}$$

$$\beta_s=\frac{m_{so}}{m_{go}+m_{so}}\times 100\% \tag{5-24}$$

式中　ρ_c——水泥密度（kg/m^3），可取 $2900\sim3100kg/m^3$；

ρ_f——矿物掺合料密度（kg/m^3）；

ρ_g——粗骨料的表观密度（kg/m^3）；

ρ_s——细骨料的表观密度（kg/m^3）；

ρ_w——水的密度（kg/m^3），可取 $1000kg/m^3$；

α——混凝土的含气量百分数，在不使用引气型外加剂时，可取 1。

联立解两式，即可求出 m_{go}，m_{so}。

通过以上七个步骤，便可将水、掺合料、水泥、外加剂、砂和石子的用量全部求出，得出计算配合比，供试配用。

以上混凝土配合比计算公式和表格，均以干燥状态骨料（是指含水率小于 0.5%的细骨料或含水率小于 0.2%的粗骨料）为基准。当以饱和面干骨料为基准进行计算时，则应做相应的修正。

2. 配合比的试配、调整、确定

（1）配合比试配

1）配合比试配时应采用工程实际使用的原材料。混凝土的搅拌方法宜与生产中使用的方法相同。

2）混凝土配合比试配时，实验室成型条件应符合现行国家标准《普通混凝土拌合物性能试验方法标准》GB/T 50080 的规定。每盘混凝土的最小搅拌量应符合表 5-45 的规定。

表 5-45　混凝土试配的最小搅拌量

骨料最大粒径/mm	拌合物数量/L
31.5 及以下	20
40	25

3）应采用满足性能要求的计算配合比进行试拌。宜在水胶比不变，胶凝材料用量和外加剂用量合理的原则下调整胶凝材料用量、外加剂用量和砂率等，直到混凝土拌合物性能符合设计和施工要求，得出试拌配合比。

4）应在试拌配合比的基础上，进行混凝土强度试验，并应符合下列规定：

① 试验时至少应采用三个不同的配合比，其中一个为已确定的试拌配合比，另外两个配合比的水胶比，宜较该试拌配合比分别增加和减少 0.05，其用水量与试拌配合比基本相同，砂率可分别增加和减少 1%。

② 制作混凝土性能试验试件时，应保持拌合物性能符合设计和施工要求并检验拌合物的坍落度（或维勃稠度）、黏聚性、保水性及表观密度等，并以此结果作为相应配合比的混凝土拌合物的性能指标。

③ 进行混凝土强度试验时，每个配合比至少应制作一组试件，并应标准养护 28d 或按国家现行有关标准规定的龄期或设计规定龄期进行试验。需要时，也可同时多制作几组试件供快速检验或较早、较晚龄期试验。其中快速检验可按《早期推定混凝土强度试验方法标

准》（JGJ/T 15—2008）进行，早期推定的混凝土强度用于配合比调整，但最终应满足标准养护 28d 或设计规定龄期的强度要求。

（2）配合比调整

1）配合比调整应符合下述规定：

① 根据混凝土强度试验结果，绘制强度与胶水比的线性关系图，用图解法或插值法求出与略大于配制强度对应的胶水比，包括混凝土强度试验中满足配制强度要求的一个水胶比。

② 用水量（m_w）应在试拌配合比用水量的基础上，根据混凝土强度试验时实测的拌合物性能情况做适当调整。

③ 胶凝材料用量（m_b）应以用水量乘以图解法或插值法求出的胶水比计算得出。

④ 粗骨料和细骨料用量（m_g 和 m_s）应在用水量和胶凝材料用量调整的基础上，进行相应调整。

2）调整方法。当混凝土坍落度小时，可保持水胶比不变，适当增加胶凝材料和用水量，在砂率不变的前提下减少砂石用量；当混凝土坍落度过大时，则可保持砂率不变，增加砂石用量，减少水和胶凝材料用量；当黏聚性和保水性不好时，可在砂石总用量不变的前提下，提高砂率。在进行上述调整的同时，适当增减外加剂用量，可使调整过程较为简捷。若混凝土出现离析和泌水现象，宜采用减少外加剂用量或更换外加剂品种或提高砂率等措施。

（3）配合比确定　根据调整后的配合比所确定的材料用量按下式计算混凝土的表观密度计算值 $\rho_{c,c}$，并测定调整后的混凝土表观密度 $\rho_{c,t}$：

$$\rho_{c,c}=m_c+m_f+m_g+m_s+m_w \tag{5-25}$$

按下式计算混凝土配合比校正系数 δ：

$$\delta=\frac{\rho_{c,t}}{\rho_{c,c}} \tag{5-26}$$

式中　$\rho_{c,t}$——混凝土拌合物表观密度实测值（kg/m^3）；

$\rho_{c,c}$——混凝土拌合物表观密度计算值（kg/m^3）。

当混凝土拌合物表观密度实测值与计算值之差的绝对值不超过计算值的 2%时，调整后的配合比即确定为设计配合比。当两者之差超过 2%时，需将配合比中每项材料用量均乘以校正系数 δ 进行配合比校正，校正后的配合比即确定为设计配合比。

当设计混凝土有耐久性、预防碱骨料反应、氯离子含量等要求时，应进行相应的试验检测，以符合要求的配合比确定为设计配合比。

3. 施工配合比

设计配合比是以干燥材料为基准的，而工地存放的砂、石都含有一定的水分，而且随着气候的变化，含水情况经常变化。所以现场材料的实际称量按工地砂、石的含水情况进行修正，修正后的配合比称为施工配合比。

假定工地存放砂的含水率为 a（%），石子的含水率为 b（%），则将上述设计配合比换算为施工配合比，其材料用量为：

$$m_c'=m_c(\text{kg}) \tag{5-27}$$

$$m_s'=m_s(1+0.01a)(\text{kg}) \tag{5-28}$$

$$m'_g = m_g(1+0.01b)(\text{kg}) \tag{5-29}$$

$$m'_w = m_w - 0.01am_s - 0.01bm_g(\text{kg}) \tag{5-30}$$

5.8.5 普通混凝土配合比设计实例

【例 5-2】 某办公楼，主体为钢筋混凝土结构，设计混凝土强度等级为 C30，泵送施工，要求到施工现场混凝土拌合物坍落度为（160±30）mm。

该工程所用原材料技术指标如下：

水泥：普通硅酸盐 P·O42.5 级，密度 $\rho = 3100\text{kg/m}^3$，28d 强度实测值 $f_{ce} = 48.0\text{MPa}$。

粉煤灰：Ⅱ级，表观密度 $\rho_f = 2200\text{kg/m}^3$。

河砂：中砂，Ⅱ区颗粒级配，表观密度 $\rho_s = 2650\text{kg/m}^3$。

碎石：5~31.5mm 连续级配，$\rho_g = 2700\text{kg/m}^3$。

外加剂：萘系高效减水剂，减水率为 24%。

水：饮用水。

试设计混凝土配合比（按干燥材料计算）。

施工现场砂含水率 3%，碎石含水率 1%，求施工配合比。

【解】 1. 配合比的计算

（1）确定试配强度 $f_{cu,o}$

已知：$f_{cu,k} = 30\text{MPa}$，标准差 σ 由于无历史统计资料，查表 5-36 取 $\sigma = 5\text{MPa}$，可得：

$$f_{cu,o} = f_{cu,k} + 1.645\sigma = 30 + 1.645\times5 = 38.2\ (\text{MPa})$$

（2）确定水胶比 W/B

已知：混凝土配制强度 $f_{cu,o} = 38.2\text{MPa}$，水泥 28d 实测强度 $f_{ce} = 48.0\text{MPa}$，掺 30%的Ⅱ级粉煤灰（FA），其影响系数经试验 $\gamma_f = 0.90$，则：

$$f_b = f_{ce}\gamma_f = 48\times0.90 = 43.2\ (\text{MPa})$$

本工程采用碎石，回归系数 $\alpha_a = 0.53$，$\alpha_b = 0.20$，则：

$$W/B = \frac{\alpha_a f_b}{f_{cu,o} + \alpha_a\alpha_b f_b} = \frac{0.53\times43.2}{38.2+0.53\times0.20\times43.2} = 0.54$$

由于框架结构处于干燥环境，查表 5-31，$(W/B)_{max} = 0.60$，故可取 $W/B = 0.54$。

（3）确定单位用水量（m_{wo}）

已知：混凝土拌合物要求坍落度为 160mm，碎石最大粒径为 31.5mm。查表 5-41，坍落度为 90mm 不掺外加剂时混凝土的用水量为 205kg/m^3；按每增加 20mm 坍落度增加 5kg 水，求出未掺外加剂时的用水量（m'_{wo}）为：

$$m'_{wo} = 205 + \frac{160-90}{20}\times5 = 222.5\ (\text{kg/m}^3)$$

确定掺减水率（β）为 24%的高效减水剂后，混凝土拌合物坍落度达 160mm 时的用水量：

$$m_{wo} = m'_{wo}(1-\beta) = 222.5\times(1-24\%) = 169\ (\text{kg/m}^3)$$

（4）计算胶凝材料用量（m_{bo}）、粉煤灰用量（m_{fo}）、水泥用量（m_{co}）和外加剂用量（m_{ao}）

1）胶凝材料用量（m_{bo}）：

$$m_{bo}=\frac{m_{wo}}{W/B}=\frac{169}{0.54}=313\ (\text{kg})$$

查表 5-32，最小胶凝材料用量为 300kg/m³，故可取 $m_{bo}=313\text{kg/m}^3$。

2）粉煤灰用量（m_{fo}）：

粉煤灰掺量 30%，则：

$$m_{fo}=m_{bo}\beta_f=313\times0.30=94\ (\text{kg/m}^3)$$

3）水泥用量（m_{co}）：

$$m_{co}=m_{bo}-m_{fo}=313-94=219\ (\text{kg/m}^3)$$

4）外加剂掺量（m_{ao}）：

外加剂掺量 1%，则：$m_{ao}=m_{bo}\beta_a=313\times0.01=3.13\ (\text{kg/m}^3)$

（5）砂率（β_s）的确定

本例混凝土采用泵送施工，其砂率宜控制在 35%～45%。砂为中砂（细度模数 $M_x=2.6$），根据历史经验砂率采用 42%。

（6）粗细骨料用量的计算

1）按质量法计算

$$m_{co}+m_{fo}+m_{go}+m_{so}+m_{wo}=m_{cp}$$

$$\beta_s=\frac{m_{so}}{m_{go}+m_{so}}\times100\%$$

假定 1m³ 混凝土拌合物的质量 $m_{cp}=2400\text{kg}$

则：$219+94+m_{go}+m_{so}+169=2400$

$$\frac{m_{so}}{m_{so}+m_{go}}=0.42$$

解得：$m_{go}=1112\text{kg}\quad m_{so}=806\text{kg}$

按质量法求得的计算配合比为：

m_{co}	m_{fo}	m_{wo}	m_{ao}	m_{so}	m_{go}
219	94	169	3.13	806	1112

2）按体积法计算

$$\frac{m_{co}}{\rho_c}+\frac{m_{fo}}{\rho_f}+\frac{m_{go}}{\rho_g}+\frac{m_{so}}{\rho_s}+\frac{m_{wo}}{\rho_w}+0.01\alpha=1$$

$$\beta_s=\frac{m_{so}}{m_{go}+m_{so}}\times100\%$$

取 $\alpha=1$

则：$\dfrac{219}{3100}+\dfrac{94}{2200}+\dfrac{m_{go}}{2700}+\dfrac{m_{so}}{2650}+\dfrac{169}{1000}+0.01=1$

$$\frac{m_{so}}{m_{so}+m_{go}}=0.42$$

解得：$m_{go}=1100kg$　$m_{so}=796kg$

按体积法求得的计算配合比为：

m_{co}	m_{fo}	m_{wo}	m_{ao}	m_{so}	m_{go}
219	94	169	3.13	796	1100

两种方法计算结果相近。

2. 试拌

已知本例中质量法的计算配合比为：

$m_{co}:m_{fo}:m_{wo}:m_{so}:m_{go}:m_{ao}=219:94:169:806:1112:3.13$

1）按标准规定，混凝土试拌量取20L，各组成材料用量如下：

水泥$=219\times0.02=4.38$（kg）

粉煤灰$=94\times0.02=1.88$（kg）

水$=169\times0.02=3.38$（kg）

外加剂$=3.13\times0.02=0.0626$（kg）

砂$=806\times0.02=16.12$（kg）

碎石$=1112\times0.02=22.24$（kg）

2）检验、调整混凝土拌合物的和易性。按上述计算的材料用量进行试拌，测得坍落度为120mm，无法满足施工要求，因此在保持水胶比不变的情况下，增加2%浆量（也可增加一定量的外加剂掺量调整）。经重新搅拌后的混凝土拌合物的坍落度为160mm，黏聚性、保水性良好，满足施工要求。试拌配合比的各组成材料用量如下：

水泥$=219(1+0.02)=223$(kg)

粉煤灰$=94(1+0.02)=96$(kg)

水$=169(1+0.02)=172$(kg)

外加剂$=3.13(1+0.02)=3.19$(kg)

此时的试拌配合比为$m_{co}:m_{fo}:m_{wo}:m_{so}:m_{go}:m_{ao}=223:96:172:806:1112:3.19$

3. 试配、调整与确定

（1）混凝土强度检验与拌合物性能检验

根据已确定的试拌配合比，$m_b=\dfrac{m_{wo}}{W/B}=\dfrac{172}{0.54}=319$（$kg/m^3$），另外计算两个水胶比，较试拌配合比分别增加和减少0.05，进行混凝土强度试验，用水量与确定的试拌配合比相同，砂率分别增加和减少1%。每个配合比均拌制20L混凝土，各配合比的材料用量及其试验结果列于表5-46～表5-48。

表5-46　各配合比拌制20L混凝土的材料用量　（单位：kg）

配合比编号	水	水泥	粉煤灰	外加剂	砂	石
1试拌 $W/B=0.54$	3.44	4.46	1.92	0.0638	16.12	22.24
2试拌 $W/B=0.59$	3.44	4.08	1.75	0.0583	16.63	22.04
3试拌 $W/B=0.49$	3.44	4.91	2.11	0.0702	15.36	22.11

表 5-47 混凝土拌合物的坍落度、表观密度实测结果

配合比编号 (W/B)	坍落度 /mm	空桶质量 m /kg	桶容积 V /m³	桶+混凝土 /kg	表观密度 /(kg/m³)
1(0.54)	170	2.25	0.005	14.23	2400
2(0.59)	165	2.25	0.005	14.15	2380
3(0.49)	185	2.25	0.005	14.31	2410

表 5-48 混凝土强度检测结果

配合比编号	3d	7d	28d	60d
1(0.54)	21.2	27.6	39.5	49.6
2(0.59)	16.1	22.0	32.0	39.5
3(0.49)	23.3	29.5	46.0	57.2

根据表 5-48 中混凝土 28d 强度试验结果，计算（或作图）得出混凝土配制强度 $f_{cu,o}$（38.2MPa）对应的水胶比为 0.55。

（2）确定混凝土设计配合比

1）根据强度试验结果，确定每立方米混凝土的材料用量为：

用水量 $m_w = 172$（kg/m³）

胶凝材料用量 $m_b = \frac{172}{0.55} = 313$（kg/m³）

其中：粉煤灰用量 $m_f = 313 \times 0.3 = 94$（kg/m³）

水泥用量 $m_c = 313 - 94 = 219$（kg/m³）

外加剂用量 $m_a = 313 \times 0.01 = 3.13$（kg/m³）

砂、石用量按质量法求得：$m_s = 803\text{kg/m}^3$　　$m_g = 1109\text{kg/m}^3$

按混凝土试验结果，其设计配合比（干料计）：

$m_c : m_f : m_w : m_s : m_g : m_a = 219 : 94 : 172 : 803 : 1109 : 3.13$

2）经强度检验确定后的配合比，尚应按混凝土拌合物表观密度进行校正：

① 按上述混凝土配合比拌制混凝土 20L，拌合物的实测表观密度为 2413kg/m³。

② 计算校正系数（δ）：

$$\delta = \frac{2400}{2413} = 0.99$$

实测值与计算值之差的绝对值 = 2413 - 2400 = 13（kg/m³），小于计算值（2413kg/m³）的 2%，因此可不用校正系数调整配合比。

最终确定的混凝土设计配合比列于下表。

项目	水泥	粉煤灰	水	外加剂	砂	石	砂率(%)	坍落度/mm
材料用量/(kg/m³)	219	94	172	3.13	803	1109	42	170

4. 施工配合比

在混凝土生产前，对所使用的骨料应检测其含水率，本例中，现场砂的含水率为 3%，

石子为 1%（可不计），故施工配合比计算如下：

水泥用量 $m_c' = 219\text{kg/m}^3$

粉煤灰用量 $m_f' = 94\text{kg/m}^3$

$m_a' = 3.13\text{kg/m}^3$

石子用量 $m_g' = 1109\times(1+1\%) = 1120\text{kg/m}^3$

砂子用量 $m_s' = 803\times(1+3\%) = 827\text{kg/m}^3$

水用量 $m_w' = 172-1109\times1\%-803\times3\% \approx 137\text{kg/m}^3$

本例的施工配合比为：

$m_c' : m_f' : m_a' : m_w' : m_s' : m_g' = 219 : 94 : 3.13 : 137 : 827 : 1120$

习　题

5-1　什么是混凝土？混凝土为什么能在工程中得到广泛应用？

5-2　混凝土的各组成材料在混凝土硬化前后都起什么作用？

5-3　砂、石骨料的粗细程度与颗粒级配如何评定？有何实际意义？

5-4　混凝土拌合物的和易性的含义是什么？如何评定？受哪些因素影响？在施工中可采用哪些措施来改善和易性？

5-5　配制混凝土时，采用合理砂率有何技术经济意义？

5-6　影响混凝土强度的因素有哪些？采用哪些措施可提高混凝土的强度？

5-7　简述混凝土耐久性的概念？它包括哪些内容？工程中如何提高混凝土的耐久性？

5-8　混凝土配合比设计时，应使混凝土满足哪些基本要求？

5-9　混凝土配合比设计时的三个基本参数是什么？

5-10 混凝土在下列情况下均能导致其产生裂缝，试解释裂缝产生的原因，并指出主要防止措施：①水泥水化热大；②水泥体积安定性不良；③混凝土碳化；④大气温度变化大；⑤碱骨料反应；⑥混凝土早期受冻；⑦混凝土养护时缺水；⑧混凝土遭到硫酸盐腐蚀。

5-11　现场浇筑混凝土时，严禁施工人员随意向混凝土拌合物中加水，试从理论上分析加水对混凝土质量的危害。它与混凝土成型后的浇水养护有无矛盾？为什么？

5-12　某一砂样经筛分析试验，各筛上的筛余量列于下表，试评定该砂的粗细程度及颗粒级配情况。

筛孔尺寸/mm	分计筛余			累计筛余	
	质量/g	百分率		符号	百分率（%）
		符号	%		
4.75	30	α_1		$A_1=\alpha_1$	
2.36	60	α_2		$A_2=A_1+\alpha_2$	
1.18	70	α_3		$A_3=A_2+\alpha_3$	
0.60	140	α_4		$A_4=A_3+\alpha_4$	
0.30	120	α_5		$A_5=A_4+\alpha_5$	
0.15	70	α_6		$A_6=A_5+\alpha_6$	
0.15以下	10				

5-13　设计要求的混凝土强度等级为C20，要求强度保证率为95%。

(1) 当强度标准差为5.5MPa时，混凝土的配制强度应为多少？

(2) 若提高施工管理水平，标准差为3.0MPa时，混凝土的配制强度又为多少？

(3) 若采用42.5级普通水泥，卵石，用水量为180kg/m^3，问标准差从5.5MPa降到3.0MPa，每m^3混凝土可节约水泥多少？

5-14　已知混凝土经试拌调整后，各项材料的拌合用料量为水泥4.5kg，水2.7kg，砂9.9kg，碎石18.9kg。测得混凝土拌合物的表观密度为2400kg/m^3。

(1) 试计算每立方米混凝土的各项材料用量为多少？

(2) 如施工现场砂子的含水率为4%，石子的含水率为1%，求施工配合比。

(3) 如果不进行施工配合比的换算，直接把实验室配合比在施工现场使用，则混凝土的实际配合比如何变化？对混凝土强度将产生多大的影响（采用42.5级矿渣水泥）？

5-15　采用矿渣水泥、卵石和天然砂配制混凝土，水灰比为0.5，制作10cm×10cm×10cm试件三块，在标准条件下养护7d后，测得破坏荷载分别为140kN、135kN、142kN。试求：

(1) 估算该混凝土28d的标准立方体抗压强度？

(2) 该混凝土采用的矿渣水泥的强度等级？

5-16　制作钢筋混凝土屋面梁，设计强度等级C25，施工坍落度要求35~50mm，根据施工单位历史统计资料混凝土强度标准差为$\sigma=4.0$MPa。采用材料：

普通水泥32.5级，实测强度35MPa，$\rho_c=3.0g/cm^3$

砂 $M_X=2.4$，$\rho'_S=2.60g/cm^3$

卵石 $D_{max}=40mm$，$\rho'_{g'}=2.66g/cm^3$

自来水

①求初步配合比；②若调整试配时加入10%水泥浆后满足和易性要求，并测得拌合物的体积密度为2380g/cm^3，求其基准配合比。

第6章

建筑砂浆

知识目标

(1) 建筑砂浆的组成材料、作用及分类。
(2) 砌筑砂浆的组成材料、种类、技术性质及配合比设计。
(3) 抹面砂浆的种类、组成材料、施工方法及质量要求。
(4) 预拌砂浆的分类、标记、材料组成及技术性质。
(5) 建筑砂浆基本性能试验的项目、试验方法及标准。

能力目标

(1) 掌握砌筑砂浆的主要组成材料、技术性能和配合比的计算。
(2) 熟悉不同种类抹面砂浆的特性、组成材料、施工方法及质量要求。
(3) 熟悉预拌砂浆的分类、标记、材料组成及技术性质。
(4) 了解湿拌砂浆与干混砂浆的区别、特点和标记。
(5) 熟悉建筑砂浆基本性能试验的项目、试验方法及标准要求。

建筑砂浆是由无机胶凝材料、细骨料、水以及根据所需性能确定的掺加料和外加剂等，按照适当的比例配合、拌制，并经养护硬化而成的工程建筑材料（图 6-1）。建筑砂浆中没有加入粗骨料，所以又称为无粗骨料的混凝土。

建筑砂浆在建筑工程中是一种用量大、用途广泛的建筑材料。在建筑工程中建筑砂浆主要起到粘结、衬垫、传递应力、补平勾缝、建筑装饰和保护主体的作用。在砌筑工程中，建筑砂浆可以把砖、石块、砌块胶结成砌体，形成整体结构。在道路和桥隧工程中，砂浆主要用来砌筑圬工结构的桥涵、沿线挡土墙和隧道衬砌等砌体，以及修饰这些构筑物的表面。在装饰工程中，墙面、地面及钢筋混凝土梁、柱等结构表面需要用砂浆进行抹面，镶贴大理石、人造石材、陶瓷面砖等都要使用到建筑砂浆。

按照不同的分类依据，建筑砂浆可以进行以下分类：

根据所用胶结料的种类不同，可分为水泥砂浆、石灰砂浆、混合砂浆、石膏砂浆、聚合物砂浆等。

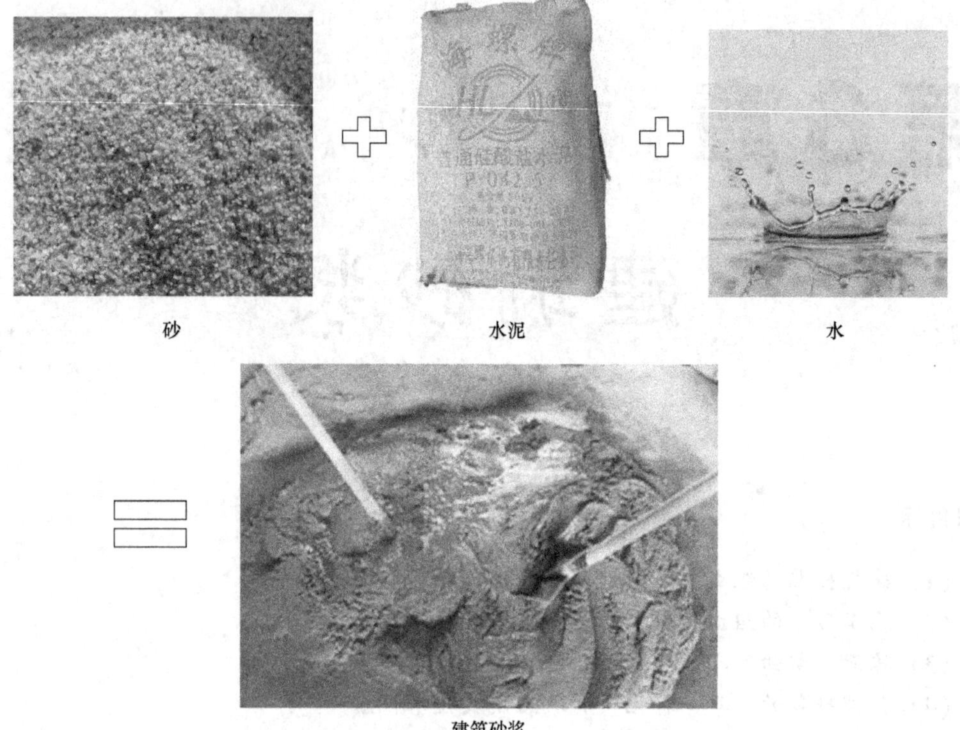

图 6-1　建筑砂浆的基本组成

根据其用途的不同，可分为砌筑砂浆、抹面砂浆、防水砂浆、装饰砂浆、隔热砂浆、吸声砂浆等（图 6-2~图 6-7）。在建筑工程中使用最多的是砌筑砂浆和抹面砂浆。

图 6-2　砌筑砂浆

图 6-3　抹面砂浆

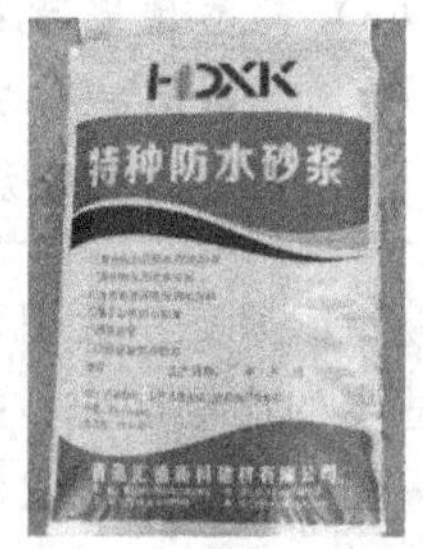

图 6-4　防水砂浆

图 6-5　装饰砂浆

图 6-6　隔热砂浆

图 6-7　吸声砂浆

根据生产工艺不同，可分为施工现场拌制砂浆和专业生产厂生产的预拌砂浆（图 6-8、图 6-9）。

图 6-8 现场拌制砂浆

图 6-9 预拌砂浆

与建筑砂浆有关的标准、规程有《建筑砂浆基本性能试验方法标准》（JGJ/T 70—2009）、《砌筑砂浆配合比设计规程》（JGJ/T 98—2010）和《预拌砂浆》（GB/T 25181—2010）等。

6.1 砌筑砂浆

砌筑砂浆能够把砖、石、砌块等砌筑粘结成砌体，也用于填充墙板、楼板和构件的接缝。砌筑砂浆在建筑工程中用量很大，主要起粘结、衬垫和传递应力的作用，以保证构件整体工作，受力均匀。

6.1.1 常用砌筑砂浆的种类

1. 根据所用胶结料的种类不同分类

（1）水泥砂浆 由水泥、砂子和水等按适当比例配合、拌制而成。水泥砂浆和易性较差，强度较高，适用于潮湿环境、水中以及要求砂浆强度较高的工程。

（2）石灰砂浆 由石灰、砂子和水等按适当比例配合、拌制而成。石灰砂浆和易性较好，但是强度较低。由于石灰是气硬性胶凝材料，所以石灰砂浆一般用于地上部位、强度要求不高的建筑工程。不适合用于潮湿环境或水中工程。

（3）混合砂浆 由水泥、石灰、砂子和水等按适当比例配合、拌制而成。混合砂浆的强度、和易性、耐水性介于水泥砂浆和石灰砂浆之间，常用于地面以上工程。

2. 根据生产工艺不同分类

（1）施工现场拌制砂浆 施工现场拌制砂浆是指根据设计和施工的具体要求，在施工现场取料、施工现场拌制并使用的砂浆。一般在小型工程中使用。

（2）预拌砂浆 预拌砂浆又称为商品砂浆，分为预拌湿砂浆和干混砂浆。

1）预拌湿砂浆：是指由水泥、细骨料、保水增稠材料、外加剂和水，以及根据需要掺入的矿物掺合料等按一定比例，在集中拌和站经计量、拌制后，用搅拌运输车运至使用地点，放入封闭容器中储存，并在规定时间内使用完毕的砂浆拌合物。

2）干混砂浆：是指由专业生产厂生产的，经干燥筛分处理的水泥、细骨料、保水增稠材料以及根据需要掺入的外加剂、矿物掺合料等按一定比例，在专业生产厂混合而成的固态混合物。在使用地点按规定比例加水或配套液体拌和使用的砂浆。

6.1.2 砌筑砂浆的组成材料

砌筑砂浆主要由胶凝材料、细骨料、水、外加剂和矿物掺合料等组成。

1. 胶凝材料

砌筑砂浆的胶凝材料包括水泥、石灰等无机胶凝材料。胶凝材料的选择应根据工程设计和使用环境条件确定。在干燥环境中使用的砂浆既可选用气硬性胶凝材料，也可选用水硬性胶凝材料；处于潮湿环境或水中的砂浆则必须选用水硬性胶凝材料。所用的各类胶凝材料均应满足相应的技术要求。

（1）水泥　常用的各种品种水泥均可作为砌筑砂浆的结合料，由于砂浆的强度相对较低，所以水泥的强度不宜过高，否则水泥的用量太低，会导致砂浆的保水性不良。所用水泥的强度等级应根据砂浆品种及强度等级的要求进行选择。M15 及以下强度等级的砌筑砂浆宜选用 32.5 级的通用硅酸盐水泥或砌筑水泥；M15 以上强度等级的砌筑砂浆宜选用 42.5 级通用硅酸盐水泥；水泥混合砂浆中的水泥，其强度等级不宜大于 42.5 级。考虑到水泥强度等级的经济合理性，一般在配制砌筑砂浆时，选择水泥的强度等级为砂浆强度等级的 4~5 倍。同时应注意，不同品种的水泥不得混合使用，实际工程中，可根据具体的设计要求、砌筑部位及环境条件来选择适宜的水泥品种（图 6-10）。

图 6-10　袋装水泥

（2）石灰　在石灰砂浆中，石灰起着胶凝材料的作用。但有时候根据工程需要，会在水泥砂浆中掺入适量的生石灰或生石灰粉，它们既起着胶凝材料的作用，也有改善砂浆和易性的作用。但是在使用前必须将生石灰、生石灰粉熟化成石灰膏，要求膏体稠度为（120±5）mm 为宜，并需经 3mm×3mm 的筛网过滤。生石灰熟化时间不得少于 7d；磨细的生石灰粉熟化时间不得少于 2d。消石灰粉不得直接用于砌筑砂浆中，严禁使用已经干燥、脱水硬化、冻结或遭受污染的石灰膏生产砂浆（图 6-11、图 6-12）。

2. 细骨料

细骨料为砂浆的骨料，用于制作砂浆的细骨料为天然砂，砌筑砂浆中细骨料用砂宜选用中砂，并应符合现行行业标准《普通混凝土用砂、石质量及检验方法标准》（JGJ 52—2006）的规定，且应全部通过 4.75mm 的方孔筛。

图 6-11　熟石灰粉

图 6-12　生石灰粉

由于砂浆层一般较薄，所以对砂的最大粒径有所限制。通常情况下，石砌体结构用砂浆宜选用粗砂，最大粒径应控制在砂浆层厚度的 1/4～1/5；砖砌体结构用砂浆宜选用中砂，最大粒径不大于砂浆厚度的 1/4；光滑的抹面及勾缝的砂浆宜采用细砂，以最大粒径不大于 1.2mm 为宜。

砌筑砂浆用砂的含泥量不应超过 5%，强度等级为 M2.5 以下的水泥混合砂浆，砂的含泥量不应超过 10%，防水砂浆用砂的含泥量不应超过 5%。

3. 水

可以选用洁净的饮用水。砂浆对水的技术要求与混凝土拌合用水相同，其水质应符合现行行业标准《混凝土用水标准》（JGJ 63—2006）的要求。未经试验检测的非洁净水、生活污水、工业废水等均不准用于配制和养护砂浆。

4. 外加剂

为改善砂浆的性能，节约结合料的用量，制作砂浆时还经常掺入适宜的外加剂，所用外加剂的种类有减水剂、膨胀剂、引气剂、防水剂、早强剂等，其掺入量必须通过试验确定。外加剂应符合国家现行有关标准的规定。

砌筑砂浆中掺入的外加剂与混凝土中的外加剂相似。例如，要改善砂浆的和易性，减少用水量，可以掺入减水剂；要增强砂浆的防水性和抗渗性，可以掺入防水剂；要增强砂浆的保温隔热性能，可掺入引气剂（图 6-13～图 6-15）。

图 6-13　高效减水剂

图 6-14　防水剂

图 6-15　引气剂

5. 掺合料

为改善砂浆的和易性，节约水泥，还可以掺加其他胶结料或掺合料（如石灰膏、黏土膏和粉煤灰等）制成混合砂浆（图 6-16、图 6-17）。

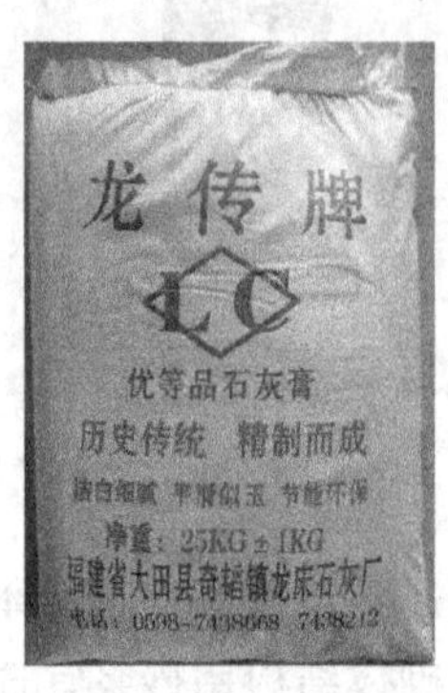

图 6-16 石灰膏

图 6-17 粉煤灰

《砌筑砂浆配合比设计规程》（JGJ/T 98—2010）对砌筑砂浆中的掺合料有相关规定。如砌筑砂浆用石灰膏、电石膏应符合下列规定：

1）生石灰熟化成石灰膏时，应用孔径不大于 3mm×3mm 的网过滤，熟化时间不得少于 7d；磨细生石灰粉的熟化时间不得少于 2d。沉淀池中储存的石灰膏，应采取防止干燥、冻结和污染的措施。严禁使用脱水硬化的石灰膏。

2）制作电石膏的电石渣应用孔径不大于 3mm×3mm 的网过滤，检验时应加热至 70℃后至少保持 20min，并应待乙炔挥发完后再使用。

3）消石灰不得直接用于砌筑砂浆中。

4）石灰膏、电石膏试配时的稠度，应为 120mm±5mm。

6.1.3 砌筑砂浆的主要技术性质

砂浆与混凝土在组成上的差别仅在于砂浆中不含粗骨料，所以有关混凝土和易性、强度的基本规律，原则上也适用于砂浆，但由于砂浆的组成及用途与混凝土有所不同，所以它还具有其自身的特点。

1. 新拌砂浆的和易性

砂浆在硬化前应具有良好的和易性，以方便施工操作，能在砖石表面铺展成均匀的薄层，并使砌体之间紧密粘结。砂浆的和易性包括流动性和保水性两个方面。和易性好的砂浆，在运输和操作时，不会出现分层、泌水等现象，而且容易在粗糙的砖、石、砌块表面上铺成均匀、薄薄的一层，保证灰缝既饱满又密实，能够将砖、砌块、石块很好地粘结成整体。而且可操作的时间较长，有利于施工操作。

（1）稠度　砂浆的稠度又称流动性，是指新拌砂浆在其自重或外力作用下产生流动的性能，用“沉入度”表示。砂浆的稠度采用砂浆稠度仪测定，单位是 mm（图 6-18）。砂浆沉入度值越大，表明砂浆越稀，流动性越大。

砂浆的流动性与用水量，胶凝材料的品种和用量，细骨料的级配和表面特征，掺合料及外加剂的特性和用量，拌和时间等因素有关。其中流动性主要取决于用水量，施工中常以用

水量的多少来控制砂浆的稠度。

《砌筑砂浆配合比设计规程》(JGJ/T 98—2010)规定，砌筑砂浆施工时的稠度的确定，宜按表6-1选用。

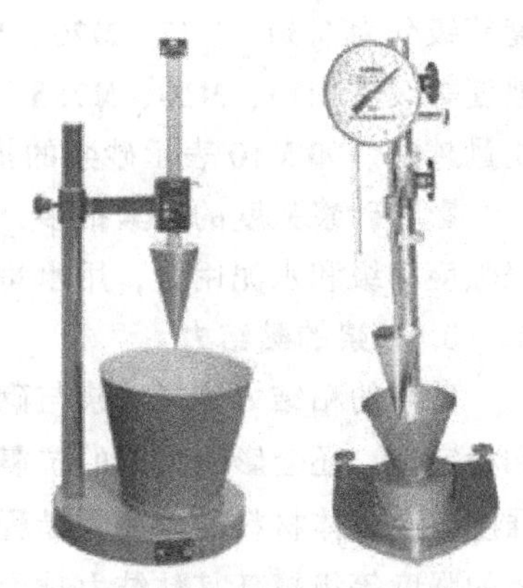
图6-18　砂浆稠度仪

(2) 保水性　砂浆的保水性是指砂浆保持其内部水分的能力。砂浆在运输、静置或砌筑过程中，水分不应从砂浆中离析，使砂浆保持必要的稠度，以便于施工操作，同时使水泥正常水化，以保证砌体的强度。保水性不好的砂浆，会因失水过多而影响砂浆的铺设及砂浆与材料间的结合，并影响砂浆的正常硬化，从而使砂浆的强度，特别是砂浆与多孔材料的粘结力大大降低。

砂浆的保水性与胶结材料的种类和用量、细骨料的级配、用水量以及有无掺合料和外加剂等有关。砂浆的保水性采用“保水率”表示，保水率用保水性试验测定。砂浆的保水率值越大，表明砂浆保持水分的能力越强。

《砌筑砂浆配合比设计规程》(JGJ/T 98—2010)对建筑砂浆的保水率的规定见表6-2。

表6-1　砌筑砂浆的施工稠度　(单位：mm)

砌体种类	施工稠度
烧结普通砖砌体、粉煤灰砖砌体	70~90
混凝土砖砌体、普通混凝土小型空心砌块砌体、灰砂砖砌体	50~70
烧结多孔砖砌体、烧结空心砖砌体、轻骨料混凝土小型空心砌块砌体、蒸压加气混凝土砌块砌体	60~80
石砌体	30~50

表6-2　建筑砂浆的保水率（单位：%）

砂浆种类	保水率
水泥砂浆	≥80
水泥混合砂浆	≥84
预拌砌筑砂浆	≥88

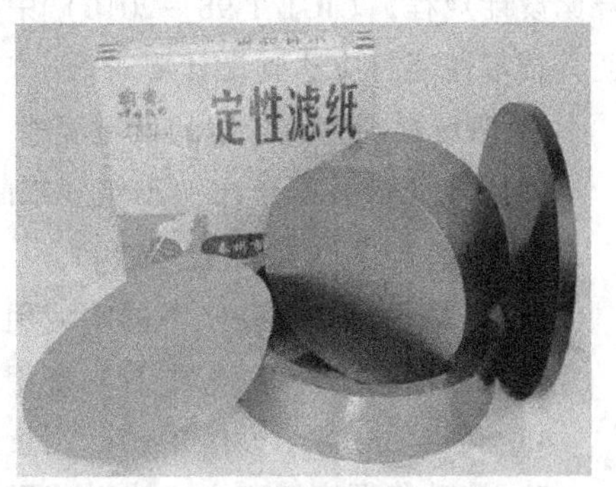

图6-19　砂浆保水性试验测定仪（滤纸法）

2. 砂浆的强度

砂浆在砌体结构中主要起着传递应力的作用，所以在工程上常以抗压强度作为砂浆的主要技术指标。

《建筑砂浆基本性能试验方法标准》(JGJ/T 70—2009)中规定，建筑砂浆的强度等级试验应采用70.7mm×70.7mm×70.7mm的带底试模试件，每组为3个试件。在标准养护条件下养护28d，用标准试验方法测得的28d龄期的砂浆立方体抗压强度平均值，并按具有85%强度保证率而确定的。

《砌筑砂浆配合比设计规程》(JGJ/T 98—2010)规定，水泥砂浆及预拌砌筑砂浆的强度等级分为 M30、M25、M20、M15、M10、M7.5、M5.0 共 7 个强度等级。水泥混合砂浆的强度等级有 M15、M10、M7.5、M5.0 共 4 个强度等级。砂浆强度等级越高，其强度越高，质量越好。如 M10 表示砂浆的抗压强度为 10MPa。

影响砂浆强度的因素很多，试验证明，当原材料质量一定时，砂浆的强度主要取决于水泥强度等级和水泥用量，用水量对砂浆强度及其他性能的影响不大。

3. 砂浆的黏结力

砂浆的粘结力是指砂浆与砌体材料粘结强度的大小。粘结力不但会影响砌体的抗剪强度和稳定性，还会影响结构的抗震性能、抗裂性能和耐久性能。粘结力大小主要和砂浆的抗压强度以及砌体材料的表面粗糙程度、清洁程度、湿润程度以及施工养护等因素有关。一般砂浆的强度等级越高其粘结力越大。因此，砌筑墙体前应将块材表面清理干净，并洒水湿润，必要时要凿毛。砌筑完成后要加强养护，以提高砂浆与块材间的粘结力。

4. 砂浆的变形

砌筑砂浆在承受荷载、温度变化或干缩过程中，会产生变形。如果变形量过大或变形不均匀，会引起砌体开裂而降低了砌体的质量，所以要求砂浆具有较小的变形性。

5. 砂浆的耐久性

砌体砂浆经常会遭受环境水的作用，故除强度外，还应考虑砂浆的抗渗性、抗冻性和抗腐蚀性等性能。要提高砂浆的耐久性，主要途径是提高其密实性。

6.1.4 砌筑砂浆的配合比设计

砌筑砂浆的配合比设计包括现场拌制的砂浆配合比设计和预拌砂浆配合比设计两部分。砂浆配合比用每立方米砂浆中各种材料的用量来表示。砌筑砂浆可根据工程类别及砌体部位的设计要求来确定砂浆的强度等级，然后选定配合比。砂浆配合比可从砂浆配合比速查手册查得，也可按《砌筑砂浆配合比设计规程》（JGJ/T 98—2010）中的设计方法进行计算。但得到的配合比必须用试验验证其技术性能，应达到设计要求。

建筑砂浆讲解视频

1. 现场配制砌筑砂浆的试配要求

（1）砌筑砂浆配合比　砌筑砂浆配合比应按下列步骤进行计算：

1）计算砂浆试配强度（$f_{m,0}$）。

2）计算每立方米砂浆中的水泥用量（Q_C）。

3）计算每立方米砂浆中石灰膏用量（Q_D）。

4）确定每立方米砂浆中的砂用量（Q_S）。

5）按砂浆稠度选每立方米砂浆用水量（Q_W）。

（2）砂浆的试配强度　砂浆的试配强度应按式（6-1）计算。

$$f_{m,0}=kf_2 \tag{6-1}$$

式中 $f_{m,0}$——砂浆的试配强度（MPa），精确至 0.1MPa；

f_2——砂浆强度等级值（MPa），精确至 0.1MPa；

k——系数，按表 6-3 取值。

表 6-3　砂浆强度标准差 σ 及 k 值

施工水平＼强度等级	强度标准差 σ/MPa							k
	M5	M7.5	M10	M15	M20	M25	M30	
优良	1.00	1.50	2.00	3.00	4.00	5.00	6.00	1.15
一般	1.25	1.88	2.50	3.75	5.00	6.25	7.50	1.20
较差	1.50	2.25	3.00	4.50	6.00	7.50	9.00	1.25

（3）砂浆强度标准差　砂浆强度标准差的确定应符合下列规定：

1）当有统计资料时，砂浆强度标准差应按式（6-2）计算：

$$\sigma=\sqrt{\frac{\sum_{i=1}^{n}f_{m,i}^{2}-n\mu_{fn}^{2}}{n-1}} \tag{6-2}$$

式中　$f_{m,i}$——统计周期内同一品种砂浆第 i 组试件的强度（MPa）；

μ_{fn}——统计周期内同一品种砂浆 n 组试件强度的平均值（MPa）；

n——统计周期内同一品种砂浆试件的总组数，$n\geqslant25$。

2）当不具有近期统计资料时，砂浆现场强度标准差可按表 6-3 取用。

（4）水泥用量的计算　水泥用量的计算应符合下列规定：

1）每立方米砂浆中的水泥用量，应按式（6-3）计算。

$$Q_C=1000(f_{m,0}-\beta)/(\alpha f_{ce}) \tag{6-3}$$

式中　Q_C——每立方米砂浆的水泥用量（kg），应精确至 1kg；

$f_{m,0}$——砂浆的试配强度（MPa），应精确至 0.1MPa；

f_{ce}——水泥的实测强度（MPa），应精确至 0.1MPa；

α，β——砂浆的特征系数，其中 α 取 3.03，β 取-15.09。

注：各地区也可用本地区试验资料确定 α、β 值，统计用的试验组数不得少于 30 组。

水泥砂浆的材料用量可按表 6-4、表 6-5 中数据选取。

2）在无法取得水泥的实测强度值时，可按式（6-4）计算 f_{ce}。

$$f_{ce}=\gamma_c f_{ce,k} \tag{6-4}$$

式中　$f_{ce,k}$——水泥强度等级值（MPa）；

γ_c——水泥强度等级值富余系数，宜按实际统计资料确定；无统计资料时可取 1.0。

（5）掺合料用量的计算　掺合料用量的计算应按式（6-5）计算。

$$Q_D=Q_A-Q_C \tag{6-5}$$

式中　Q_D——每立方米砂浆的掺合料用量（kg），应精确至 1kg，石灰膏、黏土膏使用时的稠度宜为 120mm±5mm；对于不同稠度的石灰膏，可按表 6-6 进行换算；

Q_C——每立方米砂浆的水泥用量（kg），应精确至 1kg；

Q_A——每立方米砂浆中水泥和石灰膏总量，应精确至1kg，宜在300~350kg。

表6-4 每立方米水泥砂浆材料用量 （单位：kg/m^3）

强度等级	水泥	砂	用水量
M5	200~230	砂的堆积密度值	270~330
M7.5	230~260		
M10	260~290		
M15	290~330		
M20	340~400		
M25	360~410		
M30	430~480		

注：1. M15及M15以下强度等级水泥砂浆，水泥强度等级为32.5级；M15以上强度等级水泥砂浆，水泥强度等级为42.5级。
2. 当采用细砂或粗砂时，用水量分别取上限或下限。
3. 稠度小于70mm时，用水量可小于下限。
4. 施工现场气候炎热或干燥季节，可酌量增加用水量。
5. 试配强度应按式（6-1）计算。

表6-5 每立方米水泥粉煤灰砂浆材料用量 （单位：kg/m^3）

强度等级	水泥和粉煤灰总量	粉煤灰	砂	用水量
M5	210~240	粉煤灰掺量可占胶凝材料总量的15%~25%	砂的堆积密度值	270~330
M7.5	240~270			
M10	270~300			
M15	300~330			

注：1. M15及M15以下强度等级水泥砂浆，水泥强度等级为32.5级；M15以上强度等级水泥砂浆，水泥强度等级为42.5级。
2. 当采用细砂或粗砂时，用水量分别取上限或下限。
3. 稠度小于70mm时，用水量可小于下限。
4. 施工现场气候炎热或干燥季节，可酌量增加用水量。
5. 试配强度应按式（6-1）计算。

表6-6 石灰膏为同稠度时的换算系数

石灰膏稠度/mm	120	110	100	90	80	70	60	50	40	30
换算系数	1.00	0.99	0.97	0.95	0.93	0.92	0.90	0.88	0.87	0.86

（6）砂用量的计算　每立方米砂浆中的砂用量，应按干燥状态（含水率小于0.5%）的堆积密度值作为计算值，即$Q_S=1\times\rho_{0干}$，单位为kg。

（7）用水量的计算　每立方米砂浆中的用水量，可根据砂浆稠度等要求选用210~310kg/m^3。值得注意的是：

1）混合砂浆中的用水量，不包括石灰膏中的水。

2）当采用细砂或粗砂时，用水量分别取上限或下限。

3）稠度小于70mm时，用水量可小于下限。

4）施工现场气候炎热或干燥季节，可酌量增加用水量。

2. 预拌砌筑砂浆的试配要求

（1）相关规定　预拌砌筑砂浆应符合下列规定：

1）在确定湿拌砌筑砂浆稠度时应考虑砂浆在运输和储存过程中的稠度损失。

2）湿拌砌筑砂浆应根据凝结时间要求确定外加剂掺量。

3）干混砌筑砂浆应明确拌制时的加水量范围。

4）预拌砌筑砂浆的搅拌、运输、储存等应符合现行行业标准《预拌砂浆》GB/T 25181的规定。

5）预拌砌筑砂浆性能应符合现行行业标准《预拌砂浆》GB/T 25181 的规定。

（2）砂浆试配的规定　预拌砌筑砂浆的试配应符合下列规定：

1）预拌砌筑砂浆生产前应进行试配，试配强度应按式（6-1）计算确定，试配时稠度取 70~80mm。

2）预拌砌筑砂浆中可掺入保水增稠材料、外加剂等，掺量应经试配后确定。

3. 砌筑砂浆配合比试配、调整与确定

1）砌筑砂浆试配时应考虑工程实际要求，搅拌应采用机械搅拌，并符合有关搅拌时间的要求，预拌砌筑砂浆性能见表 6-7。

2）按计算或查表所得配合比进行试拌时，应按现行行业标准《建筑砂浆基本性能试验方法标准》JGJ/T 70 测定砌筑砂浆拌合物的稠度和保水率。当稠度和保水率不能满足要求时，应调整材料用量，直到符合要求为止，然后确定为试配时的砂浆基准配合比。

3）试配时至少应采用三个不同的配合比，其中一个配合比应为得出的基准配合比，其余两个配合比的水泥用量应按基准配合比分别增加及减少 10%。在保证稠度、保水率合格的条件下，可将用水量、石灰膏、保水增稠材料或粉煤灰等活性掺合料用量做相应调整。

4）砌筑砂浆试配时稠度应满足施工要求，并应按现行行业标准《建筑砂浆基本性能试验方法标准》JGJ/T 70 分别测定不同配合比砂浆的表观密度及强度；并应选定符合试配强度及和易性要求、水泥用量最低的配合比作为砂浆的试配配合比。

表 6-7　预拌砌筑砂浆性能

项目	干拌砌筑砂浆	湿拌砌筑砂浆
强度等级	M5,M7.5,M10,M15,M20,M25,M30	M5,M7.5,M10,M15,M20,M25,M30
稠度/mm	—	50,70,90
凝结时间/h	3~8	≥8,≥12,≥24
保水率(%)	≥88	≥88

5）砌筑砂浆试配配合比尚应按下列步骤进行校正：

① 应根据确定的砂浆配合比材料用量，按式（6-6）计算砂浆的理论表观密度值。

$$\rho_t = Q_C + Q_D + Q_S + Q_W \tag{6-6}$$

式中　ρ_t——砂浆的理论表观密度值（kg/m^3），应精确至 $10kg/m^3$。

② 应按式（6-7）计算砂浆配合比校正系数 δ。

$$\delta = \rho_c / \rho_t \tag{6-7}$$

式中　ρ_c——砂浆的实测表观密度值（kg/m^3），应精确至 $10kg/m^3$。

③ 当砂浆的实测表观密度值与理论密度值之差的绝对值不超过理论值的 2%时，可将此

试配配合比确定为砂浆设计配合比；当超过 2%时，应将试配配合比中每项材料用量均乘以校正系数（δ）后，确定为砂浆设计配合比。

6）预拌砌筑砂浆生产前应进行试配、调整与确定，并应符合现行行业标准《预拌砂浆》GB/T 25181 的规定。

4. 砌筑砂浆配合比设计实例

要求设计强度等级为 M10 的水泥砂浆，稠度为 70～100mm。采用 32.5 级普通硅酸盐水泥，28d 实测强度值为 37MPa；中砂，含水率为 3%，堆积密度为 1360kg/m^3；施工水平一般，试设计砂浆的配合比。

设计步骤：

1）计算砂浆的试配强度 $f_{m,0}$

根据该施工水平一般查表 6-3 知 $k=1.2$，代入式（6-1）得

$$f_{m,0}=kf_2=1.2\times10=12\ (\mathrm{MPa})$$

2）计算每立方米砂浆的水泥用量 Q_C

其中特征系数 α 取 3.03，β 取−15.09，代入式（6-3）得

$$Q_C=1000(f_{m,0}-\beta)/(\alpha f_{ce})=1000\times[12-(-15.09)]/(3.03\times37)=242\ (\mathrm{kg})$$

3）计算每立方米砂浆砂的用量 Q_S

$$Q_S=1360+1360\times3\%=1401\ (\mathrm{kg})$$

4）计算每立方米砂浆的用水量 Q_W

取用水量为 290kg，扣除砂中所含的水量，则

$$Q_W=290-1360\times3\%=249\ (\mathrm{kg})$$

设计的试配配合比为 $Q_C : Q_S : Q_W=242 : 1401 : 249=1 : 5.79 : 1.03$。

5）经试配，稠度和保水率均符合要求。

6）砂浆试配配合比校正

砂浆的理论表观密度为：

$$\rho_t=Q_C+Q_D+Q_S+Q_W=242+0+1401+249=1892\ (\mathrm{kg/m^3})$$

实测试配砂浆的表观密度为 1925kg/m^3。

则（1925−1892）/1892×100%＝1.7%<2%，所以砂浆的配合比最终确定为

$$Q_C : Q_S : Q_W=242 : 1401 : 249=1 : 5.79 : 1.03$$

6.2 抹面砂浆

抹面砂浆又称为抹灰砂浆，它是以薄层形式涂抹在建筑物或构筑物的表面，既能保护墙体，又具有一定装饰性的建筑材料。与砌筑砂浆相比，抹面砂浆与底面和空气的接触面大，失水更快，所以对抹面砂浆的强度要求不高，但要求保水性好、与基底的粘附性好。

抹面砂浆的材料组成与砌筑砂浆基本相同，对抹面砂浆要求具有良好的工作性，即易于抹成很薄的一层，便于施工，还要有较好的粘结力，保证基层和砂浆层良好粘结，并且不能出现开裂，因此有时需要加入一些纤维材料（如纸筋，麻刀，玻璃纤维等）来增强其抗拉强度，减少干缩和开裂；有时根据需要加入有机聚合物，以便在提高砂浆与基层粘结力的同时增加硬化砂浆的柔韧性，从而减少开裂，避免空鼓或脱落；有时加入特殊的骨料（如陶

砂、膨胀珍珠岩等）以强化其功能，如图 6-20～图 6-25 所示。

图 6-20　纸筋

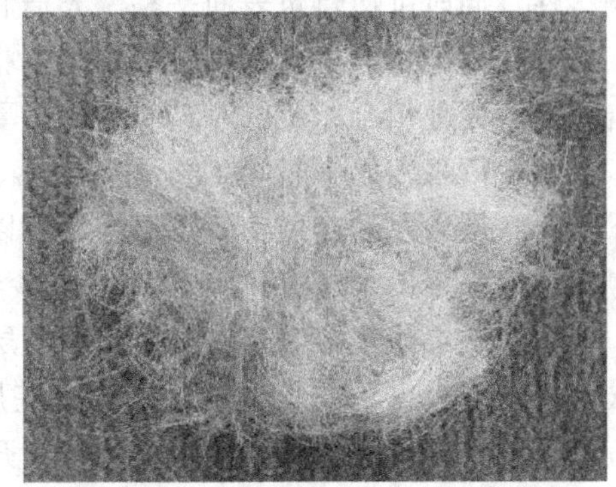

图 6-21　麻刀

图 6-22　玻璃纤维

图 6-23　陶粒（保温、隔声）

图 6-24　膨胀珍珠岩（保温、隔声）

图 6-25　矿物棉（吸声）

抹面砂浆按其使用功能不同可分为普通抹面砂浆、装饰砂浆、防水砂浆和特种砂浆（如绝热砂浆、防辐射砂浆、吸声砂浆、耐酸砂浆）等；按胶结料不同可分为水泥砂浆、石灰砂浆和混合砂浆等。

6.2.1　普通抹面砂浆

普通抹面砂浆是建筑工程中用量最大的抹灰砂浆。普通抹面砂浆可以保护建筑物及墙体、地面不受风、雨、雪及有害物质的侵蚀，提高防潮、防腐蚀、抗风化性能，提高建筑物的耐久性；同时可使建筑表面平整、光洁和美观，可以达到一定的装饰效果。

普通抹面砂浆的组成与砌筑砂浆基本相同，但其胶凝材料的用量要比砌筑砂浆多，为使其与基面牢固地粘合，所以对其和易性的要求要比砌筑砂浆更好，粘结力要求更高。

为了使砂浆表面平整均匀、不易脱落、耐久性好，抹面砂浆可分为两层或三层进行施工。由于各层砂浆的作用和要求不同，所以每层所选用的砂浆也不一样。如：水泥砂浆宜用于潮湿或对强度要求较高的部位；混合砂浆则多用于室内底层、中层或面层抹灰；石灰砂浆、麻刀灰、纸筋灰多用于室内中层或面层抹灰。基底材料的特性和工程部位不同，对砂浆的技术性能要求也不同。如：对混凝土基层多用水泥石灰混合砂浆；对于木板条基层及面层，多用纤维材料增加其抗拉强度来防止开裂。

抹面砂浆常分为底层砂浆、中层砂浆和面层砂浆三层（图 6-26），其作用及要求分别为：

（1）底层砂浆　主要起初步找平和粘结基层的作用。因此要求砂浆应具有良好的和易性和较高的粘结力，所以底层砂浆的保水性要好，不然砂浆水分被基层材料吸收后会影响到砂浆的流动性和粘结力。另外，基层表面粗糙程度也会影响到与砂浆的粘结性能。砖墙的底层多用石灰砂浆，有防水、防潮要求时的底层用水泥砂浆。混凝土基层的底层多采用水泥混合砂浆。

（2）中层砂浆　主要起找平的作用，又称为找平层。一般采用混合砂浆或石灰砂浆，找平层的稠度要合适，应能很容易地抹平。砂浆层的厚度以表面抹平为宜。找平层有时可省去不用。

（3）面层砂浆　主要起装饰作用，它能使表面平整美观。因此多选用细砂配制的混合砂浆、麻刀石灰砂浆或纸筋石灰砂浆，可加强表面的光滑程度及质感。在容易受碰撞的部位（如窗台、窗口、踢脚板等）应采用水泥砂浆。在加气混凝土砌块墙体表面上做抹灰时，应采用特殊的施工方法，如在墙面上刮胶、喷水润湿或在砂浆层中夹一层钢丝网片以防开裂脱落（图 6-27）。

实践应用中要依据工程使用的部位及基层材料的性质来确定抹面砂浆材料组成和配合比。对于普通抹面砂浆配合比，可参考表 6-8 选用。

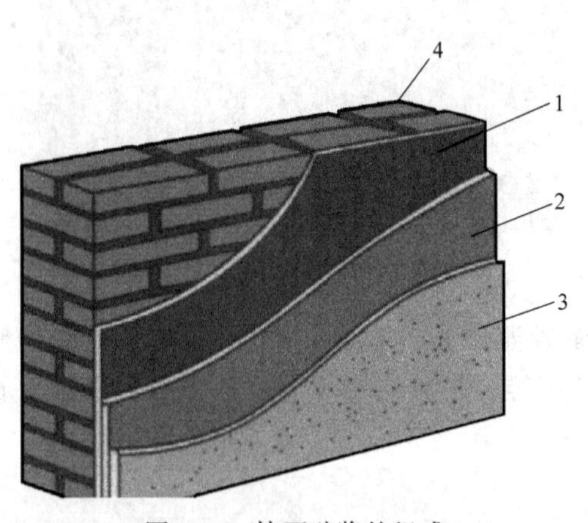

图 6-26　抹面砂浆的组成

1—底层　2—中层　3—面层　4—基层

图 6-27　抹面砂浆的施工

表 6-8　普通抹面砂浆配合比

材料	体积配合比	材料	体积配合比
水泥：砂	1：2~1：3	石灰：石膏：砂	1：0.4：2~1：2：4
石灰：砂	1：2~1：4	石灰：黏土：砂	1：1：4~1：1：8
水泥：石灰：砂	1：1：6~1：2：9	石膏：麻刀(质量比)	100：1.3~100：2.5

6.2.2　装饰砂浆

装饰砂浆是一种具有特殊美观装饰效果的抹面砂浆，是直接涂抹于建筑物内外墙表面来增加建筑物装饰艺术性为主要目的的砂浆。

装饰砂浆底层和中层的做法与普通抹面砂浆基本相同，主要区别在面层。装饰砂浆的面层通常采用不同的施工工艺，选用特殊的材料，得到符合要求的具有不同的质感和颜色、花纹、图案效果的表面。装饰砂浆常用的胶凝材料有石膏、彩色水泥、白水泥或普通水泥，骨料有大理石、花岗石等带颜色的碎石渣或玻璃、陶瓷碎粒等（图 6-28、图 6-29）。

图 6-28　白砂

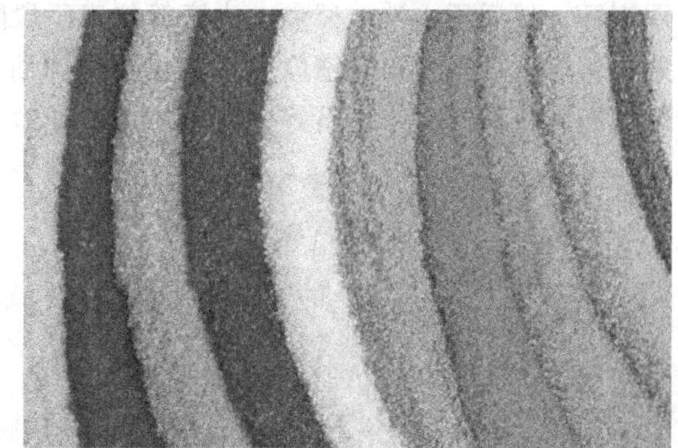

图 6-29　彩砂

装饰砂浆饰面可分为灰浆类饰面和石碴类饰面两大类。

1. 灰浆类饰面

灰浆类饰面是通过水泥砂浆的着色或水泥砂浆表面形态的艺术加工，获得一定色彩、线条、纹理质感的表面装饰。常用的灰浆类饰面有拉毛灰、甩毛灰、搓毛灰、扫毛灰、拉条抹灰、假面砖、假大理石等（图 6-30~图 6-33）。

图 6-30　拉毛灰

图 6-31　甩毛灰

图 6-32　假面砖

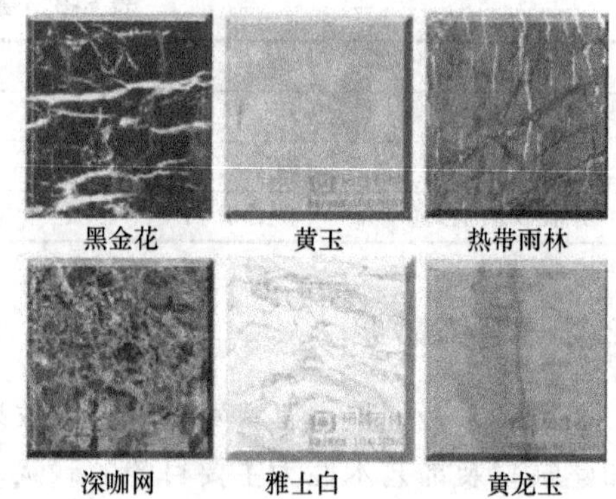

图 6-33　假大理石

2. 石碴类饰面

石碴类饰面是在水泥砂浆中掺入各种彩色石碴作为骨料，配制成水泥石碴浆抹于墙体基层表面，然后用水洗、斧剁、水磨等加工手段除去表面水泥浆皮，使石碴呈现不同的外露形式，使得表面呈现出石碴颜色及其质感的饰面效果。常用的石碴类饰面有水刷石、干粘石、斩假石、拉假石、水磨石等（图 6-34 ~ 图 6-37）。

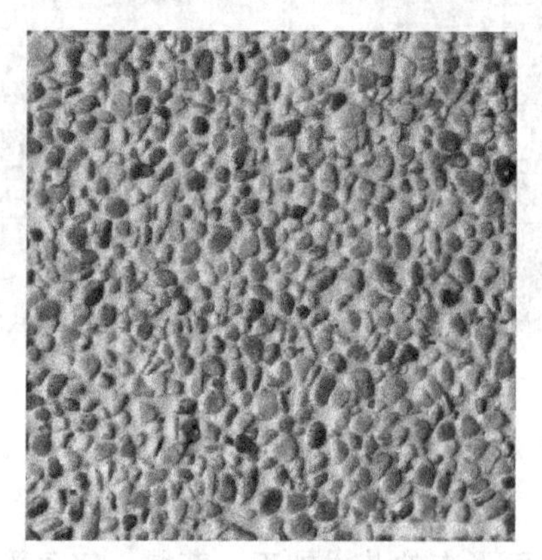

图 6-34　水刷石

图 6-35　斩假石

图 6-36　干粘石

图 6-37　水磨石

6.2.3　特殊抹面砂浆

1. 防水砂浆

防水砂浆是具有显著的防水、防潮性能的砂浆，是一种刚性防水材料和堵漏密封材料，是在水泥砂浆中掺入防水剂、膨胀剂或聚合物等配制而成的。

防水砂浆的防渗效果在很大程度上取决于施工质量，因此施工时要严格控制原材料质量和配合比。防水砂浆层一般分 4 层或 5 层施工，每层约 5mm 厚。砂浆防水层做完后，要加强养护，以防止出现干缩裂缝，降低防水效果。

防水砂浆是一种刚性防水材料，通过提高砂浆的密实性及改进抗裂性以达到防水抗渗的目的。主要用于不会因结构沉降、温度和湿度变化以及受振动等产生有害裂缝的防水工程。用作防水工程防水层的防水砂浆有以下三种：

（1）刚性多层抹面的水泥砂浆　由水泥加水配制的水泥素浆和由水泥、砂、水配制的水泥砂浆，将其分层交替抹压密实，以使每层毛细孔通道大部分被切断，残留的少量毛细孔也无法形成贯通的渗水孔网。硬化后的防水层具有较高的防水和抗渗性能。

（2）掺防水剂的防水砂浆　在水泥砂浆中掺入各类防水剂以提高砂浆的防水性能，常用的掺防水剂的防水砂浆有氯化物金属类防水砂浆、氯化铁防水砂浆、金属皂类防水砂浆和掺早强剂防水砂浆等。

（3）聚合物水泥防水砂浆　用水泥、聚合物分散体作为胶凝材料与砂配制而成的砂浆。聚合物水泥砂浆硬化后，砂浆中的聚合物可有效地封闭连通的孔隙，增加砂浆的密实性及抗裂性，从而可以改善砂浆的抗渗性及抗冲击性。聚合物分散体是在水中掺入一定量的聚合物胶乳（如合成橡胶、合成树脂、天然橡胶等）及辅助外加剂（如乳化剂、稳定剂、消泡剂、固化剂等），经搅拌而使聚合物微粒均匀分散在水中的液态材料。常用的聚合物品种有：有机硅、阳离子氯丁胶乳、乙烯-聚醋酸乙烯共聚乳液、丁苯橡胶胶乳、氯乙烯-偏氯化烯共聚乳液等。

防水砂浆的使用范围有：用于工业和民用建筑内墙，外墙，混凝土，地下室，水池，水塔，异形屋面，隧道，厕浴间，大坝等部分的防水、防腐、防渗、防潮及渗漏修复工程；人防，地下工程及水利水电工程的防水、防腐、粘结补强和加固处理及防水防腐衬砌（图 6-38、图 6-39）。

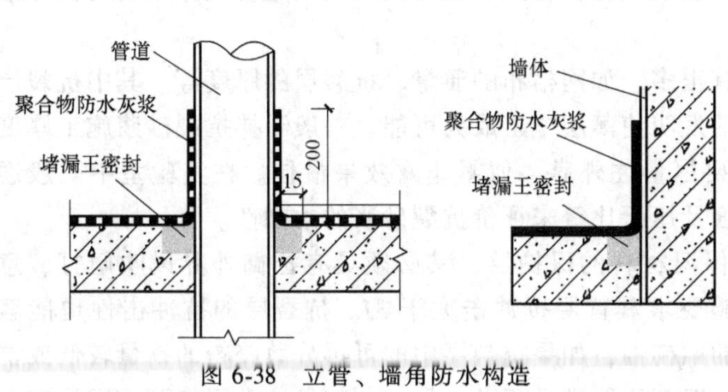

图 6-38　立管、墙角防水构造

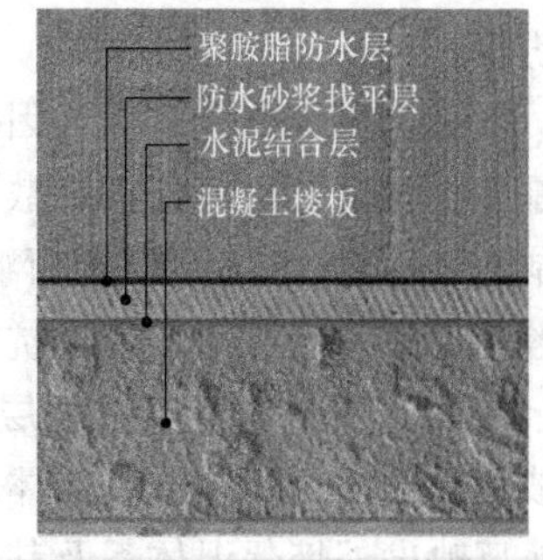

图 6-39　地面防水构造

2. 保温砂浆

保温砂浆又称为绝热砂浆，采用水泥、石灰、石膏等胶凝材料与膨胀珍珠岩、膨胀蛭石、火山渣或浮石砂、人造陶粒、陶砂等轻质多孔的骨料，按照一定的比例配制成的砂浆。

保温砂浆具有轻质、隔热保温、吸声性能，其导热系数为0.07~0.1W/(m·K)。

保温砂浆可用于屋面保温层、冷库绝热墙壁、供热管道保温等的施工。

3. 吸声砂浆

吸声砂浆是由轻质多孔的骨料配制成的具有吸声性能的砂浆，与保温砂浆相类似。工程中还可以在吸声砂浆中掺入锯末、玻璃纤维、矿物棉等松软纤维等材料进行拌制。由于吸声砂浆的骨料内部孔隙率大，所以具有良好的吸声性能，主要应用于室内的吸声墙面和顶面。

4. 膨胀砂浆

在砂浆中加入膨胀剂或者使用膨胀水泥配制的砂浆称为膨胀砂浆。

膨胀砂浆具有较好的膨胀性或无收缩性，减少了收缩，可用于嵌缝、修补、堵漏等工程的施工。

5. 抗裂砂浆

由于外墙保温系统所处的环境温度和湿度变化较大、施工的方法不当，易造成外墙保温层空鼓、开裂、脱落等，从而引起墙体产生渗漏、透风、剥落等问题，对保温砂浆的保温效果影响较大。因此对外保温抹面砂浆提出了抗裂性的要求，要求其能满足一定变形而保持不开裂，此种符合抗裂性的砂浆称为抗裂砂浆。

外保温抹面抗裂砂浆的抗裂性是评价外墙外保温体系技术性能的主要依据之一。如果外墙保温砂浆保护层产生了裂缝，就会降低保温系统的保温、耐水、抗冻等整体性能和其耐久性。所以加强保温墙体的抗裂性能是提高外墙保温体系的保温、耐水、抗冻等整体性能和其耐久性的基础和前提。

为了防止砂浆保护层产生裂缝，并保证外墙保温系统的保温效果，所以抗裂砂浆应满足以下质量要求：

(1) 柔韧性　抗裂砂浆层的柔韧性是指能消除、释放、平衡来自于体系动态应力的应变能力。保温层一般密度轻、强度低，受温度和湿度影响变形造成的外形尺寸不稳定，要求与之配套的抹面层也必须有效地适应此种变化。如双组分抗裂砂浆，以其大掺量的弹性乳液、纤维等，获得了极高的柔韧性和适应性，在多年的应用中其优异性能获得了一致的认可。单组分抗裂砂浆的柔韧性比双组分的要差一些，其柔韧性主要依靠砂的合理级配、能够提供丰富均匀空隙的纤维素醚，以及填充各种孔隙和在水泥石周边起桥联作用的可再分散胶粉等。

其他与柔韧性有关的因素还有很多，如网格布的质量、抗裂层的厚度等。其中抗裂层的厚度尤为重要，但可再分散胶粉的发明使薄层施工成为可能。一般干拌抗裂砂浆施工厚度控制在2~4mm或3~5mm，网格布要尽量往外靠，似露非露效果最佳。在实验室中一般通过考查产品28d抗压强度、抗折强度及压折比等来评价抗裂砂浆的柔韧性。

(2) 抗冲击性　抗裂层作为保温材料的保护层，其必须具有抵御外界风吹雨打、意外破坏等的能力。实验室的体系试验要求其首层抗冲击大于3J。抗裂层的抗冲击性也能客观地反映出外墙保温体系及其材料的柔韧性，如果抗裂层中的可再分散胶粉的掺量较低或抗裂层柔韧性较差时，其抗冲击性能一般都不能满足要求。另外，如果抗裂层较厚或网格布太靠里时，其抗冲击性和柔韧性也会下降。

(3) 防水透气性　作为外墙保温体系的表面防护层来说，其吸水性越小越好，透气性

越大越好。其原因在于外墙保温体系的热工作性能，即保温效果与体系的含水量关系很紧密，抗裂层良好的防水透气性可有效地平衡体系的含湿量，从而获得良好的热工作性能。抗裂砂浆通过调整原料中纤维素醚、可再分散胶粉、憎水性助剂等的配合比，可以使其获得较好的耐水性，再通过测试其粘结强度、体系的透水性和吸水量等来调整其耐水性。

(4) 粘结性 外墙保温体系中的保温材料一般是有机轻质材料或复合轻质材料，其对界面的粘结性要求较高。所以配方中必须掺有适量的可再分散胶粉、纤维素醚等才能与有机界面良好地粘结，从而避免粘结不良造成空鼓、开裂等问题。

(5) 易施工性 施工性涵盖了施工时所用材料的可涂抹性、保水性、可操作时间等。判断其施工性的好坏一般根据材料的和易性、防结皮时间、干燥时间及使用时间等方面进行评价。

综上所述，抗裂砂浆具有很好的柔韧性和弹性模量，可以有效地抑制表层防护砂浆裂缝的产生和发展，极大地提高了砂浆抵抗自身干缩应力和外界温湿应力的能力。同时砂浆的抗裂性能、外墙外保温体系的耐久性、保温效果等都得到了提高。

6.3 预拌砂浆

传统的砂浆大多都是在现场进行拌制，但是现场拌制砂浆日益显现出了很多缺点，如砂浆质量不稳定、材料浪费大、砂浆品种单一、污染环境、不利于文明施工等，已经不能满足建筑工程的多种需求。需要取消现场拌制砂浆，预拌砂浆的出现正好适应和满足了这一需求。采用工业化生产的预拌砂浆很好地改善了现场拌制砂浆的不足之处，它是保证建筑工程质量、提高建筑施工现代化水平、实现资源的综合利用、减少污染改善环境、提高文明施工的水平、实现可持续发展的一项重要举措。

早在20世纪50年代初，欧洲国家就开始大量生产和使用预拌砂浆。我国于2007年6月6日，商务部、公安部、建设部等六部委联合发布了《关于在部分城市限期禁止现场搅拌砂浆工作的通知》，要求北京、天津、上海等10个城市从2007年9月1日起禁止在施工现场使用水泥搅拌砂浆（第一批）；重庆等33个城市从2008年7月1日起禁止在施工现场使用水泥搅拌砂浆（第二批）；长春等84个城市从2009年7月1日起禁止在施工现场使用水泥搅拌砂浆（第三批）。同时颁布了相应的标准《预拌砂浆》（JG/T 230—2007），于2008年2月1日起实施。现执行标准为《预拌砂浆》（GB/T 25181—2010），于2011年8月1日起实施。

根据生产的产品形式不同，预拌砂浆可分为湿拌砂浆和干混砂浆两大类。将加水拌和而成的湿拌预拌砂浆拌合物称为湿拌砂浆；将干态材料混合而成的固态预拌砂浆混合物称为干混砂浆。

6.3.1 预拌砂浆的分类和标记

1. 湿拌砂浆

湿拌砂浆是将水泥、细骨料、矿物掺合料、外加剂、添加剂和水，按一定比例，在搅拌站经计量、拌制后，运至使用地点，并在规定时间内使用的拌合物。

湿拌砂浆按照其用途不同可分为湿拌砌筑砂浆（WM）、湿拌抹灰砂浆（WP）、湿拌地面砂浆（WS）和湿拌防水砂浆（WW）四种。

湿拌砂浆的标记为：

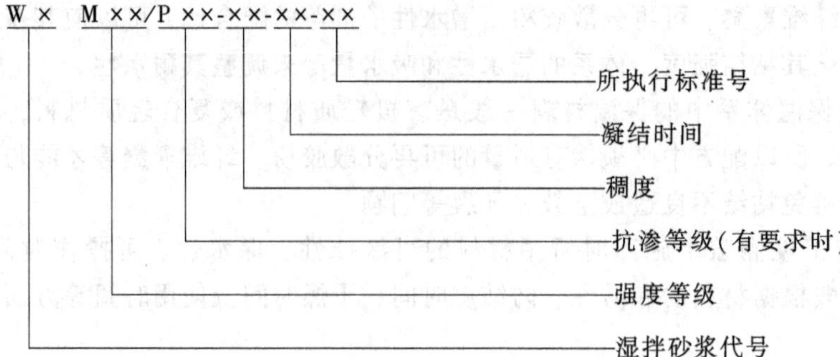

示例 1：湿拌砌筑砂浆的强度等级为 M10，稠度为 70mm，凝结时间为 12h，其标记为：

WM M10-70-12-GB/T 25181—2010。

示例 2：湿拌防水砂浆的强度等级为 M15，抗渗等级为 P8，稠度为 70mm，凝结时间为 12h，其标记为：

WW M15/P8-70-12-GB/T 25181—2010。

2. 干混砂浆

干混砂浆是将水泥、干燥骨料或粉料、添加剂以及根据性能确定的其他组分，按一定比例，在专业生产厂经计量、混合而成的混合物，在使用地点按规定比例加水或配套组分拌和使用。

干混砂浆按照其用途不同可分为干混砌筑砂浆（DM）、干混抹灰砂浆（DP）、干混地面砂浆（DS）、干混普通防水砂浆（DW）、干混陶瓷砖粘结砂浆（DTA）、干混界面砂浆（DIT）、干混保温板粘结砂浆（DEA）、干混保温板抹面砂浆（DBI）、干混聚合物水泥防水砂浆（DWS）、干混自流平砂浆（DSL）、干混耐磨地坪砂浆（DFH）、干混饰面砂浆（DDR）等。

干混砂浆的标记为：

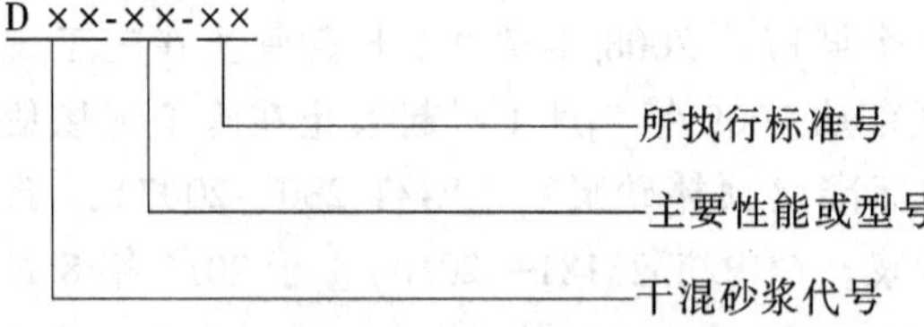

示例 1：干混砌筑砂浆的强度等级为 M10，其标记为：

DM M10-GB/T 25181—2010。

示例 2：用于混凝土界面处理的干混界面砂浆其标记为：

DIT-C-GB/T 25181—2010。

6.3.2 预拌砂浆的原材料

预拌砂浆所用原材料不应对人体、生物及环境造成有害的影响，并符合国家有关安全和环保相关标准的规定。

1. 水泥

宜采用通用硅酸盐水泥，且应符合《通用硅酸盐水泥》（GB 175—2007）的规定。采用

其他水泥时，应符合相应标准的规定。宜采用散装水泥。水泥进厂时应具有质量证明文件。对进厂水泥应按国家现行标准的规定按批进行复验，复验合格后方可使用。

2. 骨料

细骨料应符合《建设用砂》（GB/T 14684—2011）的规定，且不应含有粒径大于4.75mm的颗粒。天然砂的含泥量应小于5.0%，泥块含量应小于2.0%。细骨料最大粒径应符合相应砂浆品种的要求。轻骨料应符合相关标准的规定。骨料进厂时应具有质量证明文件。对进厂骨料应按国家现行标准的规定按批进行复验，复验合格后方可使用。

3. 矿物掺合料

粉煤灰、粒化高炉矿渣粉、天然沸石粉、硅灰应分别符合《用于水泥和混凝土中的粉煤灰》（GB/T 1596—2017）、《用于水泥、砂浆和混凝土中的粒化高炉矿渣粉》（GB/T 18046—2017）、《天然沸石粉在混凝土与砂浆中应用技术规程》（JGJ/T 112—1997）、《高强高性能混凝土用矿物外加剂》（GB/T 18736—2017）的规定。采用其他品种矿物掺合料时，应经试验验证。矿物掺合料的掺量应符合相关标准的规定，并应通过试验确定。矿物掺合料进厂时应具有质量证明文件。对进厂矿物掺合料应按国家现行标准的规定按批进行复验，复验合格后方可使用。

4. 外加剂

外加剂应符合《混凝土外加剂》（GB 8076—2008）、《砂浆、混凝土防冻剂》（JC 474—2008）以及国家现行标准的规定。外加剂进厂时应具有质量证明文件。对进厂外加剂应按国家现行标准的规定按批进行复验，复验合格后方可使用。

5. 添加剂

保水增稠材料、可再分散乳胶粉、颜料、纤维等应符合相关标准的规定或经过试验验证。保水增稠材料用于砌筑砂浆时应符合《砌筑砂浆增稠剂》（JC/T 164—2004）的规定。添加剂进厂时应具有质量证明文件。对进厂添加剂应按国家现行标准的规定按批进行复验，复验合格后方可使用。

6. 填料

重质碳酸钙、轻质碳酸钙、石英粉、滑石粉等应符合相关标准的规定或经过试验验证。

7. 拌合水

拌制砂浆用水应符合《混凝土用水标准》（JGJ 63—2006）的规定。

6.3.3　预拌砂浆的技术要求

1. 强度等级（表6-9、表6-10）

表6-9　湿拌砂浆分类

项　目	湿拌砌筑砂浆	湿拌抹灰砂浆	湿拌地面砂浆	湿拌防水砂浆
强度等级	M5、M7.5、M10、M15、M20、M25、M30	M5、M10、M15、M20	M15、M20、M25	M10、M15、M20
抗渗等级	—	—	—	P6、P8、P10
稠度/mm	50、70、90	70、90、110	50	50、70、90
凝结时间/h	≥8、≥12、≥24	≥8、≥12、≥24	≥4、≥8	≥8、≥12、≥24

表 6-10 干混砂浆分类

项 目	干混砌筑砂浆		干混抹灰砂浆		干混地面砂浆	干混普通防水砂浆
	普通砌筑砂浆	薄层砌筑砂浆	普通抹灰砂浆	薄层抹灰砂浆		
强度等级	M5、M7.5、M10、M15、M20、M25、M30	M5、M10	M5、M10、M15、M20	M5、M10	M15、M20、M25	M10、M15、M20
抗渗等级	—	—	—	—	—	P6、P8、P10

2. 技术要求

（1）湿拌砂浆　湿拌砌筑砂浆的砌体力学性能应符合《砌体结构设计规范》（GB 50003—2011）的规定，湿拌砌筑砂浆拌合物的表观密度不应小于 $1800kg/m^3$。性能指标见表 6-11。

表 6-11 湿拌砂浆性能指标

项目		湿拌砌筑砂浆	湿拌抹灰砂浆	湿拌地面砂浆	湿拌防水砂浆
保水率(%)		≥88	≥88	≥88	≥88
14d 拉伸粘结强度/MPa		—	M5≥0.15 >M5≥0.20	—	≥0.20
28d 收缩率(%)		—	≤0.20	—	≤0.15
抗冻性①	强度损失率(%)	≤25			
	质量损失率(%)	≤5			

① 有抗冻性要求时，应进行抗冻性试验。

（2）干混砂浆　双组分产品液料组分经搅拌后应呈均匀状态、无沉淀；粉状产品应均匀、无结块。干混普通砌筑砂浆的砌体力学性能应符合《砌体结构设计规范》（GB 50003—2011）的规定，干混普通砌筑砂浆拌合物的表观密度不应小于 $1800kg/m^3$。性能指标见表 6-12。

表 6-12 干混砂浆性能指标

项目		干混砌筑砂浆		干混抹灰砂浆		干混地面砂浆	干混防水砂浆
		普通砌筑砂浆	薄层砌筑砂浆	普通抹灰砂浆	薄层抹灰砂浆①		
保水率(%)		≥88	≥99	≥88	≥99	≥88	≥88
凝结时间/h		3~9	—	3~9	—	3~9	3~9
2h 稠度损失率(%)		≤30	—	≤30	—	≤30	≤30
14d 拉伸粘结强度/MPa		—	—	M5：≥0.15 >M5：≥0.20	≥0.30	—	≥0.20
28d 收缩率(%)		—	—	≤0.20	≤0.20	—	≤0.15
抗冻性②	强度损失率(%)	≤25					
	质量损失率(%)	≤5					

① 干混薄层砌筑砂浆宜用于灰缝厚度不大于 5mm 的砌筑；干混薄层抹面砂浆宜用于砂浆厚度不大于 5mm 的抹灰。
② 有抗冻性要求时，应进行抗冻性试验。

习 题

6-1 什么是砂浆，砂浆的用途是什么？

6-2 建筑砂浆的组成材料有哪些，各有什么要求？

6-3 新拌砂浆的和易性包括哪几方面，各用什么表示？

6-4 现场拌制砂浆与预拌砂浆各有什么特点？

6-5 湿拌砂浆与干混砂浆各有什么特点？

6-6 什么是砂浆的保水性，保水性对砂浆的施工有什么意义？

6-7 什么是砂浆的强度，影响砂浆强度的因素有哪些？

6-8 砂浆的种类有哪些，其用途各是什么？

6-9 砂浆配合比设计的步骤有哪些？

6-10 对于抗裂砂浆应该满足哪些质量要求？

6-11 测定砂浆强度的试件标准尺寸是多少，一组几块试件，如何确定砂浆的强度等级？

6-12 要求设计强度等级为M5的水泥砂浆，稠度为70~100mm。采用32.5级普通硅酸盐水泥，28d实测强度值为39MPa；中砂，含水率为3.5%，堆积密度为1400kg/m^3；施工水平一般。

根据以上资料设计该砂浆的配合比。

第7章

墙体材料

知识目标

(1) 了解常用的砌墙砖的品种和技术要求。
(2) 熟悉烧结砖、非烧结砖、中小型砌块以及新型墙体材料的特点。
(3) 了解新型墙体材料的品种与发展情况。

能力目标

(1) 掌握砌墙砖的检验要求。
(2) 能够根据工程环境和砌体材料的特点选择墙体材料。

7.1 砌墙砖

随着社会发展，建筑结构形式也在不断发展，尤其是高层框架结构发展迅速，因此，对墙体材料的要求也在不断地更新中。传统的墙体材料（如烧结普通黏土砖）由于其块体小、施工效率低、毁坏农田取土、污染环境，已经不适应现代化建筑的需要。为保护耕地，节约能源、改善环境、实施可持续发展战略的重要措施，同时为提高建筑工程质量和改善建筑功能，推广应用轻质、高强、大块墙体材料，实现机械化、装配化施工的新型墙体材料是大势所趋。

墙体材料是指用来砌筑、拼装或用其他方法构成承重或非承重墙的材料。墙体材料在整个建筑工程中主要起承重、传递重力、维护、隔断、隔热、隔声等作用。在房屋建筑中，墙体约占整个建筑物质量的1/2，用工量和造价约占1/3，因此，合理选择墙体材料，对建筑物的自重、功能、节能及降低造价等方面均有十分重要的意义。

7.1.1 烧结砖

凡以黏土、页岩、煤矸石或粉煤灰为原料，经成型和高温焙烧而制得的用于砌筑承重墙和非承重墙体的砖统称为烧结砖。根据其空洞率的大小分为烧结普通砖、烧结多孔砖和烧结

空心砖。

1. 烧结普通砖

国家标准《烧结普通砖》(GB 5101—2017)规定，凡以黏土、页岩、煤矸石或粉煤灰等为主要原料，经成型、焙烧而成实心或空洞率不大于15%的砖，称为烧结普通砖（图7-1）。

图7-1 烧结普通砖

需要指出的是，烧结普通砖中的黏土砖，因其毁坏农田取土、能耗大、块体小、施工效率低、砌体自重大、抗震性能差等缺点，在我国主要大、中城市及其地区已禁止使用。需重视烧结多孔砖、烧结空心砖的推广应用，因地制宜地发展新型墙体材料。利用工业废料生产的粉煤灰砖、煤矸石砖、页岩砖等以及各种砌块、板材正在逐步发展起来，逐渐取代烧结普通砖。

(1) 烧结普通砖的种类

1) 按原材料不同，可分为黏土砖(N)、页岩砖(Y)、煤矸石砖(M)、粉煤灰砖(F)、建筑渣土砖(Z)、淤泥砖(U)、污泥砖(W)、固体废弃物砖。

2) 按燃烧方式不同，可分为内燃砖和外燃砖。

3) 按焙烧温度不同，可分为过火砖和欠火砖。

4) 按焙烧气氛不同，可分为红砖（铁的氧化物主要为 Fe_2O_3）和青砖（铁的氧化物主要为FeO或 Fe_3O_4）。

(2) 烧结普通砖的技术要求

1) 尺寸与形状。烧结普通砖的外形为直角六面体，公称尺寸是240mm×115mm×53mm（长240mm、宽115mm、高53mm）（图7-2），$1m^3$ 砖砌体需要512块。砖的尺寸允许偏差应符合表7-1的要求。

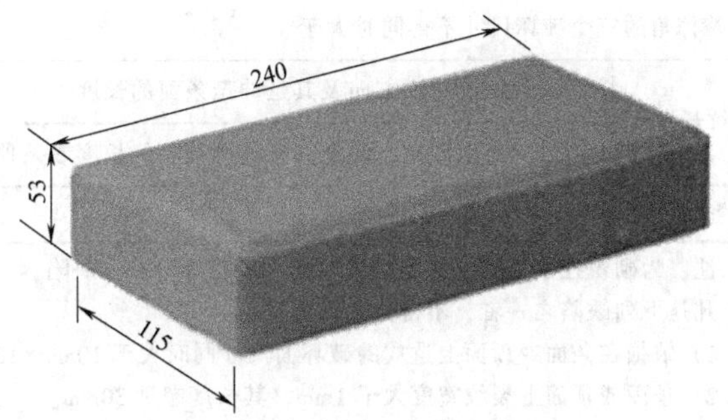

图7-2 烧结普通砖公称尺寸

表7-1 烧结普通砖的尺寸允许偏差 (GB 5101—2017) (单位：mm)

公称尺寸	指标	
	样本平均偏差	样本极差≤
240	±2.0	6.0
115	±1.5	5.0
53	±1.5	4.0

2) 强度等级。烧结普通砖按抗压强度分为MU30、MU25、MU20、MU15、MU10五个强度等级。各强度等级砖的强度值应符合表7-2的要求。

表 7-2　烧结普通砖的强度值（GB 5101—2017）　　（单位：MPa）

强度等级	抗压强度平均值$\bar{f}$≥	强度标准值f_k≥
MU30	30.0	22.0
MU25	25.0	18.0
MU20	20.0	14.0
MU15	15.0	10.0
MU10	10.0	6.5

注　$\bar{f}$为 10 块试样的抗压强度平均值（MPa），精确至 0.1（MPa）；
f_k 为强度标准值（MPa）。

3）外观质量。包括尺寸偏差、两条面高度差、弯曲、杂质凸出高度、缺棱掉角情况、裂纹长度、完整面和颜色八个方面的要求，见表 7-3。

表 7-3　烧结普通砖的外观质量（GB 5101—2017）　　（单位：mm）

项　目		指　标
两条面高度差≤		2
弯曲≤		2
杂质凸出高度≤		2
缺棱掉角的三个破坏尺寸不得同时大于		5
裂纹长度≤	1. 大面上宽度方向及其延伸至条面的长度	30
	2. 大面上长度方向及其延伸至顶面的长度或条顶面上水平裂纹的长度	50
完整面不得少于		一条面和一顶面

注：为砌筑挂浆面施加的凹凸纹、槽、压花等不算作缺陷。
凡是下列缺陷之一者，不得称为完整面：
1）缺损在条面或顶面上造成的破坏面尺寸同时大于 10mm×10mm。
2）条面或顶面上裂纹宽度大于 1mm，其长度超过 30mm。
3）压陷、粘底、焦花在条面或顶面上的凹陷或凸出超过 2mm，区域尺寸同时大于 10mm×10mm。

4）抗风化性能。抗风化性能是指材料在干湿变化、温度变化、冻融变化等物理因素等作用下不被破坏并保持原有性质的能力。用于严重风化区 1～5 个地区（表 7-4）的砖，必须进行冻融试验。其他地区的砖，其吸水率和饱和系数指标若能达到要求，可认为其抗风化性能合格（表 7-5）；当有一项指标达不到要求时，也必须进行冻融试验。冻融试验后，每块砖样不允许出现裂纹、分层、掉皮、缺棱、掉角等冻坏现象，质量损失率不得大于 2%。

表 7-4　风化区划分（GB 5101—2003）

严重风化区		非严重风化区	
黑龙江省	河北省	山东省	福建省
吉林省	北京市	河南省	台湾
辽宁省	天津市	安徽省	广东省

（续）

严重风化区		非严重风化区	
内蒙古自治区		江苏省	广西壮族自治区
新疆维吾尔自治区		湖北省	海南省
宁夏回族自治区		江西省	云南省
甘肃省		浙江省	西藏自治区
青海省		四川省	上海市
陕西省		贵州省	重庆市
山西省		湖南省	

表 7-5 抗风化性能

砖种类	严重风化区				非严重风化区			
	5h 沸水吸水率(%)，≤		饱和系数，≤		5h 沸水吸水率(%)，≤		饱和系数，≤	
	平均值	单块最大值	平均值	单块最大值	平均值	单块最大值	平均值	单块最大值
黏土砖、建筑渣土砖	18	20	0.85	0.87	19	20	0.88	0.90
粉煤灰砖	21	23			23	25		
页岩砖	16	18	0.74	0.77	18	20	0.78	0.80
煤矸石砖								

5）泛霜。泛霜也称起霜，是砖在使用过程中的盐析现象。砖内过量的可溶盐受潮吸水而溶解，随水分蒸发呈晶体析出时，产生膨胀，使砖面剥落。标准规定：优等品无泛霜；一等品不允许出现中等泛霜；合格品不允许出现严重泛霜。

6）石灰爆裂。石灰爆裂是指砖坯中夹杂有石灰石，砖吸水后，由于石灰逐渐熟化而膨胀产生的爆裂现象。这种现象影响砖的质量，并降低砌体强度。

标准规定：优等品不允许出现最大破坏尺寸大于 2mm 的爆裂区域；一等品不允许出现最大破坏尺寸大于 10mm 的爆裂区域，2~10mm 的爆裂区域，每组样砖不得多于 15 处；合格品不允许出现最大破坏尺寸大于 15mm 的爆裂区域，2~15mm 的爆裂区域，每组样砖不得多于 15 处，其中大于 10mm 的不得多于 7 处。

（3）产品质量等级　烧结普通砖（强度和抗风化性能合格的砖）根据尺寸偏差、外观质量、泛霜和石灰爆裂分为优等品（A）、一等品（B）、合格品（C）三个质量等级。优等品适用于清水墙和墙体装饰；一等品、合格品可用于混水墙和内墙。

2. 烧结多孔砖和烧结空心砖

由于烧结普通砖多用黏土制作，大量毁坏土地，破坏环境，国家规定从 2003 年 6 月 30 日起，全国 170 个大、中城市禁止使用黏土实心砖，大力推广新型墙体材料和节能建筑。有些地区允许在±0.00 以下使用烧结普通砖；在±0.00 以上必须采用其他材料如烧结多孔砖、烧结空心砖和加气混凝土砌块等。

而且随着高层建筑的发展，对普通烧结黏土砖提出了减轻自重，进一步改善绝热和隔声等要求。用多孔砖或空心砖代替实心砖可以使建筑物自重减轻 1/3 左右，节约原料 20%～30%，节省燃料 10%～20%，且烧成率高，造价降低 20%，施工效率提高 40%，并能改善砖的绝热和隔声性能，在相同的热工性能要求下，用空心砖砌筑的墙体厚度可减薄半砖左右。

（1）烧结多孔砖　烧结多孔砖是以黏土、页岩、煤矸石为主要原料，经焙烧而成的主要用于承重部位的多孔砖。其孔洞率在 20%左右。

1）规格。根据国家标准《烧结多孔砖和多孔砌块》（GB 13544—2011），多孔砖的外形为直角六面体，其长度、宽度、高度尺寸应符合下列要求：长度为 290mm、240mm、190mm，宽度为 240mm、190mm、180mm、175mm、140mm、115mm，高度为 90mm。型号有 KM1、KP1 和 KP2 三种。P 型多孔砖一般是指 KP1，它的尺寸接近原来的标准砖，现在还在广泛应用。M 型多孔砖的特点是：由主砖及少量配砖构成砌墙，不砍砖，基本墙厚为 190mm，墙厚可根据结构抗震和热工要求按半模级差变化，节省墙体材料上比实心砖和 P 型多孔砖更加合理，其缺点是给施工带来不便，如图 7-3 所示。

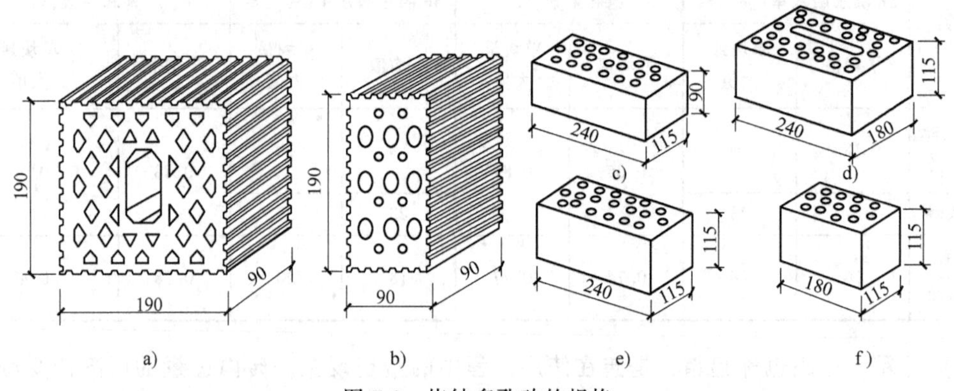

图 7-3　烧结多孔砖的规格

a）KM1 型　b）KM1 型配砖　c）KP1 型　d）KP2 型　e）、f）KP2 型配砖

2）强度等级。根据抗压强度，可分为 MU30、MU25、MU20、MU15、MU10 五个强度等级。各强度等级砖的强度值应符合表 7-6 的要求。

表 7-6　烧结多孔砖的强度值

强度值	抗压强度平均值 $\bar{f}$ ≥	强度标准值 f_k ≥
MU30	30.0	22.0
MU25	25.0	18.0
MU20	20.0	14.0
MU15	15.0	10.0
MU10	10.0	6.5

3）密度等级。烧结多孔砖密度等级分为 1000、1100、1200、1300 四个等级，单位 kg/m^3。

4）产品标记。烧结多孔砖产品标记按名称、规格品种、强度等级、质量等级和标准编号的顺序编写。例如：规格尺寸为 290mm×140mm×90mm、强度等级为 MU25、一等品的烧结多孔砖标记为：

烧结多孔砖 N290×140×90 25B GB13544。

5）应用。烧结多孔砖强度高，主要用于砌筑6层以下建筑的承重墙或高层框架结构填充墙（非承重墙）。由于多孔构造，故不宜用于基础墙的砌筑。

（2）烧结空心砖 烧结空心砖即水平孔空心砖，是以黏土、页岩、煤矸石为主要原料，经烧结而成的主要用于非承重墙部位的空心砖和空心砌块，如图7-4所示。

图7-4 烧结空心砖

1）规格。根据国家标准《烧结空心砖和空心砌块》（GB/T 13545—2014），空心砖和砌块外形为直角六面体，烧结空心砖的壁厚不小于10mm，肋厚不应小于7mm。其长度尺寸应符合下列要求，单位为mm，390、290、240、190、180（175）、140；宽度尺寸：190、180（175）、140、115；高度尺寸：180（175）、140、115、90。其他规格尺寸由供需双方协商确定。

2）强度等级。烧结空心砖根据抗压强度分为MU10、MU7.5、MU5.0、MU3.5四个强度等级，见表7-7。

表7-7 烧结空心砖的强度等级

强度等级	抗压强度平均值	变异系数 $\delta \leqslant 0.21$	变异系数 $\delta > 0.21$	密度等级范围
	$\bar{f}$ ≥	强度标准值 f_k ≥	单块最小抗压强度值 f_{min} ≥	/(kg/m³)
MU10	10.0	7.0	8.0	≤1100
MU7.5	7.5	5.0	5.8	
MU5.0	5.0	3.5	4.0	
MU3.5	3.5	2.5	2.8	

3）密度等级。烧结空心砖根据表观密度分为800、900、1000、1100四个等级。

4）应用。空心砖轻质、强度低、绝热性好，主要用于非承重的填充墙和隔墙，如多层建筑内隔墙或框架结构的填充墙等。

7.1.2 非烧结砖

非烧结砖是以含钙材料（石灰、电石渣等）和含硅材料（砂子、粉煤灰、煤矸石、灰渣、矿渣等）与水拌和，经压制成型，在自然条件下或人工热合成条件下（常压或高压蒸汽养护）反应生成以水化硅酸钙、水化铝酸钙为主要胶结材料的硅酸盐建筑制品，又称免烧砖。根据所用原料不同，非烧结砖可分为蒸压灰砂砖、蒸压粉煤灰砖、蒸压炉渣砖等。

1. 蒸压灰砂砖

蒸压灰砂砖（LSB）是用磨细生石灰和天然砂，经过混合搅拌、陈化（使生石灰充分熟

化）、轮碾、加压成型、蒸压养护（175~191℃，0.8~1.2MPa 的饱和蒸汽）而成。

1）规格。根据《蒸压灰砂实心砖和实心砌块》（GB 11945—2019）的规定，灰砂砖的尺寸为 240mm×115mm×53mm。

2）强度等级。灰砂砖按抗压强度和抗折强度分为 MU30、MU25、MU20、MU15、MU10 五个级别。

3）产品等级。灰砂砖根据尺寸偏差和外观质量、强度、颜色、吸水率、线性干燥收缩率、碳化系数、抗冻性、软化系数、放射性核素限量分为合格品和不合格品。

4）灰砂砖的应用。灰砂砖是在高压下成型，又经过蒸压养护，砖体组织较密，具有强度高、大气稳定性好、干缩率小、尺寸偏差小等特性。灰砂砖的耐水性良好，但抗流水冲刷能力弱，可长期在潮湿、不受冲刷的环境中使用，主要用于民用建筑的墙体和基础。灰砂砖不得用于长期受热 200℃以上、受急冷、急热或有酸性介质侵蚀的环境。另外，灰砂砖表面光滑平整，使用时注意提高砖和砂浆间的粘结力。

2. 粉煤灰砖

（蒸压或蒸养）粉煤灰砖（FB）是以粉煤灰、石灰和水泥为主要原料，掺入适量的石膏、外加剂、颜料和骨料，经坯料制备、压制成型、高压或常压蒸汽养护而制成的实心砖。

1）规格。粉煤灰砖的外形为直角六面体，规格尺寸为 240mm×115mm×53mm。

2）强度等级。根据《蒸压粉煤灰砖》（JC 239—2014）中规定，按抗压强度和抗折强度划分为 MU30、MU25、MU20、MU15、MU10 五个强度等级。

3）粉煤灰砖的应用。蒸压粉煤灰砖在高压下成型，又经过蒸压养护，具有强度高、大气稳定性好、干缩率小、尺寸偏差小、外形光滑平整等特性，主要用于工业与民用建筑的基础、墙体。但应注意：在易受冻融和干湿交替作用的建筑部位必须使用优等品或一等品砖。用于易受冻融作用的建筑部位时，要进行抗冻性检验，并采取适当措施，以提高建筑的耐久性；另外，蒸压粉煤灰砖砌筑的墙体易出现裂缝，因此，用粉煤灰砖砌筑建筑物，应适当增设圈梁及伸缩缝或采取其他措施，以避免或减少收缩裂纹的产生。粉煤灰砖出釜后，应存放一段时间后再用，以减少伸缩值。长期受高于 200℃温度作用，或受冷热交替作用，或有酸性侵蚀的建筑部位不得使用粉煤灰砖。

3. 炉渣砖

炉渣砖是以炉渣为主要原料，加入适量石灰、石膏等材料，经混合、压制成型、蒸汽或蒸压养护而制成的实心砖，颜色呈黑灰色，如图 7-5 所示。

1）规格。炉渣砖的公称尺寸为 240mm × 115mm × 53mm，其他规格尺寸由供需双方协商确定。

2）强度等级。炉渣砖按其抗压强度和抗折强度分为 MU25、MU20、MU15 三个强度等级，各级别的强度指标应符合《炉渣砖》（JC/T 525—2007）的规定。

3）炉渣砖的应用。炉渣砖可用于一般工业与农业建筑的墙体和基础。但用于基础或易受冻融和干湿交替作用的建筑部位必须使用 MU15 及以上的砖。防潮层以下的建筑部位也可采用 MU15 以上强度等级的炉渣砖。

图 7-5 炉渣砖

7.2 墙用砌块

建筑砌块是一种比砌墙砖尺寸大的墙体材料，有适用性强、原料来源广、制作以及使用方便等特点。常见的有粉煤灰砌块、混凝土砌块和蒸压加气混凝土砌块等。

砌块按尺寸和质量的大小不同分为小型砌块、中型砌块和大型砌块。砌块系列中主规格的高度大于115mm而小于380mm的称为小型砌块，高度为380~980mm的称为中型砌块，高度大于980mm的称为大型砌块。使用中小型砌块者居多。

7.2.1 普通混凝土空心砌块

混凝土小型空心砌块（图7-6）是以水泥为胶凝材料，添加砂石等粗细骨料，经计量配料、加水搅拌，振动加压成型，经养护制成的具有一定空心率的砌块材料。

根据《普通混凝土小型砌块》（GB/T 8239—2014）规定，其主要技术指标如下：

1）规格。普通混凝土小型砌块主规格尺寸为390mm×190mm×190mm，其他规格尺寸可由供需双方协商。

2）强度等级与质量等级。混凝土小型砌块按抗压强度分为MU5.0、MU7.5、MU10、MU15、MU20、MU25、MU30、MU35、MU40九个强度等级，见表7-8；按其尺寸偏差和外观质量分为优等品（A）、一等品（B）和合格品（C）三个质量等级。

图7-6　混凝土小型空心砌块

表7-8　普通混凝土小型砌块强度等级（GB/T 8239—2014）

强度等级	抗压强度/MPa	
	平均值　≥	单块最小值　≥
MU5.0	5.0	4.0
MU7.5	7.5	6.0
MU10	10.0	8.0
MU15	15.0	12.0
MU20	20.0	16.0
MU25	25.0	20.0
MU30	30.0	24.0
MU35	35.0	28.0
MU40	40.0	32.0

3）注意事项。小砌块采用自然养护时，必须养护28d后方可使用，出厂时小砌块的相对含水量必须严格控制在标准规定范围内；小砌块在施工现场堆放时，必须采用防雨措施；砌筑前，小砌块不允许浇水预湿。

4）混凝土小型砌块的应用。混凝土小型空心砌块自重轻、热工性能好，抗震性能好，砌筑方便，墙面平整度好，施工效率高等。适用于建造地震设计烈度8度及8度以下地区的各种建筑墙体，包括高层与大跨度的建筑，也可以用于围墙、挡土墙、桥梁、花坛等市政设施，应用十分广泛。

7.2.2 蒸压加气混凝土砌块

蒸压加气混凝土砌块是用钙质材料（如水泥、石灰）和硅质材料（如砂子、粉煤灰、矿渣）为原料，经过磨细，并加入铝粉为加气剂，按一定比例配合，经加水搅拌，浇筑成型、发气膨胀、预养切割，再经高压蒸汽养护而成的多孔硅酸盐砌块。

根据《蒸压加气混凝土砌块》（GB 11968—2006）规定，其主要技术指标如下：

1）规格。砌块的规格尺寸见表7-9。

表7-9 砌块的规格尺寸

长度(l)/mm	宽度(b)/mm	高度(h)/mm
600	100、120、125 150、180、200 240、250、300	200、240、250、300

注：若需要其他规格，可由供需双方协商解决。

2）强度等级与密度等级。蒸压加气混凝土砌块按强度分为A1.0、A2.0、A2.5、A3.5、A5.0、A7.5、A10七个级别，见表7-10。蒸压加气混凝土砌块按干密度分为B03、B04、B05、B06、B07、B08六个级别，见表7-11。蒸压加气混凝土砌块按尺寸偏差与外观质量、干密度、抗压强度和抗冻性分为优等品（A）、合格品（B）两个等级。

表7-10 蒸压加气混凝土砌块的立方体抗压强度

强度等级	立方体抗压强度/MPa	
	平均值不小于	单组最小值不小于
A1.0	1.0	0.8
A2.0	2.0	1.6
A2.5	2.5	2.0
A3.5	3.5	2.8
A5.0	5.0	4.0
A7.5	7.5	6.0
A10	10.0	8.0

表7-11 蒸压加气混凝土砌块干体积密度

干密度级别		B03	B04	B05	B06	B07	B08
干密度/(kg/m^3)	优等品，≤	300	400	500	600	700	800
	合格品，≥	325	425	525	625	725	825

3）蒸压加气混凝土砌块产品代号。蒸压加气混凝土砌块采用产品代号（ACB）、强度级别、干密度级别、规格尺寸、质量等级、标准编号的顺序进行标记。例如：强度级别为A2.5，干密度级别为B04、优等品、规格尺寸为600mm×200mm×250mm的蒸压加气混凝土

砌块，其标记为：ACB A2.5 B04 600mm×200mm×250mm A GB11968。

4）蒸压加气混凝土砌块的应用。它具有质量轻、保温性能好，吸声效果好，且具有一定的强度和可加工等优点，作为围护结构的填充和保温材料，被广泛应用于建筑中。主要用于建筑物的外填充墙和非承重内隔墙，也可与其他材料组合成为具有保温隔热功能的复合墙，但不宜用于最外层。在无可靠的防护措施时，蒸压加气混凝土砌块不能用于建筑物基础和处于浸水、高温和化学侵蚀的环境，也不能用于表面温度高于 80℃ 的承重结构部位。

7.2.3　粉煤灰混凝土小型空心砌块

蒸压加气砌块讲解视频

粉煤灰混凝土小型空心砌块是以粉煤灰、水泥、各种轻重骨料、水为主要组分（也可加入外加剂）拌和制成的小型空心砌块，代号 HFB。其中粉煤灰用量不应低于原材料干质量的 20%，水泥用量不应低于原材料干质量的 10%。

根据《粉煤灰小型空心砌块》（JC/T 862—2008）规定，粉煤灰小型空心砌块按强度等级分为：MU3.5、MU5.0、MU7.5、MU10、MU15、MU20 六个强度等级；按孔的排数分为：单排孔（1）、双排孔（2）和多排孔（D）三类。根据尺寸偏差、外观质量、密度等级、干燥收缩率、相对含水量、抗冻性、碳化系数、软化系数、放射性要求，分为合格品、不合格品。

粉煤灰小型空心砌块适用于砌筑民用和工业建筑墙体和基础。但不宜用于有酸性侵蚀介质侵蚀的、密封性要求较高的及受较大振动影响的建筑物，也不宜用于经常处于高温的承重墙和经常受潮湿的承重墙（如浴室）。

7.3　其他新型墙体材料

建筑墙体板材具有轻质、高强和多功能等特点，其种类较多，拆装方便，且施工效率高。此外，建筑墙体板材自重小，厚度一般比较薄，这不仅可以减轻建筑物对基础的承重要求，降低工程造价，还可以提高室内的使用面积。因此，大力发展轻质板材是墙体材料改革趋势。

7.3.1　水泥类墙体板材

水泥类墙体板材具有良好的力学性能和耐久性，其生产技术成熟，产品质量可靠，可用于承重墙和非承重墙。但水泥类板材的抗拉强度较低，表观密度较大，多采用空心化来减轻自重。

1. GRC 轻质多孔条板

玻璃纤维增强水泥（简称 GRC）轻质多孔条板是以硫铝酸盐水泥轻质砂浆为基材，以耐碱玻璃纤维或网格布作为增强材料，并加入发泡剂和防水剂等制成的具有若干个圆孔的条形板，如图 7-7 所示。

GRC 轻质多孔条板的性能应符合《玻璃纤维增强水泥轻质多孔隔墙条板》（JC 666—1997）的规定，其端部应设有榫头和榫槽，厚度有 60mm、90mm 和 120mm 三种，长度尺寸有 2500~2800mm，2500~3000mm 和 2500~3500mm 三种，其宽度均为 600mm。

GRC 轻质多孔条板具有密度小、韧性好、耐水、不燃、易加工等特点，主要用于非承重的内隔墙和复合墙体的外墙面。

2. 纤维增强硅酸钙复合实心轻质隔声条板

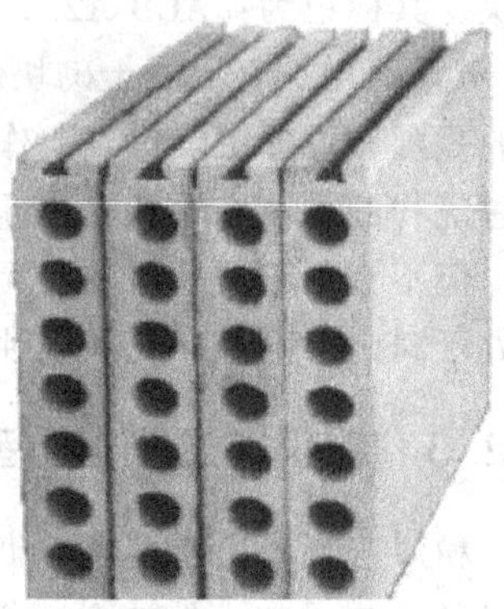
图 7-7 GRC 轻质多孔条板

纤维增强硅酸钙复合实心轻质隔声条板，简称硅酸钙复合实心板，是采用两块纤维增强硅酸钙薄板作为面板材料，中间为水泥基聚苯乙烯泡沫轻质混合料芯体，通过对芯体各种原材料的优化组合，利用水泥的胶结性能和面板的亲和力将面板与芯体牢固结合而制成的板材。

硅酸钙复合实心墙板具有轻质、强度高、湿胀率小、抗冲击性好、吊挂力大、防火、防水、隔声、隔热、易切割、可以任意开槽、无须抹灰、干法作业等优点，其中：

(1) 防水性好　硅酸钙复合实心墙板优良的防渗水性和实心芯体，使其具有较好的防水性，适用于厨房、卫生间等对防水要求较高的墙体。

(2) 防火性好　硅酸钙复合实心墙板采用 A 级不燃的硅酸钙板作为面板替代 UAC 木质纤维水泥板后，大大提高了防火性能。

(3) 导热系数小　硅酸钙复合实心墙板具备了新型墙体材料体薄而导热系数小、热阻大的优点，是寒冷地区供暖节能和炎热地区空调节能的优选墙体板材。

由此可见，硅酸钙复合实心墙板在建筑使用上能达到增加建筑使用面积、减轻结构负荷、降低建筑使用中的能耗和降低综合造价的效果，可作为工业与民用建筑的隔墙与顶棚。

3. 纤维增强水泥平板

纤维增强水泥平板是以纤维和水泥为主要原料，经制浆、成坯、养护等工序而制成的板材。其中，采用混合纤维和低碱度硫铝酸盐水泥制成的纤维增强低碱度水泥平板称为 TK 板；采用抗碱玻璃与低碱度硫铝酸盐水泥制成的纤维增强低碱度水泥平板称为 NTK 板。

纤维增强水泥平板具有良好的可加工性能和抗折、抗冲击荷载性能，以及轻质、防水、防潮、防蛀、防霉、不容易变形等优点，其常用规格：长度为 1000~1200mm，宽度为 800~900mm，厚度为 4mm，5mm，6mm 和 8mm。

7.3.2 石膏类墙体板材

石膏板原材料丰富、制作简单、表面平整、光滑细腻、可装饰性好，且能够调节室内的温度和湿度，是一种典型的新型墙体材料，广泛应用于工业与民用建筑的非承重内隔墙。石膏类墙体板材的种类较多，目前使用最多的有纸面石膏板、石膏空心条板和石膏纤维板。

1. 纸面石膏板

纸面石膏板是以建筑石膏为主要原料，掺入适量外加剂和纤维作为芯材，以特制的护面纸作为面层的一种轻质板材，如图 7-8 所示。

根据《纸面石膏板》(GB/T 9775—2008)，纸面石膏板按照用途可分为普通纸面石膏板 (P)、耐火纸面石膏板 (H)、耐水纸面石膏板 (S)。常用的规格尺寸：长度有 1500mm、1800mm、2100mm、2400mm、2440mm、2700mm、3000mm、3300mm、3600mm、3660mm；宽度有 600mm、900mm、1200mm、1220mm；厚度有 9.5mm、12mm、15mm、18mm、21mm、25mm。纸面石膏板主要用于顶棚、隔墙、内墙贴面、吸声板。

2. 石膏空心条板

石膏空心条板是以建筑石膏为胶凝材料、加入适量无机轻骨料（如膨胀珍珠岩、膨胀蛭石）、无机纤维增强材料，经拌和、浇筑、振动成型、抽芯、脱模干燥而制成的空心条板。

图 7-8　纸面石膏板

石膏空心条板按原材料分为石膏粉煤灰硅酸盐空心条板、石膏珍珠岩空心条板、石膏空心条板。按强度可分为普通型空心条板、增强型空心条板。常用的规格尺寸：长度为 2400～3000mm，宽度为 600mm，厚度为 60mm，主要用于工业与民用建筑的非承重内隔墙，其相关性能应符合《石膏空心条板》（JC/T 829—2010）的相关规定。

3. 石膏纤维板

石膏纤维板是由建筑石膏、纤维材料（木纤维、废纸纤维、有机纤维），以及多种添加剂和水制成的石膏板，它具有较好的尺寸稳定性和防火、防潮、隔声性能，可钉、可锯、可装饰性好。常用的规格尺寸与纸面石膏板基本相同。石膏纤维板主要用于工业与民用建筑的吊隔墙等。

7.3.3　复合墙体板材

由单一材料制成的板材，常因材料本身的局限性而使其应用范围受到限制，有时不能满足墙体多功能的要求，但由不同材料组成的复合墙体板材能够弥补这一不足。复合墙体板材是将墙体结构材料和保温材料合二为一，具有轻质、高强、保温、隔声、防火等特点。常见的复合墙体板材有金属面夹芯板、钢丝网架水泥夹芯板和 GRC 复合外墙板。

1. 金属面夹芯板

金属面夹芯板是指在上下两层为金属薄板，芯材为有一定刚度的保温材料（如岩棉、硬质泡沫塑料等），在专用的自动化生产线上复合而成的具有承载力的结构板材，也称“三明治”板，是近年来随着轻钢结构的广泛使用而产生的一种复合墙体板材，如图 7-9 所示。

金属面夹芯板具有轻质、强度高、外形美观、施工速度快、可多次拆装使用等特点，主要用于房屋的非承重维护结构，如工业厂房、超市、活动房、展览场馆等。

2. 钢丝网架水泥夹芯板

钢丝网架水泥夹芯板是由三维空间焊接钢丝网架，内填泡沫塑料板或半硬质岩棉板构成的网架芯板，表面经施工现场喷抹水泥砂浆后形成的复合板材，如图 7-10 所示。常用的品种有 3D 板、泰柏板、舒乐舍板和英派克板。

钢丝网架水泥夹芯板具有轻质、保温隔热效果好、安全方便、布置灵活、防震、防水、防潮等特点，主要用于房屋的内隔墙、保温复合外墙、围护外墙、楼面、屋面等。

3. GRC 复合外墙板

GRC 复合外墙板是以低碱度水泥砂浆为基材，以耐碱玻璃纤维做增强材料制成板材面层，内置钢筋混凝土肋，并填充绝热材料内芯的新型轻质复合墙板，具有规格尺寸大、自重轻、面层造型丰富、施工方便等特点，特别适用于框架结构建筑，尤其在高层框架建筑中作为非承重外墙挂板使用。

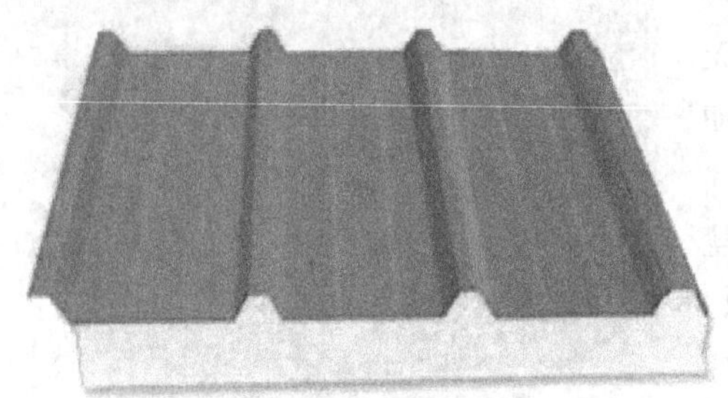
图 7-9　金属面夹芯板

图 7-10　钢丝网架水泥夹芯板

习　　题

7-1　以黏土为原料的烧结砖有哪几种？可用哪些砖代替黏土为原料的烧结砖？

7-2　为何要限制烧结黏土砖，发展新型墙体材料？

7-3　烧结多孔砖和烧结空心砖有哪些区别？

7-4　什么叫泛霜和石灰爆裂？它们对建筑物有什么危害？

7-5　建筑常用的砌块有哪些？

7-6　复合墙体板材有哪些？试说明它们的特点。

第8章

建筑钢材

知识目标

(1) 掌握建筑钢材的力学性能（抗拉性能、冷弯性能及冲击韧性等）。
(2) 了解建筑钢材的化学成分对钢材性能的影响。
(3) 熟悉建筑钢材的冷加工。

能力目标

(1) 会检验常用钢材的力学性能和工艺性能。
(2) 会合理选用钢材。

金属材料可分为黑色金属和有色金属两大类。黑色金属是指铁碳合金，主要是铁和钢；黑色金属以外的所有金属及其合金通称为有色金属，如铜、铝及其合金等。所谓合金是由两种或两种以上的元素（至少有一种为金属元素）组成的金属。

建筑钢材是最重要的建筑工程材料之一，包括各种型钢（钢板、角钢、槽钢、工字钢等）、钢筋和钢丝等，如图 8-1~图 8-4 所示。

图 8-1　钢板

图 8-2　型钢（槽钢）

建筑钢材具有以下主要优点：

(1) 强度高　钢材的抗拉、抗压、抗弯、抗剪强度都很高，常温下具有承受较大冲击作用的韧性，为典型的韧性材料。在建筑工程中可用作各种构件和零部件。用于制作钢筋混凝土、预应力筋混凝土及钢管混凝土等。

（2）塑性好　在常温下钢材能承受较大的塑性变形，便于冷弯、冷拉、冷拔、冷轧等各种冷加工。冷加工不仅改变了钢材的断面尺寸和形状，也改变了钢材的性能。

图 8-3　钢筋

图 8-4　钢丝

（3）质量均匀，性能可靠　可以用多种方法焊接或铆接，并可进行热轧和锻造，还可通过热处理方法，在很大范围内改变或控制钢材的性能。

建筑钢材的主要缺点是易锈蚀，在高温作用下易丧失强度。

8.1　钢材的冶炼与分类

8.1.1　生产方法对钢材性能的影响

钢铁，又称铁碳合金，其主要化学成分是铁和碳。此外，还有少量的硅、锰、硫、磷、氧和氮等。ω(C) 为 2%～6%的铁碳合金称为生铁或铸铁；ω(C) 小于 2%的铁碳合金称为钢。

生铁的冶炼是铁矿石内氧化铁还原成生铁［ω(C) 2%～6%］的过程，而钢的冶炼是把生铁中的杂质氧化，把 ω(C) 降低到 2%以下，使硫（S）、磷（P）等其他杂质减少到某一程度的过程。

炼钢过程中，由于采用的熔炼设备和方法不同，所得钢材质量差别很大，在土木工程中的用途也不同。目前，我国建筑用钢可采用转炉法、平炉法或电炉法冶炼，其中主要采用氧气转炉法和平炉法。

1. 氧气转炉法

以熔融的铁液为原料，从炉的顶部向炉内吹入高压氧气，氧气能有效地除去铁液中的 S、P 等杂质，得到较纯净的钢液。氧气转炉钢质量较好，成本比平炉钢低，用于炼制优质碳素钢、普通碳素钢和合金钢，是目前我国炼钢的主要方法之一。氧气转炉炼钢法流程如图 8-5、图 8-6 所示。

2. 平炉法

以固态或液态铁、铁矿石或废钢铁为原料，以煤气或重油为燃料，在平炉中炼制。平炉法炼制的周期长、炉温高，能够更精确地控制钢液的化学成分，钢的质量较好。但是其设备

投资大，燃料热效率不高，冶炼时间长，故其成本较高。

3. 电炉法

以生铁和废钢为原料，用电加热进行冶炼的方法。其热效率高、除杂质充分，适合冶炼优质钢和特种钢，但成本最高。电炉炼钢法如图 8-7 所示。

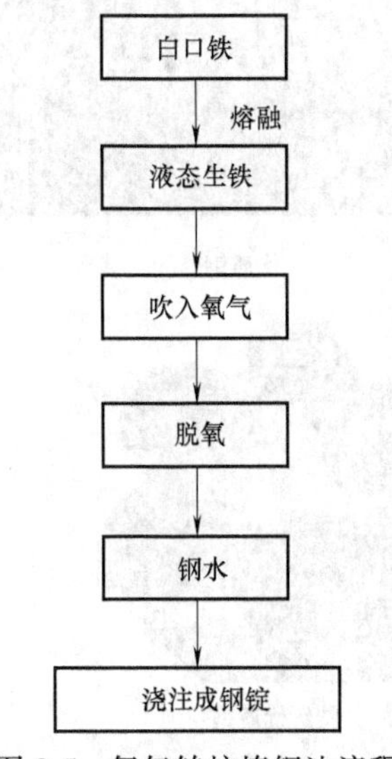

图 8-5　氧气转炉炼钢法流程

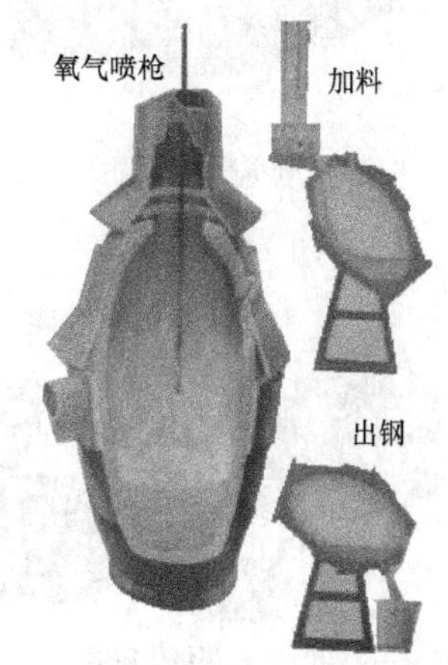

图 8-6　氧气顶吹转炉炼钢法

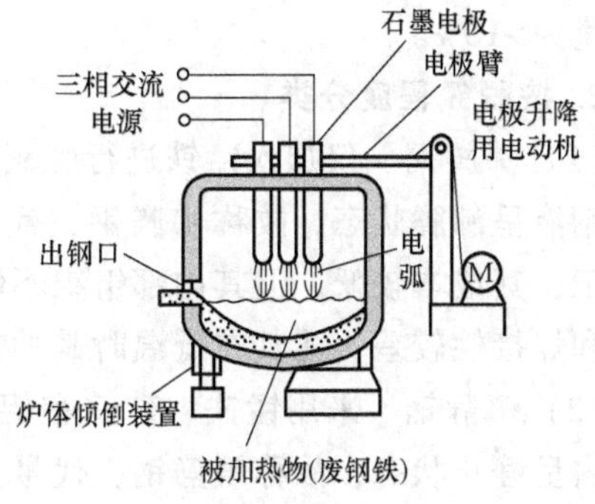

图 8-7　电炉炼钢法

8.1.2　钢的分类

1. 按化学成分分类

(1) 碳素钢　通常其 $\omega(C)$ 为 0.02%～0.60%。碳素钢按其含碳量的不同，又可分为低碳钢（C%<0.25%），中碳钢（0.25%≤C%≤0.60%）和高碳钢（C%>0.60%）。碳素钢根据其中 S、P 等杂质含量的不同，又可分为普通碳素钢（S%≤0.050%、P%≤0.045%）、优质碳素钢（S%≤0.035%、P%≤0.035%）、高级优质碳素钢（S%≤0.025%、P%≤0.025%）和特优质碳素钢（S%≤0.015%、P%≤0.025%），如图 8-8 所示。

(2) 合金钢　合金钢是在钢材冶炼过程中，为改善钢性能或使其获得某些特殊性能，加入不同含量的合金元素而制得的钢种。按合金元素总含量不同，合金钢可分为低合金钢（合金元素总含量<5%）、中合金钢（合金元素总含量为 5%～10%）和高合金钢（合金元素

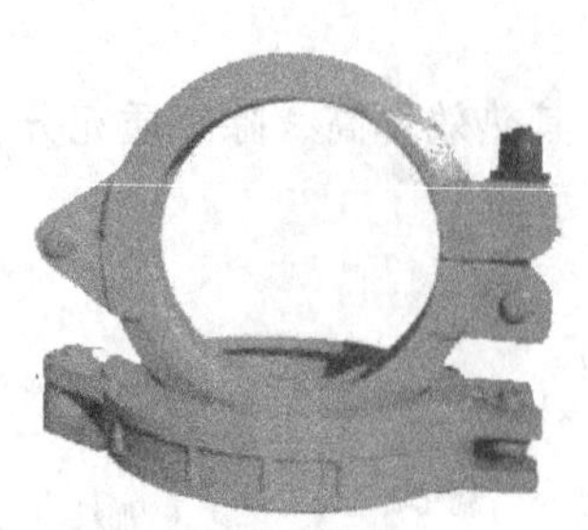
普通钢(混凝土泵管卡)

优质钢

高级优质钢

特级优质钢

图 8-8　钢按品质分类

总含量为>10%)。

2. 按脱氧程度分类

(1) 沸腾钢　仅加入锰铁进行脱氧，脱氧不完全，脱氧后钢液中还有大量的 CO 气体逸出，钢液呈沸腾状态，故称沸腾钢，代号为“F”。这种钢材内部无缩孔、轧制性能好、易于加工，其成本较低。但其内部组织不够致密、成分不均匀、易偏析，故其耐蚀性、抗冲击韧性和焊接性较差，尤其在低温时其冲击韧性显著下降。

(2) 镇静钢　采用锰铁、硅铁和铝锭作为脱氧剂，脱氧完全。这种钢当钢液浇注后在铸锭内呈静止状态，故称镇静钢，代号为“Z”。镇静钢组织致密、成分均匀、偏析程度小，力学性能稳定，多用于承受冲击荷载及其他重要工程结构中。

(3) 半镇静钢　脱氧程度介于沸腾钢和镇静钢之间的钢，并兼有两者的优点，代号为“B”。

(4) 特殊镇静钢　比镇静钢脱氧程度更充分的钢，代号为“TZ”。特殊镇静钢的质量优良，适用于特别重要的结构工程中。

3. 按用途分类

(1) 结构钢　结构钢按照其用途又可分为工程结构钢（建筑工程、桥梁、船舶、车辆等）和机械制造用结构钢（轴、齿轮、各种连接件等）。其中用于制造工程结构的钢又称为工程用钢或构件用钢，如图 8-9 所示。

(2) 工具钢　用于制造各种刀具、模具、量具的钢，如图 8-10 所示。这类钢含碳量较高，一般属于高碳钢。

(3) 特殊性能钢　具有某种特殊物理或化学性能的钢种，包括不锈钢、耐热钢、耐磨

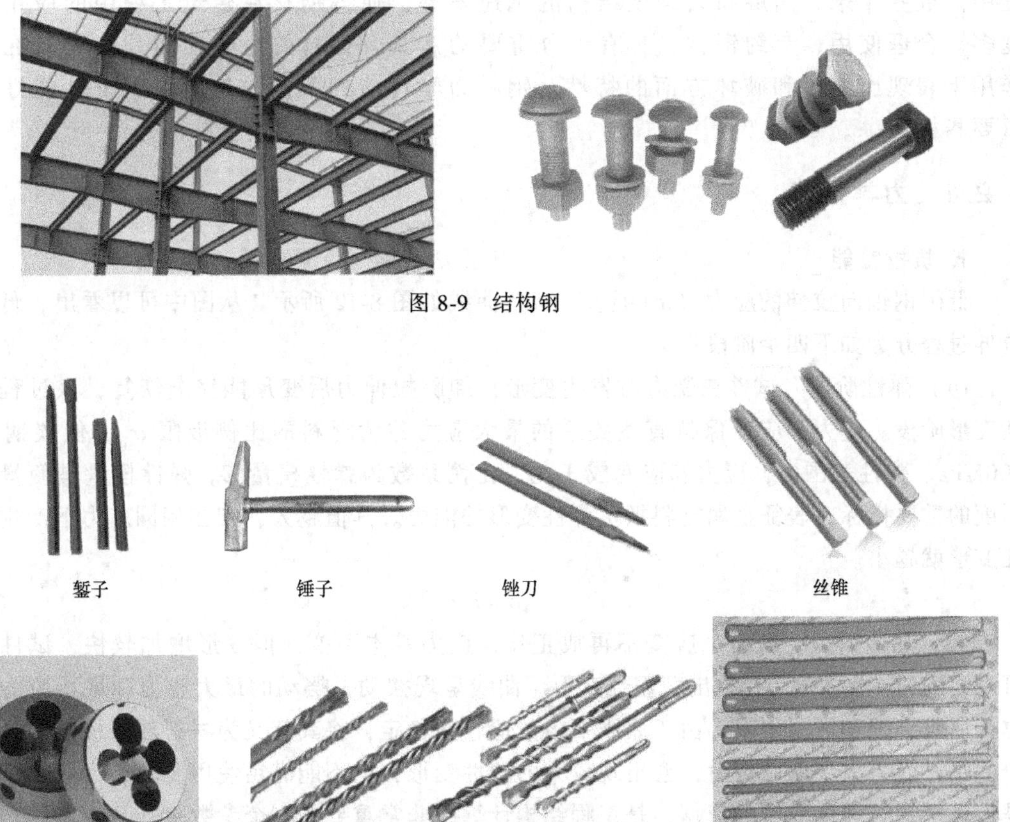

图 8-9　结构钢

錾子　锤子　锉刀　丝锥

板牙　钻头　锯条

图 8-10　工具钢

钢等，如图 8-11 所示。

图 8-11　不锈耐酸钢

钢材的基础知识

8.2　建筑钢材的主要技术性能

钢铁作为国民经济的重要基础材料之一，被广泛应用在工业、农业、国防与建筑工程中。近些年来，高层和大跨度结构的迅速发展，使得钢材在建筑工程中的应用越来越多。合理使用、节约钢材，具有十分重要的意义。材料的力学性能是指材料在外力作用下表现出变形和破坏方面的特性。钢材力学性能的不同，是衡量钢材性能好坏的重要指标之一。

8.2.1 力学性能

1. 抗拉性能

低碳钢轴向拉伸的应力（σ）-应变（ε）曲线如图 8-12 所示。从图中可以看出，低碳钢拉伸过程分为如下四个阶段：

（1）弹性阶段　试件在受力时发生变形，卸除拉伸力后变形能完全恢复，该过程为弹性变形阶段。应力和应变保持直线关系的最大应力称为材料的比例极限 σ_p，低碳钢 σ_p = 200MPa。弹性范围内，应力和应变成正比，比例系数为弹性模量 E。弹性模量是衡量材料刚度的重要指标，表征金属材料抵抗弹性变形的能力。其值越大，则在相同应力下产生的弹性变形就越小。

$$\sigma = E\varepsilon \tag{8-1}$$

（2）屈服阶段　应力、应变不再成正比，应力基本不变，但变形增加较快，试件表面可观察到 45°滑移线，开始出现塑性变形。曲线呈现摆动，摆动的最大应力和最小应力分别称为屈服上限和屈服下限。由于屈服下限数值较为稳定，将其定义为材料屈服极限 σ_s。

钢材受力大于屈服点后，会出现较大的塑性变形，已不能满足使用要求，因此屈服强度是设计中钢材强度取值的依据，是工程结构计算中非常重要的一个参数。

（3）强化阶段　当载荷卸到零时，试件不能恢复到原长，产生了塑性变形，钢材抵抗塑性变形的能力重新得到提高，称为强化阶段。钢材受拉力时所能承受的最大应力值称为抗拉强度 σ_b。屈服极限和抗拉强度之比称为屈强比（σ_s/σ_b），能反映钢材的利用率和结构安全可靠程度。屈强比越小，其结构的安全可靠程度越高，但屈强比过小，则说明钢材强度的利用率偏低，造成钢材浪费。建筑结构用钢合理的屈强比一般为 0.60~0.75。

（4）颈缩阶段　试件局部截面急剧缩小、呈杯状变细，最后断裂，该阶段称为颈缩阶段。金属材料常用的塑性指标有伸长率和断面收缩率。

伸长率反映钢材拉伸断裂时所具有的塑性变形能力，是衡量钢材塑性性能的重要技术指标。伸长率是试件拉断后标距的伸长量与原始标距的百分比，用 δ 表示，如图 8-13 所示。

$$\delta = \frac{L_1 - L_0}{L_0} \times 100\% \tag{8-2}$$

式中　L_0——试件原始标距长度（mm）；

L_1——试件拉断后标距部分的长度（mm）。

对于圆柱形拉伸试件，相应的尺寸为 $L_0 = 5d_0$ 或 $L_0 = 10d_0$。这种拉伸试件为比例试件，且前者为短比例试件，后者为长比例试件，所得到的伸长率分别以符号 δ_5 和 δ_{10} 表示。比例试件的尺寸越短，伸长率越大，反映在 δ_5 和 δ_{10} 上的关系是 $\delta_5 > \delta_{10}$。

断面收缩率是试件拉断后，缩颈处横截面面积的最大缩减量与原始横截面面积的百分比，用符号 ψ 表示。

$$\psi = \frac{A_0 - A_1}{A_0} \times 100\% \tag{8-3}$$

式中　A_0——试件原始横截面面积（mm^2）；

A_1——缩颈处最小横截面面积（mm^2）。

根据 δ 与 ψ 的相对大小，可以判断金属材料拉伸时是否形成缩颈：如果 $\psi>\delta$，金属拉伸形成缩颈，且 ψ 与 δ 之差越大，缩颈越严重；$\psi=\delta$ 或 $\psi<\delta$，则金属材料不形成缩颈。

中碳钢与高碳钢（硬钢）的拉伸曲线与低碳钢不同，屈服现象不明显，难以测定屈服点，则规定产生残余变形为原标距长度的 0.2%时所对应的应力值，作为硬钢的屈服强度，也称条件屈服点，用 $\sigma_{0.2}$ 表示，如图 8-14 所示。

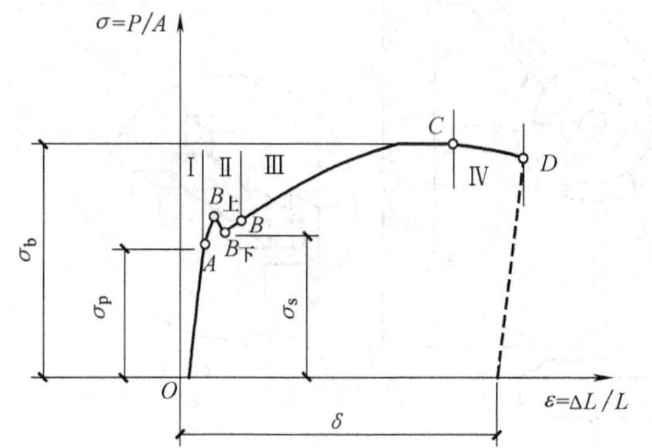

图 8-12　低碳钢受拉时的应力-应变曲线

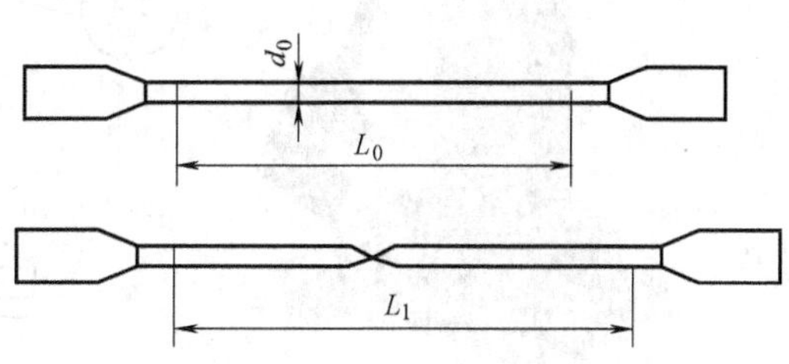

图 8-13　钢材拉伸试件

2. 冲击韧性

冲击韧性是指钢材在冲击载荷作用下抵抗塑性变形和断裂的能力。图 8-15 所示为钢材冲击试验机样图及示意图。钢材的冲击韧性指标以 a_K 表示，a_K 值越大，表明钢材的冲击韧性越好。其计算公式如下：

$$a_K = \frac{W}{A} \tag{8-4}$$

式中　a_K——冲击韧性值（J/cm^2）；

W——冲断试件时消耗的功（J）；

A——试件槽口处横截面面积（cm^2）。

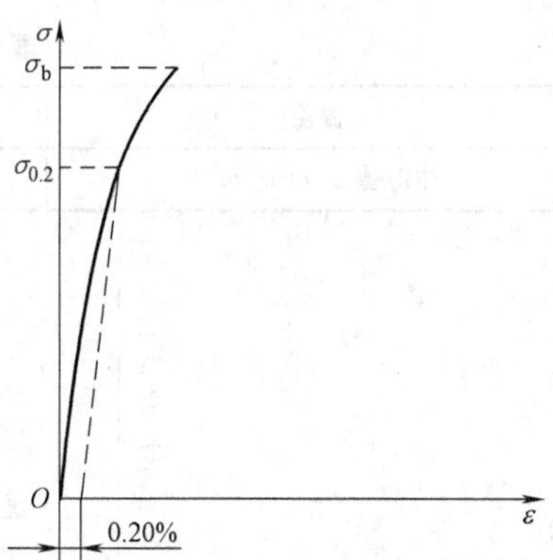

图 8-14　中碳钢、高碳钢的 σ-ε 图

钢材的冲击韧性受其晶体结构、化学成分、轧制与焊接质量、温度及时间等因素的影响。当钢中 S、P 等杂质含量较高，存在偏析及其他非金属夹杂物时，a_K 值降低，细晶组织钢材的 a_K 值较粗晶组织的高。沿轧制方向取样的钢材比沿垂直于轧制方向取样的 a_K 值高。焊接件中形成的热裂纹及晶体组织的不均匀分布，a_K 值降低。普通中、低强度钢都有明显的低温脆性。

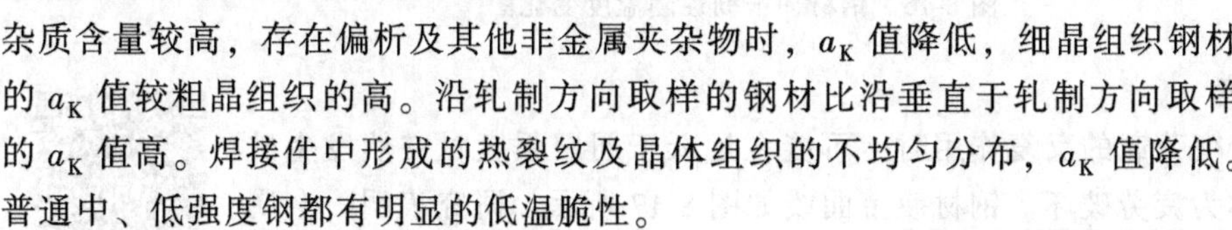

钢材的拉伸性能

钢材的冲击韧性受环境温度影响很大。图 8-16 为钢材冲击韧性随温度变化图。由图 8-16 可知，在较高温度环境下，a_K 值随温度下降缓慢降低，破坏时呈韧性断裂。当温度降至一定范围内，随温度降低，a_K 开始大幅度降低，钢材开始发生脆性断裂，

这种性质称为钢材的冷脆性。发生冷脆时的温度范围，称为脆性转变温度范围。脆性转变温度越低，表明钢材低温冲击性能越好。在严寒地区使用的钢材，设计时必须考虑其冷脆性。由于脆性临界温度的测定较复杂，通常根据气温条件在-20℃或-40℃时测定 a_K 值，以此来推断其脆性临界温度范围。

随着时间的延长，钢材的强度、硬度升高，塑性、韧性降低的现象称为时效。时效也是降低钢材冲击韧性的重要因素。表 8-1 为普通低合金结构钢在低温及时效后的 a_K 变化值。

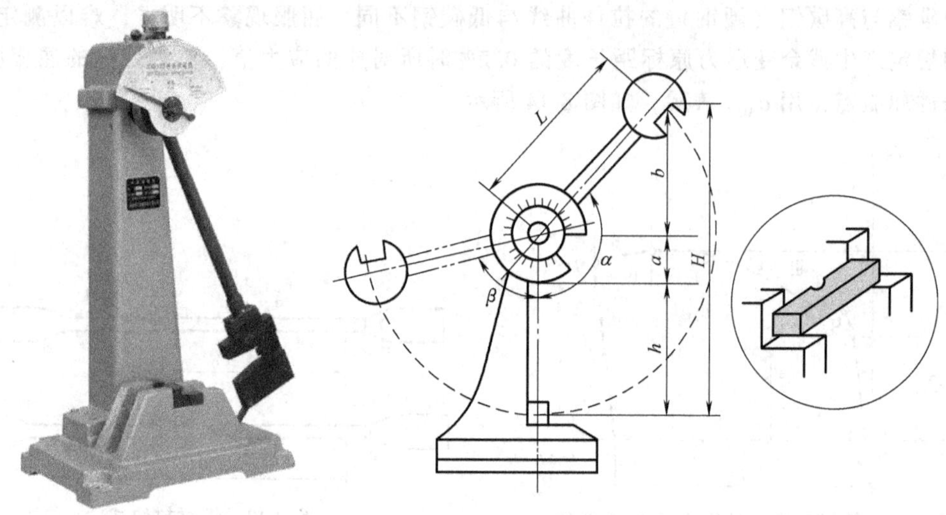

图 8-15 钢材冲击试验机样图及示意图

表 8-1 普通低合金结构钢 a_K 值

温度	常温时效	低温时效(-40℃)
冲击值 $a_K/(J/cm^2)$	57.7~69.6	29.4~34.3

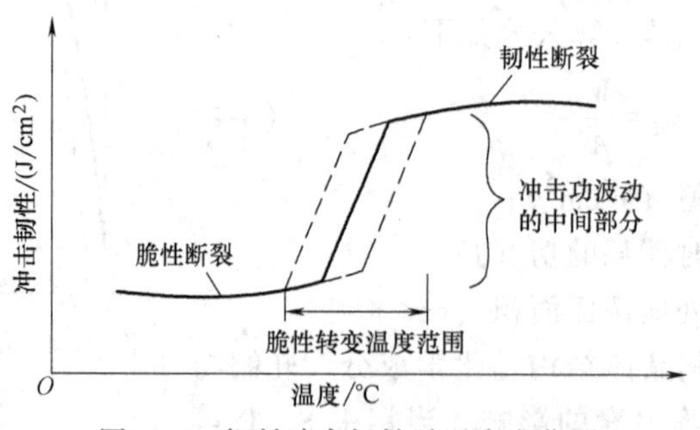

图 8-16 钢材冲击韧性随温度变化图

3. 疲劳强度

钢材承受交变荷载的反复作用时，可能在远低于屈服强度时突然发生破坏，这种破坏称为疲劳破坏。钢材疲劳曲线如图 8-17 所示。研究表明，金属的疲劳破坏要经历疲劳裂纹的萌生、缓慢发展和迅速断裂三个过程。交变应力作用下，材料内部的各种缺陷（晶错、气孔、白点、非金属夹杂物等）、成分偏析、构件截面沿长度方向的急剧变化、构件集中受力处等原因，都是

钢材的冲击韧性

容易产生微裂纹的地方，裂纹处形成应力集中，使微裂纹逐渐扩展成肉眼可见的宏观裂纹，宏观裂纹再进一步扩展，直到最后导致突然断裂。

疲劳强度是试件在交变应力作用下，不发生疲劳破坏的最大主应力值，一般把钢材承受荷载 $10^6 \sim 10^7$ 次时不发生破坏的最大应力作为疲劳强度。

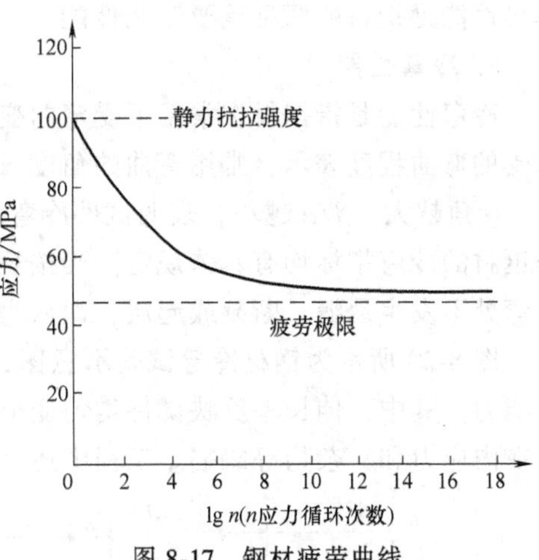

图 8-17 钢材疲劳曲线

4. 硬度

硬度是指钢材抵抗硬物压入时产生局部变形的能力。目前测试硬度的方法很多，钢材常用的测试硬度指标的方法为布氏法和洛氏法，较常用的测试方法是布氏法，如图 8-18 所示，其硬度指标为布氏硬度值（HB）。

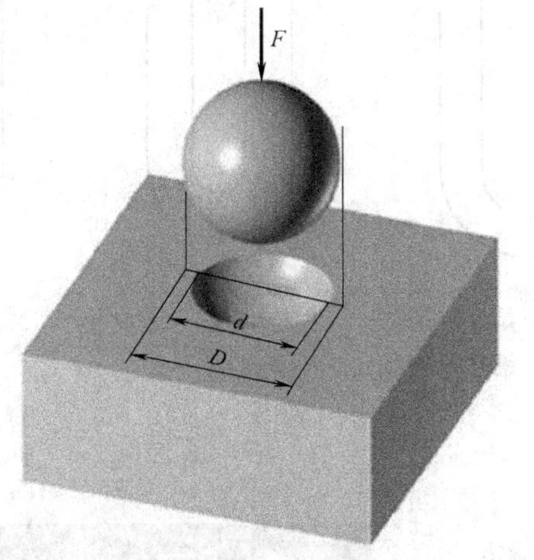

图 8-18 布氏硬度测试图及试压机

布氏硬度是用一定直径的钢球或硬质合金为压头，施以一定的试验力，将其压入试件表面，试件表面将残留压痕。当压头为淬火钢球时，其符号为 HBS（适用于布氏硬度值在 450 以下的钢材）；当压头为硬质合金球时，其符号为 HBW（适用于布氏硬度值为 450～650 的材料）。布氏硬度压痕较大，不宜于成品检验。

洛氏硬度以测量压痕深度表示材料的硬度值。按照不同的荷载和压头类型，常用的洛氏硬度值又可分为 HRA、HRB 和 HRC 三种。洛氏硬度操作简便、压痕较小，可用于成品检验。但若材料中有偏析及组织不均匀等缺陷，则所测硬度值重复性差。

8.2.2 工艺性能

建筑钢材不仅应具有优良的力学性能，还应有良好的工艺性能，以满足施工工艺的要求。

良好的工艺性能可以保证钢材能够顺利通过各种处理而不损坏其质量。其中冷弯性能和焊接性能是钢材的两种重要工艺性能。

1. 冷弯性能

冷弯性能是指钢材在常温下受弯曲变形的能力。钢材冷弯性能指标，用试件在常温下所承受的弯曲程度表示，常用弯曲的角度 α 和弯心直径 d 与试件直径（或厚度）a 的比值来表示。α 角越大，d/a 越小，表明试件冷弯性能越好，如图 8-19 所示。钢材的技术指标中对不同钢材的冷弯指标均有具体规定。当按规定的弯曲角度 α 和 d/a 值对试件进行冷弯时，试件受弯处不发生裂缝、断裂或起层，即认为冷弯性能合格。

图 8-20 所示为钢材冷弯试验示意图，钢材的冷弯性能和伸长率均可反映钢材的塑性变形能力。其中，伸长率反映试件均匀变形，而冷弯性能可揭示钢材内部组织是否均匀，是否存在内应力和夹杂物等缺陷。工程中还经常用冷弯试验来检验建筑钢材的焊接质量。

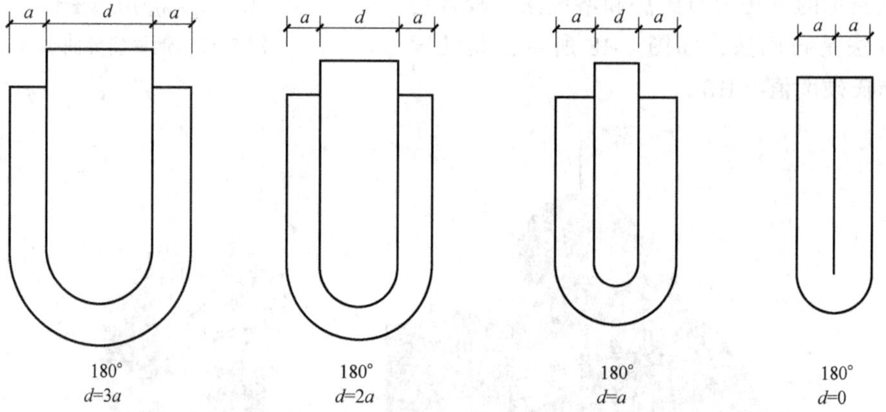

180° $d=3a$　180° $d=2a$　180° $d=a$　180° $d=0$

图 8-19　钢材冷弯规定弯心直径

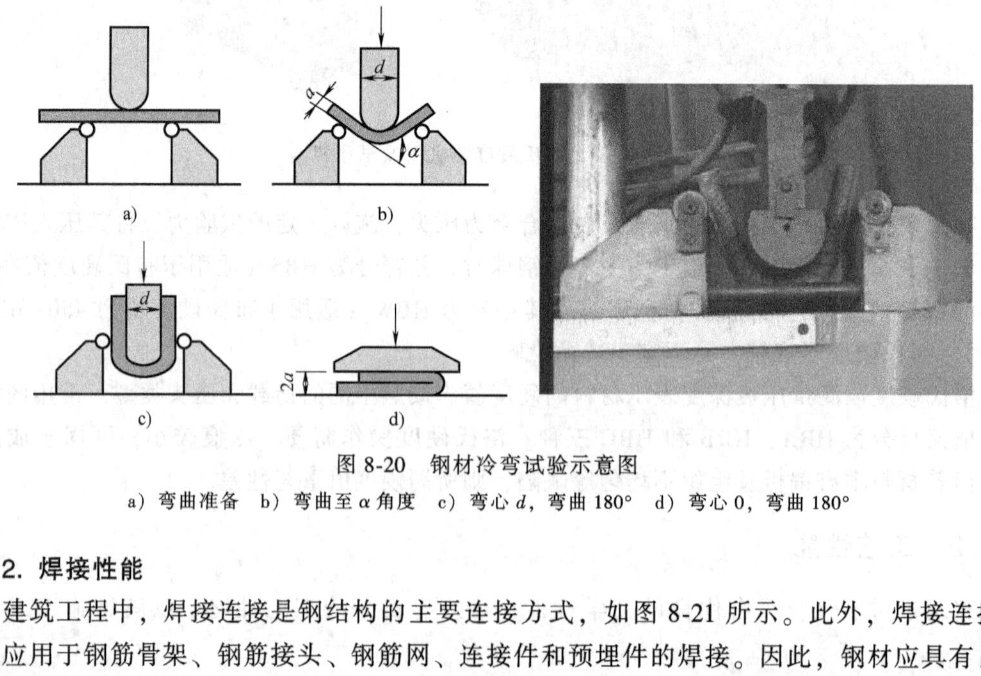

图 8-20　钢材冷弯试验示意图

a）弯曲准备　b）弯曲至 α 角度　c）弯心 d，弯曲 180°　d）弯心 0，弯曲 180°

2. 焊接性能

建筑工程中，焊接连接是钢结构的主要连接方式，如图 8-21 所示。此外，焊接连接还广泛应用于钢筋骨架、钢筋接头、钢筋网、连接件和预埋件的焊接。因此，钢材应具有良好的焊接性。

钢材的焊接主要采用电弧焊和接触对焊两种基本方法。钢材的化学成分及冶炼质量对焊接性能产生重要影响。钢材中锰、硅、钒等杂质均会降低钢材的焊接性，尤其是硫能使焊缝处产生热裂纹并硬脆，这种现象称为热脆性。对焊接结构用钢，宜选用含碳量低、杂质含量少的镇静钢。对于高碳钢和合金钢，为改善焊接后的硬脆性，焊接时一般要采用焊前预热和焊后热处理等措施。此外，正确选用焊接工艺，也是提高焊接质量的正确措施。

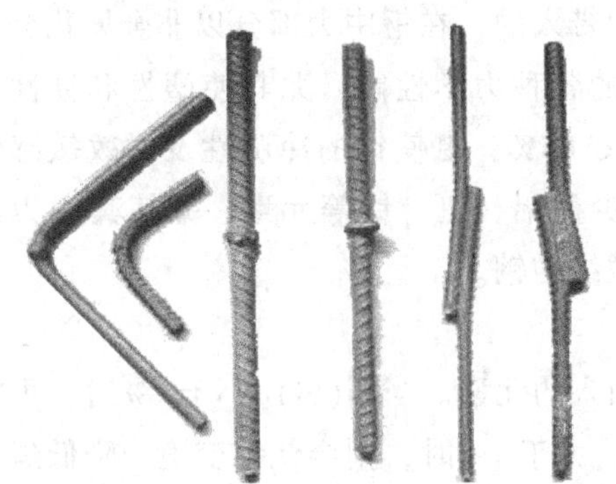

图 8-21　钢材焊接

3. 冷加工性能及时效处理

(1) 冷加工强化处理　将钢材在常温下进行冷加工（如冷拉、冷拔或冷轧），使之产生塑性变形，从而提高屈服强度，但钢材的塑性和韧性会降低，这个过程称为冷加工强化处理。

建筑工地或预制构件厂常用的方法是冷拉和冷拔。

(2) 时效　钢材经冷加工后，在常温下存放 15~20d 或加热至 100~200℃保持 2h 左右，其屈服强度、抗拉强度及硬度进一步提高，而塑性及韧性继续降低，这种现象称为时效。前者称为自然时效，后者称为人工时效。

钢材工艺性能讲解

8.3　化学成分对钢材性能的影响

1. 碳（C）

碳是决定钢材性能的重要元素。图 8-22 所示为不同含碳量对钢材性能的影响。由图 8-22 可知，当 $\omega(C)$ 小于 1.0%时，随着含碳量的增加，钢的强度、硬度增加，塑性、韧性下降；当 $\omega(C)$ 大于 1.0%时，强度显著下降。此外，随着含碳量的增加，钢材的焊接性能变差 $\omega(C)$ 大于 0.3%时，钢材的焊接性显著下降），冷脆性和时效敏感性增大，耐大气锈蚀性下降。一般工程所用碳素钢均为低碳钢，其 $\omega(C)$ 小于 0.25%。

2. 硫（S）、磷（P）

硫、磷是钢中的有害元素，分别以 FeS 和 Fe_3P 的形式存在。FeS 熔点低，钢材热加工或接可时，易使其内部产生裂纹，引起钢材断裂，这种现象称为热脆性。热脆

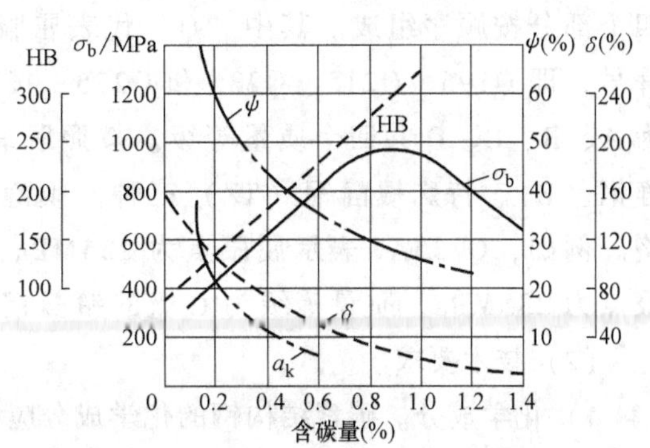

图 8-22　不同含碳量对钢材性能的影响

性严重降低钢的可焊性、热加工性、冲击韧性、耐疲劳性、抗腐蚀性等各种性能，工程中规定 $\omega(S)$ 一般不得超过 0.055%。P 的偏析较严重，使钢材在低温时变脆，引发裂纹，称为冷脆性。工程中规定 $\omega(P)$ 一般不得超过 0.045%。P 还可提高钢的强度、耐磨性和耐蚀性，尤其在与铜等合金元素共存时效果更为明显。

3. 氧（O）、氮（N）

氧、氮是钢中的有害元素，均是在炼钢过程中带入的，在钢中大部分以非金属化合物的形式存在，如 FeO 等。这些非金属化合物降低钢的各种力学性能，尤其使塑性和韧性显著降低。氧使钢的热脆性增加，其 $\omega(O)$ 不得超过 0.05%；氮使钢的冷脆性及时效敏感性增加，其 $\omega(N)$ 不得超过 0.035%。若在钢中加入少量铝、钒、钛等元素，并使其变为氮化物，可减少氮的不利影响，得到强度较高的细晶粒结构钢。

4. 硅（Si）、锰（Mn）

硅、锰是在钢的精炼过程中为了脱氧去硫而加入的元素。当 $\omega(Si)$ 小于 1%时，可提高钢的强度，但对塑性和韧性无明显影响。当 $\omega(Si)$ 大于 1%时，则会使钢变脆，降低焊接性和耐锈蚀性能。$\omega(Mn)$ 一般控制在 1%～2%，可细化晶粒，提高钢材强度。含量过高时，将会显著降低钢的焊接性能。

5. 铝（Al）、钛（Ti）、钒（V）、铌（Nb）

铝、钛、钒、铌均是炼钢时的强脱氧剂。适量加入钢内，可改善钢的组织，细化晶粒，显著提高强度和改善韧性。

8.4 建筑钢材的标准与选用

建筑钢材主要分为钢结构用钢和混凝土用钢两大类。

8.4.1 钢结构用钢

土木工程中常用钢种主要有碳素结构钢和普通低合金结构钢两大类。

1. 碳素结构钢

（1）牌号及其表示方法　根据国家标准《碳素结构钢》（GB/T 700—2006）中规定，钢牌号由代表屈服强度的字母、屈服强度数值、质量等级符号、脱氧方法符号等四个部分按顺序组成。其中“Q”代表屈服强度。碳素结构钢按照其屈服强度分为四个牌号，即 Q195、Q215、Q235 和 Q275；按照质量等级（硫、磷杂质含量由多到少）分为 A、B、C、D 共四个质量等级。按照脱氧程度分为沸腾钢（F）、镇静钢（Z）、半镇静钢（B）、特殊镇静钢（TZ）三种。镇静钢和特殊镇静钢在钢牌号中 Z 和 TZ 可以省略。例如，Q235AF 表示屈服点为 235MPa，质量等级为 A 级的沸腾钢；Q235C 表示屈服点为 235MPa，质量等级为 C 级的镇静钢。

（2）技术要求

1）化学成分。碳素结构钢的化学成分应符合表 8-2 的规定。

2）力学性能。碳素结构钢的力学性能应符合表 8-3、表 8-4 的规定。

表 8-2　碳素结构钢的化学成分（GB/T 700—2006）

牌号	统一数字代号①	等级	厚度(或直径)/mm	脱氧方法	化学成分(质量分数)(%),不大于				
					C	Si	Mn	P	S
Q195	U11952	—	—	F、Z	0.12	0.30	0.50	0.035	0.040
Q215	U12152	A	—	F、Z	0.15	0.35	1.20	0.045	0.050
	U12155	B							0.045
Q235	U12352	A	—	F、Z	0.22	0.35	1.40	0.045	0.050
	U12355	B			0.20②				0.045
	U12358	C		Z	0.17			0.040	0.040
	U12359	D		TZ				0.035	0.035
Q275	U12752	A	—	F、Z	0.24	0.35	1.50	0.045	0.050
	U12755	B	≤40	Z	0.21			0.045	0.045
			>40		0.22				
	U12758	C	—	Z	0.20			0.040	0.040
	U12759	D		TZ				0.035	0.035

① 表中为镇静钢、特殊镇静钢牌号的统一数字，沸腾钢牌号的统一数字代号如下：

Q195F——U11950。

Q215AF——U12150，Q215BF——U12153。

Q235AF——U12350，Q235BF——U12353。

Q275AF——U12750。

② 经需方同意，Q235B 的含碳量可不大于 0.22%。

表 8-3　碳素结构钢的力学性能（GB/T 700—2006）

牌号	等级	拉伸试验：屈服强度① R_{eH}/(N/mm²),不小于；钢材厚度③(或直径)/mm						抗拉强度② R_m/(N/mm²)	断后伸长率 A(%),不小于；钢材厚度(或直径)/mm					冲击试验(V型缺口)	
		≤16	>16~40	>40~60	>60~100	>100~150	>150~200		≤40	>40~60	>60~100	>100~150	>150~200	温度/℃	冲击吸收功(纵向)/J,不小于
Q195	—	195	185	—	—	—	—	315~430	33	—	—	—	—	—	—
Q215	A	215	205	195	185	175	165	335~450	31	30	29	27	26	—	—
	B													+20	27
Q235	A	235	225	215	215	195	185	370~500	26	25	24	22	21	—	—
	B													+20	27
	C													0	
	D													-20	
Q275	A	275	265	255	245	225	215	410~540	22	21	20	18	17	—	—
	B													+20	27
	C													0	
	D													-20	

① Q195 的屈服强度值仅供参考，不做交货条件。

② 厚度大于 100mm 的钢材，抗拉强度下限允许降低 20N/mm²。宽带钢（包括剪切钢板）抗拉强度上限不做交货条件。

③ 厚度小于 25mm 的 Q235B 级钢材，如供方能保证冲击吸收功值合格，经需方同意，可不做检验。

表 8-4　碳素结构钢的冷弯试验指标（GB/T 700—2006）

牌号	试样方向	冷弯试验 170° $B=2a$①	
		钢材厚度（或直径）②/mm	
		≤60	>60~100
		弯心直径	
Q195	纵	0	—
	横	$0.5a$	
Q215	纵	$0.5a$	$1.5a$
	横	a	$2a$
Q235	纵	a	$2a$
	横	$1.5a$	$2.5a$
Q275	纵	$1.5a$	$2.5a$
	横	$2a$	$3a$

① B 为试样宽度，a 为试样厚度（或直径）。

② 钢材厚度（或直径）大于 100mm 时，弯曲试验由双方协商确定。

（3）碳素钢的选用　由上表可以看出，碳素钢牌号越大，含碳量越高，其强度、硬度也越高，但塑性、韧性降低。

1）Q195 和 Q215。ω(C) 小于 0.15%，强度不高，但具有较大的伸长率，塑性、韧性好，冷弯性能较好，易于冷弯加工，常用作钢钉、铆钉、螺栓及钢丝等。

2）Q235。ω(C) 0.17%~0.22%，具有较高的强度、塑性、韧性及焊接性，其综合性能好，成本较低，能够较好地满足一般钢结构和混凝土结构的用钢要求，是建筑工程中应用最广泛的碳素结构钢。钢结构中，用 Q235 钢大量轧制成各种型钢、钢板、钢管等；钢筋混凝土中，使用最多的 HPB300 级钢筋也是由 Q235 钢轧制而成的。

3）Q275。强度高，但塑性、韧性较差。可轧制成带肋钢筋用于混凝土配筋，制作钢结构构件、机械零件等。并适于制作耐磨构件、机械零件和工具。

2. 低合金高强度结构钢

低合金高强度结构钢是在碳素结构钢的基础上，添加一种或几种合金元素（总量小于 5%）而形成的结构钢。常用合金元素主要有硅、锰、钛、钒、铬、镍、铜及稀土元素。

（1）牌号及其表示方法　根据国家标准《低合金高强度结构钢》（GB/T 1591—2018）的规定，钢的牌号由代表屈服强度“屈”字的汉语拼音首字母 Q、规定的最小上屈服强度数值、交货状态代号、质量等级符号（A、B、C、D、E、F）5 个部分组成。低合金高强度结构钢牌号有：Q335、Q390、Q420、Q460、Q500、Q550、Q620、Q690。

注 1：交货状态为热扎时，交货状态代号 AR 或 WAR 可省略；交货状态为正火或正火轧制状态时，交货状态代号均用 N 表示。

注 2：Q+规定的最小上屈服强度数值+交货状态代号，简称为“钢级”。

例如：Q355ND。其中：Q 表示钢的屈服强度的“屈”字汉语拼音的首字母。

355 表示规定的最小上屈服强度数值，单位为兆帕（MPa）。

交货状态为正火或正火轧制。

质量等级为 D 级。

当需方要求钢板具有厚度方向性能时，则在上述规定的牌号后加上代表厚度方向（Z 向）性能级别的符号，如：Q355NDZ25。

（2）技术要求　热轧低合金高强度结构钢的力学性能见表 8-5。

表 8-5　热轧低合金高强度结构钢的力学性能

牌号	质量等级	拉伸试验																						
		以下公称厚度（直径、边长）上屈服强度（R_{eL}）/MPa									以下公称厚度（直径、边长）抗拉强度（R_m）/MPa								前后伸长率 A（%）公称厚度（直径、边长）					
		≤16mm	>16~40mm	>40~63mm	>63~80mm	>80~100mm	>100~150mm	>150~200mm	>200~250mm	>250~400mm	≤40mm	>40~63mm	>63~80mm	>80~100mm	>100~150mm	>150~250mm	>250~400mm	试样方向	≤40mm	>40~63mm	>63~100mm	>100~150mm	>150~250mm
Q355	B C	≥355	≥345	≥335	≥325	≥315	≥295	≥285	≥275	—	470~630	470~630	470~630	470~630	450~600	450~600	—	纵向	≥22	≥21	≥20	≥18	≥17
	D									≥265							450~600	横向	≥20	≥19	≥18	≥18	≥17
Q390	B C D	≥390	≥380	≥360	≥340	≥340	≥320	—	—	—	490~650	490~650	490~650	490~650	470~620	—	—	纵向	≥21	≥20	≥20	≥19	—
																		横向	≥20	≥19	≥19	≥18	—
Q420①	B C	≥420	≥410	≥390	≥370	≥370	≥350	—	—	—	520~680	520~680	520~680	520~680	500~650	—	—	纵向	≥20	≥19	≥19	≥19	—
Q460②	C	≥460	≥450	≥430	≥410	≥410	≥390	—	—	—	550~720	550~720	550~720	550~720	530~700	—	—	纵向	≥18	≥17	≥17	≥17	—

① 只适用于质量等级为 D 的钢板。
② 只适用于型钢和棒材。

（3）性能　低合金结构钢的含碳量较低，均不高于0.2%，多为镇静钢，P、S等有害杂质含量少。强度高，具有良好的塑性、韧性、焊接性、耐磨性、耐蚀性，是综合性能更为理想的建筑钢材。和碳素结构钢相反，采用低合金结构钢可以减轻结构自重，适用于大跨度结构、高层建筑和桥梁工程等承受动荷载的结构中。

8.4.2　钢筋混凝土结构用钢

按生产方式不同，钢筋混凝土结构用钢可分为热轧钢筋、冷拉热轧钢筋、冷轧带肋钢筋、热处理钢筋、冷拔低碳钢丝、预应力混凝土钢丝及钢绞线等。

1. 热轧钢筋

热轧钢筋是钢筋混凝土和预应力钢筋混凝土的主要组成材料之一，不仅要求有较高的强度，而且应有良好的塑性、韧性和焊接性。热轧钢筋主要有Q235轧制的光圆钢筋和由合金钢轧制的带肋钢筋两类。

（1）热轧光圆钢筋　热轧光圆钢筋是指经热轧成形，横截面通常为圆形，表面光滑的成品钢筋，如图8-23、图8-24所示。

图8-23　热轧光圆钢筋（直条）

图8-24　热轧光圆钢筋（盘条）

1）牌号划分。按照《钢筋混凝土用钢　第1部分：热轧光圆钢筋》（GB/T 1499.1—2017）的规定及2012年第一号修改单的规定，热轧光圆钢筋的牌号按屈服强度特征值分为300级，钢筋牌号的构成及其含义见表8-6。

表8-6　光圆钢筋牌号的构成及其含义

产品名称	牌号	牌号构成	英文字母含义
热轧光圆钢筋	HPB300	由HPB+屈服强度特征值构成	HPB—热轧光圆钢筋的英文(Hot rolled Plain Bars)缩写

2）公称横截面面积与理论重量。公称横截面面积与理论重量见表8-7。

3）化学成分。光圆钢筋的化学成分应符合表8-8的规定。

4）力学性能、工艺性能。钢筋的下屈服强度 R_{eL}、抗拉强度 R_m、断后伸长率 A、最大力总伸长率 A_{gt} 等力学性能应符合表8-9的规定。

（2）热轧带肋钢筋　热轧带肋钢筋常为圆形横截面且表面带有两条纵肋和沿长度方向均匀分布的横肋，如图8-25、图8-26所示。

1）牌号划分。按照《钢筋混凝土用钢　第2部分：热轧带肋钢筋》（GB/T 1499.2—2018）的规定，热轧带肋钢筋牌号的构成及其含义见表8-10。

表 8-7 光圆钢筋公称横截面面积与理论重量

公称直径/mm	公称横截面面积/mm²	理论重量/(kg/m)
6	28.27	0.222
8	50.27	0.395
10	78.54	0.617
12	113.1	0.888
14	153.9	1.21
16	201.1	1.58
18	254.5	2.00
20	314.2	2.47
22	380.1	2.98

注：表中理论重量按密度为 7.85g/cm³ 计算。

表 8-8 光圆钢筋的化学成分

牌号	化学成分(质量分数)(%),不大于				
	C	Si	Mn	P	S
HPB300	0.25	0.55	1.50	0.045	0.045

表 8-9 光圆钢筋力学性能

牌号	下屈服强度 R_{eL}/MPa	抗拉强度 R_m/MPa	断后伸长率 A(%)	最大力总伸长率 A_{gt}(%)	冷弯试验 180°
	不小于				
HPB300	300	420	25.0	10.0	$d=a$

注：d——弯芯直径；a——公称直径。

图 8-25 热轧带肋钢筋（直条）

图 8-26 热轧带肋钢筋（盘条）

表 8-10 热轧带肋钢筋牌号的构成及其含义

类别	牌号	牌号构成	英文字母的含义
普通热轧钢筋	HRB400	由 HRB+屈服强度特征值构成	HRB——热轧带肋钢筋的英文(Hot rolled Ribbed Bars)缩写 E——“地震”的英文(Earthquake)首位字母
	HRB500		
	HRB600		
	HRB400E	由 HRB+屈服强度特征值+E 构成	
	HRB500E		
细晶粒热轧钢筋	HRBF400	由 HRBF+屈服强度特征值构成	HRBF——在热轧带肋钢筋的英文缩写后加“细”的英文(Fine)首位字母 E——“地震”的英文(Earthquake)首位字母
	HRBF500		
	HRBF400E	由 HRBF+屈服强度特征值+E 构成	
	HRBF500E		

2）公称横截面面积与理论重量。热轧带肋钢筋的公称横截面面积与理论重量见表8-11。

表 8-11　热轧带肋钢筋的公称横截面面积与理论重量

公称直径/mm	公称横截面面积/mm²	理论重量/(kg/m)
6	28.27	0.222
8	50.27	0.395
10	78.54	0.617
12	113.1	0.888
14	153.9	1.21
16	201.1	1.58
18	254.5	2.00
20	314.2	2.47
22	380.1	2.98
25	490.9	3.85
28	615.8	4.83
32	804.2	6.31
36	1018	7.99
40	1257	9.87
50	1964	15.42

注：表中理论重量按密度为 7.85g/cm³ 计算。

3）化学成分。热轧带肋钢筋的化学成分应符合表 8-12 的规定。

表 8-12　热轧带肋钢筋的化学成分

<table>
<tr><th rowspan="2">牌号</th><th colspan="6">化学成分(质量分数)(%),不大于</th></tr>
<tr><th>C</th><th>Si</th><th>Mn</th><th>P</th><th>S</th><th>Ceq</th></tr>
<tr><td>HRB400</td><td rowspan="8">0.25</td><td rowspan="9">0.80</td><td rowspan="9">1.60</td><td rowspan="9">0.045</td><td rowspan="9">0.045</td><td>0.52</td></tr>
<tr><td>HRB400E</td><td rowspan="3">0.54</td></tr>
<tr><td>HRBF400</td></tr>
<tr><td>HRBF400E</td></tr>
<tr><td>HRB500</td><td rowspan="4">0.55</td></tr>
<tr><td>HRB500E</td></tr>
<tr><td>HRBF500</td></tr>
<tr><td>HRBF500E</td></tr>
<tr><td>HRB600</td><td>0.28</td><td>0.58</td></tr>
</table>

4）力学性能。钢筋的下屈服强度 R_{eL}、抗拉强度 R_m、断后伸长率 A、最大力总伸长率 A_{gt} 等力学性能应符合表 8-13 的规定。表 8-13 所列各力学性能特征值，除 R_{eL}^0/R_{eL} 可作为交货检验的最大保证值外，其他力学特征值可作为交货检验的最小保证值。

表 8-13　热轧带肋钢筋的力学性能

<table>
<tr><th rowspan="2">牌号</th><th>下屈服强度
R_{eL}/MPa</th><th>抗拉强度
R_m/MPa</th><th>断后伸长率
A(%)</th><th>最大力总伸长率
A_{gt}(%)</th><th>R_m^0/R_{eL}^0</th><th>R_{eL}^0/R_{eL}</th></tr>
<tr><th colspan="5">不小于</th><th>不大于</th></tr>
<tr><td>HRB400
HRBF400</td><td rowspan="2">400</td><td rowspan="2">540</td><td>16</td><td>7.5</td><td>—</td><td>—</td></tr>
<tr><td>HRB400E
HRBF400E</td><td>—</td><td>9</td><td>1.25</td><td>1.30</td></tr>
</table>

（续）

牌号	下屈服强度 R_{eL}/MPa	抗拉强度 R_m/MPa	断后伸长率 A(%)	最大力总伸长率 A_{gt}(%)	R_m^0/R_{eL}^0	R_{eL}^0/R_{eL}
	不小于					不大于
HRB500 HRBF500	500	630	15	7.5	—	—
HRB500E HRBF500E	500	630	—	9	1.25	1.30
HRB600	600	730	14	7.5	—	—

注：R_m^0 为钢筋实测抗拉强度；R_{eL}^0 为钢筋实测下屈服强度。

5）工艺性能

① 弯曲性能。按表 8-14 规定的弯心直径弯曲 180°后，钢筋受弯曲部位表面不得产生裂纹。

表 8-14 热轧带肋钢筋弯曲性能

牌号	公称直径 d/mm	弯芯直径
HRB400 HRBF400 HRB400E HRBF400E	6~25	$4d$
	28~40	$5d$
	>40~50	$6d$
HRB500 HRBF500 HRB500E HRBF500E	6~25	$6d$
	28~40	$7d$
	>40~50	$8d$
HRB600	6~25	$6d$
	28~40	$7d$
	>40~50	$8d$

② 反向弯曲性能。反向弯曲试验是先将钢筋正向弯曲 90°后再反向弯曲 20°，两个弯曲角度均应在卸载之前测量。经反向弯曲试验后，钢筋受弯曲部位表面不得产生裂纹。对牌号带 E 的钢筋应进行反向弯曲试验，经反向弯曲试验后钢筋受弯处不得产生裂纹。其他牌号钢筋根据需方要求也可进行反向弯曲试验，可用反向弯曲试验代替弯曲试验。

2. 冷轧带肋钢筋

冷轧带肋钢筋是由普通低碳钢、优质碳素钢或低合金钢热轧圆盘条为母材，经冷轧减径后，在其表面冷轧成具有三面或两面月牙形横肋的钢筋。

根据《冷轧带肋钢筋》（GB 13788—2017）的规定，冷轧带肋钢筋的牌号由 CRB 和抗拉强度最小值构成，共有 CRB550、CRB650、CRB800、CRB600H、CRB680H、CRB800H 六个牌号。CRB550、CRB600H 为普通钢筋混凝土用钢筋，CRB650、CRB800、CRB800H 为预应力混凝土用钢筋，CRB680H 既可作为普通钢筋混凝土用钢筋，也可作为预应力混凝土用钢筋使用 CRB550、CRB600H、CRB680H 钢筋的公称直径范围为 4 ~ 12mm。CRB650、

CRB800、CRB800H 公称直径为 4mm、5mm、6mm。

根据国家标准《冷轧带肋钢筋》（GB 13788—2017）的有关规定，冷轧带肋钢筋的力学性能和工艺性能应符合表 8-15 的规定。

表 8-15　冷轧带肋钢筋的力学性能和工艺性能

分类	牌号	规定塑性延伸强度 $R_{p0.2}$/MPa 不小于	抗拉强度 R_m/MPa 不小于	$R_{p0.2}/R_m$ 不小于	断后伸长率/%，不小于		最大力总伸长率/%，不小于	弯曲试验 180°	反复弯曲次数	应力松弛率初始应力应相当于公称抗拉强度 70%
					$A_{11.3}$	A_{100}	A_{gt}			1000h 松弛率/%，不大于
普通钢筋混凝土用	CRB550	500	550	1.05	11.0	—	2.5	$D=3d$	—	—
	CRB600H	540	600	1.05	14.0	—	5.0	$D=3d$	—	—
	CRB680H	600	680	1.05	14.0	—	5.0	$D=3d$	4	5
预应力混凝土用	CRB650	585	650	1.05	—	4.0	2.5	—	3	8
	CRB800	720	800	1.05	—	4.0	2.5	—	3	8
	CRB800H	720	800	1.05	—	7.0	4.0	—	4	5

注：表中 D 为弯心直径，d 为钢筋公称直径。

3. 冷拔低碳钢丝

冷拔低碳钢丝是用 6.5～7mm 的碳素结构钢 Q235 或 Q215 盘条，通过多次强力拔制而成的直径为 3mm、4mm 或 5mm 的钢丝，如图 8-27 所示。其屈服强度可提高 40%～60%。但失去了低碳钢的性能，变得硬脆，属硬钢类钢丝。冷拔低碳钢丝按力学强度分为甲、乙两级：甲级为预应力钢丝，乙级为非预应力钢丝。当混凝土工厂自行冷拔时，应对钢丝的质量严格控制，对其外观要求分批抽样，表面不准有锈蚀、油污、伤痕、皂渍、裂纹等，逐盘检查其力学、工艺性质。根据国家标准《混凝土制品用冷拔低碳钢丝》（JC/T 540—2006）规定，其力学性能和工艺性能要符合表 8-16 的规定，凡伸长率不合格者，不准用于预应力混凝土构件中。

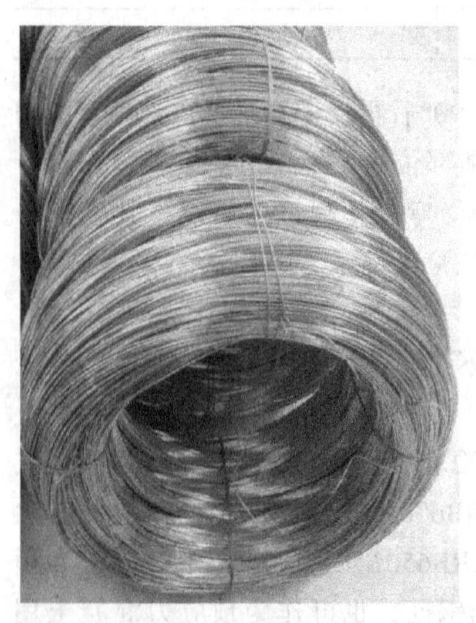

图 8-27　冷拔低碳钢丝

表 8-16　冷拔低碳钢丝的力学性能和工艺性能

级别	公称直径 d/mm	抗拉强度 R_a/MPa	断后伸长率 A_{100}(%),不小于	反复弯曲次数/(次/180),不小于
甲级	5.0	650	3.0	4
		600		
	4.0	700	2.5	
		650		
乙级	3.0,4.0,5.0,6.0	550	2.0	4

注：甲级冷拔低碳钢丝做预应力筋用时，如经机械调直则抗拉强度标准值应降低 50MPa。

4. 预应力混凝土用钢丝及钢绞线

钢丝是以优质高碳钢圆盘条经等温淬火并拔制而成，按照国家标准《预应力混凝土用钢丝》（GB/T 5223—2014）中的规定，钢丝按加工状态分为冷拉钢丝和消除应力钢丝两种，冷拉钢丝的代号为 WCD，低松弛级钢丝代号为 WLR。钢丝按外形分为光圆钢丝（P）、螺旋肋钢丝（H）和刻痕钢丝（I）三种。冷拉钢丝的力学性能应符合表 8-17 的规定。

图 8-28　预应力钢绞线

表 8-17　冷拉钢丝的力学性能

公称直径 d_n/mm	抗拉强度 σ_b/MPa 不小于	规定非比例伸长应力 $\sigma_{p0.2}$/MPa 不小于	最大力下总伸长率 (L_0 = 200mm) A_{gt}(%) 不小于	弯曲次数/(次/180°),不小于	弯曲半径 R/mm	每 210mm 扭矩的扭转次数 N,不小于	断面收缩率 ψ(%) 不小于	初始应力相当于 70% 公称抗拉强度时，1000h 后应力松弛率 r(%),不大于
3.00	1470	1100		1.5	4	—	7.5	
	1570	1180						
4.00	1670	1250			4	35	10	8
5.00	1770	1330			4		15	8
6.00	1470	1100			5	30	15	7
	1570	1170						
7.00	1670	1230			5		20	6
8.00	1770	1330			5		20	5

预应力钢绞线是由若干根一定直径的冷拉光圆钢丝或刻痕钢丝捻制，再经一定热处理清

除内应力制成，如图 8-28 所示。按照国家标准《预应力混凝土用钢绞线》（GB/T 5224—2014）中的规定，钢绞线按结构分为八类。分别是用两根钢丝捻制的钢绞线（1×2），用三根钢丝捻制的钢绞线（1×3），用三根刻痕钢丝捻制的钢绞线（1×3 I），用六根刻痕钢丝和一根光圆中心钢丝捻制的钢绞线（1×7 I）用七根钢丝捻制的标准型钢绞线（1×7），用七根钢丝捻制又经模拔的钢绞线（1×7C），用十九根钢丝捻制的 1+9+9 西鲁式钢绞线（1×19S），用十九根钢丝捻制的 1+6+6/6 瓦林吞式钢绞线（1×19W）。

8.5 建筑钢材的锈蚀与防止

钢材的锈蚀是指其表面与周围介质发生化学作用或电化学作用而遭到破坏的现象，如图 8-29 所示。锈蚀不仅使钢材截面面积减少，降低承载力，而且由于局部腐蚀造成应力集中，易导致结构破坏。若受到冲击荷载或反复荷载的作用，将产生锈蚀疲劳，使疲劳强度大大降低，甚至出现脆性断裂。混凝土中的钢筋腐蚀后，产生体积膨胀，使混凝土顺筋开裂，如图 8-30 所示。因此为了确保钢材不产生腐蚀，必须采取防腐蚀措施。

图 8-29　钢筋锈蚀

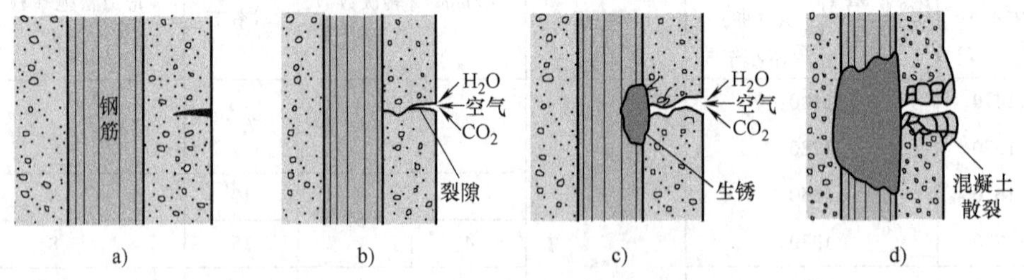

图 8-30　混凝土结构钢筋锈蚀示意图

a）混凝土开裂　b）水、CO_2 侵入　c）开始锈蚀　d）钢筋体积膨胀

1. 钢材的锈蚀

根据钢材表面与周围介质的作用不同，锈蚀可分为下述两类：

（1）化学锈蚀　化学锈蚀是指钢材直接与周围介质发生化学反应而产生的锈蚀。这种

锈蚀通常为氧化作用，使钢材表面被氧化成疏松的氧化物。常温下，在干燥环境中，钢材锈蚀进展缓慢，但在温度或湿度较高的环境中，锈蚀速度较快。故保持钢材表面干燥是控制其表面锈蚀的有效手段。

（2）电化学锈蚀　电化学锈蚀是指钢材与电解质溶液接触，形成微电池而产生的锈蚀。暴露在潮湿空气或土壤中的钢材，表面覆盖一层水膜，当水膜中溶入 CO_2、SO_2 等气体后，就形成了电解质溶液。由于钢材表面化学成分不均匀而形成电极电位差，使其表面形成许多微电池。在阳极，铁易失去电子成为 Fe^{2+} 进入水膜；在阴极，水中的氧易被还原成 OH^-，Fe^{2+} 与 OH^- 结合成为 $Fe(OH)_2$，并进一步被氧化成疏松的红色铁锈 $Fe(OH)_3$，易使钢材发生锈蚀。

2. 防止钢材锈蚀的措施

（1）加入合金元素　在钢中加入适量的 Cr、Ni、Ti 等元素，可提高铁素体的电极电位，从而提高其耐蚀性。此外，Cr 还能促使在钢的表面形成致密的氧化膜，将金属表面与腐蚀介质隔开，从而阻碍其腐蚀过程。合金元素铜（Cu）加入钢中有利于在其表面形成致密的氧化膜，同时它溶入铁素体后尚可提高其电极电位，有利于提高钢的耐蚀性。Cu 的加入量常在 $\omega(Cu)=0.25\%$左右，若大于 0.50%时，将导致热脆。P 也是提高耐蚀性的元素，当 P 与 Cu 共存时，效果更好，但由于 P 增加钢的冷脆性，所以对其用量应加以限制。

（2）表面处理　采用传统的表面处理方法如热喷涂、电镀、激光表面处理、离子注入技术等，均可提高钢材表面耐蚀性。还可以在钢材表面涂以防锈油漆或塑料涂层，使之与周围介质隔离，防止钢材锈蚀。油漆防锈是建筑上常用的一种方法，它简单易行，但不耐久，要经常维修。油漆防锈的效果主要取决于防锈漆的质量。

（3）设置阳极或阴极保护　对于不易涂覆保护层的钢结构，如地下管道、港口结构等，可采取阳极保护或阴极保护。阳极保护是在钢结构附近埋设废钢铁，外加直流电源，将阴极接在被保护的钢结构上，阳极接在废钢铁上，通电后废钢铁成为阳极而被腐蚀，钢结构成为阴极而被保护。

阴极保护是在被保护的钢结构上，连接一块比钢铁更活泼的金属，如锌、镁等，使锌、镁成为阳极而被腐蚀，钢结构成为阴极而被保护。

习　题

8-1　钢材有哪几种分类方法？

8-2　低碳钢受拉时的应力—应变图中，分为哪几个阶段？各阶段的特性及指标如何？

8-3　建筑钢材的力学性能包括哪些？如何检验？

8-4　钢材中的化学成分对其性能有何影响？

8-5　钢材的锈蚀原因及防腐措施有哪些？

第9章

建筑防水材料

知识目标

(1) 掌握石油沥青的组成、技术性质和技术标准。
(2) 了解聚合物改性沥青和乳化沥青的性质和应用。

能力目标

(1) 掌握石油沥青三大技术指标的性能测定。
(2) 掌握防水卷材性能检测。
(3) 掌握防水卷材与防水涂料的分类。

9.1 沥青

沥青是黑色或暗黑色固体、半固体或黏稠状物，由天然或人工制造而得，主要成分为高分子烃类化合物，沥青是有机胶凝材料。

沥青分为地沥青和焦油沥青。地沥青包括石油沥青、天然沥青。石油沥青是原油蒸馏后的残渣。根据提炼程度的不同，在常温下呈黏稠液体、半固体或固体。天然沥青是当地下原油通过岩石裂缝渗透到地表并长期暴露在大气中时，其中所含轻质部分蒸发，而残留物经氧化后成为天然沥青，一般存在于岩石裂缝中、地面上或形成湖泊，如著名的特立尼达湖沥青。

焦油沥青是煤、木材、页岩等有机物经干馏加工而得到的焦油再加工所得的产物，分为煤沥青、页岩沥青、木沥青等。

9.1.1 石油沥青的组成

石油沥青是原油加工过程的一种产品，在常温下是黑色或黑褐色的黏稠的液体、半固体或固体，主要含有可溶于三氯乙烯的烃类及非烃类衍生物，其性质和组成随原油来源和生产方法的不同而变化。

对石油沥青可以按以下体系进行分类：

按生产方法不同分为：直馏沥青、氧化沥青、调合沥青、乳化沥青、改性沥青等。

按外观形态不同分为：液体沥青、固体沥青等。

按用途不同分为：道路沥青、建筑沥青、防水防潮沥青等。

1. 石油沥青的组成与化学组分

石油沥青是十分复杂的烃类和非烃类的混合物，是石油中相对分子质量最大、组成及结构最为复杂的部分。主要原子为：C、H，非烃原子为：S、N、O，微量金属元素为：V、Ne、Fe、Na、Ca、Cu等。不同产地沥青性质差异非常大，但元素组成相近。

石油沥青按照三组分分离方法分为沥青质、胶质、油分。按照四组分分离法分为沥青质、胶质、芳香族、饱和分。

(1) 沥青质　是不溶于正庚烷而溶于苯（或甲苯）的黑色或棕色的无定型固体，除含有碳和氢外，还有氮、硫、氧。形态为固体粉末。极性很强。随着沥青质含量的增加，沥青的粘结力、黏度增加，温度稳定性、硬度提高，针入度变小、软化点提高。

(2) 胶质　也称为树脂，有很强的极性，这一突出的特性使胶质有很好的粘结力。胶质是沥青的扩散剂或胶溶剂，胶质与沥青质的比例在一定程度上决定沥青是溶胶或是凝胶的特性。胶质赋予沥青以可塑性、流动性和粘结性，对沥青的延性、粘结力有很大的影响。形态为深棕色固体或半固体，具有很好的粘附力。

(3) 芳香族　是由沥青中最低的相对分子质量的环烷芳香化合物组成，是胶溶沥青质的分散介质的主要部分。形态为深棕色的黏稠液体，为非极性碳链，溶解力很强。

(4) 饱和分　是由直链或支链脂肪属烃以及烷基环烃和一些烷基芳香烃组成的，它们是非极性稠状油类，呈稻草色或白色。可以软化胶质和沥青质。芳香分和饱和分都为油分，在沥青中起着润滑和柔软作用。油分含量越多，沥青的软化点越低，针入度越大，稠度越低。

2. 沥青的胶体结构

大多数沥青属于胶体体系，它是由相对分子质量很大，芳香性很高的沥青质分散在相对分子质量较低的可溶性介质中形成的。沥青中不含沥青质，只有单纯的可溶质时，沥青则只具有黏性液体的特征而不成为胶体体系。沥青质分子由于对极性强大的胶质具有很强的吸附力，因而形成了以沥青质为中心的胶团核心，而极性相当的胶质吸附在沥青质周围形成中间相。由于胶团的胶溶作用，而使胶团弥散和溶解于相对分子质量较低、极性较弱的芳香分和饱和分组成的分散介质中，形成了稳固的胶体。根据胶团粒子大小、数量及其在连续相中的分散状态，沥青的胶体结构可分为以下三种类型。

(1) 溶胶型沥青　当沥青质的含量较少（小于10%）时，相对分子质量较小，或分子尺寸较小，饱和分和芳香分的溶解能力很强，分散相和分散介质的化学组成比较接近，这样的沥青分散度很高，胶团可以在连续相中自由移动，近似真溶液，具有牛顿流动特性，黏度与应力成比例，称之为溶胶型沥青。这类沥青对温度的变化敏感，高温时黏度很小，低温时由于黏度增大而使流动性变差，冷却时变为脆性固体。

(2) 凝胶型沥青　当沥青质含量较大，达到或超过25%~30%时，胶质的数量不足以包裹在沥青质周围使之胶溶，沥青质胶团会相互连接，形成三维网状结构，胶团在连续相中移动比较困难，此时就形成了凝胶型沥青。这类沥青在常温下呈现非牛顿流动特性，并具有黏弹性和较好的温度稳定性。随着温度的升高，连续相的溶解能力增强，沥青质胶团可逐渐解缔，或胶质从沥青质吸附中心脱附下来。当温度足够高时，沥青的分散度加大，沥青则又可近似真溶液而具有牛顿流动特性。

（3）溶-凝胶型沥青　当沥青或沥青质中含有较多的烷基侧链，生成的胶团结构比较松散，常温时，在变形的最初阶段表现出明显的弹性效应，但在变形增加至一定阶段时，则表现为牛顿液体状态。高温时具有较低的感温性，低温时又具有较好的形变能力。

沥青的胶体结构与沥青的技术性质有密切关系，但从化学角度来评价沥青的胶体结构是很困难的，常采用针入度指数（PI）法等来评价胶体结构类型及其稳定性。

9.1.2　石油沥青的技术性质

1. 石油沥青的物理性质

（1）密度　沥青密度是在规定温度下单位体积所具有的质量，单位为 t/m^3 或 g/cm^3。也可用相对密度表示。沥青的相对密度与沥青的化学组成有密切的关系，它取决于沥青各组分的比例及排列的紧密程度。沥青中含硫量大、芳香族含量高、沥青质含量高则相对密度较大；蜡分含量较多则相对密度较小。

（2）体膨胀系数　体膨胀系数是指当温度上升时，沥青材料的体积发生膨胀。沥青的体膨胀系数可以通过测定不同温度下的密度，由式（9-1）计算。

$$A=\frac{D_{R2}-D_{R1}}{D_{R1}(T_1-T_2)} \tag{9-1}$$

式中　A——沥青的体膨胀系数；

T_1，T_2——密度测试温度（℃）；

D_{R1}，D_{R2}——温度 T_1 和 T_2 时的密度（g/cm^3）。

体膨胀系数对于沥青储罐的设计和沥青作为填缝、密封材料是十分重要的，与沥青路面的路用性能也有密切的关系，体膨胀系数越大，沥青路面在夏季越易泛油，冬季更易产生裂缝。

（3）介电常数　沥青的介电常数为沥青作为介质时平行板电容器的电容与真空作为介质时平行板电容器的电容的比值。沥青的介电常数与沥青对氧、雨、紫外线等的耐候性（耐老化性）有关。

2. 黏滞性

黏滞性是指沥青材料在外力作用下沥青粒子产生相互位移的抵抗剪切变形的能力。沥青作为胶结材料，应将松散的矿质材料胶结为一整体而不产生位移。沥青的黏度随温度而变化，变化的幅度很大，因而需采用不同的仪器和方法来测定。为了确定沥青 60℃ 黏度分级，国际普遍采用真空减压毛细管黏度计测定其动力黏度（Pa·s），还有布洛克菲尔德黏度计方法用以测定其表观黏度。这些黏度的测定方法都是采用仪器为绝对黏度单位的黏度计，也可以称为绝对黏度法。另一类则采用一些经验的方法测定试验单位黏度，如恩格拉黏度计法，赛氏黏度计法等。此外，针入度试验也可表征沥青的相对黏度。

（1）黏度　我国现行试验法规定液体石油沥青、煤沥青和乳化沥青等的黏度，采用道路标准黏度计法。黏度是液体状态的沥青材料，在标准黏度计中，于规定的温度条件下，通

过规定的流孔直径（3mm、4mm、5mm、10mm），流出 50mL 体积所需的时间，以 s 计。在相同温度和相同流孔条件下，流出时间越长，表示沥青黏度越大。

（2）针入度　针入度法是国际上普遍采用测定黏稠沥青稠度的一种方法，也是划分沥青标号采用的一项指标。它是沥青材料在规定的温度条件下，以规定质量的标准针经过规定时间垂直贯入沥青试样的深度，以 0.1mm 计。针入度以 $P_{t,m,t}$ 表示，P 表示针入度，脚标表示试验条件，其中 t 为试验温度，m 为标准针（包括连杆及砝码）的质量，t 为贯入时间。我国现行试验法规定：常用的试验条件为 $P_{25℃,100g,5s}$。此外，在计算针入度指数时，针入度试验温度常为 5℃，15℃，25℃，35℃等，但标准针质量和贯入时间仍为 100g 和 5s。针入度值越大，表示沥青越软（稠度越小）。实质上，针入度是测量沥青稠度的一种指标。通常稠度高的沥青，其黏度也高。

3. 温度敏感性

沥青材料是一种非晶质高分子材料，它由液态凝结成为固态，或由固态熔化为液态时，没有明确的固化点或液化点，通常采用硬化点和滴落点来表示，沥青材料在硬化点至滴落点之间的温度阶段时，是一种黏滞流动状态，在工程使用中为保证沥青不致由于温度升高而产生流动的状态，因此，取滴落点和硬化点的温度间隔的 87.21%作为软化点。

软化点的数值随所采用的仪器不同而异，我国现行试验是采用环球法软化点。该法是沥青试样注于两个肩或锥状黄铜环中，环上分别放置一直径为 9.5mm 的钢球，在规定的加热温度（5℃/min）下进行加热，沥青试样逐渐软化，直至在钢球荷重作用下，使沥青产生 25mm 垂度（即接触底板）时的平均温度，称为软化点，以℃计。

针入度是在规定温度下测定沥青的条件黏度，而软化点则是沥青达到规定条件黏度时的温度。所以软化点既是反映沥青材料温度稳定性的一个指标，也是沥青条件黏度的一种量度。

4. 塑性

沥青的塑性是指当其受到外力的拉伸作用时，所能承受的塑性变形的总能力，是沥青的内聚力的衡量，通常是用延度作为指标来表征。将沥青试样制成 8 字形标准试件（中间最小断面面积 $1cm^2$），在规定拉伸速度和规定温度下拉断时的长度，以 cm 计，称为延度。沥青的延度采用延度仪来测定。沥青的延度与沥青的流变特性、胶体结构和化学组分等有密切的关系。研究表明，当沥青化学组分的不协调，胶体结构的不均匀，含蜡量的增加时，都会使沥青的延度值相对降低。

5. 沥青的感温性

沥青是复杂的胶体结构，黏度随温度的不同而产生明显的变化，这种黏度随温度变化的感应性称为感温性。评价参数为针入度指数（PI）。

针入度指数（PI）是应用针入度和软化点的试验结果来表征沥青感温性和胶体结构的一种指标。同时也可采用针入度指数值来判别沥青的胶体结构状态。针入度指数用式（9-2）来计算。

$$PI=\frac{30}{1+50A}-10 \tag{9-2}$$

其中

$$A=\frac{\lg 800-\lg P(25℃,100g,5s)}{T_{R\&B}-25} \tag{9-3}$$

式中 P（25℃，100g，5s）——在 25℃，100g，5s 条件下测定的针入度值，0.1mm；

$T_{R\&B}$——环球法测定的软化点温度（℃）。

按针入度指数可将沥青划分为三种胶体结构类型：针入度指数值<-2 者为溶胶型沥青；针入度指数值>+2 者为凝胶型沥青；针入度指数值=-2～+2 者为溶-凝胶型沥青；当 PI<-2 时，沥青的温度敏感性强，当 PI>+2 时有明显的凝胶特征，耐久性差。

6. 大气稳定性

大气稳定性是指石油沥青在热、阳光、氧气和潮湿等大气因素的长期综合作用下抵抗老化的性能，也是沥青材料的耐久性。在大气因素的综合作用下，沥青中各组分会发生不断递变，低分子化合物将逐步转变成高分子物质，即油分和树脂逐渐减少，而沥青质逐渐增多。石油沥青随着时间的进展，流动性和塑性将逐渐减小，硬脆性逐渐增大，直至脆裂。这个过程称为石油沥青的“老化”。石油沥青的大气稳定性以加热蒸发损失百分率和加热前后的针入度比来评定。先测定其质量及针入度，计算出蒸发损失质量占原质量的百分数，称为蒸发损失百分率；测得蒸发后针入度占原针入度的百分数，称为蒸发后针入度比。蒸发损失百分数越小和蒸发后针入度比越大，则表示沥青的大气稳定性越好，即“老化”越慢。

7. 施工安全性

石油沥青高温加热时，挥发出可燃气体，当温度达到足够高时，气体浓度增大，遇明火即可发生燃烧的现象。因此在施工加热沥青时，必须了解最高加热温度，勿使温度过高。若沥青表面混合气体遇明火初次闪蓝火，此时的温度为闪点。若沥青表面混合气体遇明火所产生的火焰能持续 5s 以上，此时沥青温度为燃点。闪点和燃点一般相差 10℃。沥青最高加热温度应低于闪点和燃点。

石油沥青中一般含有很少的水，若沥青中含有较多可溶性盐时，在长时间作用下，吸收的水量会增加。沥青加热时，沥青中含有的水会形成气泡，温度越高，气泡越多，易发生溢锅现象，并引起火灾。此时加热时宜加快搅拌，锅内少装沥青。

8. 防水性

石油沥青是憎水材料，本身构造致密，几乎完全不溶于水，它与矿物材料表面有很好的粘结力，能紧紧吸附于矿物材料的表面。所以沥青具有良好的防水性，故广泛用作建筑工程的防水、防潮、抗渗材料。

9. 溶解度

石油沥青有效物质的含量（纯净程度）可以用其溶解度来评价。溶解度是指石油沥青在溶剂（苯或四氯化碳等）中可溶部分的质量所占的百分率。不溶物质一般降低沥青性能，视为有害物质（如沥青碳或似碳物），应加以限制。

石油沥青的技术性质

9.1.3 石油沥青的分类及选用标准

1. 石油沥青的分类

石油沥青按照其用途主要划分为三大类：道路石油沥青、建筑石油沥青和防水防潮石油沥青。其牌号基本都是按沥青的针入度指标来划分的，不同牌号的沥青有对应的延度、软化点以及溶解度、蒸发损失、蒸发后针入度比、闪点等的要求。

道路石油沥青的技术要求见表 9-1。

表 9-1　道路石油沥青的技术要求（NB/SH/T 0522—2010）

项　　目	质量指标				
牌号	200	180	140	100	60
针入度(25℃,100克,5s)/(1/10mm)	200~300	150~200	110~150	80~110	50~80
延度[①](25℃/cm)不小于	20	100	100	90	70
软化点/℃	30~48	35~48	38~51	42~55	45~58
溶解度(%)	99.0				
闪点(开口)/℃不小于	180	200	230		
密度(25℃)/(g/cm³)	报告				
蜡含量(%)不大于	4.5				
薄膜烘箱试验(163℃,5h)					
质量变化(%)不大于	1.3	1.3	1.3	1.2	1.0
针入度比(%)	报告				
延度(25℃/cm)	报告				

① 如25℃延度达不到，15℃延度达到时，也认为是合格的，指标要求与25℃延度一致。

2. 石油沥青的选用

选用沥青材料时，应根据工程性质（房屋、道路、防腐）及当地气候条件，所处工作环境（屋面、地下）来选择不同牌号的沥青。在满足使用要求的前提下，尽量选用较大牌号的石油沥青，以保证在正常使用条件下，石油沥青有较长的使用年限。

（1）道路石油沥青　道路石油沥青主要在道路工程中作胶凝材料，多用来拌制沥青砂浆和沥青混凝土，用于道路路面、桥梁铺装等。通常，道路石油沥青牌号越高，则黏性越小（即针入度越大），塑性越好（即延度越大），温度敏感性越大（即软化点越低）。

在道路工程中选用沥青时，要根据交通量和气候特点来选择。高温地区宜选用高黏度的石油沥青，以保证在夏季沥青路面具有足够的稳定性，沥青不至高温变软；而寒冷地区宜选用低黏度的石油沥青，以保证沥青路面在低温下仍具有一定的变形能力，减少低温开裂；温差较大地区应选用针入度指数较高的沥青。

各个道路石油沥青等级的适用范围应符合表9-2的规定。

表 9-2　道路石油沥青的适用范围

沥青等级	适用范围
A级沥青	各个等级的公路,适用于任何场合和层次
B级沥青	1)高速公路、一级公路沥青下面层及以下的层次,二级及二级以下公路的各个层次 2)用作改性沥青、乳化沥青、改性乳化沥青、稀释沥青的基质沥青
C级沥青	三级及三级以下公路的各个层次

（2）建筑石油沥青　建筑石油沥青主要用作制造油纸、油毡、防水涂料和沥青嵌缝膏，用于屋面及地下防水、沟槽防水防腐及管道防腐等工程。一般选择针入度小（黏性较大），软化点较高（耐热性较好），延伸度较小（塑性较小）的沥青，技术要求见表9-3，使用时制成的沥青胶膜较厚，增大了对温度的敏感性。同时，黑色沥青表面又是好的吸热体，一般同一地区的沥青屋面的表面温度比其他材料的都高，据高温季节测试沥青屋面达到的表面温

度比当地最高气温高 25~30℃；为防止夏季流淌，一般屋面用沥青材料的软化点还应比本地区屋面最高温度高 20℃ 以上，较低软化点的沥青夏季易流淌，较高软化点的沥青冬季低温易硬脆甚至开裂。

用于地下防潮、防水工程时，一般对软化点要求不高，但其塑性要好，黏性要大，使沥青层能与建筑物粘结牢固，并能适应建筑物的变形而保持防水层完整，不遭破坏。

表 9-3 建筑石油沥青的技术要求（GB/T 494—2010）

项　目	质量指标		
牌号	10	30	40
针入度(25℃,100g,5s)/(1/10mm)	10~25	26~35	36~50
针入度(46℃,100g,5s)/(1/10mm)	报告	报告	报告
针入度(0℃,200g,5s)/(1/10mm)　不小于	3	6	6
延度(25℃,5cm/min)/cm　不小于	1.5	2.5	3.5
软化点(环球法)/℃　不低于	95	75	60
溶解度(三氯乙烯)(%)　不小于	99.0		
蒸发后质量变化(163℃,5h)(%)　不大于	1		
蒸发后 25℃ 针入度比(%)　不小于	65		
闪点(开口杯法)/℃　不低于	260		

（3）防水防潮石油沥青　防水防潮石油沥青适用做油毡的涂覆材料及建筑屋面和地下防水的粘结材料。其温度稳定性较好，其中 3 号沥青温度敏感性一般，质地较软，用于一般温度下的室内及地下结构部分的防水。4 号沥青温度敏感性较小，用于一般地区可行走的缓坡屋面防水。5 号沥青温度敏感性小，用于一般地区暴露屋顶或气温较高地区的屋面防水。6 号沥青温度敏感性最小，并且质地较软，除一般地区外，主要用于寒冷地区的屋面及其他防水防潮工程。

9.1.4　石油沥青的掺配

当某一牌号的石油沥青不能满足工程技术要求时，可采用两种品牌的石油沥青进行掺配。在进行掺配时，为了不使掺配后的沥青胶体结构破坏，应选用表面张力相近和化学性质相似的沥青。试验证明同产源的沥青容易保证掺配后的沥青胶体结构的均匀性。所谓同产源是指同属石油沥青，或同属煤沥青（或煤焦油）。两种石油沥青的掺配比例可用下式估算：

$$Q_1=\frac{T_2-T}{T_2-T_1}\times100\%$$

$$Q_2=100-Q_1 \tag{9-4}$$

式中　Q_1——较软石油沥青用量（%）；

Q_2——较硬石油沥青用量（%）；

T——掺配后的石油沥青软化点（℃）；

T_1——较软石油沥青软化点（℃）；

T_2——较硬石油沥青软化点（℃）。

9.1.5　乳化沥青

乳化沥青是将通常高温使用的道路沥青，经过机械搅拌和化学稳定的方法（加入乳化剂、稳定剂和水进行乳化），扩散到水中而液化成常温下黏度很低、流动性很好的一种道路建筑材料。可以常温使用，且可以和冷的、潮湿的石料一起使用。当乳化沥青破乳凝固时，还原为连续的沥青并且水分完全排除掉，道路材料的最终强度才能形成。

在众多的道路建设应用中，乳化沥青提供了一种比热沥青更为安全、节能和环保的系统，因为这种工艺避免了高温操作、加热和有害气体的排放。

9.1.6　改性沥青

改性沥青［Modified bitumen（英），Modified asphalt cement（美）］是指掺加橡胶、树脂、高分子聚合物、磨细的橡胶粉或其他填料等外掺剂（改性剂），或采取对沥青轻度氧化的加工等措施，使沥青的性能得以改善而制成的沥青结合料。

1. 改性沥青的种类

（1）矿物改性沥青　矿物填料有粉状和纤维状两种，常用的有滑石粉、石灰石粉、硅藻土、石棉绒和云母粉等。由于沥青对矿物填充料的润湿和吸附作用，沥青可以单分子状态排列在矿物颗粒（或纤维）表面，形成结合力牢固的沥青薄膜，称之为“结构沥青”。结构沥青具有较高的黏性和耐热性。

（2）树脂改性沥青　用树脂改性石油沥青，可以改善沥青的耐寒性、耐热性、粘结性和不透气性。使沥青结合料在常温下黏度增大，从而使高温稳定性增加，但不能使沥青的弹性增加，且加热后易离析。在生产卷材、密封材料和防水涂料等产品时有应用。

（3）橡胶改性沥青　石油沥青中掺入橡胶后，可使其气密性、低温柔性、耐化学腐蚀性、耐光、耐臭氧性、耐候性和耐燃性等得到大大改善。通常使用最多的是丁苯橡胶和氯丁橡胶，是最早出现并应用最广泛的改性沥青品种，其中SBR（丁苯胶乳沥青改性剂）是应用最为广泛的改性剂之一，SBR改性沥青最大特点是低温性能得到改善，所以主要适宜在寒冷地区使用。

（4）橡胶和树脂共混改性沥青　以合成橡胶及合成树脂等高分子化合物为主要成分的防水材料，具有高弹性、耐老化性强、可单层冷施工等特点。

2. 改性沥青的应用

现代建筑物普遍采用大跨度预应力屋面板，要求屋面防水材料适应较大位移，更耐受严酷的高低温气候条件，耐久性更好，有自粘性，方便施工，减少维修工作量。使用环境发生的变化对石油沥青的性能提出了严峻的挑战。对石油沥青改性，才能使其适应日益增长的使用要求。目前改性道路沥青主要用于机场跑道、防水桥面、停车场、运动场、重交通路面、交叉路口和路面转弯处等特殊场合的铺装。改性沥青防水卷材和涂料主要用于高档建筑物的防水工程。

9.2　防水卷材

防水卷材主要用于建筑墙体、屋面以及隧道、公路、垃圾填埋场等处，起到抵御外界雨水、地下水渗漏的一种可卷曲成卷状的柔性建材产品，作为工程基础与建筑物之间无渗漏连接，是整个工程防水的第一道屏障，对整个工程起着至关重要的作用。产品主要有石油沥青防水卷材、高聚物改性沥青防水卷材和合成高分子防水卷材。防水卷材需具备以下性能：

1. 耐水性

耐水性是指在水的作用下和被水浸润后其性能基本不变，在压力水作用下具有不透水性。常用不透水性、吸水性等指标表示。

2. 温度稳定性

温度稳定性是指在高温下不流淌、不起泡、不滑动，低温下不脆裂的性能，即在一定温度变化下保持原有性能的能力。常用耐热度、耐热性等指标表示。

3. 机械强度、延伸性和抗断裂性

机械强度、延伸性和抗断裂性是指防水卷材承受一定荷载、应力或在一定变形的条件下不断裂的性能。常用拉力、拉伸强度和断裂伸长率等指标表示。

4. 柔韧性

柔韧性是指在低温条件下保持柔韧的性能。它对保证易于施工、不脆裂十分重要。常用柔度、低温弯折性等指标表示。

5. 大气稳定性

大气稳定性是指在阳光、热、臭氧及其他化学侵蚀介质等因素的长期综合作用下抵抗侵蚀的能力。常用耐老化性、热老化保持率等指标表示。

各类防水卷材的选用应充分考虑建筑的特点、地区环境条件、使用条件等多种因素，结合材料的特性和性能指标来选择。

9.2.1 石油沥青防水卷材

石油沥青防水卷材是用原纸、纤维织物、纤维毡等胎体浸涂石油沥青，表面撒布粉状、粒状或片状材料制成可卷曲的片状防水材料。常用的有石油沥青纸胎油毡、石油沥青玻璃布油毡、石油沥青玻纤胎油毡、石油沥青麻布胎油毡、石油沥青铝箔胎油毡。其特点、适用范围及施工工艺见表 9-4。

表 9-4 石油沥青防水卷材的特点、适用范围及施工工艺

卷材名称	特点	适用范围	施工工艺
石油沥青玻璃布油毡	抗拉强度高，胎体不易腐烂，材料柔韧性好	多用作纸胎油毡的增强附加层和凸出部位的防水层	热玛蹄脂、冷玛蹄脂粘贴施工
石油沥青玻纤胎油毡	有良好的耐水性、耐腐蚀性和耐久性	常用作屋面或地下防水工程	热玛蹄脂、冷玛蹄脂粘贴施工
石油沥青麻布胎油毡	抗拉强度高，耐水性好，但胎体材料易腐烂	常用作屋面增强附加层	热玛蹄脂、冷玛蹄脂粘贴施工
石油沥青铝箔胎油毡	有很高的阻隔蒸汽的渗透能力，防水功能好，且具有一定的抗拉强度	与带孔玻纤毡配合或单独使用，宜用于隔气层	热玛蹄脂粘贴

对于屋面防水工程，根据国家标准《屋面工程质量验收规范》（GB 50207—2012）的规定，石油沥青防水卷材仅适用于屋面防水等级为Ⅲ级（一般的建筑，防水层合理使用年限

为10年）和Ⅳ级（非永久性的建筑，防水层合理使用年限5年）的屋面防水工程。石油沥青防水卷材的外观质量和物理性能应符合表9-5、表9-6的要求。对于防水等级为Ⅲ级的屋面，应选用三毡四油沥青卷材防水；对于防水等级为Ⅳ级的屋面，可选用二毡三油沥青卷材防水。

表9-5 石油沥青防水卷材外观质量（GB 326—2007）

项目	质量要求
孔洞、硌伤	不允许
露胎、涂盖不匀	不允许
折纹、皱折	距卷芯1000mm以外，长度≯100mm
裂纹	距卷芯1000mm以外，长度≯10mm
裂口、缺边	边缘裂口<20mm；缺边长度<50mm，深度小于20mm
每卷卷材的接头	不超过1处，较短的一段不应<2500mm，接头处应加长150mm

表9-6 石油沥青防水卷材物理性能（GB 326—2007）

项目		性能要求		
		Ⅰ型	Ⅱ型	Ⅲ型
纵向拉力(85±2℃)(N)		≥240	270	340
耐热度(85±2℃，2h)		不流淌，无集中性气泡		
柔性(18±2℃)		绕ϕ20mm棒或弯板无裂纹		
不透水性	压力/MPa	≥0.02	≥0.02	≥0.1
	保持时间/min	≥20	≥30	≥30

9.2.2 高聚物改性沥青防水卷材

高聚物改性沥青防水卷材，以合成高分子聚合物改性沥青为涂盖层，纤维织物或纤维毡为胎体，粉状、粒状、片状或薄膜材料为覆面材料制成可卷曲的片状材料。厚度一般为3mm、4mm、5mm，以沥青基为主体。具有很好的耐高温性、高弹性和耐疲劳性，还具有较强的耐穿刺能力、伸长率和耐撕裂能力，低温延伸性好，柔性好，施工简便，使用寿命长，污染小等性能特点。

改性沥青与传统的氧化沥青相比，其使用温度区间大为扩展，制成的卷材光洁柔软，可制成3~5mm厚度，可以单层使用，具有15~20年可靠的防水效果。常见的有SBS改性沥青防水卷材、APP改性沥青防水卷材、PVC改性焦油沥青防水卷材、再生胶改性沥青防水卷材等。一般单层铺设，也可复合使用。根据不同卷材可采用热熔法、冷粘法、自粘法施工。使用较多的几种高聚物改性沥青防水卷材的特点、适用范围及施工工艺见表9-7。

对于屋面防水工程，根据国家标准《屋面工程质量验收规范》（GB 50207—2012）规定，高聚物改性沥青防水卷材适用于防水等级为Ⅰ级（特别重要或对防水有特殊要求的建筑，防水层合理使用年限为25年）、Ⅱ级（重要的建筑和高层建筑，防水层合理使用年限为15年）和Ⅲ级的屋面防水工程。根据GB 18242—2008和GB 18243—2008，高聚物改性沥青防水卷材的外观质量和物理性能应符合表9-8、表9-9要求。

表 9-7 高聚物改性沥青防水卷材的特点、适用范围及施工工艺

卷材名称	特点	适用范围	施工工艺
SBS 改性沥青防水卷材	耐高、低温性能有明显提高，卷材的弹性和耐疲劳性明显改善	单层铺设的屋面防水工程或复合使用，适合于寒冷地区和结构变形频繁的建筑	冷施工铺贴或热熔铺贴
APP 改性沥青防水卷材	具有良好的强度、延伸性、耐热性、耐紫外线照射及耐老化性能	单层铺设，适合于紫外线辐射强烈及炎热地区屋面使用	热熔法或冷粘法铺设
PVC 改性焦油沥青防水卷材	有良好的耐热及耐低温性能，最低开卷温度为-18℃	有利于在冬季负温度下施工	可热作业也可冷施工
再生胶改性沥青防水卷材	有一定的延伸性，且低温柔性较好，有一定的防腐蚀能力，价格低廉属低档防水卷材	变形较大或档次较低的防水工程	热沥青粘贴
废橡胶粉改性沥青防水卷材	比普通石油沥青纸胎油毡的抗拉强度、低温柔性均明显改善	叠层使用于一般屋面防水工程，宜在寒冷地区使用	热沥青粘贴

表 9-8 高聚物改性沥青防水卷材外观质量（GB 18242—2008）

项目	质量要求
孔洞、缺边、裂口	不允许
边缘不整齐	不超过 10mm
胎体露白、未浸透	不允许
撒布材料粒度、颜色	均匀
每卷卷材的接头	不超过 1 处，较短的一段不应小于 1000mm，接头处应加长 150mm

表 9-9 高聚物改性沥青防水卷材物理性能（GB 18243—2008）

项目		性能要求		
		聚酯毡胎体	玻纤胎体	聚乙烯胎体
拉力/(N/50mm)		≥350	纵向≥350，横向≥250	≥100
延伸率(%)		最大拉力时，≥30	—	断裂时，≥200
耐热度/℃，2h		SBS 卷材 90，APP 卷材 110，无滑动、流淌、滴落		PEE 卷材 90，无流淌、起泡
低温柔度/℃		SBS 卷材-18，APP 卷材-5，PEE 卷材-10 3mm 厚 $r=15$mm；4mm 厚 $r=25$mm；3s 弯 180°，无裂纹		
不透水性	压力/MPa	≥0.3	≥0.2	≥0.3
	保持时间/min	≥30		

注：SBS——弹性体改性沥青防水卷材；APP——塑性体改性沥青防水卷材；PEE——改性沥青聚乙烯胎防水卷材。

9.2.3 合成高分子防水卷材

合成高分子防水卷材以合成橡胶、合成树脂或此两者的共混体为基料，加入适量的化学助剂和填充料等。经不同工序加工而成可卷曲的片状防水材料；或把上述材料与合成纤维等复合形成两层或两层以上可卷曲的片状防水材料，也称“高分子防水片材”。在我国整个防

水材料工业中处于发展上升阶段，仅次于高聚物改性沥青防水卷材，其生产工艺、产品品种、生产技术装备、应用技术和应用领域正在不断提高和发展完善之中。

合成高分子防水卷材最主要的特点有三个方面：

(1) 采用冷施工　高分子防水卷材的粘结、机械固定、松铺压顶等施工方法均为冷作业，改善了施工条件和施工现场的管理，也减少了环境污染。

(2) 耐腐蚀能力强　合成高分子防水卷材的耐臭氧、耐紫外线、耐气候能力强，耐老化性能好，延长了防水耐用年限。

(3) 匀质性好　合成高分子防水卷材均采用工厂机械化生产，能较好地控制产品质量。

其品种可分为橡胶基（如三元乙丙橡胶防水卷材、氯丁橡胶防水卷材、EPT/IIR 防水卷材、丁基橡胶防水卷材、再生橡胶防水卷材等）、树脂基（如聚氯乙烯防水卷材、氯化聚乙烯防水卷材、氯磺化聚乙烯防水卷材等）和橡塑共混基（如氯化聚乙烯—橡胶共混防水卷材、三元乙丙橡胶—聚乙烯共混防水卷材等）三大类。此类卷材按厚度分为：1mm、1.2mm、1.5mm、2.0mm 等规格，一般单层铺设，可采用冷粘法或自粘法施工。

合成高分子防水卷材因所用的基材不同而性能差异较大，使用时应根据其性能的特点合理选择，常见的合成高分子防水卷材的特点、适用范围及施工工艺见表 9-10。

表 9-10　常见合成高分子防水卷材的特点、适用范围及施工工艺

卷材名称	特点	适用范围	施工工艺
三元乙丙橡胶防水卷材	防水性能优异，耐候性好，耐臭氧性、耐化学腐蚀性、弹性和抗拉强度大，对基层变形开裂的适应性强，质量轻，使用温度范围广，寿命长，但价格高，粘结材料尚需配套完善	防水要求较高、防水层耐用年限要求长的工业与民用建筑，单层或复合使用	冷粘法或自粘法
丁基橡胶防水卷材	有较好的耐候性、耐油性、抗拉强度和延伸率，耐低温性能稍低于三元乙丙橡胶防水卷材	单层或复合使用于要求较高的防水工程	冷粘法施工
氯化聚乙烯防水卷材	具有良好的耐候、耐臭氧、耐热老化、耐油、耐化学腐蚀及抗撕裂的性能	单层或复合作用宜用于紫外线强的炎热地区	冷粘法施工
氯磺化聚乙烯防水卷材	延伸率较大、弹性较好，对基层变形开裂的适应性较强，耐高、低温性能好，耐腐蚀性能优良，有很好的难燃性	适合于有腐蚀介质影响及在寒冷地区的防水工程	冷粘法施工
聚氯乙烯防水卷材	具有较高的拉伸和撕裂强度，延伸率较大，耐老化性能好，原材料丰富，价格便宜，容易粘结	单层或复合使用于外露或有保护层的防水工程	冷粘法或热风焊接法施工

对于屋面防水工程，根据国家标准《屋面工程质量验收规范》（GB 50207—2012）的规定，合成高分子防水卷材适用于防水等级为Ⅰ级、Ⅱ级和Ⅲ级的屋面防水工程。合成高分子防水卷材的外观质量和物理性能应符合表 9-11、表 9-12 的要求。

合成高分子防水卷材相对于改性沥青防水卷材有一个明显的缺陷，就是后期收缩大。大多数合成高分子防水卷材的热收缩和后期收缩均较大，常使卷材防水层产生较大内应力加速老化，或产生防水层被拉裂、搭接缝拉脱翘边等缺陷。但高分子防水卷材更具有装饰性。其在生产时可通过加入颜料的方式使卷材获得各种颜色，在防水的同时也起到装饰性作用。

表 9-11 合成高分子防水卷材外观质量（GB 18173.1—2012）

项 目	质量要求
折痕	不允许有影响使用的折痕
杂质	不允许有影响使用的杂质
胶块	不允许有影响使用的异常粘接
凹痕	橡胶类深度不超过本身厚度的 20%；树脂类深度不超过 5%
每卷卷材的接头	橡胶类每 20m 不超过 1 处，较短的一段不应小于 3000mm，接头处应加长 150mm；树脂类 20m 长度内不允许有接头

表 9-12 合成高分子防水卷材物理性能（GB 18173.1—2012）

项目		性能要求		
		硫化橡胶类	非硫化橡胶类	树脂类(FS1)
断裂拉伸强度/MPa(23℃)		≥80	≥60	≥100
拉断伸长率/%(23℃)		≥300	≥250	≥150
低温弯折(℃)		-35℃	-20℃	-30℃
不透水性	压力/MPa	≥0.3	≥0.3	≥0.3
	保持时间/min	≥30		
加热收缩率(mm)		<4	<4	<2
热老化保持率(80℃,168h)	断裂拉伸强度	≥80%		
	扯断伸长率	≥70%		

9.3 防水涂料

防水卷材性能

防水涂料是一种流态或半流态物质，涂布在基层表面，经溶剂或水分挥发或各组分间的化学反应，形成有一定弹性和一定厚度的连续薄膜，使基层表面与水隔绝，起到防水、防潮作用。防水涂料有良好的温度适应性，操作简便，易于维修与维护。

防水涂料固化成膜后的防水涂膜具有良好的防水性能，特别适合于各种复杂、不规则部位的防水，能形成无接缝的完整防水膜。它大多采用冷施工，不必加热熬制，既减少了环境污染，改善了劳动条件，又便于施工操作，加快了施工进度。此外，涂布的防水涂料既是防水层的主体，又是胶粘剂，因而施工质量容易保证、维修也较简单。但是，防水涂料须采用刷子或刮板等逐层涂刷（刮），故防水膜的厚度较难保持均匀一致。因此，防水涂料广泛适用于工业与民用建筑的屋面防水工程、地下室防水工程和地面防潮、防渗等。

防水涂料按液态类型可分为溶剂型、水乳型和反应型三种；按成膜物质的主要成分可分为沥青类、高聚物改性沥青类和合成高分子类。

9.3.1 防水涂料的性能

防水涂料的品种很多，各品种之间的性能差异很大，但无论何种防水涂料，要满足防水工程的要求，必须具备以下性能：

(1) 固体含量 是指防水涂料中所含固体比例。由于涂料涂刷后靠其中的固体成分形成涂膜，因此固体含量多少与成膜厚度及涂膜质量密切相关。

(2) 耐热度 是指防水涂料成膜后的防水薄膜在高温下不发生软化变形、不流淌的性能。它反映防水涂膜的耐高温性能。

(3) 柔性 是指防水涂料成膜后的膜层在低温下保持柔韧的性能。它反映防水涂料在低温下的施工和使用性能。

(4) 不透水性 是指防水涂料在一定水压（静水压或动水压）和一定时间内不出现渗漏的性能；是防水涂料满足防水功能要求的主要质量指标。

(5) 延伸性 是指防水涂膜适应基层变形的能力。防水涂料成膜后必须具有一定的延伸性，以适应由于温差、干湿等因素造成的基层变形，保证防水效果。

9.3.2 防水涂料的选用

防水涂料的使用应考虑建筑的特点、环境条件和使用条件等因素，结合防水涂料的特点和性能指标选择。

(1) 沥青基防水涂料 是指以沥青为基料配制而成的水乳型或溶剂型防水涂料。这类涂料对沥青基本没有改性或改性作用不大，有石灰乳化沥青、膨润土沥青乳液和水性石棉沥青防水涂料等。主要适用于Ⅲ级和Ⅳ级防水等级的工业与民用建筑屋面、混凝土地下室和卫生间防水。

(2) 高聚物改性沥青防水涂料 是指以沥青为基料，用合成高分子聚合物进行改性，制成的水乳型或溶剂型防水涂料。这类涂料在柔韧性、抗裂性、拉伸强度、耐高低温性能、使用寿命等方面比沥青基涂料有很大的改善。品种有再生橡胶改性沥青防水涂料、水乳型氯丁橡胶沥青防水涂料、SBS 橡胶改性沥青防水涂料等。适用于Ⅱ、Ⅲ、Ⅳ级防水等级的屋面、地面、混凝土地下室和卫生间等的防水工程。溶剂型橡胶沥青防水涂料的物理性能应符合表 9-13 的要求。涂膜厚度选用应符合表 9-14 的规定。

表 9-13 高聚物改性沥青防水涂料物理性能（JC/T 852—1999）

项目		性能要求
固体含量(%)		≥48
耐热度/80℃,5h		无流淌、起泡和滑动
柔性(-10℃)		3mm 厚,绕 ϕ20 圆棒无裂纹、断裂
不透水性	压力/MPa	≥0.2
	保持时间/h	≥3
抗裂性		基层裂缝≤0.8mm,涂膜不裂

(3) 合成高分子防水涂料 是指以合成橡胶或合成树脂为主要成膜物质制成的单组分或多组分的防水涂料。这类涂料具有高弹性、高耐久性及优良的耐高低温性能，品种有聚氨

酯防水涂料、丙烯酸酯防水涂料、聚合物水泥涂料和有机硅防水涂料等。适用于Ⅰ、Ⅱ、Ⅲ级防水等级的屋面、地下室、水池及卫生间等的防水工程。

表 9-14 涂膜厚度选用参考表

屋面防水等级	设防道数	高聚物改性沥青防水涂料	合成高分子防水涂料
Ⅰ级	三道或三道以上设防	—	不应<1.5mm
Ⅱ级	两道设防	不应<3mm	不应<1.5mm
Ⅲ级	一道设防	不应<3mm	不应<2mm
Ⅳ级	一道设防	不应<2mm	—

习 题

9-1 试述石油沥青的三大组分及其特性。石油沥青的组分与其性质有何关系？

9-2 怎样划分石油沥青的牌号？牌号大小与沥青主要技术性质之间的关系怎样？

9-3 石油沥青的主要技术性质是什么？各用什么指标表示？

9-4 某工地运来两种外观相似的沥青，已知其中有一种是煤沥青，为了不造成错用，请用两种以上方法进行鉴别。

9-5 在粘贴防水卷材时，一般均采用沥青胶而不是沥青，这是为什么？

9-6 什么叫改性沥青？常用的改性沥青有哪几种？各有何特点及用途？

9-7 什么是防水卷材？如何分类？应用防水卷材有何经济意义？

9-8 什么是建筑防水密封材料？不定型密封材料的主要品种及其应用有哪些？

9-9 什么是钠基膨润土防水毯？有哪些用途？

9-10 防水涂料在输储运及保管时要注意哪些事项？

第10章

建筑保温材料

知识目标

(1) 了解常用建筑保温材料的种类。
(2) 熟悉建筑保温材料的主要性能。
(3) 了解保温材料性能的检测方法。

能力目标

(1) 能根据现行规范对常见建筑保温材料的基本性能进行检测。
(2) 能根据工程特点和环境要求选用合适的建筑保温材料。

在城乡面貌发生巨大变化的同时，人们建造了大量的住宅、写字楼和商场，的确是宽敞、明亮、舒适、甚至豪华，也给人们带来快乐和自豪。但是，这些建筑要使用大量的建筑材料，要消耗大量的不可再生资源和能源。特别是保温隔热不良的建筑物，北方的冬季供暖造成的环境污染，南方的夏季制冷造成电力供应紧张，业主还要长期支付那些能源利用效率极低的建筑物所造成的浪费能源的资金。

使用建筑保温材料，其目的是为了减少热损失，以保持（室内）需要的温度，而且材料的厚度不大，又能收到很好的效果。有时是为了防止高温热传递的危害或影响，如用于我国南方地区的建筑外墙或屋面防止夏季太阳的辐射热；有时是用于保持低温（5~30℃），或保持更低温度（-30℃以下）；有时为了利用辐射热能而采用热反射材料来达到节能和改善热环境的目的，或者防止高温辐射热的危害也采用热反射材料来绝热。

10.1 常用建筑保温材料种类

我国的保温材料不仅品种多，而且产量也很大，应用范围也很广。其品种主要有岩棉、矿渣棉、玻璃棉、超细玻璃棉、硅酸铝纤维、微孔硅酸钙和微孔硬质硅酸钙、聚苯乙烯泡沫塑料（EPS）、挤塑聚苯乙烯泡沫塑料（XPS）、酚醛泡沫塑料、橡塑泡沫塑料、聚氯乙烯泡沫塑料、硬质聚氨酯泡沫塑料、聚乙烯泡沫塑料、泡沫玻璃、膨胀珍珠岩、膨胀蛭石、硅藻土、稻草板、木丝板、木屑板、加气混凝土、复合硅酸盐保温涂料、复合硅酸盐保温粉及它们的各种各样的制品和深加工的各类产品系列，还有绝热纸、绝热铝箔等。

由于有这么多保温材料品种及其系列制品供人们选用，故可根据各自的使用目的、环境、保温绝热的具体要求等择优选用。

10.1.1 建筑保温材料的分类

1. 按保温材料的材质分类

按保温材料的材质可以把保温材料分为有机保温材料、无机保温材料和复合型保温材料。

（1）有机保温材料　本身有着良好的保温隔热效果，重量也轻、加工也简单、致密性还高。存在的缺点：不稳定、安全性差、易燃烧、不耐老化、变形系数大、不环保、其资源短缺，且难以循环再利用。常见的材料有发泡聚苯板（EPS）、挤塑聚苯板（XPS）、喷涂聚氨酯（SPU）、酚醛板（PF）以及聚苯颗粒等。

（2）无机保温材料　无机保温材料的优点：施工容易，与墙基层和抹面层容易粘结，防火阻燃、变形系数小、抗老化、性能稳定，终凝强度及耐久性比有机保温材料高，安全、稳固、寿命期长。缺点：密度大；保温隔热效率差。常见的有玻璃棉、膨胀珍珠岩、发泡水泥、玻化微珠、无机纤维、闭孔珍珠岩、岩棉、蒸压加气块等。

（3）复合型保温材料　复合型保温材料的保温隔热效果较好，在实际工程中，主要体现在变形系数小、抗老化、防火好、阻燃性高、稳定；保温层强度高、寿命期限长、施工简单、成本不高；生态环保性好；原材料比较多，可以节约资源，提高了资源的循环再利用效率。

2. 按保温材料的使用温度分类

按保温材料的使用温度，可以把保温材料分为耐高温（700℃以上使用）保温材料、耐中等温度（100~700℃使用）保温材料、常温（0~100℃使用）保温材料，还有低温（-30~0℃使用）保冷材料和超低温（-30℃以下使用）保冷材料。

实际上，有的保温材料，既可在高温下使用，也可在中、低温下使用，所以对多数保温材料来说并没有严格的使用温度界限。但是，对有些保温材料，特别是有机保温材料，是有严格的使用温度限制的。否则，不仅会影响保温工程的质量和长期使用效果，而且还可能引发大型火灾和中毒事故，造成人员伤亡事故和重大的财产损失。对防火等级要求高的建筑，一定要选用不燃或难燃的保温材料，一般工程也最好用阻燃型保温材料。

3. 按保温材料的结构分类

按保温材料的结构，可以把保温材料分为纤维（固体基质，气孔连续）保温材料、多孔（固体基质连续，气孔不连续）保温材料、粉末（固体基质不连续，气孔连续）保温材料。

4. 按保温材料的密度分类

按保温材料的密度可以分为重质（密度大于350kg/m^3）保温材料、轻质（密度为50~350kg/m^3）保温材料、超轻质（密度小于或等于50kg/m^3）保温材料。

5. 按保温材料的形态分类

按保温材料的形态可分为多孔保温材料、纤维保温材料、膏状保温材料和层状保温材料。

10.1.2 常用建筑保温材料

1. 矿物棉、岩棉及其制品

矿物棉是以工业废料矿渣为主要原料，经熔化，用喷吹法或离心法而制成的棉状绝热材料。岩棉是以天然岩石为原料制成的矿物棉，常用岩石如玄武岩、辉绿岩、角闪岩等。

矿物棉特点：矿物棉及制品是一种优质的保温材料，已有100余年生产和应用历史。其质轻、保温、隔热、吸声、化学稳定性好、不燃烧、耐腐蚀，并且原料来源丰富，成本较低。

矿物棉主要用途：其制品主要用于建筑物的墙壁、屋顶、顶棚等处的保温绝热和吸声，还可制成防水毡和管道的套管。

2. 玻璃棉及制品

玻璃棉是用玻璃原料或碎玻璃熔融后制成的一种纤维状材料，它包括短棉和超细棉两种。

玻璃棉特点：在高温、低温下能保持良好的保温性能；具有良好的弹性恢复力；吸声性能好，对各种声波、噪声均有良好的吸声效果；化学稳定性好，无老化现象，长期使用性能不变，产品厚度、密度和形状可按用户要求加工。

主要用途：短棉主要制成玻璃棉毡、卷毡，用于建筑物的隔热和隔声，通风、空调设备的保温、隔声等。超细棉主要制成玻璃棉板和玻璃棉管套，用于大型录音棚、冷库、仓库、船舶、航空、隧道以及房建工程的保温、隔声，还可用于供热、供水、动力等设备管道的保温。

3. 硅酸铝棉及制品

硅酸铝棉即直径3~5μm的硅酸铝纤维，又称耐火纤维，是以优质焦宝石、高纯氧化铝、二氧化硅、锆英砂等为原料，选择适当的工艺处理，经电阻炉熔融喷吹或甩丝，使化学组成与结构相同与不同的分散材料进行聚合纤维化制得的无机材料，是当前国内外公认的新型优质保温绝热材料。

特点：具有质轻、耐高温、低热容量、导热系数低、优良的热稳定性、优良的抗拉强度和优良的化学稳定性。

主要用途：广泛用于电力、石油、冶金、建材、机械、化工、陶瓷等工业部门工业窑炉的高温绝热封闭以及用作过滤、吸声材料。

4. 石棉及其制品

石棉又称“石绵”，是具有高抗张强度、高挠性、耐化学和热侵蚀、电绝缘和具有可纺性的硅酸盐类矿物产品。它是天然的纤维状的硅酸盐类矿物质的总称。

特点：具有高度耐火性、电绝缘性和绝热性，是重要的防火、绝缘和保温材料。

主要用途：主要用于机械传动、制动以及保温、防火、隔热、防腐、隔声、绝缘等方面，其中较为重要的是汽车、化工、电气设备、建筑业等制造部门。

5. 膨胀珍珠岩及其制品

膨胀珍珠岩是天然珍珠岩煅烧而得，呈蜂窝泡沫状的白色或灰白色颗粒，是一种高效能的绝热材料。

特点：密度小，导热系数低，化学性稳定，使用温度范围宽，吸湿能力小，无毒无味，不腐蚀，不燃烧，吸声和施工方便。

主要用途：建筑工程中膨胀珍珠岩散料主要用作填充材料、现浇水泥珍珠岩保温、隔热层，粉刷材料以及耐火混凝土方面，其制品广泛用于较低温度的热管道、热设备及其他工业管道设备和工业建筑的保温绝热，以及工业与民用建筑维护结构的保温、隔热、吸声。

6. 加气混凝土

加气混凝土是一种轻质多孔的建筑材料，它是以水泥、石灰、矿渣、粉煤灰、砂、发气材料等为原料，经磨细，配料、浇筑、切割、蒸压养护和铣磨等工序而制成的，因其经发气后制品内部含有大量均匀而细小的气孔，所以称为加气混凝土。

特点：质量轻（孔隙达70%~80%），体积密度一般为400~700kg/m^3，相当于实心黏土砖的1/3，普通混凝土的1/5，保温性能好，良好的耐火性能，不散发有害气体，具有可加工性，良好的吸声性能，原料来源广、生产效率高、生产能耗低。

主要用途：主要用于建筑工程中的轻质砖、轻质墙、隔声砖、隔热砖和节能砖。

7. 模塑聚苯乙烯泡沫塑料（EPS）

模塑聚苯乙烯泡沫塑料是采用可发性聚苯乙烯珠粒经加热预发泡后，在磨具中加热成型而制得的，具有闭孔结构的，使用温度不超过75℃的聚苯乙烯泡沫塑料板材。

特点：具有优异持久的保温隔热性、独特的缓冲抗震性、抗老化性和防水性能。

主要用途：在日常生活、农业、交通运输业、军事工业、航天工业等许多领域都得到了广泛的应用。特别是大型泡沫板材的市场需求量很大，作为彩钢夹芯板、钢丝（板）网架轻质复合板、墙体外贴板、屋面保温板以及地热用板等。它更广泛地被应用在房屋建筑领域，用作保温、隔热、防水和地面的防潮材料等。

8. 挤塑聚苯乙烯泡沫塑料（XPS）

XPS即绝热用挤塑聚苯乙烯泡沫塑料，俗称挤塑板，它是以聚苯乙烯树脂为原料加上其他的原辅料与聚合物，通过加热混和同时注入催化剂，然后挤塑压出成型而制造的硬质泡沫塑料板。

特点：具有完美的闭孔蜂窝结构，其结构的闭孔率达到了99%以上，这种结构让XPS板有极低的吸水性（几乎不吸水）、低热导系数、高抗压性、抗老化性（正常使用几乎无老化分解现象）。

主要用途：广泛用于墙体保温、平面混凝土屋顶及钢结构屋顶的保温；用于低温储藏地面、泊车平台、机场跑道、高速公路等领域的防潮保温。

9. 聚氨酯硬质泡沫塑料

聚氨酯硬质泡沫塑料是异氰酸酯和羟基化合物经聚合发泡制成，按其硬度可分为软质和硬质两类，聚氨酯硬质泡沫塑料一般为室温发泡，成型工艺比较简单。按施工机械化程度可分为手工发泡及机械发泡；按发泡时的压力可分为高压发泡及低压发泡；按成型方式可分为浇注发泡及喷涂发泡。

特点：聚氨酯硬泡沫塑料多为闭孔结构，具有绝热效果好、重量轻、比强度大、施工方

便等优良特性，同时还具有隔声、防震、电绝缘、耐热、耐寒、耐溶剂等特点。

主要用途：食品等行业冷冻冷藏设备的绝热材料；工业设备保温，如储罐、管道等；建筑保温材料；灌封材料等。

10.2　建筑保温材料的性能

10.2.1　保温材料的基本性能

1. 导热系数

保温材料的保温性能通过导热系数大小衡量，导热系数是通过材料本身热量传导能力大小的量度，它受本身物质构成、孔隙率、材料所处环境的温、湿度及热流方向的影响。

(1) 材料的物质构成　材料的导热系数受自身组成物质的化学组成和分子结构的影响。化学组成和分子结构比较简单的物质比结构复杂的物质有较大的导热系数。

(2) 孔隙率　由于固体物质的导热系数比空气的导热系数大得多，因此，材料的孔隙率越大，一般来说，材料的导热系数就越小。材料的导热系数不仅与孔隙率有关，而且还与孔隙的大小、分布、形状及连通状况有关。封闭孔隙比粗大连通孔隙的导热系数小。

(3) 温度　材料的导热系数随温度的升高而增大，因为温度升高，材料中固体分子的热运动增强，同时，材料孔隙中空气的导热和孔壁间的辐射作用也有所增加。

(4) 湿度　材料受潮吸水后，会使其导热系数增大。这是因为水的导热系数比空气的导热系数约大 20 倍所致。若水结冰，则由于冰的导热系数约为空气导热系数的 90 倍，从而使材料的导热系数增加更多。保温材料在施工及保管过程中必须在干燥条件下进行。

(5) 热流方向　对于纤维状材料，热流方向与纤维排列方向垂直时材料表现出的导热系数要小于平行式的导热系数。这是因为前者可对空气的对流等起有效的阻止作用所致。

2. 温度稳定性

材料在受热作用下保持其原有的性能不变的能力，称为保温材料的温度稳定性。通常用其不致丧失保温性能的极限温度来表示。

3. 吸湿性

保温材料在潮湿环境中吸收水分的能力称为其吸湿性。一般其吸湿性越大，对保温效果越不利。

4. 强度

保温材料的机械强度和其他建筑材料一样是用强度极限来表示的。通常采用抗压强度和抗折强度。由于保温材料有大量孔隙，故其强度一般均不大，因此不宜将保温材料用于承受外界荷载部位。对用于不同部位的保温材料，应考虑相应的强度要求。

10.2.2　常见保温材料性能的比较

不同建筑保温材料的性能是不尽相同的，表 10-1 介绍了常见保温材料性能比较。

表 10-1　常见保温材料性能比较

种类 性能	有机材料				无机材料		保温浆料	其他保温材料	
	PU 板(HBL)	XPS 板	EPS 板	PF 板	岩棉板	发泡水泥板	胶粉聚苯颗粒保温浆料	VIP(玻璃纤维芯材)	真金板
密度/(kg/m^3)	≥35	22~35	18~22	≤60	≥160	≤250	180~250	55~65	35~50
导热系数/[W/(m·K)],25℃	≤0.022	≤0.032	≤0.041	≤0.04	≤0.045	≤0.06	≤0.06	≤0.01	0.035~0.041
抗压强度/MPa	≥0.15	≥0.15	≥0.10	≥0.10	≥0.04	≥0.40	≥0.20	≥0.50	≥0.15
抗拉强度/MPa	≥0.10	≥0.15	≥0.10	≥0.10	≥0.075	≥0.13	≥0.10	≥0.10	≥0.18
尺寸稳定性(%)	≤0.8	≤1.2	≤0.3	≤2.0	≤1.0	≤1.0	—	—	≤0.60
吸水率(%)	≤3	≤1.5	≤3	≤7.5	≤10	≤10	≤25	—	≤3.0
氧指数(%)	≥30	≥26	≥26	≥40	—	—	—	—	≥30
防火性能	遇火结碳,无熔滴,不产生火焰扩张	有熔滴,火势易蔓延	有熔滴,不耐火灾,火势易蔓延	遇火结碳,无熔滴,不产生火焰扩张	遇火不燃	遇火不燃	火灾状态下不燃烧,保温体系安全稳定	防火不燃	遇火焰形成断热阻隔连续蜂窝状结构,阻隔火焰穿透
阻燃等级(GB 8624—2012)	B_1/B_2	B_1/B_2	B_1/B_2	B_1	A	A	A/B_1	A	A/B_1
同厚度保温层墙体节能效率	很高	较高	高	高	较差	较差	较差	极高	高
保温层结构形式	有机交联网状闭孔结构	有机闭孔蜂窝结构	有机闭孔蜂窝结构	有机均匀闭孔结构	无机多孔纤维状,开孔结构	无机气泡状多孔结构	无机有机复合呈松散结构	由玻璃纤维材料与真空保护表层复合而成	有机材料表面覆防火隔离膜
现场施工质量控制	较好,易施工,质量可控性好	较差,对墙体基层要求较高,施工较复杂;墙面平整度难控制	一般,板材强度较低,易破坏;墙面平整度高于 XPS 板	较好,干挂或粘贴;易施工	较差,质量重,粉尘多,施工复杂,对健康有影响	较差,施工质量难控,施工稳定性差	较差,人工操作因素影响较大,且呈松散结构,易开裂、渗水、脱落	固定加粘贴的方式,但固定时包装易破损,影响其使用寿命,仅粘贴却存在安全隐患	较好,易施工,质量可控性好
与水泥基砂浆的粘结性能	易粘结	不易粘结,憎水性表面	不易粘结,光滑,需做界面处理	不易粘结,需做界面处理	易粘结	易粘结	易粘结	不易粘结	易粘结

做墙体保温时系统质量稳定性	抗开裂，无脱落隐患，有粘结界面存在，板体易与水泥基材料粘合，且使用温度范围宽广	板材较脆，不易弯折，易开裂、脱落，透气性差，板两侧温差大、湿度高时易结露	易开裂、脱落，与水泥基材料粘结性差，且热胀冷缩影响性大	脆性大，抗压折能力低，易粉化，遇水易脱落，吸水后保温性能急剧下降	易吸潮吸水，吸潮进水后强度下降明显	系统质量受设备和施工技术影响较大，稳定性较难控制	系统施工无接缝，体系无空腔，与基层附着力强，不易脱落	系统质量受施工影响较大，固定时易破坏其包装，造成鼓包变形	吸水率低，尺寸稳定性好，不易开裂、脱落，使用范围广
适合体系	薄抹灰，大模内置，保温装饰一体化	薄抹灰，大模内置，保温装饰一体化	薄抹灰，大模内置，保温装饰一体化	薄抹灰，保温装饰一体化	薄抹灰，保温装饰一体化，防火隔离带	薄抹灰，保温装饰一体化，防火隔离带	薄抹灰，保温装饰一体化	薄抹灰，保温装饰一体化	薄抹灰，保温装饰一体化
执行标准	《硬泡聚氨酯保温防水工程技术规范》（GB 50404—2007）	《膨胀聚苯板薄抹灰外墙外保温系统》（JG 149—2003）	《膨胀聚苯板薄抹灰外墙外保温系统》（JG 149—2003）	《绝热用硬质酚醛泡沫制品（PF）》（GB/T 20974—2014）	《建筑外墙外保温用岩棉制品》（GB/T 25975—2018）	《复合发泡水泥板外墙外保温系统应用技术规程》（JG/T 041—2011）	《胶粉聚苯颗粒外墙外保温系统》（JG 158—2004）	ASTMC 1484—2009，芯材参照《硬泡聚氨酯保温防水工程技术规范》（GB 50404—2007）	暂无
实际技术水平	经复合后材料λ为0.020~0.024W/(m·K)，防火安全性能达到复合A级	λ≤0.03 W/(m·K)，但仍无法避免与砂浆粘结性差的弊端，且使用温度高于75℃时其强度降低，影响其质量安全性	λ≤0.041W/(m·K)，技术成熟，工艺简单，已形成体系，但在外墙表面温度75℃时出现软化，其强度降低，影响其质量安全性	λ≤0.035W/(m·K)，脆性大，易粉化，与无机材料构成的复合材料粘结性能差	λ≤0.04W/(m·K)，垂直于表面抗拉强度7.5kPa，与粘结砂浆、抹面砂浆抗折强度低	λ≤0.06W/(m·K)，用硫酸铝水泥制作耐久性差	λ≤0.06W/(m·K)，工艺简单，在结构比较复杂或不规整的外墙表面施工时适应性好	λ可低至0.004W/(m·K)，目前多用于冰箱制冷及其他领域；用于建筑保温时，对施工工艺要求较高，若安装不当易形成安全隐患	λ≤0.033 W/(m·K)，与砂浆有良好的粘结性能，尺寸稳定性好，不易形变翘曲
使用寿命	耐久性好，能实现与建筑同寿命	粘结性差，透气性差，易导致保温层变形和粘结层脱落，影响其使用寿命	强度较低，熟化不完全的板材易收缩、开裂，降低其使用寿命	脆性大，抗冲击性能差，易粉化，不能与建筑同寿命	吸水率高，易脱落，不能与建筑同寿命	脆性大，吸水率高，自重大，不能与建筑物同寿命	使用寿命长，但保温性能较差，达到相同的保温效果所需保温层厚度更大	使用寿命受板材初始真空度、阻隔膜及施工性能等影响较大	耐久性好，使用寿命不低于25年，但其保温性能不如聚氨酯保温材料

10.3 保温材料的燃烧性能检测

10.3.1 保温材料燃烧性能分析

人们对建筑安全性的要求越来越严格，而在所有威胁因素中，又以火灾最为常见并且影响恶劣。我国对建筑防火安全进行了规定，尤其是对建筑外墙保温材料的选择有着明确的规定，要保证材料燃烧性能必须满足工程建设的需求。通过对建筑外墙保温材料燃烧性能的研究，消除其存在的安全隐患，进一步提高保温材料与外墙保温系统的防火等级，提高工程建设质量。

燃烧性能是指建筑材料遇火或者燃烧时所发生的一系列物理与化学变化，这项性能由表面着火性、发热、火焰传播性、失重、发烟以及毒性生成物的产生等特性来衡量。对于建筑工程外墙保温材料的选择，我国有明确的规定，要求材料燃烧性能必须要在 B_2 级以上，是建筑防火性能的主要影响因素。材料燃烧性能如何，对建筑工程的防火性能以及其使用安全性具有密切的关系。为保证建筑工程防火性能满足相关要求，需要结合工程实际情况来选择外墙保温材料。但由于我国建材市场入门水平较低，再加上管理制度不完善，导致整个市场比较混乱。因此，必须要对建筑外墙保温材料燃烧性能进行研究，确保其能够满足工程建设。

《建筑材料及制品燃烧性能分级》（GB 8624—2012）规定，保温材料燃烧性能主要分为四个级别，见表 10-2。

表 10-2 建筑材料及制品的燃烧性能等级

燃烧性能等级	名　称
A	不燃材料(制品)
B_1	难燃材料(制品)
B_2	可燃材料(制品)
B_3	易燃材料(制品)

1）燃烧性能为 A 级的保温材料主要有：岩（矿）棉、泡沫玻璃、无机保温砂浆等。

2）燃烧性能为 B_1 级的保温材料主要有：酚醛、胶粉聚苯颗粒。

3）燃烧性能为 B_2 级的保温材料主要有：模塑聚苯板（EPS）、挤塑聚苯板（XPS）、聚氨酯（PU）、聚乙烯（PE）等。

4）为使燃烧性能等级达到 A 级而进行特殊处理的保温材料（如：酚醛板等），其燃烧性能等级应当以国家相关部门认可的检测机构出具的检测报告为准，其设计和施工应当满足相应的技术规定要求。

5）防火隔离带的保温材料可采用岩（矿）棉、泡沫玻璃、无机保温砂浆等燃烧性能等级为 A 级的材料。

10.3.2 保温材料燃烧性能等级评定及检测

一般而言，保温材料的检测项目有外观尺寸偏差检测、密度检测、吸湿度检测、断裂载

荷检测、热阻值与导热系数检测、抗压与抗折强度检测、质量函数率检测、粒度分析等。工程项目中对保温材料要求的检测项目一般有压缩强度检测、导热系数检测、燃烧性能检测三项。第三方检测单位提供的检测项目一般有压缩强度、导热系数、燃烧性能、尺寸变化率、水蒸气透过系数、吸水率等。从科学研究及降低检测误差，提高检测精度的角度来说保温材料的检测项目可细分为：① EPS/XPS 板材检测；② 硬质聚氨酯泡沫塑料；③ 胶粉 EPS 颗粒保温浆料；④ 保温装饰板；⑤ 抗裂砂浆；⑥ 界面砂浆；⑦ 胶粘剂；⑧ 耐碱玻纤网格布；⑨ 热镀锌电焊钢丝网；⑩ 保温材料的燃烧性能。

对于保温材料的燃烧性能应重点了解。

1. 不燃类保温材料

对于膨胀玻化微珠保温浆料，一般可按 A1 级进行检验。虽然保温浆料中可能含有少量的有机物质，但有机物质是均匀地混入无机材料中的，按照《建筑材料不燃性试验方法》（GB/T 5464—2010）进行试验时，试样的平均持续燃烧时间为 0s（不同标准对这个最小时段的规定不尽相同，ISO 1182：2002 中规定的持续燃烧时间可以理解为 5s，但一般规定为 10s），按照《建筑材料及制品的燃烧性能 燃烧热值的测定》（GB/T 14402—2007）进行检验时，保温浆料的整体总燃烧热值不会大于 2.0MJ/kg。

对于矿物棉或玻璃棉类保温材料，一般可按 A1 级或 A2 级进行检验。由于在这类产品的生产和加工过程中加入了少量的有机物，会影响其相关的试验结果，大致可分四种情况：

（1）制品的燃烧性能等级为 A1 按照 GB/T 5464—2010 进行试验时，试样的平均持续燃烧时间为 0s，按照 GB/T 14402—2007 进行检验时，保温浆料的整体总燃烧热值不大于 2.0MJ/kg。

（2）制品的燃烧性能等级为 A2 按照 GB/T 5464—2010 进行试验时，试样的平均持续燃烧时间不大于 20s，按照 GB/T 14402—2007 进行检验时，保温材料的整体总燃烧热值不大于 2.0MJ/kg。

（3）制品的燃烧性能等级为 A2 按照 GB/T 14402—2007 进行检验时，保温材料的整体总燃烧热值不大于 2.0MJ/kg，但按照 GB/T 5464—2010 进行试验时，试样的平均持续燃烧时间大于 20s，此时应采用《建筑材料或制品的单体燃烧试验》（GB/T 20284—2006）进行 SBI 试验，要求 FIGRA≤120W/s。

（4）制品的燃烧性能等级不能达到 A2 按照 GB/T 14402—2007 进行检验时，保温材料的整体总燃烧热值大于 2.0MJ/kg。此时只能采用 GB/T 20284—2006 进行 SBI 试验，判定其燃烧性能为 B 级。在这种情况下，虽然制品的燃烧性能等级不能符合 A2 级的要求，但如果制品中的有机物含量不太高，可以作为 A2 级材料使用，这需要在相关的其他标准中进行规定。

对于胶粉聚苯颗粒保温浆料，当其相对密度较高时，可按 A2 级进行检验。一般应按照（GB/T 14402—2007）和（GB/T 20284—2006）进行试验。影响其燃烧性能等级评定的是保温浆料中聚苯乙烯颗粒的掺入量。当聚苯乙烯颗粒的掺入量较高时，制品的整体总燃烧热值会大于 2.0MJ/kg。

2. 可燃或难燃类保温材料

（1）关于可燃性试验 对于聚苯乙烯泡沫塑料，主要看是否产生滴落，滴落物是否引燃滤纸。对于外保温系统使用的聚苯乙烯泡沫塑料，滴落物不引燃滤纸是最基本的要求。试验前试件的状态调节时间非常关键，当试验时产生滴落物并引燃滤纸时，应考虑延长试件的存放期。

对于聚氨酯硬泡沫塑料，主要看试验时点火开始后的火焰高度。如果制备试件时切除了聚氨酯硬泡沫塑料的表皮，试验时的火焰高度可能会超过标线。

（2）关于 SBI 试验 SBI 试验燃烧室的内空间尺寸为 2.4m×3.0m×3.0m，试验设备包括小推车、框架、燃烧器、集烟罩、收集器、排烟系统和常规测量装置。试件安装在小推车的固定位置，试件为直角形，由尺寸为 1000mm×1500mm 的长翼和尺寸为 495mm×1500mm 的短翼组成。

试验时将安装好试件的小推车推入燃烧室内的固定位置，采用丙烷气体作为燃料，通过位于直角形试件底部的砂盒燃烧器产生（30.7±2.0）kW 的火焰对试件进行作用。

试件的燃烧性能通过 20min 的试验过程来进行评估。性能参数包括热释放、产烟量、火焰横向传播和燃烧滴落物及颗粒物。一些参数测量可自动进行，另一些则可通过目测法得出。排烟管道配有用以测量温度、光衰减、O_2 和 CO_2 的摩尔分数以及管道压差的传感器。这些数值自动记录并用以计算体积流速、热释放速率（HRR）和产烟率（SPR）。对火焰的横向传播和燃烧滴落物及颗粒物可采用目测法进行测量。

习　题

10-1　保温材料是如何分类的？

10-2　材料的燃烧性能分为哪几个等级？

第11章

常用建筑装饰材料

知识目标

(1) 了解各类玻璃的性质及常用玻璃的用途。
(2) 了解常用建筑涂料的性质及用途。
(3) 了解建筑饰面石材的特点及选用。

能力目标

(1) 能识别各类常用的玻璃。
(2) 能合理选用各种涂料。

建筑装饰是根据一定的方法，对建筑物内外进行美化的行为。建筑装饰的效果和好坏，很大程度上受建筑装饰材料的制约。因此，建筑装饰材料是装饰工程的物质基础。

目前，很多装饰材料中含有对人体有害的物质。随着人们对环境、能源和资源问题的关注，人们更加重视“绿色住宅”和“健康住宅”的开发和建设。此外，在建筑装饰工程中，建筑装饰材料的费用是决定装饰工程造价的主要因素，通常占工程造价的50%～70%。于是，研究建筑装饰材料就显得尤为重要了。

建筑装饰材料根据不同的方法，有不同的分类。如根据化学性质分：可分为无机装饰材料（如天然石材、石膏制品、金属等）、有机装饰材料（如木材、塑料、有机涂料等）和有机、无机复合装饰材料（如铝塑板、彩色涂层钢板等）。无机装饰材料又可分为金属材料（如铝合金、铜合金、不锈钢等）、非金属（如石膏、玻璃、陶瓷、矿棉制品等）材料两大类。根据材质不同分：可以分为玻璃类、石材类、陶瓷类、木质类、塑料类、涂料类、金属类等。

本章中主要介绍以下几种建筑装饰材料：玻璃、建筑涂料、建筑装饰石材、建筑陶瓷等。

11.1 玻璃

11.1.1 玻璃的组成成分

玻璃的基本原料为：硅砂、纯碱、碳酸钙、硼砂、碳酸钾、氢氧化铝、硼硅酸（硬料玻璃）、长石、氧化锌、碳酸钡等。

1. 硅砂

硅砂为玻璃的骨材，二氧化硅约占玻璃组成的70%。

2. 纯碱

纯碱是使玻璃易融解的成分，约占玻璃组成的12%~18%。

3. 碳酸钙

碳酸钙是纯碱玻璃的石灰部分，约占玻璃组成的3%~12%。

4. 硼砂

硼砂是使玻璃易融解的成分，可以提高玻璃的耐久性，成为硬料玻璃的材料。

5. 碳酸钾

碳酸钾是使玻璃易融解的成分，对玻璃表面的光亮、颜色进行发色，而且是无铅水晶玻璃的材料。

6. 氢氧化铝

氢氧化铝是提高玻璃的化学耐久性（耐酸性）的成分，通常纯碱玻璃加1%~2%，硼硅酸玻璃（硬料玻璃）加3%。

7. 长石

长石中含二氧化硅、铝、钾、钠，在取得基础成分方面十分便利。

8. 氧化锌

氧化锌因为能降低热膨胀系数，而作为硬料玻璃的成分使用，作为无铅的水晶玻璃也在使用。

9. 碳酸钡

碳酸钡常用于电视机显像管玻璃的原料以及光学玻璃、无铅的水晶玻璃等。

11.1.2 玻璃的分类

按不同的分类方法，玻璃的分类也有很多种。

1. 简单分类

玻璃简单分类主要分为平板玻璃和特种玻璃。

平板玻璃主要分为三种：即引上法平板玻璃、平拉法平板玻璃和浮法玻璃。由于浮法玻璃厚度均匀、上下表面平整平行，再加上劳动生产率高及利于管理等方面的因素影响，浮法玻璃正成为玻璃制造方式的主流。

2. 按成分分类

玻璃通常按主要成分分为氧化物玻璃和非氧化物玻璃。非氧化物玻璃品种和数量很少，主要有硫系玻璃和卤化物玻璃。硫系玻璃的阴离子多为硫、硒、碲等，可截止短波长光线而

通过黄、红光，以及近、远红外光，其电阻低，具有开关与记忆特性。卤化物玻璃的折射率低，色散低，多用作光学玻璃。

氧化物玻璃又分为硅酸盐玻璃、硼酸盐玻璃、磷酸盐玻璃等。硅酸盐玻璃是指基本成分为 SiO_2 的玻璃，其品种多，用途广。通常按玻璃中 SiO_2 以及碱金属、碱土金属氧化物的不同含量，又分为石英玻璃、高硅氧玻璃、钠钙玻璃、铅硅酸盐玻璃、铝硅酸盐玻璃、硼硅酸盐玻璃。

3. 按功能分类

按玻璃的使用功能又可以把玻璃分为普通玻璃、石英玻璃、钢化玻璃、钾玻璃、硼酸盐玻璃、有色玻璃、变色玻璃、光学玻璃、彩虹玻璃、防护玻璃、微晶玻璃、玻璃纤维、玻璃丝、金属玻璃。

4. 按性能分类

玻璃按性能特点又分为钢化玻璃、多孔玻璃（即泡沫玻璃，孔径约 40mm，用于海水淡化、病毒过滤等方面）、导电玻璃（用作电极和飞机风挡玻璃）、微晶玻璃、乳浊玻璃（用于照明器件和装饰物品等）和中空玻璃（用作门窗玻璃）等。

11.1.3　玻璃的性质

1. 密度

常用建筑玻璃的密度为 $2.50 \sim 3.60 g/cm^3$。

2. 玻璃的力学性质

玻璃的理论抗拉强度极限为 12000MPa，但实际强度只有理论强度的 1/300～1/200，一般为 30～60MPa，玻璃的抗压强度为 700～1000MPa。玻璃中的各种缺陷造成了应力集中或薄弱环节，试件尺寸越大则缺陷存在的越多。缺陷对抗拉强度的影响非常显著，对抗压强度的影响较小。

在实际应用中玻璃制品经常受到弯曲、拉伸和冲击应力，较少受到压缩应力。玻璃的力学性质主要指标是抗拉强度和脆性指标。

3. 玻璃的光学性质

光学性质是玻璃最重要的物理性质。玻璃是各种材料中唯一能够利用透光性来控制和隔断空间的装饰材料，广泛应用于建筑物的采光和装饰部位。

光线照射到玻璃表面可以产生透射、反射和吸收三种情况。玻璃中光的透射随玻璃厚度增加而减少。玻璃中光的反射对光的波长没有选择性，玻璃中光的吸收对光的波长有选择性。可以在玻璃中加入少量着色剂，使其选择吸收某些波长的光，但玻璃的透光性降低。还可以改变玻璃的化学组成来对可见光、紫外线、红外线、X 射线和 γ 射线进行选择吸收。

4. 玻璃的热学性质

玻璃的比热容与其化学组成有关，在室温范围内其比热容的范围为 $0.33 \sim 1.05 \times 10^3 J/(kg \cdot K)$。

普通玻璃的导热系数在室温下约为 $0.75W/(m \cdot K)$。玻璃的导热系数约为铜的 1/400，是导热系数较低的材料。当发生温度变化时，玻璃产生的热应力很高。在温度剧烈变化时玻璃会产生碎裂，玻璃的急热稳定性比急冷稳定性要强一些。

5. 玻璃的化学性质

玻璃具有较高的化学稳定性，它可以抵抗除氢氟酸以外所有酸类的侵蚀，硅酸盐玻璃一般不耐碱。玻璃遭受侵蚀性介质腐蚀，也能导致变质和破坏。通过改变玻璃的化学成分，或对玻璃进行热处理及表面处理，可以进一步提高玻璃的化学稳定性。

11.1.4 建筑装饰中常用的玻璃

1. 普通平板玻璃

普通平板玻璃是未经过进一步加工的玻璃制品。其透光率为 85%~90%，也称单光玻璃、净片玻璃，是建筑工程中用量最大的玻璃，也是制作其他玻璃的主要材料，故又称原片玻璃。在建筑装饰中，它主要用于门窗，能起到透光、隔声、保温等作用。

普通平板玻璃按照厚度主要分为以下几类：

1）3~4 厘玻璃，mm 在日常中也称为厘。我们所说的 3 厘玻璃，就是指厚度 3mm 的玻璃。这种规格的玻璃主要用于画框表面。

2）5~6 厘玻璃，主要用于外墙窗户、门扇等小面积透光造型等。

3）7~9 厘玻璃，主要用于室内屏风等较大面积但又有框架保护的造型之中。

4）9~10 厘玻璃，可用于室内大面积隔断、栏杆等装修项目。

5）11~15 厘玻璃，可用于地弹簧玻璃门和一些活动人流较大的隔断之中。

6）15 厘以上玻璃，一般市面上销售较少，往往需要订货，主要用于较大面积的地弹簧玻璃门外墙整块玻璃墙面。

根据国家标准 GB 4871—1995 的规定，玻璃按其厚度可分为以下几种规格：

引拉法玻璃：分为 2mm、3mm、4mm、5mm、6mm 五种。

浮法玻璃：分为 3mm、4mm、5mm、6mm、8mm、10mm、12mm 七种。

普通平板玻璃在储运过程中，一般采用木箱或集装箱包装。储运时，必须将箱盖朝上，垂直立放，并需要注意防水防潮，应存放在不结露的房间内。

2. 其他深加工玻璃制品

（1）钢化玻璃　它是普通平板玻璃经过再加工处理而成一种预应力玻璃。钢化玻璃相对普通平板玻璃来说，具有两大特征：一是钢化玻璃的强度大大增加，抗拉强度是后者的 3 倍以上，抗冲击性是后者 5 倍以上；二是钢化玻璃不容易破碎，即使破碎也会以无锐角的颗粒形式碎裂，对人体伤害大大降低。

（2）磨砂玻璃　它是在普通平板玻璃上面再磨砂加工而成。一般厚度多在 9 厘以下，以 5、6 厘厚度居多。很多时候可用作室内装饰。

（3）喷砂玻璃　性能上基本与磨砂玻璃相似，不同的是改磨砂为喷砂。由于两者视觉上类似，很多业主甚至装修专业人员都把它们混为一谈。

（4）压花玻璃　是采用压延方法制造的一种平板玻璃。其最大的特点是透光不透明，多使用于洗手间等装修区域。

（5）夹丝玻璃　是采用压延方法，将金属丝或金属网嵌于玻璃板内制成的一种具有抗冲击性的平板玻璃，受撞击时只会形成辐射状裂纹而不致坠落伤人。故多用于高层楼宇和振荡性强的厂房。

（6）中空玻璃　多采用胶接法将两块玻璃保持一定间隔，间隔中是干燥的空气，周边

再用密封材料密封而成，主要用于有隔声要求的装修工程之中，也可用于制作玻璃窗保暖。

(7) 夹层玻璃　夹层玻璃一般是由两片普通平板玻璃（也可以是钢化玻璃或其他特殊玻璃）以及玻璃之间的有机胶合层构成。当受到破坏时，玻璃碎片仍粘附在胶层上，避免了碎片飞溅对人体的伤害。一般用于有安全要求的装修项目。

(8) 夹丝玻璃　夹丝玻璃是将平板玻璃加热到红热状态，再将预热处理的金属丝（网）压入玻璃中而制成。夹丝玻璃的表面可以是压花或者磨光的，颜色可以是透明或者彩色的，它的优点是耐冲击性和耐热性好，在外力作用下和温度剧变时，破而不散，因此，具有防火防盗的功能。

(9) 防弹玻璃　实际上就是夹层玻璃的一种，只是采用的玻璃多为强度较高的钢化玻璃，且夹层数量也相对较多。多用于银行或者豪宅等对安全要求非常高的装修工程。

(10) 热弯玻璃　由平板玻璃加热软化在模具中成型，再经过退火制成的曲面玻璃。在一些高级装修中出现的频率越来越高，需要预定，很少有现货。

(11) 吸热玻璃　吸热玻璃是能吸收大量红外线辐射并能保持较高的透光率的玻璃。吸热玻璃已经广泛用于建筑物的门窗、外墙以及车船的挡风玻璃等。

(12) 热反射玻璃　热反射玻璃是具有较高的热反射能力而又能保持良好的透光率的玻璃。热反射玻璃也称镜面玻璃，有金色、茶色、灰色、紫色、褐色、青铜色以及浅蓝色等。在建筑装饰中主要用于有绝热要求的建筑物门窗、玻璃幕布、汽车和轮船的玻璃等。

(13) 自洁净玻璃　自洁净玻璃是一种新型的生态环保产品。外观上与普通玻璃极其相似，但是这种玻璃却可以迅速将附在玻璃表面的有机物分解成无机物而实现自洁净，且在5℃以下玻璃表面不易挂水珠，从而保持玻璃的自洁净。自洁净玻璃可以用于高档建筑的卫浴玻璃镜、整容镜、高层建筑的幕墙、照明以及汽车玻璃等。

(14) 玻璃幕墙　玻璃幕墙是由结构框架与镶嵌板材组成的代替墙壁的材料，它可用于不承担主体结构载荷与作用的建筑围护结构。

(15) 仿石玻璃　采用玻璃原料可以制成仿石玻璃制品。仿石玻璃是仿照大理石的颜色、种类等制作的一种可以替代大理石装饰材料和地坪的建筑装饰材料。可用作装饰或者地坪材料。

(16) 玻璃砖　玻璃砖的制作工艺和平板玻璃基本一样，不同的是成型方法，中间为干燥的空气。多用于装饰性项目或者有保温要求的透光造型中。

(17) 镭射玻璃　镭射玻璃是一种以玻璃为基本材料的新型建筑装饰材料。它的特点在于玻璃的背面出现几何光栅，在光源的照射下，形成物理衍射而出现七色光，使被装饰物显得富丽堂皇。多用于酒店、宾馆和各种商业文娱等设施的装饰。用作内墙、外墙、柱面、地面、桌面、台面、幕墙等。

(18) 玻璃纸　也称玻璃膜，具有多种颜色和花色。绝大部分起隔热、防红外线、防紫外线、防爆等作用。

11.2　建筑涂料

“涂料”一词在20世纪50年代已经出现。它是涂于物体表面能形成具有保护、装饰或特殊性能（如绝缘、防腐、标志等）的固态涂膜的一类液体或固体材料的总称。包括油

(性）漆、水性漆、粉末涂料。早期大多以植物油为主要原料，故有油漆之称。现合成树脂已大部或全部取代了植物油，故称为涂料。油漆一词已经不能代表这类物质的准确含义，现在常将这类物质称为涂料。

在我国，一般将用于建筑物内墙、外墙、顶棚、地面、卫生间的涂料统称为建筑涂料。实际上建筑涂料的范围很广，除上述内容外还包括功能性建筑涂料（如钢结构防腐涂料、防火涂料、屋面防水涂料、保温隔热涂料等）。在国外，一般将建筑物所有部位（除上述部位外，还包括门窗、楼道、屋面、配电柜等）木质构件及金属构件所用的涂料都列入建筑涂料的范围之中。

11.2.1 涂料的组成

一般涂料的组成中包含成膜物质、颜填料、溶剂、助剂共四类成分。简述如下：

1. 成膜物质

成膜物质是组成涂料的基础，它对涂料的性质起着决定性作用。可以作为涂料成膜物质的品种很多，主要可分为转化型和非转化型两大类。转化型涂料成膜物质主要有干性油和半干性油，双组分的氨基树脂、聚氨酯树脂、醇酸树脂、热固型丙烯酸树脂、酚醛树脂等。非转化型涂料成膜物质主要有硝化棉、氯化橡胶、沥青、改性松香树脂、热塑型丙烯酸树脂、乙酸乙烯树脂等。

2. 颜填料

颜料可以使涂料呈现出丰富的颜色，使涂料具有一定的遮盖力，并且具有增强涂膜力学性能和耐久性的作用。颜料的品种很多，在配制涂料时应注意根据所要求的不同性能和用途仔细选用。填料也可称为体质颜料，特点是基本不具有遮盖力，在涂料中主要起填充作用。填料可以降低涂料成本，增加涂膜的厚度，增强涂膜的力学性能和耐久性。常用填料品种有滑石粉、碳酸钙、硫酸钡、二氧化硅等。

3. 溶剂

除了少数无溶剂涂料和粉末涂料外，溶剂是涂料不可缺少的组成部分。一般常用有机溶剂主要有脂肪烃、芳香烃、醇、酯、酮、卤代烃、萜烯等。溶剂在涂料中所占比重大多在50%以上。溶剂的主要作用是溶解和稀释成膜物质，使涂料在施工时易于形成比较完美的漆膜。溶剂在涂料施工结束后，一般都挥发至大气中，很少残留在漆膜里。从这个意义上来说，涂料中的溶剂既是对环境的极大污染，也是对资源的很大浪费。所以，现代涂料行业正在努力减少溶剂的使用量，开发出了高固体分涂料、水性涂料、乳胶涂料、无溶剂涂料等环保型涂料。

4. 助剂

形象地说，助剂在涂料中的作用，就相当于维生素和微量元素对人体的作用一样。用量很少，作用很大，不可或缺。现代涂料助剂主要有四大类的产品：

1）对涂料生产过程发生作用的助剂，如消泡剂、润湿剂、分散剂乳化剂等。

2）对涂料储存过程发生作用的助剂，如防沉剂、稳定剂，防结皮剂等。

3）对涂料施工过程起作用的助剂，如流平剂、消泡剂、催干剂、防流挂剂等。

4）对涂膜性能产生作用的助剂，如增塑剂、消光剂、阻燃剂、防霉剂等。

11.2.2　涂料的分类

1. 在《涂料产品分类和命名》(GB/T 2705—2003) 中涂料的分类方法

1) 主要是以涂料产品的用途为主线，并辅以主要成膜物质的分类方法。将涂料产品划分为三个主要类别：建筑涂料、工业涂料和通用涂料及辅助材料。

2) 除建筑涂料外，主要以涂料产品的主要成膜物质为主线，并适当辅以产品主要用途的分类方法。将涂料产品划分为两个主要类别：建筑涂料、其他涂料及辅助材料。

在上述两种分类方法中，均将建筑涂料分为墙面涂料、防水涂料、地坪涂料和功能性建筑涂料。

2. 涂料的其他分类

由于涂料的特殊作用较多，因而涂料品种繁多。目前在我国市场上销售的已颁发型号的涂料就多达上千种，长期以来根据习惯形成了不同的涂料分类方法，这些涂料分类方法各有其特点，现将通用的几种分类方法介绍如下：

(1) 按在建筑上的使用部位分类　建筑涂料可分为内墙涂料、外墙涂料、顶棚涂料、地面涂料、门窗涂料等。

(2) 按涂料成膜物质的性质分类　涂料的成膜物质众多，如按其性质可将涂料产品分为有机涂料、无机涂料和复合涂料。

(3) 按涂料的形态分类　按涂料的形态可将涂料产品分为液态涂料、粉末涂料、高固体分涂料。

(4) 按涂料使用的分散介质分类　按涂料使用的分散介质不同，可将涂料产品分为溶剂型涂料和水性涂料。溶剂型涂料是指完全以有机物为溶剂的涂料；水性涂料是指完全或主要以水为介质的涂料。水性涂料又可分为乳液型涂料，水溶性涂料。

(5) 按涂料中是否有颜料成分分类　按涂料中是否有颜料成分分类，可将涂料分为清漆、色漆。色漆还可细分为调和漆、磁漆等。涂料组成中不含颜料，涂饰后形成透明涂膜的漆类称为清漆；涂料组成中含有颜料，涂饰后形成各种色彩涂膜的漆称为色漆。

(6) 按涂料储存组分数分类　按涂料储存组分数分类，可将涂料分为单组分漆、双组分漆和多组分漆。单组分漆不需分装，双组分漆和多组分漆（由 3 至 4 个组分组成）储存时必须分装，使用时按比例混合并搅拌均匀方可使用。

(7) 按涂料的用途分类　按涂料的用途，涂料可分为钢铁用涂料、轻金属用涂料、塑料表面用涂料、木材用涂料、混凝土用涂料、橡胶用涂料、皮革用涂料和纸张用涂料等。按使用对象产品的名称，涂料可分为车辆涂料、船舶涂料、飞机涂料、桥梁涂料、道路标志涂料、家具涂料、建筑涂料等。

(8) 按施工时是否有溶剂挥发分类　按涂料产品在施工时是否有溶剂挥发，涂料可分为溶剂型涂料和无溶剂型涂料。以木材用涂料为例，漆中含有大量有机溶剂（一半以上），施工时需全部挥发才能固化的漆类称为溶剂型漆，如硝基漆、醇酸漆和聚氨酯漆等。相对来讲，在施工时涂层中没有溶剂挥发出来的漆称为无溶剂型漆，如不饱和聚酯漆等。

(9) 按涂料的施工方法分类　按涂料的施工方法，可将涂料分为刷涂用涂料、浸涂用涂料、淋涂用涂料、辊涂用涂料、喷涂用涂料、静电涂装用涂料、电泳涂料（包括阳极电泳涂料和阴极电泳涂料）以及自泳涂料等。

(10) 按涂料施工工序分类　按涂料的施工工序分类，可将涂料分为底涂涂料（底漆、封闭漆、腻子）、中涂涂料（打磨料、二道浆）和上涂涂料（面漆、罩光漆）等。

(11) 按涂膜的性能分类　按涂膜的性能可将涂料分为防水涂料、防火涂料、防腐蚀涂料、防锈涂料、耐高温涂料、带锈涂料、电绝缘涂料、导电涂料、耐药品涂料、防污涂料、杀虫涂料、示温涂料、发光涂料、耐磨涂料以及其他各种功能性涂料等。

(12) 按涂膜的成膜机理分类　按涂膜的成膜机理，可将涂料分为非转化型涂料和转化型涂料。非转化型涂料包括挥发型涂料、热熔型涂料、水乳胶型涂料、塑性熔胶型涂料；转化型涂料则包括氧化聚合型涂料、热固化涂料、化学交联型涂料和辐射能固化型涂料。在辐射能固化型漆中，必须经紫外线辐射或电子束辐射才能固化成膜的漆类称为光敏漆与电子束固化漆。

(13) 按涂膜干燥方式分类　按涂膜干燥方式分类，可将涂料分为烘干涂料（烘漆、烤漆）、光固化涂料和电子束固化涂料等。

(14) 按涂膜层的状态（厚度和质感）分类　按涂膜层的状态（厚度和质感），可将涂料分为薄质涂层涂料、厚质涂层涂料、砂壁状涂层涂料、彩色复层凹凸花纹状涂层涂料。

(15) 按涂膜的外观分类　按涂膜的外观分类，可将涂料分为皱纹漆、锤纹漆、桔纹漆和浮雕漆等。

(16) 按涂膜的光泽分类　按涂膜的光泽分类，可将涂料分为有光漆（亮光漆）和亚光漆（半光漆、无光漆、柔光漆）。

11.2.3　常用建筑涂料的特点

1. 内墙涂料

内墙涂料的主要功能是装饰及保护室内墙面，使其美观整洁，让人们处于舒适的居住环境中。为了获得良好的装饰效果，内墙涂料应具有以下特点：

(1) 色彩丰富，细腻，调和　众所周知，内墙的装饰效果主要由质感、线条和色彩三个因素构成。采用涂料装饰以色彩为主。内墙涂料的颜色一般应突出浅淡和明亮，由于众多居住者对颜色的喜爱不同，因此要求建筑内墙涂料的色彩丰富多彩。

(2) 耐碱性、耐水性、耐粉化性良好，且透气性好　由于墙面基层是碱性的，因而涂料的耐碱性要好。室内湿度一般比室外高，同时为了清洁方便，要求涂层有一定的耐水性及刷洗性。透气性不好的墙面材料易结露或挂水，使人产生不适感，因而内墙涂料应有一定的透气性。

(3) 涂刷容易，价格合理　刷浆材料如石灰浆、大白粉和可赛银等是我国传统的内墙装饰材料，因常采用排笔涂刷而得名。石灰浆又称石灰水，具有刷白作用，是一种最简便的内墙涂料，其主要缺点是颜色单调，容易泛黄及脱粉；大白粉也称白垩粉、老粉或白土等，为具有一定细度的碳酸钙粉，在配制浆料时应加入胶粘剂，以防止脱粉。大白浆遮盖力较高，价格便宜，施工及维修方便，是一种常用的低档内墙涂料。可赛银是以碳酸钙和滑石粉等为填料，以酪素为胶粘剂，掺入颜料混合而制成的一种粉末状材料，也称酪素涂料。

2. 外墙涂料

外墙涂料主要功能是装饰和保护建筑物的外墙面，使建筑物外貌整洁美观，从而达到美化城市环境的目的。同时能够起到保护建筑物外墙的作用，延长其使用时间。为了获得良好

的装饰与保护效果，外墙涂料一般应具有以下特点：

(1) 装饰性好　要求外墙涂料色彩丰富多样，保色性好，能较长时间保持良好的装饰性。

(2) 耐水性好　外墙面暴露在大气中，要经常受到雨水的冲刷，因而作为外墙涂料应具有很好的耐水性能。某些防水型外墙涂料其抗水性能更佳，当基层墙面发生小裂缝时，涂层仍有防水的功能。

(3) 耐沾污性好　大气中的灰尘及其他物质沾污涂层后，涂层会失去装饰效能，因而要求外墙装饰层不易被这些物质沾污或沾污后容易清除。

(4) 耐候性好　暴露在大气中的涂层，要经受日光、雨水、风沙、冷热变化等作用。在这类因素反复作用下，一般的涂层会发生开裂、剥落、脱粉、变色等现象，使涂层失去原有的装饰和保护功能。因此作为外墙装饰的涂层要求在规定的年限内不发生上述破坏现象，即有良好的耐候性。此外，外墙涂料还应有施工及维修方便、价格合理等特点。

3. 地面涂料

地面涂料的主要功能是装饰与保护室内地面，因此要求地面涂料要有良好的耐水性、耐磨性、耐碱性、粘结力、抗冲击力等，而且要求污染性小、健康、涂刷方便等特点。

11.2.4　建筑装饰中常用的涂料

1. 常用内墙涂料

(1) 乳胶漆　前面介绍的乳液型外墙涂料均可作为内墙装饰使用。但常用的建筑内墙乳胶漆以平光漆为主，其主要产品为醋酸乙烯乳胶漆。近年来，醋酸乙烯-丙烯酸酯有光内墙乳胶漆也开始应用，但价格较醋酸乙烯乳胶漆贵。

1) 醋酸乙烯乳胶漆。醋酸乙烯乳胶漆是由醋酸乙烯均聚乳液加入颜料、填料及各种助剂，经研磨或分散处理而制成的一种乳液涂料。该涂料具有无毒、不燃、涂膜细腻、平滑、透气性好、价格适中等优点，但它的耐水性、耐碱性及耐候性不及其他共聚乳液，故仅适宜涂刷内墙，而不宜作为外墙涂料使用。

2) 乙-丙有光乳胶漆。乙-丙有光乳胶漆是以乙-丙共聚乳液为主要成膜物质，掺入适当的颜料、填料及助剂，经过研磨或分散后配制而成半光或有光内墙涂料。用于建筑内墙装饰，其耐水性、耐碱性、耐久性优于醋酸乙烯乳胶漆，并具有光泽，是一种中高档内墙装饰涂料。乙-丙有光乳胶漆的主要原料为醋酸乙烯，国内资源丰富，涂料的价格适中。

(2) 聚乙烯醇类水溶性内墙涂料

1) 聚乙烯醇水玻璃涂料。这是一种在国内普通建筑中广泛使用的内墙涂料，其商品名为“106”。它是以聚乙烯醇树脂的水溶液和水玻璃为胶粘剂，加入一定数量的体质颜料和少量助剂，经搅拌、研磨而成的水溶性涂料。

聚乙烯醇水玻璃涂料的品种有白色、奶白色、湖蓝色、果绿色、蛋青色、天蓝色等。适用于住宅、商店、医院、学校等建筑物的内墙装饰。

2) 聚乙烯醇缩甲醛内墙涂料。聚乙烯醇缩甲醛内墙涂料是以聚乙烯醇与甲醛进行不完全缩醛化反应生成的聚乙烯醇缩甲醛水溶液为基料，加入颜料、填料及其他助剂经混合、搅拌、研磨、过滤等工序制成的一种内墙涂料。聚乙烯醇缩甲醛内墙涂料的生产工艺与聚乙烯醇水玻璃内墙涂料的相类似，成本相仿，而耐水洗擦性略优于聚乙烯醇水玻璃内墙涂料。

2. 常用外墙涂料

(1) 溶剂型涂料　溶剂型涂料是以高分子合成树脂为主要成膜物质，有机溶剂为稀释剂，加入一定量的颜料、填料及助剂，经混合、搅拌溶解、研磨而配制成的一种挥发性涂料。涂刷在外墙面以后，随着涂料中所含溶剂的挥发，成膜物质与其他不挥发组分共同形成均匀连续的薄膜，即涂层。由于涂膜较紧密，通常具有较好的硬度、光泽、耐水性、耐酸碱性和良好的耐候性、耐污染性等特点。但由于施工时有大量的有机溶剂挥发，容易污染环境。漆膜透气性差，又有疏水性，如在潮湿基层上施工，易产生起皮、脱落等现象。由于这些原因，国内外这类外墙涂料的用量低于乳液型外墙涂料。近年来发展起来的溶剂型丙烯酸外墙涂料，其耐候性及装饰性都很突出，耐用年限在 10 年以上，施工周期也较短，且可以在较低温度下使用。国外有耐候性、防水性都很好，且具有高弹性的聚氨酯外墙涂料，耐用期可达 15 年以上。

溶剂型涂料的主要品种为过氯乙烯外墙涂料，它是我国将合成树脂涂料用作建筑外墙装饰的最早品种之一。过氯乙烯外墙涂料以过氯乙烯树脂为主要成膜物质，并用少量其他树脂，再加入增塑剂、稳定剂、填料、颜料等物质，经捏和、混炼、塑化、切粒溶解、过滤等过程而制成的一种溶剂型外墙涂料。

过氯乙烯外墙涂料具有干燥快、施工方便、耐候性好、耐化学腐蚀性强、耐水、耐霉性好等特点，但它的附着力较差，在配制时应选用适当的合成树脂，以增强其附着力。过氯乙烯树脂溶剂释放性差，因而涂膜虽然表干很快，但完全干透很慢，只有到完全干透之后才变硬并很难剥离。

主要成膜物质为过氯乙烯树脂，在涂料中用量为 10%左右。常加入醇酸树脂、酚醛树脂、丙烯酸树脂、顺丁烯二酸酐树脂等合成树脂，以改善过氯乙烯外墙涂料的附着力、光泽、丰满度、耐久性等性能。

在过氯乙烯外墙涂料中常用的增塑剂是邻苯二甲酸二丁酯，其加入量为 30%~40%。过氯乙烯树脂在光和热的作用下容易引起树脂分解，加入稳定剂的目的是为了阻止树脂分解，延长涂膜的寿命。常用的稳定剂是二盐基亚磷酸铅，用量为 2%左右，其他稳定剂还有蓖麻油酸钡、低碳酸钡、紫外线吸收剂 UV-9 等。

常用的颜料及填料有氧化锌、钛白粉、滑石粉等。

(2) 乳液型涂料　以高分子合成树脂乳液为主要成膜物质的外墙涂料称为乳液型外墙涂料。按乳液制造方法不同可以分为两类：一是由单体通过乳液聚合工艺直接合成的乳液；二是由高分子合成树脂通过乳化方法制成的乳液。按涂料的质感又可分为乳胶漆（薄型乳液涂料）、厚质涂料及彩色砂壁状涂料等。

目前，大部分乳液型外墙涂料是由乳液聚合方法生产的乳液作为主要成膜物质的。乳液型外墙涂料的主要特点如下：

1）以水为分散介质，涂料中无易燃的有机溶剂，因而不会污染周围环境，不易发生火灾，对人体的毒性小。

2）施工方便，可刷涂，也可滚涂或喷涂，施工工具可以用水清洗。

3）涂料透气性好，且含有大量水分，因而可在稍湿的基层上施工，非常适宜于建筑工地的应用。

4）外用乳液型涂料的耐候性良好，尤其是高质量的丙烯酸酯外墙乳液涂料其光亮度、

耐候性、耐水性及耐久性等各种性能可以与溶剂型丙烯酸酯类外墙涂料媲美。

5）乳液型外墙涂料存在的主要问题是其在太低的温度下不能形成优质的涂膜，通常必须在10℃以上施工才能保证质量，因而冬季一般不宜应用。

乳液型涂料主要有以下几种：

1）苯-丙乳液涂料。苯-丙乳液涂料是以苯乙烯-丙烯酸酯共聚乳液（简称苯-丙乳液）为主要成膜物质，加入颜料、填料及助剂等，经分散、混合配制而成的乳液型外墙涂料。

纯丙烯酸酯乳液配制的涂料，具有优良的耐候性和保光、保色性，适于外墙涂装。但价格较贵，限制了它的使用。以一部分或全部苯乙烯代替纯丙乳液中的甲基丙烯酸甲酯制成的苯-丙乳液涂料，仍然具有良好的耐候性和保光、保色性，而价格却有较大的降低。苯-丙涂料还具有优良的耐碱、耐水性，外观细腻，色彩艳丽，质感好，很适于外墙涂装。从资源、造价分析，是适合我国国情的外墙乳液涂料，目前，国内生产量较大。用苯-丙乳液配制的各种类型外墙乳液涂料，性能优于乙-丙乳液涂料。用于配制有光涂料，光泽度高于乙-丙涂料，而且由于苯-丙乳液的颜料结合力好，可以配制高颜（填）料体积浓度的内用涂料，性能较好，经济上也是有利的。

2）乙-丙乳液厚涂料。乙-丙乳液厚涂料是以醋酸乙烯-丙烯酸共聚物乳液为主要成膜物质，掺入一定量的粗骨料组成的一种厚质外墙涂料。该涂料的装饰效果较好，属于中档建筑外墙涂料，使用年限为8～10年。乙-丙乳液厚涂料具有涂膜厚实、质感好、耐候、耐水、冻融稳定性好、保色性好、附着力强以及施工速度快、操作简便等优点。

3）彩色砂壁状外墙涂料。彩色砂壁状外墙涂料又称彩砂涂料，是以合成树脂乳液和着色骨料为主体，外加增稠剂及各种助剂配制而成。由于采用高温烧结的彩色砂粒、彩色陶瓷或天然带色石屑作为骨料，使制成的涂层具有丰富的色彩及质感，其保色性及耐候性比其他类型的涂料有较大的提高。耐久性约为10年以上。

（3）无机高分子涂料　无机高分子建筑涂料是近年来发展起来的一大类新型建筑涂料。建筑上广泛应用的有碱金属硅酸盐和硅溶胶两类。

有机高分子建筑涂料一般都有耐老化性能较差、耐热性差、表面硬度小等缺点。无机高分子涂料恰好在这些方面性能较好，耐老化性、耐高温、耐腐蚀、耐久性等性能好，涂膜硬度大、耐磨性好，若选材合理，耐水性能也好，而且原材料来源广泛，价格便宜，因而近年来受到国内外普遍重视，发展较快。下面介绍硅溶胶涂料的情况。

硅溶胶外墙涂料是以胶体二氧化硅（硅溶胶）为主要成膜物质、有机高分子乳液为辅助成膜物质，加入颜料、填料和助剂等，经搅拌、研磨、调制而成的水分散性涂料，是近年来新开发的性能优良的涂料品种，其主要性能特点如下：

1）以水为分散介质，无毒、无臭，不污染环境。

2）施工性能好，宜于刷涂，也可以喷涂、滚涂和弹涂，工具可用水清洗。

3）涂料对基层渗透力强，附着性好。

4）遮盖力强，涂刷面积大。

5）涂膜细腻，颜色均匀明快，装饰效果好。涂膜致密、坚硬，耐磨性好，可用水磨砂纸打磨抛光。

6）涂膜不产生静电，不易吸附灰尘，耐污染性好。

7）涂膜以硅溶胶为主要成膜物质，具有耐酸、耐碱、耐沸水、耐高温等性能，且不易老化，耐久性好。

8）原材料资源丰富，价格较低。

硅溶胶涂料性能优良，价格较低，广泛用于外墙涂装，也可作为耐擦洗内墙涂料。若加入粗填料，则可配制成薄质、厚质、粘砂等多种质感和各种花纹的建筑涂料，具有广阔的应用前景。

11.3 建筑饰面石材

建筑石材包括天然石材和人工石材两类。天然石材是一种有悠久历史的建筑材料，河北赵州桥和江苏洪泽湖的洪湖大桥均为著名的古代石材建筑结构。

天然石材作为结构材料来说，具有较高的强度、硬度和耐磨、耐久等优良性能；而且，天然石材经表面处理可以获得优良的装饰性，对建筑物起保护和装饰作用。天然石材资源分布较广、便于就地取材，故在建筑上广泛应用。不仅作为基石用材、墙体材料被广泛应用，更由于其自身有鲜艳的色泽和漂亮的纹理，在室内装饰中也被广泛应用。以结构与装饰两方面相比，天然石材作为装饰材料的发展前景更好。

近年来发展起来的人造石材无论在材料加工生产、装饰效果和产品价格等方面都显示了其优越性，成为一种有发展前途的建筑装饰材料。人造石材一般是指人造大理石和人造花岗石，以人造大理石的应用较为广泛。由于天然石材的加工成本高，现代建筑装饰业常采用人造石材。它具有质量轻、强度高、装饰性强、耐腐蚀、耐污染、生产工艺简单以及施工方便等优点，因而得到了广泛应用。人造大理石在国外已有几十年历史，意大利 1948 年即已生产水泥基人造大理石花砖，德国、日本、俄罗斯等国在人造大理石的研究、生产和应用方面也取得了较大成绩。由于人造大理石生产工艺与设备简单，很多发展中国家也已生产人造大理石。

11.3.1 天然石材的来源与特点

石材来自岩石，岩石按形成条件可分为火成岩、沉积岩和变质岩三大类。它们具有不同的组成核结构，这使得它们的使用范围也各有不同。

1. 火成岩（岩浆岩）

火成岩（岩浆岩）是地壳内部岩浆冷却凝固而成的岩石，是组成地壳的主要岩石，按地壳质量计量，火成岩占 89%。由于岩浆冷却条件不同，所形成的岩石具有不同的结构性质，根据岩浆冷却条件，火成岩分为三类：深成岩、喷出岩和火山岩。

（1）深成岩　深成岩是岩浆在地壳深处凝成的岩石。由于冷却过程缓慢且较均匀，同时覆盖层的压力又相当大，因此有利于组成岩石矿物的结晶，形成较明显的晶粒，晶粒粗大，不通过其他胶结物质而结成紧密的大块。深成岩的抗压强度高，吸水率小，表观密度及导热性大；由于孔隙率小，因此可以磨光，但坚硬难以加工。建筑上常用的深成岩有花岗岩、正长岩和橄榄岩等。

（2）喷出岩　喷出岩是岩浆在喷出地表时，在压力急剧降低和快速冷却的条件下形成的。在这种条件的影响下，岩浆来不及完全形成结晶体，而且也不可能完全形成粗大的结晶体，常呈隐晶质（细小的结晶）或玻璃质（非晶质）结构，以及当岩浆上升时即已形成的

粗大晶体嵌入在上述两种结构中的斑状结构。这种结构的岩石易于风化。当喷出岩形成较厚时，则其结构与性质接近深成岩；当形成较薄的岩层时，由于冷却快，多数都形成玻璃质结构及多孔结构。工程中常用的喷出岩有辉绿岩、玄武岩及安山岩等。

(3) 火山岩　火山爆发时岩浆喷入空气中，由于冷却极快，压力急剧降低，岩浆落下时形成的具有松散多孔，表观密度小的玻璃质物质称为散粒火山岩；当这些散粒火山岩堆积在一起，受到覆盖层压力作用及岩石中的天然胶结物质的胶结，即形成胶结的火山岩，如浮石。

2. 沉积岩（旧称水成岩）

沉积岩是露出地表的各种岩石（火成岩、变质岩及早期形成的沉积岩），在外力的作用下，经自然风化、风力搬运、流水冲刷沉积、成岩四个阶段，在地表及地下不太深的地方形成的岩石。其主要特征是呈层状构造，外观多层理并含有动、植物化石，表观密度小，空隙率大、吸水率大、强度较低、耐久性较差。沉积岩中所含矿产极为丰富，有煤、石油、锰、铁、铝、磷、石灰石和盐岩等。沉积岩仅占地壳质量的5%，但其分布极广，约占地壳表面积的75%，因此，它是一种重要的岩石。根据沉积岩的生成条件和物质组成，可以分为机械沉积岩、化学沉积岩和有机沉积岩。建筑中常用的沉积岩有石灰岩、砂岩和碎屑石等。

3. 变质岩

变质岩是地壳中原有的岩石（包括火成岩、沉积岩和早先生成的变质岩），由于岩浆活动和构造运动的影响（主要是温度和压力），原岩变质（在固态下发生再结晶作用，使它们的矿物成分、结构构造以至化学成分部分或全部发生改变）而形成的新岩石。一般来说，由火成岩变质成的称为正变质岩，由沉积岩变质成的称为副变质岩。按地壳质量计，变质岩占65%。建筑中常用的变质岩有大理岩、石英岩和片麻岩等。其中大理石在我国资源丰富，是一种高级的建筑饰面材料。石英岩十分耐久，常用于重要的建筑饰面、地面等，同时也是陶瓷、玻璃等工业的原料。片麻岩因为本身易风化，故只能用于不重要的工程。

11.3.2　天然石材的技术性质、加工类型及选用原则

1. 技术性质

天然石材的技术性质，可分为物理性质、力学性质和工艺性质。

(1) 物理性质

1) 表观密度。天然石材根据表观密度大小可分为：轻质石材，表观密度≤1800kg/m^3；重质石材，表观密度>1800kg/m^3。

表观密度的大小常间接地反映了石材的致密程度与孔隙多少。在通常情况下，同种石材的表观密度越大，则抗压强度越高，吸水率越小，耐久性好，导热性好。

2) 吸水性。吸水率小于1.5%的岩石称为低吸水性岩石，介于1.5%~3.0%的称为中吸水性岩石，吸水率大于3.0%的称高吸水性岩石。

岩浆深成岩以及许多变质岩，它们的孔隙率都较小，故而吸水率也较小，例如花岗石的吸水率通常小于0.5%。沉积岩由于形成条件、密实程度与胶结情况有所不同，因而孔隙率与孔隙特征的变动也很大，这导致石材吸水率的波动也很大，例如致密的石灰石，它的吸水率可小于1%，而多孔的贝壳石灰石吸水率可以高达15%。

石材的吸水性对其强度和耐水性有很大影响。石材吸水后，会降低颗粒之间的粘结力，

从而使强度降低。有些石材还容易被水溶蚀，因此，吸水性强与易溶的石材，其耐水性都较差。

3）耐水性。石材的耐水性用软化系数表示。石材中含有较多的黏土或易溶物质时，软化系数较小，则耐水性较差。根据软化系数大小，可将石材分为高、中、低三个等级。软化系数>0.90 的石材为高耐水性，软化系数在 0.75~0.90 的为中耐水性，软化系数在 0.60~0.75 为低耐水性，软化系数<0.60 者，不允许用于重要建筑物中。

4）抗冻性。石材的抗冻性是指其抵抗冻融破坏的能力。其值是根据石材在水饱和状态下按规范要求所能经受的冻融循环次数表示。能经受的冻融循环次数越多，则抗冻性越好。石材抗冻性与吸水性有密切的关系，吸水率大的石材其抗冻性也差。根据经验，吸水率<0.5%的石材，则认为是抗冻的。

5）耐热性。石材的耐热性与其化学成分及矿物组成有关。石材经高温后，由于热胀冷缩、体积变化而产生内应力或因组成矿物发生分解和变异等导致结构破坏。如含有石膏的石材，在 100℃以上时就开始破坏；含有碳酸镁的石材，温度高于 725℃会发生破坏；含有碳酸钙的石材，温度达 827℃时开始破坏。由石英与其他矿物所组成的结晶石材，如花岗石等，当温度达到 700℃以上时，由于石英受热发生膨胀，强度迅速下降。

（2）力学性质　天然石材的力学性质主要包括抗压强度、冲击韧性、硬度及耐磨性等。

1）抗压强度。石材的抗压强度，是以三个边长为 70mm 的立方体试块的抗压破坏强度的平均值表示。根据抗压强度值的大小，石材共分九个强度等级：MU100、MU80、MU60、MU50、MU40、MU30、MU20、MU15 和 MU10。

2）冲击韧性。石材的冲击韧性决定于岩石的矿物组成与构造。石英岩、硅质砂岩脆性较大。含暗色矿物较多的辉长岩、辉绿岩等具有较高的韧性。通常，晶体结构的岩石较非晶体结构的岩石具有较高的韧性。

3）硬度。它取决于石材的矿物组成的硬度与构造。凡由致密、坚硬矿物组成的石材，其硬度就高。岩石的硬度以莫氏硬度表示。

4）耐磨性。耐磨性是指石材在使用条件下抵抗摩擦、边缘剪切以及冲击等复杂作用的能力。石材的耐磨性包括耐磨损与耐磨耗两方面。凡是用于可能遭受磨损作用的场所，例如台阶、人行道、地面、楼梯踏步等和可能遭受磨耗作用的场所，例如道路路面的碎石等，应采用具有高耐磨性的石材。

（3）工艺性质　石材的工艺性质，主要是指其开采和加工过程的难易程度及可能性，包括加工性、磨光性与抗钻性等。

1）加工性。石材的加工性主要是指对岩石开采、锯解、切割、凿琢、磨光和抛光等加工工艺的难易程度。凡强度、硬度、韧性较高的石材，不易加工；质脆而粗糙，有颗粒交错结构，含有层状或片状构造以及业已风化的岩石，都难以满足加工要求。

2）磨光性。是指石材能否磨成平整光滑表面的性质。致密、均匀、细粒的石材，一般都有良好的磨光性，可以磨成光滑亮洁的表面。疏松多孔、有鳞片状构造的石材，磨光性不好。

3）抗钻性。是指石材钻孔时，其难易程度的性质。影响抗钻性的因素很复杂，一般石材的强度越高、硬度越大，越不易钻孔。

由于用途和使用条件的不同，对石材的性质及其所要求的指标均有所不同。工程中用于

基础、桥梁、隧道以及石砌工程的石材，一般规定其抗压强度、抗冻性与耐水性必须达到一定指标。

2. 加工类型

由采石场采出的天然石材荒料，或大型工厂生产出的大块人造石基料，需要按用户要求加工成各类板材或特殊形状的产品。石材的加工一般有锯切和表面加工。

(1) 锯切　锯切是将天然石材荒料或大块人造石基料用锯石机锯成板材的作业。

锯切设备主要有框架锯（排锯）、盘式锯、钢丝绳锯等。锯切花岗石等坚硬石材或较大规格石料时，常用框架锯，锯切中等硬度以下的小规格石料时，则可以采用盘式锯。

框架锯的锯石原理是把加水的铁砂或硅砂浇入锯条下部，受一定压力的锯条（带形扁钢条）带着铁砂在石块上往复运动，产生摩擦而锯制石块。

圆盘锯由框架、锯片固定架及起落装置和锯片等组成。大型锯片直径有1.25~2.50m，可加工1.0~1.2m高的石料。锯片为硬质合金或金刚石刃，后者使用较广泛。锯片的切石机理是，锯齿对岩石冲击摩擦，将结晶矿物破碎成小碎块而实现切割。

(2) 表面加工　锯切的板材表面质量不高，需进行表面加工。表面加工要求有各种形式：粗磨、细磨、抛光、火焰烘毛和凿毛等。

研磨工序一般分为粗磨、细磨、半细磨、精磨、抛光等五道工序。研磨设备有摇臂式手扶研磨机和桥式自动研磨机。前者通常用于小件加工，后者加工1m^2以上的板材。磨料多用碳化硅加结合剂（树脂和高铝水泥等），或者用60~1000网的金刚砂。

抛光是石材研磨加工的最后一道工序。进行这道工序后，将使石材表面具有最大的反射光线的能力以及良好的光滑度，并使石材固有的花纹色泽最大限度地显示出来。

国内石材加工采用的抛光方法有如下几类：

1）毛毡——草酸抛光法：适于抛光汉白玉、雪花、螺丝转、芝麻白、艾叶青、桃红等石材。

2）毛毡——氧化铝抛光法：适于抛光晚霞、墨玉、紫豆瓣、杭灰、东北红等石材。这些石材硬度较第一类高。

3）白刚玉磨石抛光法：适于抛光金玉、丹东绿、济南青、白虎涧等石材。这些石材较前两类抛光法不易抛光。

烧毛加工是将锯切后的花岗石板材，利用火焰喷射器进行表面烧毛，使其恢复天然表面。烧毛后的石板先用钢丝刷刷掉岩石碎片，再用玻璃渣和水的混合液高压喷吹，或者用尼龙纤维团的手动研磨机研磨，以使表面色彩和触感都满足要求。

琢面加工是用琢石机加工由排锯锯切的石材表面的方法。

经过表面加工的大理石、花岗石板材一般采用细粒金刚石小圆盘锯切割成一定规格的成品。

3. 选用原则

在建筑设计和施工中，应根据适用性和经济性等原则选用石材。

(1) 适用性　主要考虑石材的技术性能是否能满足使用要求。可根据石材在建筑物中的用途和部位及所处环境，选定其主要技术性质能满足要求的石材。

(2) 经济性　天然石材的密度大，运输不便、运费高，应综合考虑地方资源，尽可能做到就地取材。难于开采和加工的石料，将使材料成本提高，选材时应加以注意。

(3) 安全性　由于天然石材是构成地壳的基本物质，因此可能存在含有放射性的物质。石材中的放射性物质主要是指镭、钍等放射性元素，在衰变中会产生对人体有害的物质。

11.3.3　人造石材的特点及类型

人造石材一般指人造大理石和人造花岗石，以人造大理石的应用较为广泛。由于天然石材的加工成本高，现代建筑装饰业常采用人造石材。它具有质量轻、强度高、装饰性强、耐腐蚀、耐污染、生产工艺简单以及施工方便等优点，因而得到了广泛应用。

我国 20 世纪 70 年代末期才开始由国外引进人造大理石技术与设备，但发展极其迅速，质量、产量与花色品种上升很快。

1. 人造石材按照使用的原材料分类

人造石材按照使用的原材料可分为水泥型人造石材、树脂型人造石材、复合型人造石材及烧结型人造石材。

2. 人造大理石的特点

1) 容量较天然石材小，一般为天然大理石和花岗石的 80%。因此，其厚度一般仅为天然石材的 40%，从而可大幅度降低建筑物重量，方便了运输与施工。

2) 耐酸。天然大理石一般不耐酸，而人造大理石可广泛用于酸性介质场所。

3) 制造容易。人造石生产工艺与设备不复杂，原料易得，色调与花纹可按需要设计，也可比较容易地制成形状复杂的制品。

3. 主要人造石材的类型

(1) 水泥型人造石材　它是以水泥为胶粘剂，砂为细骨料，碎大理石、花岗石、工业废渣等为粗骨料，经配料、搅拌、成型、加压蒸养、磨光、抛光等工序而制成。通常所用的水泥为硅酸盐水泥，现在也用铝酸盐水泥作胶粘剂，用它制成的人造大理石表面光泽度高、花纹耐久、抗风化、耐火性、防潮性都优于一般的人造大理石。这是因为铝酸盐水泥的主要矿物成分——铝酸-钙水化生成了氢氧化铝胶体，在凝结过程中，与光滑的模板表面接触，形成氢氧化铝凝胶层；与此同时，氢氧化铝胶体在硬化过程中不断填塞水泥石的毛细孔隙，形成致密结构。所以制品表面光滑，具有光泽且呈半透明状。

(2) 树脂型人造石材　这种人造石材多是以不饱和聚酯为胶粘剂，与石英砂、大理石、方解石粉等搅拌混合，浇注成型，经固化、脱模、烘干、抛光等工序制成。目前，国内外人造大理石以聚酯型为多。这种树脂的黏度低，易成型，常温固化。其产品光泽性好，颜色鲜亮，可以调节。

(3) 复合型人造石材　这种石材的胶粘剂中既有无机材料，又有有机高分子材料。先将无机填料用无机胶粘剂胶结成型。养护后，再将坯体浸渍于有机单体中，使其在一定条件下聚合。板材制品的底材要采用无机材料，其性能稳定且价格较低；面层可采用聚酯和大理石粉制作，以获得最佳的装饰效果。无机胶结材料可用快硬水泥、白水泥、铝酸盐水泥以及半水石膏等。有机单体可以采用苯乙烯、甲基丙烯酸甲酯、醋酸乙烯、丙烯腈、二氯乙烯、丁二烯等，这些树脂可单独使用或组合起来使用，也可以与聚合物混合使用。

(4) 烧结型人造石材　这种类型的人造石材的生产工艺与陶瓷的生产工艺相似，是将斜长石、石英、辉石、石粉及赤铁矿粉和高岭土等混合，一般用 40% 的黏土和 60% 的矿粉制成泥浆后，采用注浆法制成坯料，再用半干压法成型，经 1000℃ 左右的高温焙烧而成。

11.3.4 常用的建筑饰面石材

1. 装饰用大理石

(1) 天然大理石的组成与化学成分　天然装饰石材中应用最多的是大理石，它因云南大理盛产而得名。大理石是由石灰石和白云石在高温、高压下矿物重新结晶变质而成。它的结晶主要由方解石或白云石组成，具有致密的隐晶结构。纯大理石为白色，称为汉白玉，如在变质过程中混进其他杂质，就会出现不同的颜色与花纹、斑点。如含碳呈黑色；含氧化铁呈玫瑰色、橘红色；含氧化亚铁、铜、镍呈绿色；含锰呈紫色等。

大理石的主要成分为氧化钙，空气和雨中所含酸性物质及盐类对它有腐蚀作用。除个别品种（如汉白玉、艾叶青等）外，它一般只用于室内。

采石场开采的大理石块称为荒料，经锯切、磨光后，制成大理石装饰板材。大理石天然生成的致密结构和色彩、斑纹、斑块可以形成光洁细腻的天然纹理。

(2) 天然大理石的品种　天然大理石石质细腻、光泽柔润，有很高的装饰性。目前应用较多的有以下品种：

1) 单色大理石：如纯白的汉白玉、雪花白；纯黑的墨玉、中国黑等，是高级墙面装饰和浮雕装饰的重要材料，也用作各种台面。

2) 云灰大理石：云灰大理石底色为灰色，灰色底面上常有天然云彩状纹理，带有水波纹的称为水花石。云灰大理石纹理美观大方、加工性能好，是饰面板材中使用最多的品种。

3) 彩花大理石：彩花大理石是薄层状结构，经过抛光后，呈现出各种色彩斑斓的天然图画。经过精心挑选和研磨，可以制成由天然纹理构成的山水、花木、禽兽虫鱼等大理石画屏，是大理石中的极品。

(3) 天然大理石结构特征与规格　大理石的产地很多，世界上以意大利生产的大理石最为名贵。我国国内几乎每个省、市、自治区都出产大理石。大理石板材对强度、密度、吸水率和耐磨性等不做要求，以外观质量、光泽度和颜色花纹作为评价指标。天然大理石板材根据花色、特征、原料产地来命名。

(4) 天然大理石的性能与应用　各种大理石自然条件差别较大，其物理力学性能有较大差异。

天然大理石质地致密但硬度不大，容易加工、雕琢和磨平、抛光等。大理石抛光后光洁细腻，纹理自然流畅，有很高的装饰性。大理石吸水率小，耐久性高，可以使用40~100年。天然大理石板材及异形材制品是室内及家具制作的重要材料。用于大型公共建筑如宾馆、展厅、商场、机场、车站等室内墙面、地面、楼梯踏板、栏板、台面、窗台板、踏脚板等，也用于家具台面和室内外家具。

2. 花岗石

(1) 花岗石的组成与化学成分　花岗石以石英、长石和云母为主要成分。其中长石含量为40%~60%，石英含量为20%~40%，其颜色决定于所含成分的种类和数量。花岗石为全结晶结构的岩石，优质花岗石晶粒细而均匀、构造紧密、石英含量多、长石光泽明亮。花岗石的二氧化硅含量较高，属于酸性岩石。某些花岗石含有微量放射性元素，这类花岗石应避免用于室内。花岗石结构致密、质地坚硬、耐酸碱、耐气候性好，可以在室外长期使用。

(2) 花岗石制品的种类　天然花岗石制品根据加工方式不同可分为：

1）剁斧板材：石材表面经手工剁斧加工，表面粗糙，具有规则的条状斧纹。

2）机刨板材：石材表面机械刨平，表面平整，有相互平行的刨切纹，用于与剁斧板材类似用途，但表面质感比较细腻。

3）粗磨板材：石材表面经过粗磨，平滑无光泽，主要用于需要柔光效果的墙面、柱面、台阶、基座等。

4）磨光板材：石材表面经过精磨和抛光加工，表面平整光亮，花岗石晶体结构纹理清晰，颜色绚丽多彩，用于需要高光泽平滑表面效果的墙面、地面和柱面。

（3）天然花岗石的品名　花岗石板材以花色、特征和原料产地来命名。

（4）花岗石的性能与应用　花岗石结构致密，抗压强度高，吸水率低，表面硬度大，化学稳定性好，耐久性强，但耐火性差。

花岗石是一种优良的建筑石材，它常用于基础、桥墩、台阶、路面，也可用于砌筑房屋、围墙，尤其适用于修建有纪念性的建筑物，天安门前的人民英雄纪念碑就是由一整块100t的花岗石琢磨而成的。在我国各大城市的大型建筑中，曾广泛采用花岗石作为建筑物立面的主要材料。也可用于室内地面和立柱装饰，耐磨性要求高的台面和台阶踏步等。由于修琢和铺贴费工，因此是一种价格较高的装饰材料。

3. 人造石材

由于天然石材加工比较困难，花色和品种也较少，因此，人造石材得以较快的发展。在建筑装饰石材中，除了天然石材的选用之外，人造石材也已经广泛应用于各种装饰设计中。人造石材不仅有天然石材的装饰效果，而且花色品种也相对较多，另外具有质量轻、强度高、耐腐蚀、耐污染、施工方便等特点。

11.4 建筑陶瓷

陶瓷是把黏土原料、瘠性原料以及溶剂原料经过适当的比例配比、粉碎、成形并在高温熔融情况下，经过一系列的物理化学反应后形成的坚硬的物质。

建筑陶瓷制品主要用于内墙建筑或装饰以及地面及卫生设备。由于其具有坚固耐久、色彩亮丽、防水防火、耐磨耐蚀、易清洗等优点，而成为现代建筑装饰工程主要材料之一。主要产品分为陶瓷面砖、卫生陶瓷、大型陶瓷饰面板、装饰琉璃制品等。其中，陶瓷面砖又包括外墙面砖、内墙面砖（釉面砖）和地砖。

11.4.1 建筑陶瓷的原料组成

制瓷原料虽然有很多，但可总括为四大类：第一类为可塑性原料；第二类为瘠性原料；第三类为熔融原料；第四类为釉料及着色剂。

1. 可塑性原料

可塑性是指受到外力作用后改变自己的形状，上述作用停止后，能保持既成的形状，同时改变自己的形状时不引起破裂现象的性质，制瓷原料中具有这种性质的称为可塑性原料。可塑性原料是构成陶瓷坯体的主体，成为黏土原料，比如高岭土、膨润土、耐火黏土等。

2. 瘠性原料

瘠性原料主要起到降低黏土的塑性、减少坯体收缩、防止受到高温而变形的作用。也称

为无可塑性原料（或减黏原料）。属于无可塑性原料的有石英、长石、伟晶花岗岩及其他经过煅烧的原料（烧粉）和碎瓷片等。

3. 熔融原料

在烧成过程中能起帮助熔融作用的称为熔融原料，也称助熔剂，在熔烧过程中能降低可塑性物料的烧结温度，同时可以增加陶瓷的密实性和强度，但会降低陶瓷的耐火度、体积稳定性和抵抗高温变形的能力。属于熔融原料的主要为滑石、白云石（花乳石）、石灰石（灰釉石）等，长石同样也可用作熔融原料。

4. 釉料及着色剂

陶瓷有施釉和不施釉之分，釉是附着在陶瓷坯体表面的一层连续的，类似玻璃质的物质。施釉的陶瓷制品需使用釉料。釉料不仅有装饰作用，而且能提高陶瓷的机械强度、硬度、化学稳定性和温度稳定性，同时由于釉本身是一种光滑的玻璃物质，气孔较少，还能起到保护坯体，不透水、不受污染且易于清洗的作用。

陶瓷制品所使用的着色剂大多为各种金属氧化物，它们大多不溶于水，可以直接在坯体或釉上着色。

11.4.2　建筑陶瓷分类

因为陶瓷的品种繁多，分类方法也不尽相同，最常用的分类方法有以下几种：

(1) 按用途分类　可分为日用陶瓷、艺术（陈列）陶瓷、卫生陶瓷、建筑陶瓷、电器陶瓷、电子陶瓷、化工陶瓷、纺织陶瓷等。

(2) 按是否施釉分类　按是否施釉来分，可分为有釉陶瓷和无釉陶瓷两类。

(3) 按陶瓷的性能分类　根据陶瓷的性能，把它们分为高强度陶瓷、铁电陶瓷、耐酸陶瓷、高温陶瓷、压电陶瓷、高韧性陶瓷、电解质陶瓷、光学陶瓷（即透明陶瓷）、磁性陶瓷、电介质陶瓷、磁性陶瓷和生物陶瓷等。

(4) 按瓷器的硬度分类　按瓷器的硬度分，可简单分为硬质瓷、软质瓷、特种瓷三大类。

我国所产的瓷器以硬质瓷为主。硬质瓷器，坯体组成熔剂量少，烧成温度高，在1360℃以上色白质坚，呈半透明状，有好的强度，高化学稳定性和热稳定性，又是电气的不良传导体，如电瓷、高级餐具瓷、化学用瓷、普通日用瓷等均属此类，也可称为长石釉瓷。

软质瓷器与硬质瓷器不同点是坯体内含的熔剂较多，烧成温度稍低，在1300℃以下，因此它的化学稳定性、机械强度、介电强度均低，一般工业瓷中不用软质瓷，其特点是半透明度高，多制美术瓷、卫生用瓷、瓷砖及各种装饰瓷等，通常如骨灰瓷、熔块瓷属于此类。

11.4.3　常用的建筑陶瓷

建筑装饰陶瓷是用于建筑物墙面、地面及卫生设备的陶瓷材料。主要产品分为陶瓷面砖、卫生陶瓷、大型陶瓷饰面板、装饰琉璃制品等。其中，陶瓷面砖又包括外墙面砖、内墙面砖（釉面砖）和地砖。

釉面砖又称内墙面砖，是用于内墙装饰的薄片精陶建筑装饰制品。它不能用于室外，经日晒、雨淋、风吹、冰冻后，会导致破裂损坏。釉面砖不仅品种多，而且有多种色彩，并可拼接成各种图案、字画，其装饰性较强，一般多用于厨房、卫生间、浴室、内墙裙等装饰及大型公共场所的墙面装饰。

墙地砖是陶瓷锦砖、地砖、墙面砖的总称，其特点是强度高，耐磨性、耐腐蚀性、耐火性、耐水性均好，又容易清洗，不褪色，因此广泛用于墙面与地面的装饰。

大型陶瓷饰面板是一种大面积的装饰陶瓷制品，它克服了釉面砖及墙地砖面积小、施工中拼接麻烦的缺点，装饰更逼真，施工效率更高，是一种很有发展前途的新型装饰陶瓷。

卫生陶瓷是以磨细的石英粉、长石粉和黏土为主要原料，注浆成型后一次烧制而成的表面施乳浊釉的瓷砖。它具有结构致密、空隙率小、强度大、吸水率小、抗无机酸腐蚀（氢氟酸除外）、热稳定性好等优点，可分为洗面池、便器、洗涤器、水箱、返水弯和小型零件等。产品有白色和彩色两种，可用于厨房、卫生间、实验室等。

建筑琉璃制品是一种低温彩釉建筑陶瓷制品，可用于屋面、屋檐、墙面装饰及建筑构件。主要包括琉璃瓦（板瓦、筒瓦、沟头瓦等）、琉璃砖（用于照壁、牌楼、古塔等贴面装饰）、建筑琉璃构件等。

1. 外墙面砖

铺贴于建筑物外表面的陶瓷材料称为外墙面砖。按表面是否施釉分为彩釉砖和无釉砖两大类。

（1）彩釉砖　彩釉砖是彩色陶瓷墙地砖的简称。多用于外墙与室内地面的装饰。

1）彩釉砖的规格尺寸与质量标准。最常见的尺寸为 200mm×100mm×(8~10)mm 和 150mm×75mm×(8~10)mm。按外观质量和变形允许偏差分为优等品、一级品和合格品三等。尺寸允许偏差必须满足表 11-1 的规定。

表 11-1　彩釉砖尺寸允许偏差

边长基本尺寸/mm	允许偏差/mm
边长<150	1.5
150~250	2.0
边长>250	2.5
厚度<12	1.0

2）彩釉砖的技术性能：

吸水率：不大于 10%。

热稳定性：一般经过三次急冷急热循环不裂者即为合格。

抗冻性：按 GB 8917—1988 的规定，经 20 次冻融循环不出现破裂或裂纹为合格。

耐磨性：只对铺地的彩釉砖进行耐磨试验，依据釉面出现磨损痕迹时的研磨转数将耐磨性分为四类。

耐化学腐蚀性能：耐酸、耐碱性能分为 AA，A，B，C，D 五个等级。

（2）无釉外墙贴面砖　无釉外墙贴面砖又称墙面砖，是作为建筑物外墙装饰的建筑材料，有时也可用于建筑物地面装饰。

2. 内墙面砖

釉面内墙面砖是用于建筑物内部墙面装饰的薄板状施釉精陶制品，习惯上称为瓷砖，因

为其釉面光泽度好，装饰手法丰富，色彩鲜艳，易于清洁，防火、防水、耐磨、耐蚀性好，而被广泛应用于建筑内墙装饰。尤其是厨房、卫生间不可替代的装饰材料。其质量要求应符合国家标准 GB/T 4100—2015，釉面砖按成型方法和吸水率进行分类，具体分类和代号见表 11-2。

表 11-2　釉面砖的分类及代号

<table>
<tr><td colspan="2" rowspan="2">按吸水率分类</td><td colspan="4">低吸水率(Ⅰ)</td><td colspan="4">中吸水率(Ⅱ)</td><td colspan="2">高吸水率(Ⅲ)</td></tr>
<tr><td colspan="2">E≤0.5%
(瓷质砖)</td><td colspan="2">0.5%<E≤3%
(炻瓷砖)</td><td colspan="2">3%<E≤6%
(细炻砖)</td><td colspan="2">6%<E≤10%
(炻质砖)</td><td colspan="2">E>3%
(陶质砖)</td></tr>
<tr><td rowspan="3">按成型方法分类</td><td rowspan="2">挤压砖(A)</td><td colspan="2">AⅠa类</td><td colspan="2">AⅠb类</td><td colspan="2">AⅡa类</td><td colspan="2">AⅡb类</td><td colspan="2">AⅢ类</td></tr>
<tr><td>精细</td><td>普通</td><td>精细</td><td>普通</td><td>精细</td><td>普通</td><td>精细</td><td>普通</td><td>精细</td><td>普通</td></tr>
<tr><td>干压砖(B)</td><td colspan="2">BⅠa类</td><td colspan="2">BⅠb类</td><td colspan="2">BⅡa类</td><td colspan="2">BⅡb类</td><td colspan="2">BⅢ类</td></tr>
</table>

3. 地砖

地砖是装饰地面用的陶瓷材料。按其尺寸分为两类，尺寸较大的称为铺地砖，尺寸较小而且较薄的称为锦砖（马赛克）。

（1）铺地砖　铺地砖规格花色多样，有红、白、浅黄、深黄等色，分正方形、矩形、六角形三种；光泽性差，有一定粗糙度，表面平整或压有凹凸花纹；并有带釉和无釉两类。常见尺寸为：150mm×150mm，100mm×200mm，200mm×300mm，300mm×300mm，300mm×400mm，厚度为 8~20mm。

技术性能如下：

吸水率：红地砖吸水率不大于 8%，其他各色均不大于 4%。

冲击强度：30g 钢球从 30cm 高处落下 6~8 次不破坏。

热稳定性：自 150℃冷至（19±1）℃循环三次无裂纹。

其他性能：由于地砖采用难熔黏土烧制而成，故其质地坚硬，强度高（抗压强度为 40~400MPa），耐磨性好，硬度高（莫氏硬度多在 7 以上），耐磨蚀，抗冻性强（冻融循环在 25 次以上）。

（2）陶瓷锦砖　陶瓷锦砖又称陶瓷马赛克，是可拼贴成联的或单独铺贴的小规格陶瓷砖。具有抗腐蚀、耐磨、耐火、吸水率小、强度高以及易清洗、不褪色等特点。可用于工业与民用建筑的清洁车间、门厅、走廊、卫生间、餐厅及居室的内墙和地面装修，并可用来装饰外墙面或横竖线条等处。施工时可以不同花纹和不同色彩拼成多种美丽的图案。

陶瓷锦砖按表面性质分为有釉和无釉两种；按颜色分为单色、混色和拼色三种；按尺寸偏差和外观质量分为优等品和合格品两个等级。陶瓷锦砖一般做成 18.5mm×18.5mm×5mm、39mm×39mm×5mm 的小方块，或边长为 25mm 的六角形等，出厂前已按各种图案反贴在衬材上，每张大小约 30cm 见方，称作一联，其面积约 0.093m^2，每 40 联为一箱，每箱约 3.7m^2。施工时将每联纸面向上，贴在半凝固的水泥砂浆面上，用长木板压面，使之粘贴平实，待砂浆硬化后洗去皮纸，即显出美丽的图案。陶瓷锦砖，砖体薄，自重轻，密密的线路（缝隙）充满砂浆，保证每个小瓷片都牢牢地粘结在砂浆中，因而不易脱落。即使多年后，少数砖块掉落下来，也不会构成伤人的危险性。由于其良好的装饰性和安全性，陶瓷锦砖目前在材料种类繁多的建筑装饰界中仍占有一席之地。

习　题

11-1　玻璃的组成成分有哪些？

11-2　玻璃的基本性质有哪些？

11-3　涂料组成成分有哪些？

11-4　涂料基本性质有哪些？

11-5　常用建筑涂料有哪些？试论述它们的特性。

11-6　天然石材的来源有哪些？

11-7　天然石材的加工类型有哪些？

11-8　人工石材的特点有哪些？

11-9　建筑涂料的原料组成有哪些？

11-10　常用建筑陶瓷有哪些？试论述它们的特性。

第12章

常用建筑材料性能检验

知识目标

掌握常用建筑材料质量的检验方法及相关的标准和规范要求。

能力目标

通过本章内容的学习，要求学生熟悉测试原理，了解试验设备、操作步骤，为今后合理使用、正确鉴别、检测材料及进行科学研究奠定基础。同时注重“四培养”，即培养学生独立进行材料质量检验的能力；培养学生严谨认真的科学态度；培养学生善于思考，勇于探索，独立分析问题和解决问题的能力；培养学生分工明确，互相协作的精神。

12.1 概述

12.1.1 材料试验的重要性

材料试验是本课程的一个重要组成部分，它不仅是课堂理论教学的必要环节，也是实践技能训练的实践性教学基础，同时也是生产实践中一门重要的科学技术，在建筑工程中占有重要的地位。通过对原材料、半成品的质量检验，能科学地鉴定建筑物的质量，为结构设计、构件制作提供科学的技术依据，通过试验、试配能够合理地使用原材料。通过试验研究能够推广应用发展新材料、新技术，推动我国建材业的发展。随着我国加入 WTO 过渡期的结束，全面入关之后，在国际统一规则下，材料质量更成为公平竞争、择优入选的主要条件。

材料质量检测的主要内容包括质量标准、取样方法、检验方法、检验规则。材料质量检测综合了三方面的技术，一是抽样技术，要求检测试样必须具有代表性；二是测试技术：要求测试条件及仪器设备具有准确性，试样制备及处理具有同一性，测试方法具有规范性；三是试验数据的整理：数据的处理和结论具有科学性和适用性。

在建筑材料质量检测的教学过程中，注意做到以下几点：

1）在了解建筑材料技术性能和质量标准的基础上，理解其含义，才能更好地理解其标准。要求试验前必须预习，并提出相关问题（思考题）让学生带着问题预习、思考。

2）不同材料的取样方法、试样数量等不尽相同，应加以区别。

3）检验方法是试验的重点之一，是鉴别材料质量的手段，是试验课的重要环节，直接影响测试数据，必须要求学生以严密的工作、严谨的态度、严格的操作等科学思想对待整个试验过程。

4）试验报告是试验课内容之一，应该有创新、有新意，能提出问题，并培养独立分析和解决问题的能力。

12.1.2 关于试验技能

1. 测试技术

（1）取样 在进行试验之前，首先要选取有代表性的试样，取样原则为随机抽样，取样方法视不同材料而异。如散粒材料可采用缩分法（四分法），成形材料可采用不同部位切取、随机数码表、双方协定等方法。不论采取何种方法，所抽取的试样必须具有代表姓，能反映批量材料的总体质量。

（2）仪器设备的选择 不同试验所需设备差异很大，但每一项试验都会涉及从仪器上读数（如长度、面积、体积、质量、拉力、压力、强度等）的问题，而每一项试验要求读数都在一定的精确度内，因此在仪器设备选择上应具有相应的精度（即感量），如称量精度为0.05g，则选择如混凝土抗压强度试验用试验机的精度应在±2%，量程一般为全量程的20%~80%（即试验机指针停在试验机度盘的第二、三象限）。

（3）试验方法 各项试验必须按规定的方法和规则进行，一般分两种情况：一是作为质量检测，在试验操作过程中，必须使仪器设备、试件制备、测试技术等严格符合标准规定的规则和方法，保证试验条件的可靠性，才能获得准确的试验数据，得到正确的结论；二是作为新材料研制开发，则可以按试验设计的方案进行。

（4）试验条件 每项试验可能处在不同的试验条件下，而同一材料在不同试验条件下其试验也会不同，试验条件是影响试验数据准确性的因素之一，试验条件包括试验时的温度、湿度、速率，试件制作情况等。例如对温度敏感性大的沥青，温度对其测试结果影响非常大，必须严格控制温度，如混凝土试件尺寸的大小、试验机加荷速度对强度值也造成很大程度的影响，所以试验须规定标准尺寸，加荷速率，试件表面的平整度等。

（5）结果计算与评定 每一项试验结果都需按规定的方法或规则进行数据处理（包括计算方法，数字精度确定，有效数字取舍等），经计算处理后进行综合分析，给予结果的评定，包括结果是否有效，等级评定，是否满足标准要求的结论等。

2. 试验技能训练

（1）试验预习报告 试验之前进行预习，初步了解试验内容、目的、基本原理，感悟理论与实践的区别，找出问题，这样可带着问题进行试验，加深印象，加深理解。

（2）试验报告 试验该掌握的内容基本体现在试验报告中。其试验报告的形式可以不同，但内容基本一致，有试验名称、试验内容、试验目的、试验原理、测试数据、数据处理、结果评定及分析等，同时要求在试验报告中反映出预习报告中提出的问题，新观点的提出并设想解决方案。总之，试验中应启发学生发散思维，善于思考，勇于创新。

12.1.3 关于试验数据处理

1. 误差理论

(1) 误差的概念　做任何一项试验时，所测定的数据必然有误差，尽管所使用的仪器设备，试验方法，试验条件相同，但测试结果往往存在与被测体实际状况之间的差异。造成这种差异的原因是众多的，如仪器本身精度，测试人员的技术水平，测试环境等，对测试结果都不会存在完全一致的影响。这种测试结果与真值（因真实值无法确定，通常取与之接近的实际值代替）之间的差异称为测量误差，这种误差的存在具有必然性和普遍性。一般称之为误差公理，即测量结果都有误差，误差自始至终存在于一切科学试验和测量的过程中。

(2) 误差的种类　误差来源于设备误差，测量误差，环境误差，人员误差，方法误差等多方面，但就其性质可分为三类：

1) 系统误差：在测量过程中不发生改变或遵循一定规律变化的误差，称为系统误差。如天平砝码不准确产生测量始终恒定不变的仪器误差；测试人员生理特点造成读数偏高、偏低误差；仪器度盘指针偏心造成每转一周误差相同的周期性变化的误差等，这种误差的产生原因明确，误差大小可确定。通过产生原因的分析，采取有关措施，就可消除或减弱系统误差，避免对测试结果的影响。通常所说的准确度就是反映系统误差大小的程度。

2) 过失误差（粗大误差，粗误差）：由于操作者本身的主观原因（如责任心差，工作不认真，过度疲劳等造成操作失误，读数错误，计算错误等误差）或测量仪器自身不合格等造成的误差称为过失误差或粗误差，这种误差是无规律的，超出规定条件下产生的，导致试验结果是错误的。因此这种误差必须消除，凡含有过失误差的数据均应舍去。

3) 偶然误差（随机误差）：随机误差是指在测试过程中反复测量同一量值时，误差以不确定的方式变化，没有规律性，其大小和特点随机变化的误差。产生随机误差的原因有客观条件的偶然变化，仪器结构不稳定，试样本身不均匀等，这种误差的特点是变化频繁、复杂，无法掌握其规律。任何测试中的随机误差是无法消除和避免的，而且其变化大小无法控制和测定。但可以通过大量试验找出误差的分布规律，用统计法对数据分析和处理后，确定误差的范围，得出最可靠的结果。通常所说的精密度就是反映随机误差的大小程度。可见，精密度和准确度的综合影响可反映出测量值与真值的接近程度，测量值与真值越接近，可以说测量值的精确度越高，系统误差和偶然误差就越小，精密度、准确度、精确度从不同角度反映了测试误差，但意义不同。

(3) 误差的表示方法　误差分绝对误差和相对误差。

1) 绝对误差：表示测量值与真值之差，绝对误差既能表示偏差大小，又能确定偏差方向，绝对误差通常简称为误差。误差=测量值-真值。由于真值是指测试瞬间被测量的真实大小，一般无法测到，通常用满足规定精确度要求的，能用高一级计量标准测量的实际值（如标准样品给定值，规范规定值等）代替，则误差=测量值—实际值。

2) 相对误差：绝对误差与真值之比称为相对误差，通常用百分数表示。可表示为：相对误差=绝对误差/真值，或相对误差=绝对误差/实际值，相对误差能表示测量的精确度，具有可比性，对于相同被测量，绝对误差可以评定不同测量方法的测量精度。但对于不同的被测量，绝对误差难以评定不同的测量方法测量精度高低，就需要用相对误差来表示。

2. 数据处理

(1) 数字修约　各种测量，计算的数值都需要按相关的计量规则进行数字修约。数字修约时应遵循以下规则：

1) 在拟舍去部分的数字中，若左边第一个数字小于5（不包括5），则舍去，即拟保留的末位数字不变。例：将54.343修约到只保留一位小数，则在54.343中，拟舍去数字为43，拟保留数字为54.3，拟保留数字的末位数（修约数字）为3，据上条规则，拟舍去数字中左边第一个数字为4，小于5，则舍去。拟保留的末位数不需要修约即不变，仍为3。则修约结果为54.3。

2) 在拟舍去部分的数字中，若左边第一个数字大于5（不包括5），则进一，即拟保留的末位数字加一。例：将54.383修约到只保留一位小数，按上条规则，拟舍去数字左边第一个数字为8，大于5，则进一，拟保留的末位数3需修正，则加1为4，修约结果为54.4。

3) 在拟舍去部分的数字中，若左边第一个数字等于5，而其右边的数字并非全部为零，则进一，即所拟保留的末位数字加一。例：将54.3501修约到只保留一位小数，拟舍去部分数字中501左边第一个数字等于5，而右边的数字01并不全是零，则进一，拟保留的数字中54.3的末位数3需修正为4，则修约结果力54.4。

4) 在拟舍去部分的数字中，若左边第一个数字等于5而其右边数字皆为零，所拟保留的末位数若为奇数则进一，若为偶数（包括0）则不进。例：将54.3500修约到只保留一位小数。拟舍去部分左边第一个数字等于5，而右边数字皆为零，拟保留数字54.3中末位数为3，是奇数则进一，3修正为4，则修约结果为54.4。例：将54.8500修约到只保留一位小数，则修约结果为54.8。

以上修约规则称为“四舍六入五成双法则”，记忆口诀：五下舍去五上进，单收双弃指五整。

5) 所舍去数字若为两位以上数字，不得连续修约。例：将53.4586修约为整数，应修约为53，而不能修约为54（53.459—53.46—53.5—54）。

6) 凡标准中规定有界数值时，不允许采用数字修约的方法。例：含水率测定中，2次测定值与平均值之差不得大于0.3%，即最大差值0.03，而不能将O.031修约为0.03。

(2) 数字记录　在所有的试验中都离不开数据记录，而数字记录的正确与否，影响到计算精度，所以也应按相应的规则进行记录。

1) 记录测量数据时，只保留一位可疑（不确定）数字。

2) 在数据计算时，当有效数字（是指测量中实际能测得的数字）确定之后，其余数字应按修约规则一律舍去。

3) 当表示精确度（通常反映综合误差大小的程度）时，一般只取一位有效数字。

12.2 建筑材料基本性能试验

12.2.1 密度试验

密度是材料在密实状态下单位体积的质量。以烧结普通砖为试样，进行密度测定。

1. 主要仪器

1）李氏瓶。形状与尺寸如图 12-1 所示。

2）物理天平（称量 1000g，感量 0.01g）。烘箱，筛子（孔径 0.20mm），温度计等。

2. 试验步骤

1）将试样破碎、磨细后，全部通过 0.2mm 孔筛，再放入烘箱中，在不超过 110℃的温度下，烘至恒重，取出后置于燥器中冷却至室温备用。

2）将无水煤油注入李氏瓶至凸颈下 0~1mL 刻度线范围内。用滤纸将瓶颈内液面上部内壁吸附的煤油仔细擦净。

3）将注有煤油的李氏瓶放入恒温水槽时，使刻度线以下部分浸入水中，水温控制在（20±0.5）℃，恒温 30min 后读出液面的初体积 V_1（以弯液面下部切线为准），精确到 0.05mL。

4）从恒温水槽中取出李氏瓶，擦干外表面，放于物理天平上，称得初始质量 m_1。

5）用小匙将物料徐徐装入李氏瓶中，下料速度不得超过瓶内液体浸没物料的速度，以免阻塞。如有阻塞，应将瓶微倾且摇动，使物料下沉后再继续添加，直至液面上升接近 20mL 的刻度时为止。

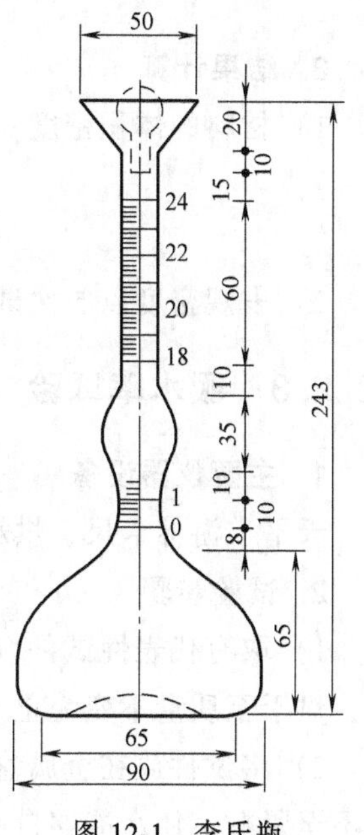

图 12-1 李氏瓶

6）排除瓶中气泡。以左手指捏住瓶颈上部，右手指托着瓶底，左右摆动或转动，使其中气泡上浮，每 3~5s 观察一次，直至无气泡上升为止。同时将瓶倾斜并缓缓转动，以便使瓶内煤油将粘附在瓶颈内壁上的物料洗入煤油中。

7）将瓶置于天平上称出加入物料后的最终质量 m_2，再将瓶放入恒温水槽中，在相同水温下恒温 30min，读出第二次体积读数 V_2。

3. 结果计算

1）按下式计算试样密度 ρ（精确至 0.01g/cm^3）：

$$\rho=\frac{m_2-m_1}{V_2-V_1} \tag{12-1}$$

2）以两次试验结果的平均值作为密度的测定结果。两次试验结果的差值不得大于 0.02g/cm^3，否则应重新取样进行试验。

12.2.2 表观密度试验

表观密度又称体积密度，是指材料包含自身孔隙在内的单位体积的质量。以烧结普通砖为试件，进行表观密度测定。

1. 主要仪器

案秤（称量 6kg，感量 50g）、直尺（精度为 1mm）、烘箱。当试件较小时，应选用精度为 0.1mm 的游标卡尺和感量为 0.1g 的天平进行试验。

2. 试验步骤

1）将每组 5 块试件放入（105±5）℃的烘箱中烘至恒重，取出冷却至室温称重 m（g）。

2）用直尺量出各试件的尺寸，并计算出其体积 V（cm^3）。对于六面体试件，量尺寸时，长、宽、高各方向上须测量三处，取其平均值得 a、b、c，则：

$$V=abc \tag{12-2}$$

3. 结果计算

1）材料的体积密度 ρ_0 按下式计算：

$$\rho_0=\frac{m}{V}\times1000\ (kg/m^3) \tag{12-3}$$

2）表观密度以 5 次试验结果的平均值表示，计算精确至 $10kg/m^3$。

12.2.3 吸水率试验

1. 主要仪器设备

天平、游标卡尺、烘箱等。

2. 试验步骤

1）取有代表性试件（如石材），每组 3 块，将试件置于烘箱中，以不超过 110℃ 的温度，烘干至质量不变为止，然后再以感量为 0.1g 的天平称其质量 m_0（g）。

2）将试件放在金属盆或玻璃盆中，在盆底可放些垫条如玻璃管（杆）使试件底面与盆底不至紧贴，使水能够自由进入试件内。

3）加水至试件高度的 1/3 处，过 24h 后再加水至高度的 2/3 处，再过 24h 加满水，并再放置 24h。这样逐次加水能使试件孔隙中的空气逐渐逸出。

4）取出一块试件，抹去表面水分，称其质量 m_1（g），用排水法测出试件的体积 V_0（cm^3）。为检查试件吸水是否饱和，可将试件再浸入水中全高度的 3/4 处，24h 后重新称重，两次质量之差不超过 1%。

5）用以上同样方法分别测出另两块试件的质量和体积。

6）按下列公式计算吸水率 W：

$$质量吸水率：W_m=\frac{m_1-m_0}{m_0}\times100\% \tag{12-4}$$

$$体积吸水率：W_v=\frac{m_1-m_0}{V_0}\frac{1}{\rho_w}\times100\% \tag{12-5}$$

7）取三个试件的吸水率计算其平均值（精确至 0.01%）。

12.2.4 抗压强度与软化系数试验

1. 主要仪器设备

1）压力试验机（图 12-2），最大荷载不小于试件破坏荷载的 1.25 倍，误差不大于±2%。

2）钢直尺或游标卡尺。

2. 试验步骤

1）选取有代表性的试件，如石材，干燥状态与吸水饱和状态各一组，各面需加工平整且两受压面须平行。

2）根据精度要求选择量具，测量试件尺寸，计算其受压面积 A（mm^2）。

3）了解压力试验机的工作原理与操作方法。根据最大荷载选择量程，调节零点，将试件放于带有球座的压力试验机承压板中央，以规定的速度进行加荷，直至试件破坏。记录最大荷载 P（N）。

3. 结果计算

1）按下式计算材料的抗压强度 f_c：

$$f_c = \frac{P}{A}(\mathrm{MPa}) \qquad (12\text{-}6)$$

2）取三块试件的平均值作为材料的平均抗压强度（精确至 0.1MPa）。

3）按下式计算材料的软化系数 K（精确至 0.01）：

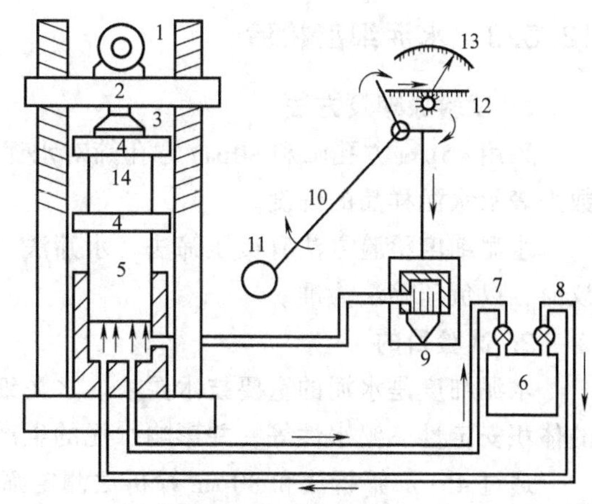

图 12-2　压力试验机

1—电动机　2—横梁　3—球座　4—承压板　5—活塞　6—液压泵　7—回油阀　8—送油阀　9—测力计　10—摆杆　11—摆锤　12—推杆　13—度盘　14—试件

$$K = \frac{f_{干}}{f_{饱和}} \qquad (12\text{-}7)$$

式中　$f_{干}$、$f_{饱和}$——材料干燥状态的平均抗压强度与吸水饱和状态的平均抗压强度。

12.3　水泥性能检验

12.3.1　采用标准

《水泥细度检验方法（45μm 筛筛析法和 80μm 筛筛析法）》（GB/T 1345—2005）

《水泥标准稠度用水量、凝结时间、安定性检验方法》（GB/T 1346—2011）

《水泥胶砂强度检验方法（ISO 法）》（GB/T 17671—1999）

《通用硅酸盐水泥》（GB 175—2007）

12.3.2　水泥检验的一般规定

1）水泥检验应按同一生产厂家、同一品种、同一强度等级、同一编号且连续进场的水泥为一批（即一个取样单位），袋装水泥不超过 200t 为一批，散装水泥不超过 500t 为一批，每批抽样不少于一次。取样应有代表性，可连续取，也可从 20 个以上不同部位抽取等量样品，总量至少 12kg。

2）水泥试样应充分搅拌均匀，并通过 0.9mm 方孔筛，记录其筛余物情况。

3）实验室温度为 17~25℃，相对湿度大于 50%。养护室温度为（20±3）℃，相对湿度大于 90%。

4）试验用水应是洁净的淡水，有争议时也可采用蒸馏水。

5）试验用材料、仪器、用具的温度与实验室一致。

12.3.3　水泥细度检验

1. 试验原理及方法

采用45μm方孔筛和80μm方孔筛对水泥试样进行筛析试验，用筛上筛余物的质量百分数来表示水泥样品的细度。

水泥细度检验方法有负压筛法、水筛法、手工筛析法。当三种检验方法测试结果发生争议时，以负压筛法为准。

2. 试验目的

水泥细度是水泥的重要技术要求。水泥细度对水泥强度有较大的影响，同时也影响水泥的体积安定性、泌水性等，并影响水泥的生产产量与能耗。

通过45μm筛析法和80μm筛析法测定筛余量，评定水泥细度是否达到标准要求。

3. 主要仪器

1）试验筛　试验筛由圆形筛框和筛网组成，分负压筛、水筛、手工筛三种，负压筛和水筛如图12-3和图12-4所示。

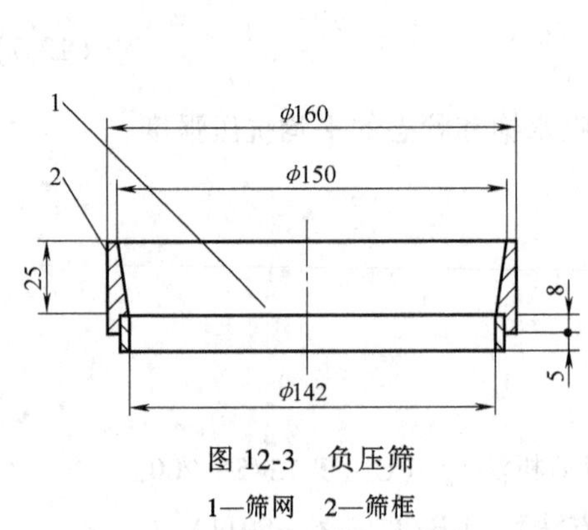

图12-3　负压筛
1—筛网　2—筛框

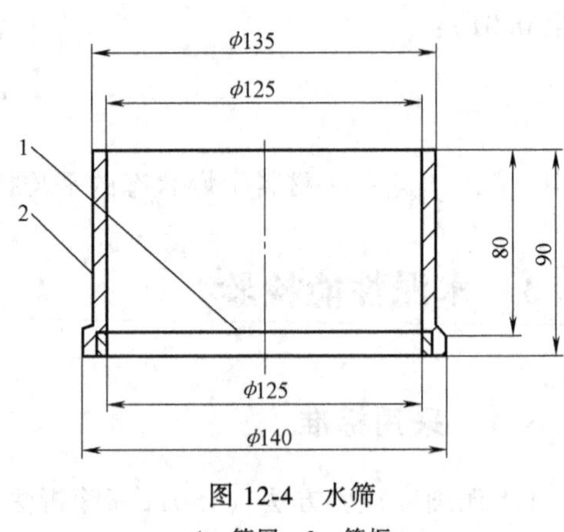

图12-4　水筛
1—筛网　2—筛框

2）负压筛析仪　负压筛析仪由筛座、负压筛、负压源及收尘器组成，如图12-5所示。

3）水筛架和喷头。

4）天平。最小分度值不大于0.01g。

4. 试验步骤

（1）试验准备　试验前所用试验筛应保持清洁，负压筛和手工筛应保持干燥。试验前，45μm筛析试验称取试样10g，80μm筛析试验称取试样25g。

（2）负压筛法

1）筛析试验前，将负压筛放在筛座上，盖上筛盖，接通电源，检查控制系统，调节负压至4000~6000Pa范围内。

2）称取试样精确至0.01g，置于洁净的负压

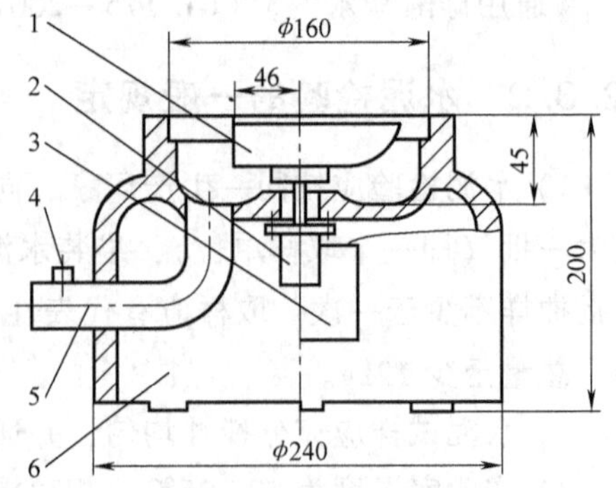

图12-5　负压筛析仪
1—喷气嘴　2—微电动机　3—控制板开口
4—负压表接口　5—负压源及收尘器接口　6—壳体

筛中，放在筛座上，盖上筛盖，接通电源，开动筛析仪连续筛析2min，在此期间如有试样附着在筛盖上，可轻轻地敲击筛盖使试样落下。筛毕，用天平称量全部筛余物。

（3）水筛法

1）筛析试验前，应检查水中无泥、砂，调整好水压及水筛架的位置，使其能正常运转，并控制喷头底面和筛网之间距离为35~75mm。

2）称取试样精确至0.01g，置于洁净的水筛中，立即用淡水冲洗至大部分细粉通过后，放在水筛架上，用水压为（0.05±0.02）MPa的喷头连续冲洗3min。筛毕，用少量水把筛余物冲至蒸发皿中，等水泥颗粒全部沉淀后，小心倒出清水，烘干并用天平称量全部筛余物。

（4）手工筛析法　当无负压筛析仪和水筛的情况下，允许用手工筛析法。

1）称取水泥试样精确至0.01g，倒入手工筛内。

2）用一只手持筛往复摇动，另一只手轻轻拍打，往复摇动和拍打过程应保持近于水平。拍打速度每分钟约120次，每40次向同一方向转动60°，使试样均匀分布在筛网上，直至每分钟通过的试样量不超过0.03g为止。称量全部筛余物。

5. 结果计算及处理

水泥试样筛余百分数按下式计算：

$$F = R_t / W \times 100 \tag{12-8}$$

式中　F——水泥试样的筛余百分数（%）；

R_t——水泥筛余物的质量（g）；

W——水泥试样的质量（g）。

结果计算至0.1%。

12.3.4　水泥标准稠度用水量检验

1. 试验原理及方法

水泥标准稠度净浆对标准试杆（或试锥）的沉入具有一定阻力。通过试验不同含水量水泥净浆的穿透性，以确定水泥标准稠度净浆中所需加入的水量。

水泥标准稠度用水量的测定有两种方法即标准法和代用法。

2. 试验目的

水泥的凝结时间、安定性均受水泥浆稀稠的影响，为了不同水泥具有可比性，水泥必须有一个标准稠度，通过此项试验测定水泥浆达到标准稠度时的用水量，作为凝结时间和安定性试验用水量的标准。

3. 主要仪器

1）水泥净浆搅拌机。

2）代用法维卡仪，如图12-6、图12-7所示。

3）标准法维卡仪。基本同代用法维卡仪，用试杆取代试锥，用截顶圆锥模取代锥模，如图12-8所示。

4）量水器，最小刻度0.1mL，精度1%。

5）天平。最大称量不小于1000g，分度值不大于1g。

4. 试验步骤

（1）试验前须注意事项

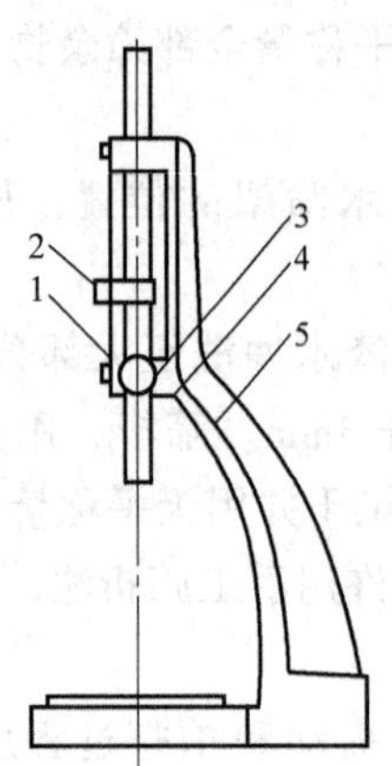

图 12-6 水泥标准稠度与凝结时间维卡仪

1—标尺 2—指针 3—松紧螺钉 4—金属圆棒 5—铁座

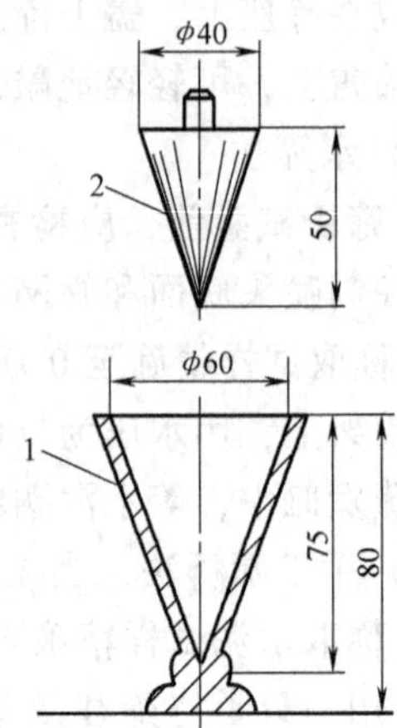

图 12-7 测定标准稠度用试锥和锥模

1—锥模 2—试锥

1）维卡仪的金属棒能自由滑动。

2）调整至试杆（锥）接触玻璃板（锥模顶面）时指针对准零点。

3）搅拌机运行正常。

（2）标准法

1）水泥净浆的拌制。用水泥净浆搅拌机搅拌，搅拌锅和搅拌叶片先用湿布擦过，将拌合水倒入搅拌锅内，然后在5~10s内小心将称好的500g水泥加入水中，防止水和水泥溅出；拌和时，先将搅拌锅安装在搅拌机的底座上，升至搅拌位置，起动搅拌机，低速搅拌120s，停15s，同时将叶片和锅壁上的水泥浆刮入锅中间，接着高速搅拌120s，停机。

2）测定步骤。拌和结束后，立即将拌制好的水泥净浆装入已置于玻璃底板上的试模中，用小刀插捣，轻轻振动数次，刮去多余的净浆。抹平后迅速将试模和底板移到维卡仪上，并将其中心定在试杆下，降低试杆直至与水泥净浆表面接触，拧紧螺钉1~2s后，突然放松，使试杆垂直自由地沉入水泥净浆中。在试杆停止沉入或释放试杆30s时记录试杆距底板之间的距离，升起试杆后，立即擦净。整个操作应在搅拌后1.5min内完成。

（3）代用法

1）水泥净浆的拌制同标准法1）条。

2）采用代用法测定水泥标准稠度用水量时，可采用调整水量法或不变水量法，采用调整水量法时拌合水据经验确定，采用不变水量法时拌合水用142.5mL。

3）水泥净浆搅拌结束后，立即将拌和好的水泥净浆装入锥模中，用小刀插捣，轻振数次，刮去多余的净浆，抹平后迅速放至试锥下面固定的位置上，将试锥与水泥净浆表面接触，拧紧螺钉1~2s后，突然放松，让试锥垂直自由沉入净浆中，到试锥停止下沉或释放试锥30s时，记录试锥下沉深度。整个操作应在搅拌后1.5min内完成。

5. 结果计算及处理

（1）采用标准法时　以试杆沉入净浆并距底板（6±1）mm的水泥净浆为标准稠度净浆，其拌合水量为该水泥的标准稠度用水量（P），按水泥质量的百分比计算。

（2）采用代用法时　用调整水量方法测定时，以试锥下沉深度（28±2）mm时的净浆为

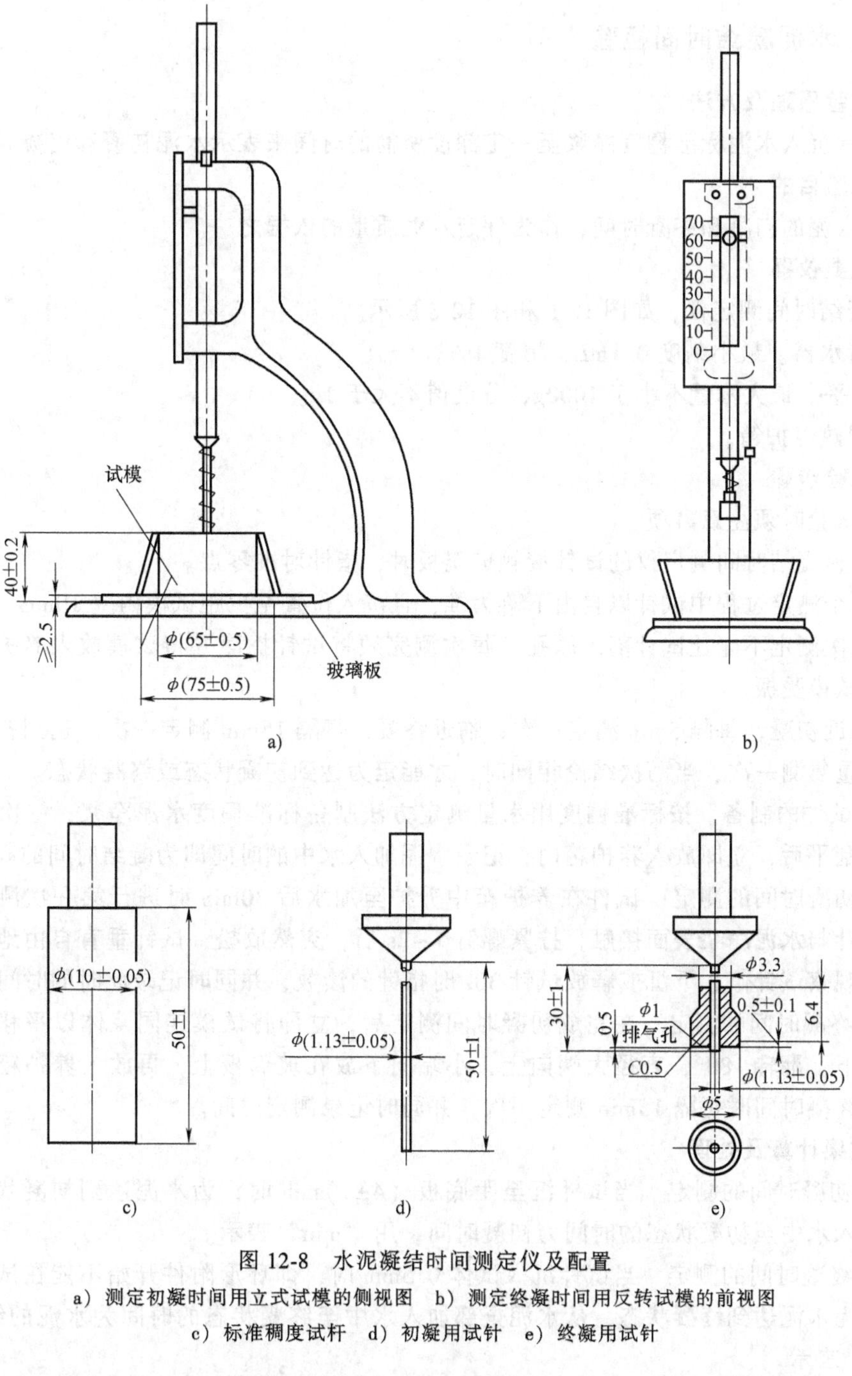

图 12-8　水泥凝结时间测定仪及配置

a）测定初凝时间用立式试模的侧视图　b）测定终凝时间用反转试模的前视图

c）标准稠度试杆　d）初凝用试针　e）终凝用试针

标准稠度净浆。其拌合水量为该水泥的标准稠度用水量（P），按水泥质量的百分比计算。如下沉深度超出范围需另称试样，调整水量，重新试验，直至达到（28±2）mm 为止。

用不变水量方法测定时，根据测得的试锥下沉深度 S（mm）按下式计算得到标准稠度用水量 P（%）。

$$P=33.4-0.185S \tag{12-9}$$

当试锥下沉深度小于12mm时，应改用调整水量法测定。

12.3.5 水泥凝结时间检验

1. 试验原理及方法

以试针沉入水泥标准稠度净浆至一定深度所需的时间来表示水泥初凝和终凝时间。

2. 试验目的

测定水泥的初凝和终凝时间，作为评定水泥质量的依据之一。

3. 主要仪器

1）凝结时间测定仪，如图12-6和图12-8所示。

2）量水器。最小刻度0.1mL，精度1%。

3）天平。最大称量不小于1000g，分度值不大于1g。

4）湿热养护箱。

4. 试验步骤

（1）试验时须注意事项

1）调整凝结时间测定仪的试针接触玻璃板时，指针对准零点。

2）整个测定过程中试针以自由下落为准，且沉入位置至少距试模内壁10mm。

3）每次测定不能让试针落入原孔，每次测完须将试针擦净并将试模放入养护箱，整个测试防止试模受振。

4）临近初凝，每隔5min测定一次；临近终凝，每隔15min测定一次。达到初凝或终凝时应立即重复测一次，当两次结论相同时，才能定为达到初凝状态或终凝状态。

（2）试件的制备　按标准稠度用水量测定方法制备标准稠度水泥净浆，一次装满试模振动数次刮平后，立即放入养护箱内，记录水泥加入水中的时间即为凝结时间的起始时间。

（3）初凝时间的测定　试件在养护箱中养护至加水后30min时进行第一次测定。测定时，将试针与水泥净浆表面接触，拧紧螺钉1~2s后，突然放松，试针垂直自由地沉入水泥净浆中，观察试针停止下沉或释放试针30s时指针的读数，并同时记录此时的时间。

（4）终凝时间的测定　在完成初凝时间测定后，立即将试模连同浆体以平移的方式从玻璃板取下，翻转180°，直径大端向上，小端向下放在玻璃板上，再放入养护箱中继续养护，临近终凝时间时每隔15min测定一次，并同时记录测定时间。

5. 结果计算及处理

（1）初凝时间的测定　当试针沉至距底板（4±1）mm时，为水泥达到初凝状态。从水泥全部加入水中至初凝状态的时间为初凝时间，用“min”表示。

（2）终凝时间的测定　当试针沉入试体0.5mm时，即环形附件开始不能在试体上留下痕迹时，为水泥达到终凝状态，从水泥全部加入水中至终凝状态的时间为水泥的终凝时间，用“min”表示。

12.3.6 水泥体积安定性检验

1. 试验原理及方法

测定体积安定性的方法有两种：雷氏法和试饼法。当发生争议时，一般以雷氏法为准。

雷氏法（标准法）是通过测定沸煮后两个试针的相对位移来衡量水泥标准稠度净浆体

积膨胀程度，以此评定水泥浆硬化后体积变化是否均匀。

试饼法（代用法）是观测沸煮后水泥标准稠度净浆试饼外形变化程度，评定水泥浆硬化后体积变化是否均匀。

2. 试验目的

安定性是指水泥浆硬化后体积变化是否均匀的性质，体积的不均匀变化会引起膨胀、开裂或翘曲等现象。

通过测定沸煮后标准稠度水泥净浆试样的体积和外形的变化程度，评定体积安定性是否合格。

3. 主要仪器

1）雷氏夹。由铜质材料制成，如图 12-9 所示。当一根指针的根部先悬挂在一根金属丝或尼龙丝上，另一根指针的根部再挂上 300g 质量的砝码时，两根指针针尖的距离增加应在 (17.5±2.5)mm 范围内，即 $2x=(17.5\pm2.5)$mm，当去掉砝码后针尖的距离能恢复至挂砝码前的状态。

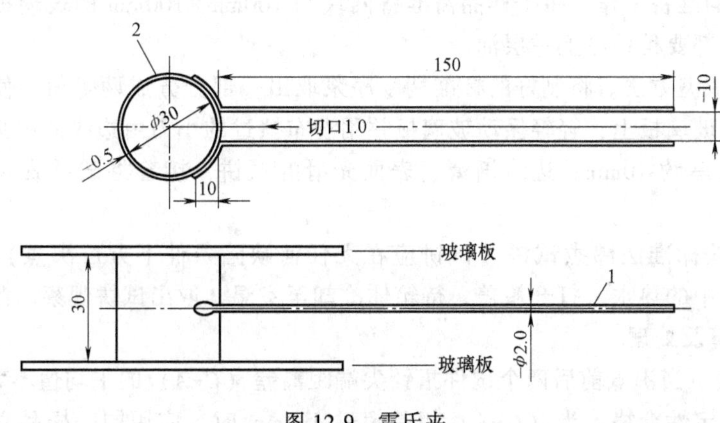

图 12-9　雷氏夹

1—指针　2—环模

2）沸煮箱。有效容积约为 410mm×240mm×310mm，篦板的结构应不影响试验结果，篦板与加热器之间的距离大于 50mm。箱的内层由不易锈蚀的金属材料制成，能在 (30±5)min 内将箱内的试验用水由室温升至沸腾状态并保持 3h 以上，整个试验过程中不需补充水量。

3）雷氏夹膨胀测定仪。如图 12-10 所示，标尺最小刻度为 0.5mm。

4）水泥净浆搅拌机。

5）量水器。最小刻度 0.1mL，精度 1%。

6）天平。最大称量不小于 1000g，分度值不大于 1g。

7）湿热养护箱。

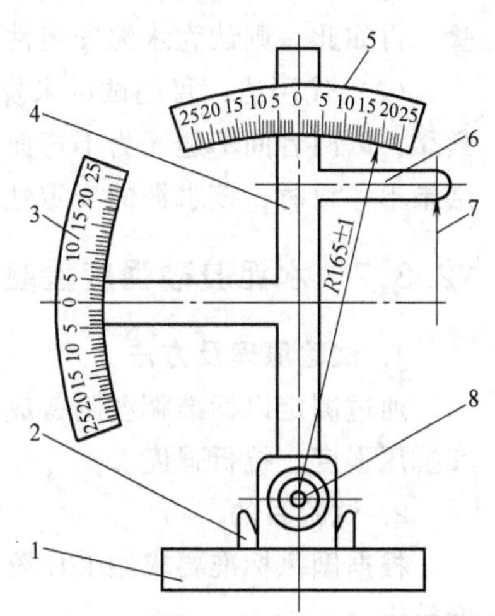

图 12-10　雷氏夹膨胀测定仪

1—底座　2—模子座　3—测弹性标尺　4—立柱　5—测膨胀值标尺　6—悬臂　7—悬丝　8—弹簧顶钮

4. 试验步骤

(1) 雷氏法（标准法）

1）测定前的准备工作。每个试样需成型两个试件，每个雷氏夹需配备质量 75~85g 的玻璃板两块，凡与水泥净浆接触的玻璃板和雷氏夹内表面都要稍稍涂上一层油。

2）雷氏夹试件的成型。将预先准备好的雷氏夹放在已稍擦油的玻璃板上，并立即将已制好的标准稠度净浆一次装满雷氏夹，一手轻扶雷氏夹，一手用小刀插捣数次后抹平，盖上涂油玻璃板，接着立即将试件移至养护箱内养护（24±2)h。

3）沸煮。调整好沸煮箱内水位，使能保证在整个沸煮过程中都超过试件，不需中途加水，同时又能保证在（30±5)min 内升至沸腾。

脱去玻璃板取下试件，先测量雷氏夹指针尖端间的距离（A），精确到 0.5mm，然后将试件放入沸煮箱的试件架上，指针朝上，然后在（30±5)min 内加热至沸腾并恒沸腾（180±5)min。

沸煮结束后，立即放掉沸煮箱中的热水，打开箱盖，待箱体冷却至室温，取出试件，测量雷氏夹指针尖端的距离（C）准确至 0.5mm。

（2）代用法（试饼法）

1）测定前的准备工作。每个样品需准备两块约 100mm×100mm 的玻璃板，凡与水泥净浆接触的玻璃板都要稍稍涂上一层油。

2）试饼的成型方法。将制好的标准稠度净浆取出一部分分成两等份，使之成球形，放在预先准备好的玻璃板上，轻轻振动玻璃板并用湿布擦过的小刀由边缘向中央抹，做成直径 70~80mm、中心厚约 10mm、边缘渐薄、表面光滑的试饼，接着将试饼放入养护箱内养护(24±2)h。

3）沸煮。按标准法沸煮试饼（试饼应在无任何缺陷条件下方可沸煮）。沸煮结束后，立即放掉沸煮箱中的热水，打开箱盖，待箱体冷却至室温，取出试饼观察、测量。

5. 结果计算及处理

（1）标准法　当沸煮前后两个试件指针尖端距离差（$C-A$）的平均值不大于 5.0mm 时，即认为该水泥安定性合格，当（$C-A$）相差超过 4.0mm 时，应用同一样品立即重做一次试验，再如此，则认为水泥安定性不合格。

（2）代用法　目测试饼未发现裂缝，用钢直尺检查也没有弯曲（使钢直尺和试饼底部紧靠，以两者间不透光为不弯曲）的试饼为安定性合格，反之为不合格。当两个试饼判别结果不一致时，该水泥的安定性不合格。

12.3.7　水泥胶砂强度检验（ISO 法）

1. 试验原理及方法

通过测定以标准稠度制备成标准尺寸的胶砂试块的抗压破坏荷载、抗折破坏荷载，确定其抗压强度、抗折强度。

2. 试验目的

根据国家标准要求用 ISO 胶砂法测定水泥各标准龄期的强度，从而确定和检验水泥的强度等级。

3. 主要仪器

（1）行星式水泥胶砂搅拌机　行星式水泥胶砂搅拌机应符合 JC/T 681—1997 要求。

（2）试模　试模由三个水平的模槽组成（图 12-11），可同时成型三条截面为 40mm×

40mm，长160mm的棱形试体，其材质和制造尺寸应符合JC/T 726—1999要求。

（3）振实台 振实台应符合JC/T 682—1997要求。

（4）抗折强度试验机 通过三根圆柱轴的三个竖向平面应该平行，并在试验时继续保持平行和等距离垂直试体的方向，其中一根支撑圆柱和加荷圆柱能轻微地倾斜使圆柱与试体完全接触，以便荷载沿试体宽度方向均匀分布，同时不产生任何扭转应力。

（5）抗压强度试验机 抗压强度试验机在较大的五分之四量程范围内使用时，记录的荷载应满足±1%的精度要求，并能按（2400±200）N/s的速率加荷。人工操纵的试验机应配有一个速度动态装置以便于控制荷载增加。

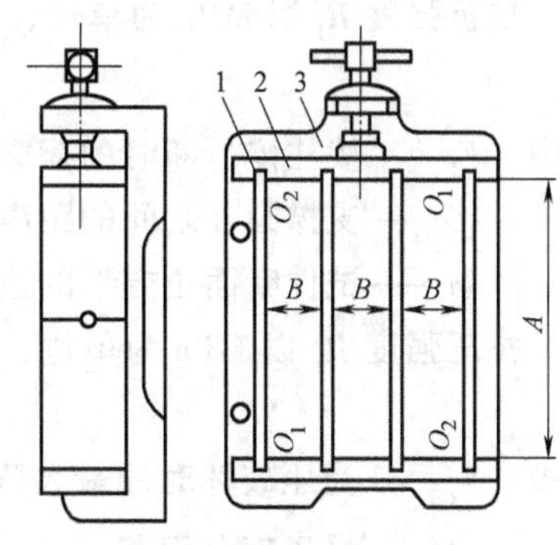

图12-11 水泥胶砂试模

1—隔板 2—端板 3—底板

（6）抗压夹具 受压面积40mm×40mm，符合JC/T 683—1997要求。

4. 试验步骤

（1）配合比 对于GB/T 17671—1999限定的通用水泥，按水泥试样、标准砂（ISO）、水，以质量计的配合比为1：3：0.5，每一锅胶砂成形三条试件，需水泥试样（450±2）g，ISO标准砂（1250±5）g；水（225±1）g。

（2）搅拌 把水加入搅拌锅内，再加入水泥，把搅拌锅放在固定架上，上升至固定位置后开动搅拌机，低速搅拌30s后，在第二个30s开始搅拌的同时均匀加入砂子（当各级砂是分装时，从最粗粒级开始，依次将所需的每级砂量加完）然后把机器转至高速，再拌30s，停拌90s。在第一个15s内，用橡胶刮具将叶片和锅壁上的胶砂刮入锅中间，在高速下继续搅拌60s，各个搅拌阶段，时间误差应在±1s以内。

（3）成形 胶砂制备后应立即成形，将空模及模套固定于振实台上，将胶砂分两层装入试模。装第一层时每模槽内约放300g胶砂，并将料层插平振实60次后，再装入第二层胶砂，插平后再振实60次，然后从振实台上取下试模。用金属直尺以90°的角度架在试模模顶的一端，沿试模长度方向以横向锯割动作慢慢向另一端移动，一次将超出试模部分的胶砂刮去并抹平，然后做好标记。

（4）养护 将做好标记的试模放入养护箱内至规定时间拆模。对于24h龄期的试件，应在试验前20min内脱模，并用湿布覆盖到试验。对于24h以上龄期的试件，应在成形后20~24h间脱模，并放入相对湿度大于90%的标准养护室或水中养护（温度20℃±1℃）。

（5）试验 养护到龄期的试件，应在试验前15min从水中取去，擦去表面沉积物，并用湿布覆盖到试验。先进行抗折试验，后进行抗压试验。

抗折试验：将试件长向侧面放于抗折试验机的两个支撑圆柱上。通过加荷圆柱以（50±10）N/s速率均匀将荷载加在试件相对侧面至折断，记录破坏荷载（F_f）。

抗压试验：折断后保持潮湿状态的两个半截棱柱体以侧面为受压面，分别放入抗压夹具内，并要求试件中心、夹具中心、压力机压板中心三心合一，偏差为±0.5mm，以（2400±200）N/s的速率均匀加荷至破坏，记录破坏荷载（F_c）。

试验时注意：试模内壁应在成形前涂薄层的隔离剂；脱模时应小心操作，防止试件受到损伤；养护时不应将试模叠放。

5. 结果计算及处理

抗折强度 R_f 以 MPa 为单位，按下式计算：

$$R_f = 1.5F_fL/b^3 \tag{12-10}$$

式中 F_f——棱柱体折断时的荷载（N）；

L——支撑圆柱之间的距离（mm）；

b——试件断面正方形的边长，为 40mm。

抗压强度 R_c 以 MPa 为单位，按下式计算：

$$R_c = F_c/A \tag{12-11}$$

式中 F_c——受压破坏时的最大荷载（N）；

A——受压部分面积（mm^2）（$40mm \times 40mm = 1600mm^2$）。

抗折强度：以一组三个棱柱体抗折强度的平均值为试验结果，当三个强度值中有超出平均值±10%时，应剔除后再取平均值作为抗折强度试验结果。

抗压强度：以一组三个棱柱体得到的六个抗压强度测定值的算术平均值为试验结果。当六个测定值中有一个超出六个平均值的±10%时，应剔除这个结果，以剩下的五个抗压强度的平均值为试验结果，若五个测定值中再有超出它们平均数±10%的，则此组试验结果作废。

抗折强度和抗压强度计算值精确至 0.1MPa。

12.4 混凝土用砂、石性能检验

12.4.1 一般规定

1. 取样

砂石取样应按批进行。以大型工具（火车、货船、汽车等）运输的以 400m^3 或 600t 为一验收批，用小型工具（马车、四轮车等）运输的，以 200m^3 或 300t 为一验收批，不足上述数量以一批论。

每验收批至少进行颗粒分析，含泥量、泥块含量及针片状颗粒含量检验。重要工程、特殊工程及某指标有异议等，应根据需要增加检测项目。

每验收批取样方法应按有关规定执行：

1）从料堆取样时，取样部位应均匀分布，取样前先将表面铲除，然后从不同部位抽取大致相等的 8 份砂样（15 份石样）组成一组样品。

2）从汽车、火车、货船上取样时，先从每验收批中抽取有代表性的若干单元（汽车为 4~8 辆、火车为 3 节车皮、货船为 2 艘），再从若干单元的不同部位和深度抽取大致相等的 8 份砂样（16 份石样），组成一组样品。

3）每组样品的取样数量，对单项试验不少于规定的最少取样数量；对于多项试验，若能保证样品经一项试验后不影响另一项试验结果，可用同一组样品进行多项不同的试验。

4）每组样品应按缩分法（四分法）缩分至略多于进行试验所必需的质量为止。

5）砂、石的含水量、堆积密度和紧密密度的检验，所用试样不经缩分，拌匀后直接进

行试验。

6）若检验不合格，应重新双倍取样复验，复验仍不满足标准要求，应按不合格处理。

2. 试验条件

1）试验温度应在 15~30℃。

2）试验用水应是洁净的淡水，有争议时可采用蒸馏水。

12.4.2　砂的颗粒级配检验（GB/T 14684—2011）

1. 试验原理及方法

通过一套由不同孔径的筛组成的一套标准筛对砂样进行过筛，测定砂样中不同粒径的颗粒含量。采用国际统一的筛分析法。

2. 试验目的及标准

通过筛分析试验测定不同粒径骨料的含量比例，评定砂的颗粒级配状况及粗细程度，为合理选择砂提供技术依据。

《建筑用砂》（GB/T 14684—2011）标准规定：砂的级配应符合 3 个级配区的要求（粗砂区、中砂区、细砂区），并据细度模数规定了三种规格砂的范围，粗：3.7~3.1；中砂：3.0~2.3；细砂：2.2~1.6。

3. 主要仪器

1）试验用标准筛：符合 GB/T 6003—2012 中方孔试验筛的规定，孔径为 150μm、300μm、600μm、1.18mm、2.36mm、4.75mm 及 9.5mm 的筛各一只，并附有筛底和筛盖。

2）鼓风烘箱：温度控制在（105±5）℃。

3）天平：称量 1000g，感量 1g。

4）摇筛机如图 12-12 所示。

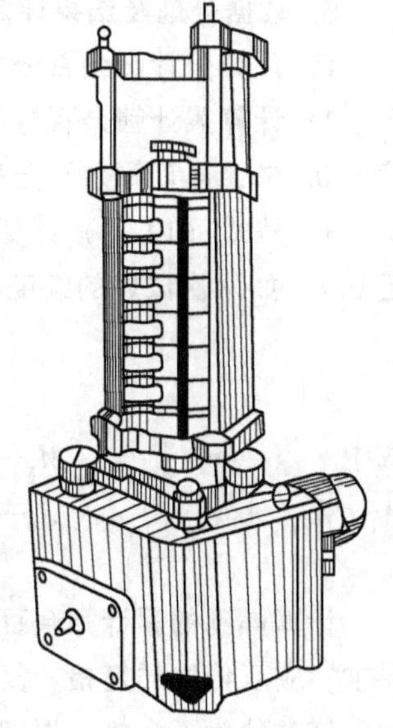

图 12-12　摇筛机

4. 试验步骤要点及注意事项

1）取按规定取样缩分后的试样约 1100g，放入烘箱内（105±5）℃烘干恒量，待冷却至室温后，筛除大于 9.5mm 的颗粒（并算出其筛余百分率），分成相等的两份试样（每份 550g）。

2）称取试样 500g（精确至 1g）倒入按孔径大小从上至下组合的套筛上。

3）将放好试样的套筛安放在摇筛机上，摇筛 10min 后，取下套筛，按筛孔大小顺序依次逐个进行手筛，筛至每分钟通过量小于试样总量的 0.1%（即 0.5g）为止，通过的试样（即小于筛孔直径的试样）并入下一号筛，并和下一号筛中的试样一起手筛，依次分别进行至各号筛全部筛完为止。

4）称量各号筛的筛余量（精确至 1g）。试样在各号筛上的筛余量不得超过按式（12-12）计算出的量，若超过应按下列处理方法之 进行。筛分后，如每号筛的筛余量与筛底的剩余量之和同原试样质量之差超过 1%时，须重新试验。

$$G=\frac{Ad^{1/2}}{200} \tag{12-12}$$

式中　G——在一个筛上的筛余量（g）；

A——筛面面积（mm）；

d——筛孔尺寸（mm）。

处理方法：

1）将该粒级试样分成少于按式（12-12）计算出的量（至少分成两份），分别筛分，并以筛余量之和作为该号筛的筛余量。

2）将该粒级及以下各粒级的筛余混合均匀，称出其质量（精确至1g），再用四分法缩分为大致相等的两份，取其中1份，称出其质量（精确至1g），继续筛分。计算该粒级及以下各粒级的分计筛余量时，应根据缩分比例进行修正。

注意事项：

1）试样必须烘干至恒量，恒量是指在相隔1~3h情况下，前后两次烘干质量之差小于该试验所要求的称量精度。

2）试验前应检查筛孔是否畅通，若阻塞应清除。

3）试验过程中防止颗粒遗漏。

5. 数据处理及结果评定

1）计算分计筛余百分率：各号筛的筛余量与试样总量之比，精确至0.1%。

2）计算累计筛余百分率：该号筛的筛余百分率加上该号筛以上各筛余百分率之和，精确至0.1%，累计筛余百分率取两次试验结果的算术平均值，精确至1%。

3）按式（12-13）计算细度模数（M_x），细度模数取两次试验结果的算术平均值，精确至0.1，如两次试验的细度模数之差超过0.2时，须重新试验。

$$M_x=\frac{(A_2+A_3+A_4+A_5+A_6)-5A_1}{100-A_1} \tag{12-13}$$

式中　M_x——细度模数；

A_1、A_2、A_3、A_4、A_5、A_6——孔径为4.75mm、2.36mm、1.18mm、600μm、300μm、150μm筛的累计筛余百分率。

计算得到的累计筛余百分率按标准要求的级配区判定级配是否符合标准，若不符合标准要求，应双倍取样复检，复检符合标准要求，判定该类砂合格，若复检不符合标准要求，则判定该类砂为不合格，据细度模数 M_x 的大小，按标准确定砂的规格。

分计筛余、累计筛余、通过率三者的关系见表12-1。

表12-1　分计筛余、累计筛余、通过率三者的关系

筛孔尺寸	分计筛余(%)	累计筛余(%)	通过率(%)
4.75mm	α_1	$A_1=\alpha_1$	$100-A_1$
2.36mm	α_2	$A_2=\alpha_1+\alpha_2$	$100-A_2$
1.18mm	α_3	$A_3=\alpha_1+\alpha_2+\alpha_3$	$100-A_3$
600μm	α_4	$A_4=\alpha_1+\alpha_2+\alpha_3+\alpha_4$	$100-A_4$
300μm	α_5	$A_5=\alpha_1+\alpha_2+\alpha_3+\alpha_4+\alpha_5$	$100-A_5$
150μm	α_6	$A_6=\alpha_1+\alpha_2+\alpha_3+\alpha_4+\alpha_5+\alpha_6$	$100-A_6$

12.4.3 砂的密度测定（GB/T 14684—2011）

1. 试验原理及方法

通过测定砂处在不同状态下的有关质量，利用阿基米德原理即砂排出水的体积为砂样体积，确定砂的近似密度体积，计算砂的密度。砂密度测定采用容量瓶法。

2. 试验目的和标准

通过密度的测定，判断是否符合标准要求，并为计算砂的空隙率和混凝土配合比设计提供依据。

GB/T 14684—2011 规定：密度大于 $2500kg/m^3$。

3. 主要仪器

1）烘箱：使温度控制在（105±5）℃。

2）天平：称量 10kg 或 1000g，感量 1g。

3）容量瓶：500mL。

4. 试验步骤要点及注意事项

1）按规定取样缩分后，称取约 660g，放在烘箱中（105±5）℃烘干至恒量，待冷却至室温后，分成大致相等的两份备用。

2）称取试样 300g（精确至 1g）将试样装入容量瓶，注入冷开水至接近 500mL 的刻度处，充分摇动，排除气泡，塞紧瓶塞，静置 24h，然后用滴管小心加水至容量瓶 500mL 刻度处，塞紧瓶塞，擦干瓶外水分，称其质量 G_1（精确至 1g）。

3）倒出瓶中水和试样，洗净容量瓶，再向瓶内注水至 500mL 刻度处，塞紧瓶塞，擦干瓶处水分，称其质量 G_2（精确至 1g）。

注意事项：

1）试验用水应在整个试验过程中保持水温相差不超过 2℃（并在 15~25℃）。

2）带有容量瓶称量时必须擦干瓶外水分。

3）滴管添水至瓶颈 500mL 刻度线应当以弯液面为准。

5. 数据处理及结果评定

砂的密度按式（12-14）计算，密度取两次试验结果的算术平均值，精确至 $10kg/m^3$，若两次试验之差大于 $20kg/m^3$ 时应重新试验，即：

$$\rho_0=\frac{G_0}{G_0+G_2-G_1}\rho_{水} \tag{12-14}$$

式中 ρ_0——密度（kg/m^3）；

$\rho_{水}$——水的密度（$1000kg/m^3$）；

G_0——烘干试样的质量（g），即 300g；

G_1——试样，水及容量瓶的总质量（g）；

G_2——水及容量瓶的总质量（g）。

当砂密度测定值≤$2500kg/m^3$，应重新选砂。

12.4.4 砂的堆积密度测定（GB/T 14684—2011）

1. 试验原理及方法

通过测定装满容量筒的砂的质量和体积（自然状态下）计算堆积密度及空隙率。

2. 试验目的及标准

通过测定砂的堆积密度，判定是否符合标准要求，并为计算空隙率及混凝土配合比设计提供依据。

GB/T 14684—2011 规定：堆积密度大于 1250kg/m^3，空隙率小于 47%。

3. 主要仪器

1）烘箱：能使温度控制在（105±5）℃。

2）天平：称量 10kg，感量 1g。

3）容量筒：容积为 1L。

4）方孔筛：孔径为 4.75mm 的筛一只。

4. 试验步骤要点和注意事项

1）按规定取样缩分后，称取试样 3L，放在烘箱中于（105±5）℃下烘干至恒量，待冷却至室温后，筛除大于 4.75mm 的颗粒，分成大致相等的两份备用，称容量筒质量 G_2。

2）称取试样一份，用料斗将试样从容量筒中心上方 50mm 处，以自由落体落下徐徐倒入容量筒中并呈堆积，容量筒四周溢满时停止加料，然后用直尺沿筒口中心向两边刮平，称出试样和容量筒的总质量 G_1（精确至 1g）。

注意事项：

1）试样通过料斗装入容量筒时，料斗口距容量筒口最大高度不超过 50mm，试验过程中应防止振动容量筒。

2）试验前可按规定方法对容量筒体积进行校正。

5. 数据处理及结果评定

堆积密度及空隙率分别按式（12-15）、式（12-16）计算，堆积密度取两次试验结果的算术平均值（精确至 10kg/m^3），空隙率取两次试验结果的算术平均值（精确至 1%），即：

$$\rho_0'=\frac{G_1-G_2}{V_0'} \tag{12-15}$$

式中 ρ_0'——堆积密度（kg/m^3），精确至 100kg/m^3；

G_1——容量筒和试样总质量（g）；

G_2——容量筒质量（g）；

V_0'——容量筒体积（L）。

$$P=\left(1-\frac{\rho_0'}{\rho_0}\right)\times 100\% \tag{12-16}$$

式中 P——空隙率（%）；

ρ_0'——砂的堆积密度（kg/m^3）；

ρ_0——砂的密度（kg/m^3）。

当砂的堆积密度≤1250kg/m^3，空隙率≥47%时，应重新选砂。

12.4.5 石子颗粒级配检验（GB/T 14685—2011）

1. 试验原理及方法

通过由不同孔径的筛组成的一套标准筛对石子样筛析，测定石子样中不同粒径的颗粒含量。

采用国际统一的筛分析法。

2. 试验目的及标准

通过筛分析试验测定不同粒径骨料的含量比例，评定石子的颗粒级配状况，是否符合标准要求，为合理选择和使用粗骨科提供技术依据。

GB/T 14685—2011 标准规定：建筑用卵石、碎石必须级配合格，符合标准要求。

3. 主要仪器

1）试验用方孔标准筛：孔径为 2.36mm、4.75mm、9.5mm、16.0mm、19.0mm、26.5mm、31.5mm、37.5mm、53.0mm、63.0mm、75.0mm 及 90.0mm 的筛各一只，并附有筛底和筛盖（筛框内径 300mm）。

2）烘箱：能使温度控制在（105±5）℃。

3）天平：称量 10kg，感量 1g。

4）摇筛机。

4. 试验步骤要点及注意事项

1）按规定取样缩分后，按表 12-2 的要求称取试样一份（精确至 1g），倒入按孔径大小从上至下组合好的套筛上，然后放置于摇筛机上进行筛分，摇筛 10min，取下套筛，按筛孔大小顺序依次分别进行手筛，筛至每分钟通过量小于试样总量的 0.1%为止。

表 12-2　颗粒级配试验所需试样数量

最大粒径/mm	9.5	16.0	19.0	26.5	31.5	37.5	63.0	75.0
最少试样质量/kg	1.9	3.2	3.8	5.0	6.3	7.5	12.6	16.0

2）通过的量并入下一号筛，并和下一号筛中的试样一起手筛，依此类推，直至各号筛全部筛完为止，称出各号筛筛余量（精确至 1g）。

注意事项：

1）试样须在试验前进行烘干或风干。

2）试验过程中应避免试样遗落。

5. 数据处理及结果评定

1）计算分计筛余百分率：各号筛的筛余量与试样总质量之比（计算精确至 0.1%）。

2）计算累计筛余百分率：该号筛的筛余百分率加上该号筛以上各分计筛余百分率之和（精确至 1%）。

3）筛分后，如每号筛的筛余量与筛底的筛余量之和同原试样质量之差超过 1%时，须重新试验。

根据各号筛的累计筛余百分率，评定该试样的颗粒级配，若不符合标准要求，应双倍取样进行复验，复验符合标准要求，则判定该试样合格，若复验不合格，则判定该试样不合格。

12.4.6　石子密度测定（GB/T 14685—2011）

1. 试验原理及方法

利用阿基米德原理（即骨料排出水的体积为骨料的体积）确定粗骨料（卵石或碎石）的近似密实体积（包括封闭孔隙在内），计算粗骨料的密度。

方法有液体比重瓶法和广口瓶法。

2. 试验目的和标准

通过密度测定，判断是否符合标准要求，为计算试样空隙率及混凝土配合比设计提供依据。

GB/T 14685—2011 规定：卵石或碎石密度大于 2500kg/m^3。

3. 主要仪器

1）烘箱：能使温度控制在（105±5)℃。

2）台秤：称量 5kg，感量 5g。

3）吊篮：由孔径为 1～2mm 的筛网或钻有 2～3mm 孔洞的耐腐蚀金属板组成。

4）方孔筛：孔径为 4.75mm 的筛一只。

5）天平：称量 2kg，感量 1g。

6）广口瓶：1000mL，磨口，带玻璃片。

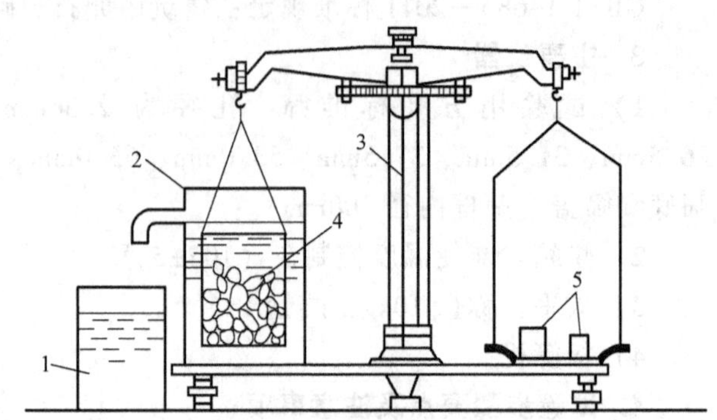

图 12-13　液体比重天平

1—容器　2—金属筒　3—天平　4—吊篮　5—砝码

4. 试验步骤要点及注意事项

（1）液体比重天平法　如图 12-13 所示。

1）按规定取样缩分后，按表 12-3 称取试样，风干后筛余小于 4.75mm 的颗粒，然后洗刷干净，分成大致相等的两份备用。

表 12-3　密度试验所需试样质量

最大粒径/mm	<26.5	31.5	37.5	63.0	75.0
最少试样质量/kg	2.0	3.0	4.0	6.0	6.0

2）取试样一份放入吊篮内，并浸入盛水容器中，液面高于试样表面 50mm，浸水 24h 后，移入到称量用的盛水容器中，并用上、下升降吊篮的方法排除气泡（试样不得露出水面），吊篮每升降一次约 1s，升降高度为 30～50mm。

3）准确称出吊篮及试样在水中的质量 G_1（此时吊篮应全浸在水中），精确至 5g，称量时容器中水面的高度由容器的溢流孔控制。

4）提起吊篮，将试样倒入浅盘，放在烘箱中（105±5)℃，烘干至恒量，冷却至室温后，称出其质量 G_0（精确至 5g）。

5）称出吊篮在水中的质量 G_2（精确至 5g），称量时盛水容器的水面高度仍由溢流孔控制。

注意事项：

1）称量吊篮、水与试样的质量时，水温控制必须相同。

2）整个试验的称量可在 15～25℃ 范围内进行，但从试样加水静止 24h 起至试验结束，温差不超过 2℃。

（2）广口瓶法

1）按规定取样缩至表 12-3 规定的数量，风干后筛除小于 4.75mm 的颗粒，然后洗净，

分成大致相等的两份备用。

2）将试样浸水饱和，装入广口瓶，装试样时，广口瓶应倾斜放置，注入饮用水，左右摇动排尽气泡后，向瓶内滴水至瓶口边缘，用玻璃片沿瓶口迅速滑行，紧贴瓶口水面，覆盖瓶口，擦干瓶外水分后，称出试样、水、瓶和玻璃片总质量 G_1（精确至1g）。

3）将瓶中试样倒出，放烘箱（105±5)℃烘干至恒量，冷却至室温后称其质量 G_0（精确至1g)。

4）将瓶内重新注水至瓶口，用玻璃片紧贴瓶口水面覆盖瓶口，擦干瓶外水分后，称水、瓶和玻璃片总质量 G_2（精确至1g)。

5. 数据处理及结果评定

密度按下式计算（精确至10kg/m³)：

$$\rho_0=\left(\frac{G_0}{G_0+G_2-G_1}-\alpha_t\right)\times\rho_{水} \tag{12-17}$$

式中 ρ_0——密度（kg/m³)；

G_0——烘干后试样的质量（g)；

G_1——吊篮及试样在水中的质量（g)；

G_2——吊篮在水中的质量（g)；

$\rho_{水}$——水的密度（1000kg/m³)；

α_t——水温对表观密度影响的修正系数（见 GB/T 14685—2011 表 17)。

密度取两次试验结果的算术平均值，两次试验之差大于20kg/m³，须重新试验，若两次试验之差又超过20kg/m³，则取4次试验结果的算术平均值。

12.4.7 石子堆积密度测定（GB/T 14685—2011)

1. 试验原理及方法

通过测定容量筒装满石子时的质量和体积（自然状态下)，确定石子的堆积密度和空隙率。

2. 试验目的及标准

通过测定石子的堆积密度，判定是否符合标准要求，为计算空隙率及混凝土配合比设计提供依据。

GB/T 14685—2011 规定：堆积密度大于1250kg/m³，空隙率小于47%。

3. 主要仪器

1）台秤：称量10kg，感量10g；称量50kg或100kg，感量50g各一台。

2）容量筒：具体规格要求见 GB/T 14685—2011 表 18。

3）垫棒：直径16mm，长600mm的圆钢；

4）直尺，小铲等。

4. 试验步骤要点及注意事项

1）按规定取样缩分后，混凝土烘干（或风干）拌匀将试样分成大致相等两份备用。

2）取试样一份，将试样从距离容量筒中心上方50mm处倒入筒内，试样以自由落下溢满筒四周并呈堆体，以合适的颗粒进行填充，修平表面，称出试样和容量筒总质量 G_1，容

量筒的质量 G_2。

注意事项：

1）试验过程中应防止碰振容量筒。

2）试验前应校正容量筒的体积。

5. 数据整理及结果评定

堆积密度按下式计算（精确至 $10kg/m^3$）：

$$\rho_0' = \frac{G_1 - G_2}{V_0'} \tag{12-18}$$

式中 ρ_0'——石子的堆积密度（kg/m^3）；

G_1——容量筒和试样总质量（g）；

G_2——容量筒质量（g）；

V_0'——容量筒体积（L）。

空隙率按下式计算（精确至 1%）：

$$P' = \left(1 - \frac{\rho_0'}{\rho_0}\right) \times 100\% \tag{12-19}$$

式中 P'——空隙率（%）；

ρ_0'——石子的堆积密度（kg/m^3）；

ρ_0——石子的表观密度（kg/m^3）。

堆积密度取两次试验结果的算术平均值，精确至 $10kg/m^3$，空隙率取两次试验结果的算术平均值，精确至 1%。

12.4.8 石子针片状颗粒含量（GB/T 14685—2011）

1. 试验原理及方法

通过针状规准仪和片状规准仪确定石子针片状颗粒的含量。

2. 试验目的及标准

通过测定石子的针片状颗粒含量，判定是否符合标准要求。

3. 仪器设备

1）针状规准仪与片状规准仪（图 12-14 和图 12-15）。

2）天平：称量 10kg，感量 1g。

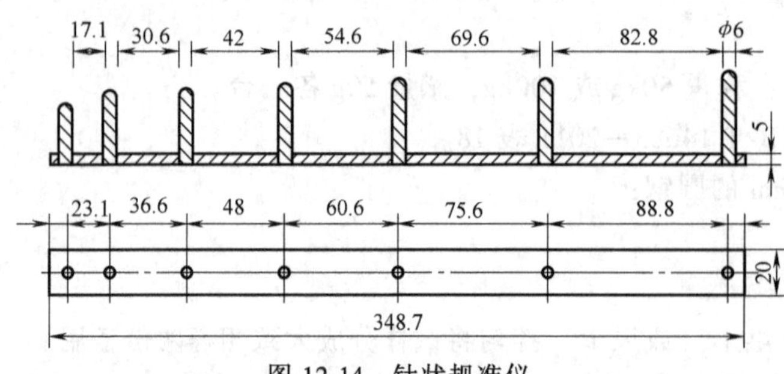

图 12-14 针状规准仪

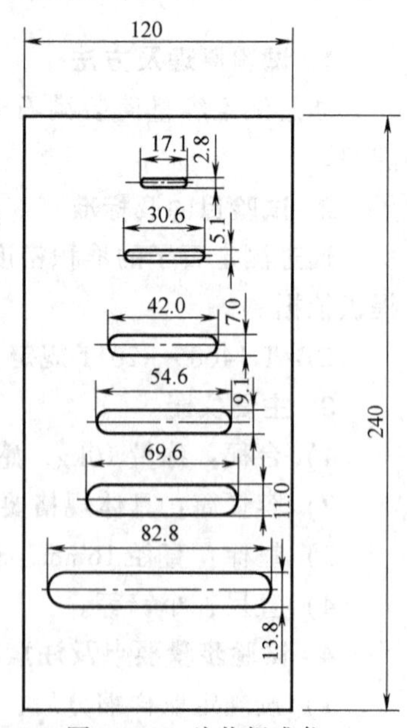

图 12-15 片状规准仪

3）方孔筛：孔径为 4.75mm、9.50mm、16.0mm、19.0mm、26.5mm、31.5mm 及

37.5mm 的筛各一个。

4. 试验步骤

1）按表 12-4 规定取样，并将试样缩分至略大于表 12-5 规定的数量，烘干或风干后备用。

表 12-4　单项试验取样数量　（单位：kg）

序号	试验项目	最大粒径/mm							
		9.5	16.0	19.0	26.5	31.5	37.5	63.0	75.0
		最少取样数量/kg							
1	颗粒级配	9.5	16.0	19.0	25.0	31.5	37.5	63.0	80.0
2	含泥量	8.0	8.0	24.0	24.0	40.0	40.0	80.0	80.0
3	泥块含量	8.0	8.0	24.0	24.0	40.0	40.0	80.0	80.0
4	针、片状颗粒含量	1.2	4.0	8.0	12.0	20.0	40.0	40.0	40.0
5	有机物含量	按试验要求的粒级和数量取样							
6	硫酸盐和硫化物含量								
7	坚固性								
8	岩石抗压强度	随机选取完整石块锯切或钻取成试验用样品							
9	压碎指标	按试验要求的粒级和数量取样							
10	表观密度	8.0	8.0	8.0	8.0	12.0	16.0	24.0	24.0
11	堆积密度与空隙率	40.0	40.0	40.0	40.0	80.0	80.0	120.0	120.0
12	吸水率	2.0	4.0	8.0	12.0	20.0	40.0	40.0	40.0
13	碱骨料反应	20.0	20.0	20.0	20.0	20.0	20.0	20.0	20.0
14	放射性	6.0							
15	含水率	按试验要求的粒级和数量取样							

表 12-5　针、片状颗粒含量试验所需试样数量

最大粒径/mm	9.5	16.0	19.0	26.5	31.5	37.5	63.0	75.0
最少试样质量/kg	0.3	1.0	2.0	3.0	5.0	10.0	10.0	10.0

2）称取按表 12-5 规定数量的试样一份，精确到 1g。然后按表 12-6 规定的粒级按规定进行筛分。

表 12-6　针、片状颗粒含量试验的粒级划分及其相应的规准仪孔宽或间距

（单位：mm）

石子粒级	4.75~9.50	9.50~16.0	16.0~19.0	19.0~26.5	26.5~31.5	31.5~37.5
片状规准仪相对应孔宽	2.8	5.1	7.0	9.1	11.6	12.8
针状规准仪相对应间距	17.1	30.6	42.0	54.6	69.6	82.8

3）按表 12-6 规定的粒级分别用规准仪逐粒检验，凡颗粒长度大于针状规准仪上相应间距者，为针状颗粒；颗粒厚度小于片状规准仪上相应孔宽者，为片状颗粒。称出其总质量，精确至 1g。

4）结果计算。针片状颗粒含量按下式计算，精确至1%。

$$Q_c=\frac{G_2}{G_1}\times100\% \tag{12-20}$$

式中 Q_c——针、片状颗粒含量（%）；

G_1——试样的质量（g）；

G_2——试样中所含针片状颗粒的总质量（g）。

12.5 混凝土性能检验

12.5.1 混凝土拌合物的和易性检验——坍落度法与扩展度法（GB/T 50080—2016）

1. 坍落度试验原理及方法

通过测定混凝土拌合物在自重作用下自由坍落的程度及外观现象，评定混凝土的和易性是否满足施工要求。

本方法适用于骨料最大粒径不大于40mm、坍落度不小于10mm的混凝土拌合物的稠度测定。

2. 试验目的

通过坍落度的测定，确定试验室配合比，检验混凝土拌合物的和易性是否满足施工要求，并制成符合标准要求的试件，以便进一步确定混凝土的强度。

3. 主要仪器

1）坍落度仪符合行业标准《混凝土坍落度仪》（JG/T 248）的要求。

2）钢尺两把，钢尺量程不应小于300mm，分度值不应大于1mm。

3）拌合用刚性不吸水平板：尺寸不宜小于1.5m×1.5m，厚度不小于3mm，其最大挠度不应大于3mm。

4. 试验步骤

1）坍落度筒内壁和底板应润湿无明水，底板应放置在坚实水平面上，并把坍落度筒放在底板中心，然后用脚踩住两边的脚踏板，坍落度筒在装料时应保持在固定的位置。

2）混凝土拌合物试样应分三层均匀地装入期落度筒内，每装一层混凝土拌合物，应用捣棒由边缘到中心按螺旋形均匀捣25次，捣实后每层混凝土拌合物试样高度约为筒高的1/3。

3）插捣底层时，捣棒应贯穿整个深度，插捣第二层和顶层时，捣棒应插透本层至下一层的表面。

4）顶层混凝土拌合物装料应高出筒口，插捣过程中，混凝土拌合物低于筒口时，应随时添加。

5）顶层插捣完毕后，取下装料料斗，刮去多余混凝土拌合物，并沿筒口抹平。

6）清除筒边底板上的混凝土后，应垂直平稳地提起坍落度筒，并轻放于试样旁边。当试样不再继续坍落或坍落时间达到30s，用钢尺测量出筒高与坍落后混凝土试体最高点的高度差，作为该混凝土拌合物的坍落度值。

7）粘聚性的检查方法是用捣棒在已坍落的混凝土锥体侧面轻轻敲打，此时如果锥体逐渐

下沉，则表示粘聚性良好；如果锥体倒塌、部分崩裂或出现离析现象，则表示粘聚性不好。

8）保水性以混凝土拌合物稀浆析出的程度来评定，坍落度筒提起后如有较多的稀浆从底部析出，锥体部分的混凝土也因失浆而骨料外露，则表明此混凝土拌合物的保水性能不好；如坍落度筒提起后无稀浆或仅有少量稀浆自底部析出，则表明此混凝土拌合物保水性良好。

5. 结果计算及处理

坍落度筒提离过程应控制在3~7s，从开始装料到提坍落度筒整个过程应连续进行，并应在150s内完成。坍落度筒提离后，如混凝土发生崩坍或一边剪坏现象，则应重新取样另行测定；如第二次试验仍出现上述现象，则表示该混凝土和易性不好，应予记录备查。混凝土拌合物坍落度值测量应精确至1mm，结果应修约至5mm。

扩展度法适用于骨料最大粒径不大于40mm、坍落度不小于160mm的混凝土拌合物的稠度测定。按上述试验步骤装好混凝土，清除筒边底板上的混凝土后，应垂直平稳地提起坍落度筒，坍落度筒提离过程应控制在3~7s，当混凝土拌合物不再扩散或扩散时间达到50s时，应用钢尺测量混凝土拌合物展开扩展面最大直径以及与最大直径呈垂直方向的直径。两个直径之差小于50mm的条件下，用其算术平均值作为坍落度扩展度值；否则，此次试验无效。坍落度和坍落度扩展度值以“mm”为单位，测量精确至1mm，结果表达修约至5mm。

12.5.2　混凝土拌合物的和易性检验——维勃稠度法（GB/T 50080—2016）

1. 试验原理及方法

通过测定混凝土拌合物在外力作用下由圆台状均匀摊平所需要的时间，评定混凝土的流动性是否满足施工要求。

本方法适用于骨料最大粒径不大于40mm，维勃稠度在5~30s的混凝土拌合物稠度的测定。

2. 试验目的

测定混凝土拌合物的维勃稠度值，用以评定混凝土拌合物坍落度在10mm以内的混凝土的流动性。确定实验室配合比，检验混凝土拌合物和易性是否满足施工要求，并制成符合标准要求的试件，以便进一步确定混凝土的强度。

3. 主要仪器

1）维勃稠度仪，如图12-16所示。

振动台的台面长380mm，宽260mm，支撑在4个减振器上。台面底部安有频率为（50±3）Hz的振动器。装有容器时台面的振幅应为（0.5±0.1）mm。

容器1由钢板制成，内径为（240±5）mm，高为（200±2）mm，筒壁厚3mm，筒底厚为7.5mm。

坍落度筒2无侧端的脚踏板。

旋转架11与测杆9及喂料斗4相连。测杆下部安装有透明且水平的圆盘3，并用测杆螺钉12把测杆固定在套管5中，旋转架安装在支柱10上，通过十字凹槽来固定方向，并用定位螺钉6来固定其位置。就位后，测杆或喂料斗的轴线均应与容器的轴线重合。

透明圆盘直径为（230±2）mm，厚度为（10±2）mm。荷重块直接固定在圆盘上。由测杆、圆盘及荷重块组成的滑动部分总质量应为（2750±50）g。

2）捣棒：直径16mm、长600mm的钢棒，端部应磨圆。

3）秒表：精度不低于 0.1s。

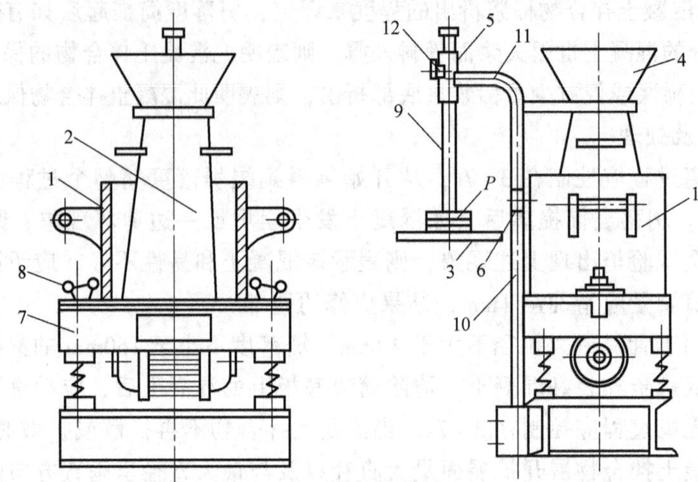

图 12-16　维勃稠度仪

1—容器　2—坍落度筒　3—圆盘　4—喂料斗　5—套管　6—定位螺钉
7—振动台　8—导向器　9—测杆　10—支柱　11—旋转架　12—测杆螺钉

4. 试验步骤

1）把维勃稠度仪放置在坚实水平的基面上，用湿布把容器、坍落度筒、喂料斗内壁及其他用具擦湿。

2）将喂料斗提到坍落度筒上方扣紧，校正容器位置，使其中心与喂料斗中心重合，然后拧紧固定螺钉。

3）把按要求取得的混凝土试样用小铲分三层均匀地装入坍落度筒内，装料及插捣的方法同坍落度法的试验步骤。

4）把喂料斗转离，小心并垂直地提起坍落度筒，此时应注意不使混凝土试件产生横向的扭动。

5）把透明圆盘转到混凝土圆台体顶面，放松测杆螺钉，小心地降下圆盘，使它轻轻接触到混凝土顶面。

6）拧紧固定螺钉，并检查测杆螺钉是否已经完全放松。同时开启振动台和秒表（试验前要检查秒表是否准确），当振动到透明圆盘的底面被水泥浆布满的瞬间停下秒表，并关闭振动台。记下秒表上的时间，读数精确至 1s。

注意事项：

若维勃稠度值小于 5s 或大于 30s，则此种混凝土所具有的稠度已超出仪器的适用范围，可采用 GB/T 50080—2016 附录 A 增因数法进行测定。

5. 数据处理及结果评定

由秒表读出的时间秒数，即为混凝土拌合物的维勃稠度值。

12.5.3　混凝土拌合物湿表观密度检验（GB/T 50080—2016）

1. 试验原理及方法

测定混凝土拌合物捣实后的单位体积质量，以提供核实混凝土配合比计算中的材料用量

之用。

2. 试验目的

用于测定混凝土拌合物捣实后单位体积的质量，以修正和核实混凝土配合比计算中的材料用量。

3. 主要仪器

1）容量筒。容量筒为金属制成的圆筒，两旁装有手把。对骨料最大粒径不大于 40mm 的拌合物采用容积为 5L 的容量筒，其内径与筒高均为（186±2）mm，筒壁厚为 3mm；骨料最大粒径大于 40mm 时，容量筒的内径与筒高均应大于骨料最大粒径的 4 倍。容量筒上缘及内壁应光滑平整，顶面与底面应平行并与圆柱体的轴垂直。

2）台秤：称量 100kg，感量 50g。

3）振动台：频率应为（50±3）Hz，空载时的振幅应为（0.5±0.1）mm。

4）捣棒：直径 16mm、长 600mm 的钢棒，端部应磨圆。

5）小铲、抹刀、刮尺等。

4. 试验步骤

1）用湿布把容量筒内外擦干净，称出质量（m_1），精确至 10g。

2）混凝土的装料及捣实方法应视拌合物的稠度而定。一般来说，为使所测混凝土密实状态更接近于实际状况，对于坍落度不大于 90mm 的混凝土，宜用振动台振实，大于 90mm 的混凝土用捣棒捣实。

采用振动台振实时，应一次将混凝土拌合物灌满到稍高出容量筒口。装料时允许用捣棒稍加插捣，振捣过程中如混凝土高度沉落到低于筒口，则应随时添加混凝土。振动直至表面出浆为止。

3）用刮尺齐容量筒口将多余的混凝土拌合物刮去，表面如有凹陷应予填平。将容量筒外壁擦净，称出混凝土与容量筒总重（m_2），精确至 10g。

注意事项：

1）容量筒容积应经常予以校正。

2）混凝土拌合物湿表观密度也可以利用制备混凝土抗压强度试件时进行，称量试模及试模与混凝土拌合物总质量（精确至 0.1kg），试模容积，以一组三个试件表观密度的平均值作为混凝土拌合物表观密度。

5. 数据处理及结果评定

混凝土拌合物表观密度按下式计算：

$$\rho=\frac{m_2-m_1}{V}\times 1000 \tag{12-21}$$

式中　ρ——混凝土拌合物表观密度（kg/m^3），精确至 $10kg/m^3$；

m_1——容量筒重量（kg）；

m_2——容量筒及试样总重（kg）；

V——容量筒容积（L）。

试验结果的计算精确至 $10kg/m^3$。

12.5.4 普通混凝土力学性能——抗压强度检验（GB/T 50081—2002）

1. 试验原理及方法

将和易性符合施工要求的混凝土拌合物按规定成型，制成标准的立方体试件，经 28d 标准养护后，测其抗压破坏荷载，计算其抗压强度。

2. 试验目的

通过测定混凝土立方体的抗压强度，以检验材料质量，确定、校核混凝土配合比，确定混凝土强度等级，并为控制施工质量提供依据。制作提供各种性能试验用的混凝土试件。

3. 主要仪器

（1）试模 由铸铁或钢制成，应具有足够的刚度并便于拆卸。试模内表面应蚀光，其不平度应不大于试件边长的 0.05%。组装后各相邻面的垂直度应不超过±1°。

（2）捣实设备 可选用下列三种之一：

1）振动台：试验用振动频率应为（50±3）Hz，空载时振幅应约为 0.5mm，如图 12-17 所示。

2）振动棒：直径 30mm 高频振动棒。

3）钢制捣棒：直径 16mm、长 600mm，一端为弹头形。

（3）万能材料试验机 精度（示值的相对误差）至少应为±1%，其量程应能使试件的预期破坏荷载值不小于全量程的 20%，也不大于全量程的 80%，如图 12-18 所示。

试验机上、下压板及试件之间可各垫以钢垫板，钢垫板的 2 个承压面均应机械加工。

与试件接触的压板或垫板的尺寸应大于试件的承压面，其不平度应为每 100mm 不超过 0.02mm（即为 0.02%）。

（4）混凝土标准养护室 温度应控制在（20±3）℃，相对湿度为 90%以上。

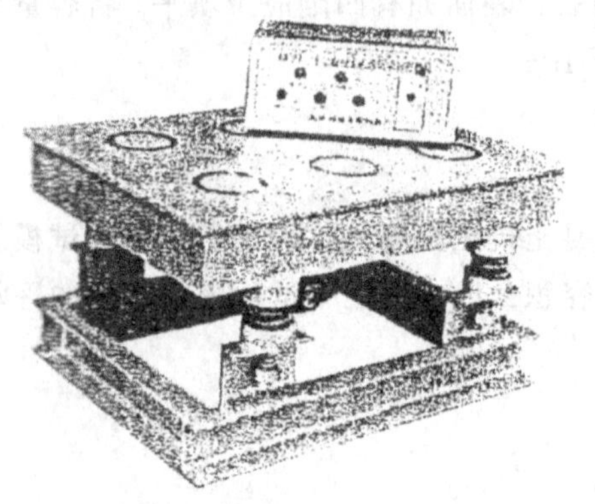

图 12-17 混凝土磁力振动台

图 12-18 万能材料试验机

4. 试验步骤

（1）试件成型

1）在制作试件前，检查试模，拧紧螺栓并清刷干净。在其内壁涂上一薄层矿物油脂。

2）室内混凝土拌和应按本章中的要求进行拌和。

3）振捣成型。采用振动台成型时，应将混凝土拌合物一次装入试模，装料时应用抹刀沿试模内壁略加插捣，并使混凝土拌合物高出试模上口。振动时应防止试模在振动台上自由

跳动。振动应持续到混凝土表面出浆为止，刮除多余的混凝土，并用抹刀抹平。

4）试件成型后，在混凝土初凝前1~2h需进行抹面，要求沿模口抹平，进行编号。

（2）试件的养护

1）养护方法。根据试验目的不同，试件可采用标准养护或与构件同条件养护。

① 确定混凝土特征值、强度等级或进行材料性能研究时应采用标准养护；检验现浇混凝土工程或预制构件中混凝土强度时，试件应采用同条件养护。

② 试件一般养护龄期为28d（由成型时算起）进行试验。但也可以按要求（如需确定拆模、起吊、施加预应力或承受施工荷载等时的力学性能）养护到所需的龄期。

2）养护条件

① 标准养护。标准养护的试件成型后应立即用不透水的薄膜覆盖表面，以防止水分蒸发，并应在温度为（20±5）℃的环境中静置一昼夜至两昼夜（但不得超过两昼夜），然后编号、拆模。拆模后的试件应立即放在温度为（20±2）℃，相对湿度为90%以上的标准养护室中养护。在标准养护室内试件应放在架上，彼此间隔为10~20mm，并应避免用水直接冲淋试件。当无标准养护室时，混凝土试件可在温度为（20±2）℃的不流动的$Ca(OH)_2$饱和溶液中养护。

② 同条件养护。同条件养护的试件成型后应覆盖表面。试件的拆模时间可与实际构件的拆模时间相同，拆模后，试件仍需保持同条件养护。

（3）混凝土立方体抗压强度测定

1）试件从养护地点取出后，应尽快进行试验，以免试件内部的温湿度发生显著变化。

2）先将试件擦拭干净，测量尺寸，并检查外观。试件尺寸测量精确至1mm，并据此计算试件的承压面积。如实测尺寸与公称尺寸之差不超过1mm，可按公称尺寸进行计算。

试件承压面的平整度应为每100mm不超过0.05mm，承压面与相邻面的垂直度不应超过±1°。

3）将试件安放在试验机的下压板上，试件的承压面应与成型时的顶面垂直。试件的中心应与试验机下压板中心对准。开动试验机，当上压板与试件接近时，调整球座，使接触均衡。

混凝土试件的试验应连续而均匀地加荷，混凝土强度等级低于C30时，其加荷速度为0.3~0.5MPa/s；若混凝土强度等级高于或等于C30且小于C60时，则为0.5~0.8MPa/s，混凝土强度等级大于或等于C60时，则为0.8~1.0MPa/s。当试件接近破坏而开始迅速变形时，停止调整试验机油门，直到试件破坏。然后记录破坏荷载。

注意事项：

混凝土物理力学性能试验一般以三个试件为一组。每一组试件所用的拌合物应从同一盘或同一车运送的混凝土中取出，或在实验室内用机械或人工单独拌制，用以检验现浇混凝土工程或预制构件质量，试件分组及取样原则，应按现行《混凝土结构施工质量验收规范》（GB 50204—2002）及其他有关规定执行。

所有试件应在取样后立即制作。确定混凝土设计特征值、强度等级或进行材料性能研究时，试件的成型方法应视混凝土设备条件、现场施工方法和混凝土的稠度而定。坍落度不大于70mm的混凝土，宜用振实台振实；大于70mm的混凝土宜用捣棒人工捣实。检验工程和构件质量的混凝土试件成型方法尽可能与实际施工采用的方法相同。棱柱体试件宜采用卧式成型。特殊方法（压浆法、离心法、喷射法等）成型的混凝土，其试件的制作应按相应的规定进行。

混凝土骨料的最大粒径应不大于试件最小边长的1/3。

5. 数据处理及结果评定

1）混凝土立方体试件抗压强度按下式计算（精确至0.1MPa）：

$$f_{cc}=P/A \tag{12-22}$$

式中 f_{cc}——混凝土立方体试件抗压强度（MPa）；

P——抗压破坏荷载（N）；

A——试件承压面积（mm^2）。

2）以3个试件测值的算术平均值作为该组试件的抗压强度值。3个测值中的最大值或最小值中如有1个与中间值的差值超过中间值的15%时，则把最大及最小值舍除，取中间值作为该组试件的抗压强度值。如有2个测值与中间值的差均超过中间值的15%，则该组试件的试验结果无效。

3）取150mm×150mm×150mm试件的抗压强度为标准值，用其他尺寸试件测得的强度值均应乘以尺寸换算系数，其值对200mm×200mm×200mm试件为1.05，对100mm×100mm×100mm试件为0.95。

12.6 建筑砂浆性能检验

12.6.1 一般规定

1. 抽样

1）建筑砂浆试验用料应根据不同要求，可从同一盘搅拌机或同一车运送的砂浆中取出；在实验室取样时，可从机械或人工拌和的砂浆中取出。

2）施工中取样进行砂浆试验时，其取样方法和原则按相应的施工验收规范执行。每一验收批，且不超过250m³砌体的各种类型及强度等级的砌筑砂浆，每台搅拌机应至少抽检一次。抽样应在使用地点的砂浆槽、砂浆运送车或搅拌机出料口，至少从三个不同部位抽取。所取试样的数量应多于试验用料的1~2倍。

3）砌筑砂浆的验收批，同一类型、强度等级的砂浆试块应不少于3组。

2. 试验条件

1）实验室拌制砂浆进行试验时，拌和用的材料要求提前运入室内，拌和时实验室的温度应保持在（20±5）℃。

2）试验用水泥和其他原材料，应与现场使用材料一致。水泥如有结块，应充分混合均匀，以0.9mm筛过筛。砂也应以4.75mm筛过筛。

3）实验室拌制砂浆时，材料称量的精确度：水泥、外加剂等为±0.5%；砂、石灰膏、黏土膏、粉煤灰和磨细生石粉为±1%。

4）实验室用搅拌机搅拌砂浆时，搅拌的用量不宜少于搅拌机容量的20%，搅拌时间不宜少于2min。

5）砂浆拌合物取样后，应尽快进行试验。现场取来试样，在试验前应经人工再翻拌，

以保证其质量均匀。

12.6.2　稠度检验（JGJ 70—2009）

1. 试验原理及方法

测定一定重量的锥体自由沉入砂浆中的深度，反映砂浆抵抗阻力的大小。

2. 试验目的及标准

通过稠度的测定，便于施工过程中控制砂浆稠度，达到控制用水量的目的，同时为确定配合比、合理选择稠度及确定满足施工要求的流动性提供依据。

3. 主要仪器

1）砂浆稠度测定仪：由试锥、盛样容器和支座三个部分组成，如图12-19所示。

2）钢制捣棒：直径10mm，长350mm，端部磨圆。

3）秒表等。

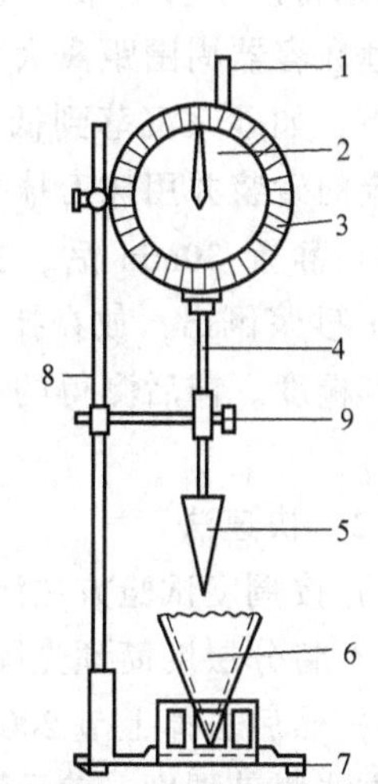

图12-19　砂浆稠度测定仪

1—齿条测杆　2—指针　3—刻度盘　4—滑杆　5—圆锥体　6—圆锥筒　7—底座　8—支架　9—制动螺钉

4. 试验步骤要点及注意事项

1）盛样容器和试锥表面用湿布擦干净，并用少量润滑油轻擦滑杆，使滑杆能自由滑动。

2）将砂浆拌合物一次装入容器，使砂浆表面低于容器端口10mm左右，用捣棒自容器中心向边缘插捣25次，然后轻轻地将容器摇动或敲击5~6下，使砂浆平整，随后将容器置于稠度测定仪的底座上。

3）拧开试锥滑杆的制动螺钉，向下移动滑杆，当试锥尖端与砂浆表面刚接触时，拧紧制动螺钉，使齿条测杆下端刚接触测杆上端，并将指针对准零点上。

4）拧开制动螺钉，同时计时间，待10s立即固定螺钉，将齿条测杆下端接触测杆上端，从刻度盘上读出下沉深度（精确到1mm），即为砂浆的稠度值。

注意事项：

盛样容器内的砂浆，只允许测定一次稠度，重复测定时，应重新取样。

5. 数据处理及结果评定

稠定试验结果应按下列要求处理：

1）取两次试验结果的算术平均值，计算值精确至1mm。

2）两次试验值之差如大于10mm，则应另取砂浆搅拌后重新测定。

12.6.3　分层度试验（JGJ 70—2009）

1. 试验原理及方法

测定相隔一定时间后，沉入度的损失，反映砂浆拌合物在运输及停放时内部组分的稳定性。

2. 试验目的及标准

通过分层度的测定，评定砂浆的保水性。

3. 仪器

1）砂浆分层度测定仪，如图 12-20 所示。

2）水泥胶砂振动台：振幅（0.5±0.05)mm，频率（50±3)Hz。

3）稠度仪、木锤等。

4. 试验步骤要点及注意事项

（1）标准法

1）先按稠度试验法测定稠度。

2）将砂浆拌合物一次装入分层度筒内，待装满后，用木锤在容器周围距离大致相等的四个不同地方轻轻敲击 1~2 下，如砂浆沉落到低于筒口，则应随时添加，然后刮去多余的砂浆并用抹刀抹平。

3）静置 30min 后，去掉上节 200mm 砂浆，剩余的 100mm 砂浆倒出，放在拌合锅内拌 2min，再按稠度试验方法测其稠度。前后测得的稠度之差即为该砂浆的分层度值（cm）。

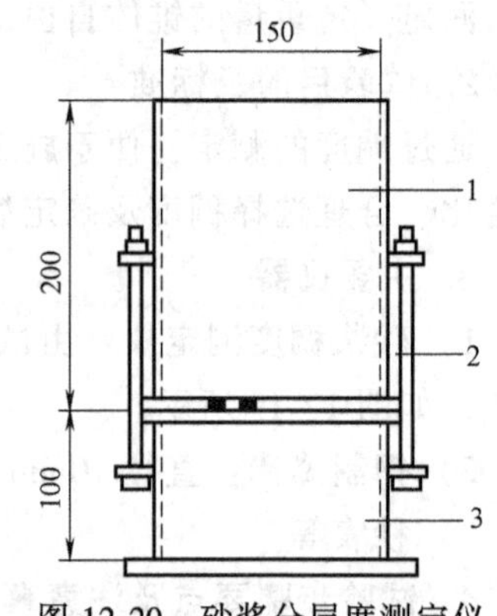

图 12-20 砂浆分层度测定仪

1—无底圆筒 2—连接螺栓 3—有底圆筒

（2）快速法

1）按稠度试验方法测定稠度。

2）将分层度筒预先固定在振动台上，砂浆一次装入分层度筒内，振动 20s。

3）然后去掉上节 200mm 砂浆，剩余 100mm 砂浆倒出放在拌合锅内拌 2min，再按稠度试验方法测其稠度，前后测得的稠度之差即为该砂浆的分层度值（cm）。

注意事项：

如有争议时，以标准法为准。

5. 数据处理及结果评定

1）取两次试验结果的算术平均值作为该砂浆的分层度值。

2）两次分层试验值之差如大于 10mm，应重做试验。

12.6.4 立方体抗压强度检测（JGJ 70—2009）

1. 试验原理及方法

将流动性和保水性符合要求的砂浆拌合物按规定成型，制成标准的立方体试件，经 28d 养护后，测其抗压破坏荷载，以此计算其抗压强度。

2. 试验目的及标准

通过砂浆试件抗压强度的测定，检验砂浆质量，确定、校核配合比是否满足要求，并确定砂浆强度等级。

3. 主要仪器

1）试模：为 70.7mm×70.7mm×70.7mm 的带底试模，由铸铁或钢制成，应具有足够的刚度并拆装方便。试模的内表面应机械加工，其不平度应为每 100mm 不超过 0.05mm，组装后各相邻面的不垂直度不应超过±0.5°。

2）捣棒：直径 10mm，长 350mm 的钢棒，端部应磨圆。

3）压力试验机：采用精度 1%的试验机，其量程应能使试件的预期破坏荷载值不小于

全量程的 20%，也不大于全量程的 80%。

4）垫板：试验机上、下压板及试件之间可垫以钢垫板，垫板的尺寸应大于试件的承压面，其不平度应为每 100mm 不超过 0.02mm。

4. 试验步骤要求及注意事项

（1）试件成型及养护

1）砌筑砂浆试件采用立方体试件，每组试件应为 3 个。

2）采用黄油等密封材料涂抹试模的外接缝，试模内侧涂刷薄层机油或脱模剂，将拌制好的砂浆一次性装满砂浆试模，成型方法根据稠度而定。当稠度≥50mm 时采用人工振捣成型，当稠度<50mm 时采用振动台振实成型。

① 人工振捣：应采用捣棒均匀地由边缘向中心按螺旋方式插捣 25 次，插捣过程中当砂浆沉落低于试模口时，应随时添加砂浆，可用油灰刀插捣数次，并用手将试模一边抬高 5~10mm 各振动 5 次，砂浆应高出试模顶面 6~8mm。

② 机械振动：将砂浆一次装满试模，放置到振动台上，振动时试模不得跳动，振动 5~10s 或持续到表面泛浆为止，不得过振。

3）应待表面水分稍干后，再将高出试模部分的砂浆沿试模顶面刮去并抹平。

4）试件制作后应在（20±5）℃的环境下停置（24±2）h，对试件进行编号并拆模。当气温较低时，或者凝结时间大于 24h 的砂浆，可适当延长时间，但不应超过 2d。试件拆模后应立即放入温度为（20±2）℃，相对湿度为 90%以上的标准养护室中养护。养护期间，试件彼此间隔不得小于 10mm，混合砂浆、湿拌砂浆试件上面应覆盖，防止有水滴在试件上。

（2）抗压强度测定

1）将经 28d 养护的试件，从养护地点取出后，先将试件擦拭干净，测量尺寸，并检查其外观。试件尺寸测量精确到 1mm，并据此计算试件的承压面积。如实测尺寸与公称尺寸之差不超过 1mm，可按公称尺寸进行计算。

2）将试件安放在试验机的下压板上（或下垫板上），试件的承压面应与成型时的顶面垂直，试件中心应与试验机下压板（或下垫板）中心对准。开动试验机，当上压板与试件（或上垫板）接近时，调整球座，使接触面均衡受压。承压试验应连续而均匀地加荷，加荷速度应为 0.25~1.5kN/s（砂浆强度 5MPa 及 5MPa 以下时，取下限为宜，砂浆强度 5MPa 以上时，取上限为宜），当试件接近破坏而开始迅速变形时，停止调整试验机油门，直到试件破坏，然后记录破坏荷载。

5. 数据处理及结果评定

砂浆立方体抗压强度应按下式计算：

$$f_{m,cu}=\frac{N_u}{A} \tag{12-23}$$

式中 $f_{m,cu}$——砂浆立方体抗压强度（MPa）；

N_u——立方体破坏压力（N）；

A——试件承压面积（mm^2）。

砂浆立方体抗压强度计算应精确至 0.1MPa。

以三个试件测值的算术平均值的 1.3 倍作为该组试件的抗压强度平均值。

当三个测值的最大值或最小值中如有一个与中间值的差值超过中间值的 15%时，则把最大值及最小值一并舍除，取中间值作为该组试件的抗压强度值；如有 2 个测值与中间值的差均超过中间值的 15%，则该组试件的试验结果无效。

12.7 烧结普通砖性能检验（GB/T 2542—2012）

12.7.1 尺寸偏差检测

1. 试验原理及方法

对烧结普通砖的外观尺寸检查、测定，为评定其质量提供技术依据。

2. 试验目的

通过对烧结普通砖外观尺寸的测定、检查，评定其质量等级。

3. 主要仪器

砖用卡尺（图 12-21），分度值为 0.5mm。

4. 试验步骤

长度应在砖的两个大面的中间处分别测量两个尺寸；宽度应在砖的两个大面的中间处分别测量两个尺寸；高度应在两个条面的中间处分别测量两个尺寸，如图 12-22 所示。当被测处有缺损或凸出时，可在其旁边测量，但应选择不利的一侧，精确至 0.5mm。

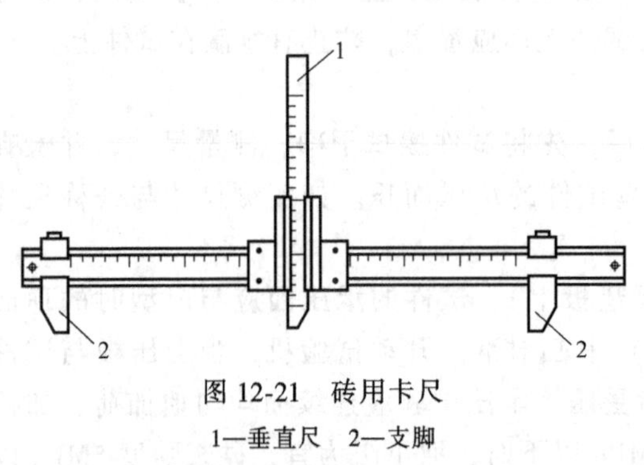

图 12-21 砖用卡尺

1—垂直尺 2—支脚

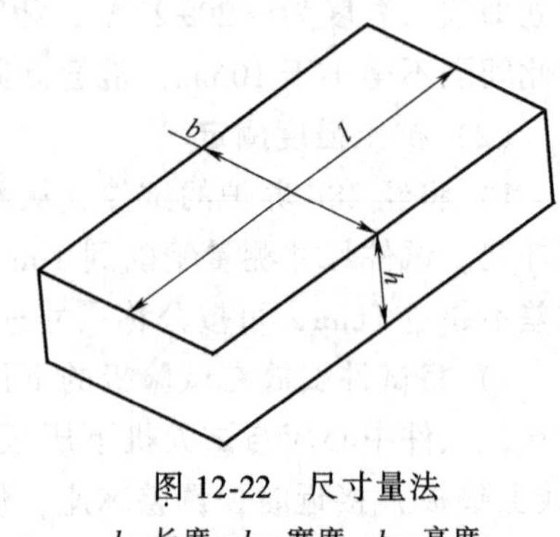

图 12-22 尺寸量法

l—长度 *b*—宽度 *h*—高度

5. 结果计算及处理

每一方向尺寸以两个测量值的算术平均值表示，精确至 1mm。结果对照 GB 5101—2017 进行检查和评定。

12.7.2 外观质量检验

1. 试验原理及方法

对烧结普通砖外观缺陷（缺棱掉角、裂纹、弯曲、杂质凸出高度等）检查、测量，为评定其质量提供技术依据。

2. 试验目的

通过对烧结普通砖外观质量的测定、检查，评定其质量等级。

3. 主要仪器

1）砖用卡尺，分度值为 0.5mm。

2）钢直尺，分度值为1mm。

4. 试验步骤

（1）缺损　缺棱掉角在砖上造成的破损程度，以破损部分对长、宽、高三个棱边的投影尺寸来度量，称为破坏尺寸。

缺损造成的破坏面，是指缺损部分对条、顶面（空心砖为条、大面）的投影面积。空心砖内壁残缺及肋残缺尺寸，以长度方向的投影尺寸来度量。

（2）裂纹　裂纹分为长度方向、宽度方向和水平方向三种，以被测方向的投影长度表示。如果裂纹从一个面延伸至其他面上时，则累计其延伸的投影长度。

多孔砖的孔洞与裂纹相通时，则将孔洞包括在裂纹内一并测量。

裂纹长度以在三个方向上分别测得的最长裂纹作为测量结果。

（3）弯曲　弯曲分别在大面和条面上测量，测量时将砖用卡尺的两支脚沿棱边两端放置，择其弯曲最大处将垂直尺推至砖面，如图12-23所示。但不应将因杂质或碰伤造成的凹处计算在内。

以弯曲中测得的较大者作为测量结果。

（4）杂质凸出高度　杂质在砖面上造成的凸出高度，以杂质距砖面的最大距离表示。测量将砖用卡尺的两支脚置于凸出两边的砖平面上，以垂直尺测量，如图12-24所示。

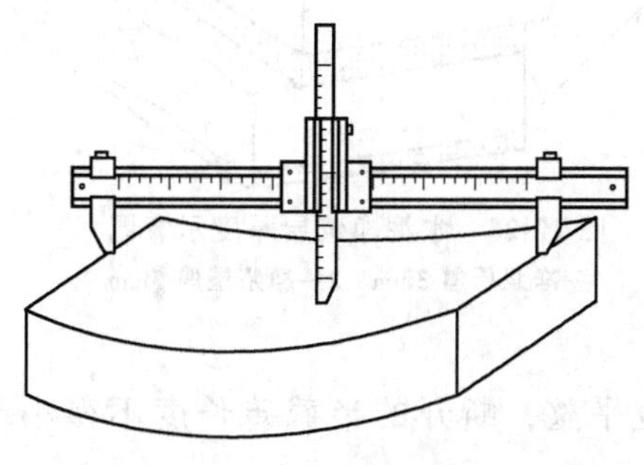

图12-23　弯曲量法

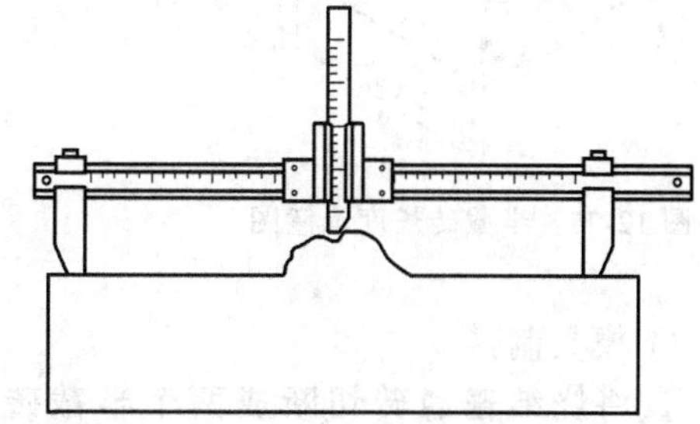

图12-24　杂质凸出量法

（5）色差　装饰面朝上随机分两排并列，在自然光下距离砖样2m处目测。

5. 结果计算及处理

外观测量以mm为单位，不足1mm者，按1mm计。结果对照GB 5101—2017进行检查和评定。

12.7.3　抗压强度检验

1. 试验原理及方法

将尺寸偏差、外观质量符合要求的烧结普通砖按规定成型，制成抗压试件，养护到3d后，测量抗压破坏荷载，计算抗压强度。

2. 试验目的

通过测定烧结普通砖的抗压强度，用以评定其强度等级。

3. 主要仪器

1）压力机。压力机的示值相对误差不大于±1%，其下加压板应为球铰支座，预期最大破坏荷载应在量程的 20%~80%。

2）试件制备平台。试件制备平台必须平整水平，可用金属或其他材料制作。

3）水平尺，规格为 250~300mm。

4）钢直尺，分度值为 1mm。

5）振动台、制样模具、切割设备、砂浆搅拌机等。

4. 试验步骤

（1）试样制备

1）普通制样

① 将试样切断或锯成两个半截砖，断开的半截砖长不得小于 100mm，如图 12-25 所示，如果不足 100mm，应另取备用试样补足。

② 在试样制备平台上，将已断开的两个半截砖放入室温的净水中浸 10~20min 后取出，并以断口相反方向叠放，两者中间抹以厚度不超过 5mm 的用强度等级为 32. 5 级或 42. 5 级的普通硅酸盐水泥调制的稠度适宜的水泥净浆粘结，上下两面用厚度不超过 3mm 的同种水泥浆抹平。制成的试件上下两面须相互平行，并垂直于侧面，如图 12-26 所示。

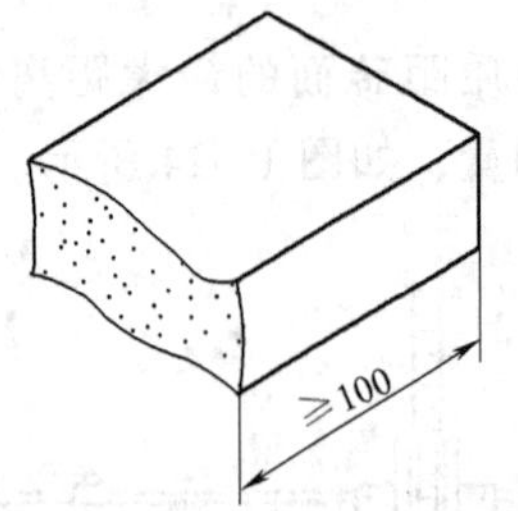

图 12-25　半截砖长度示意图

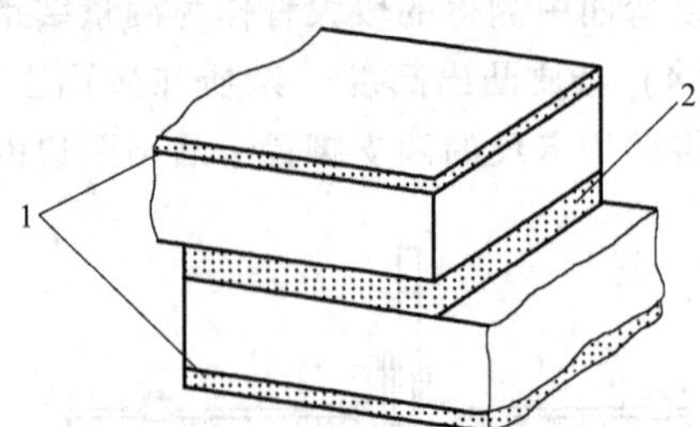

图 12-26　水泥净浆层厚度示意图

1—净浆层厚 3mm　2—净浆层厚 5mm

2）模具制样

① 将烧结普通砖切断成两个半截砖，截断面应平整，断开的半截砖长度不得小于 100mm，结果不足 100mm，应另取备用试样补足。

② 将已断开的半截砖放入室温的净水中浸 20~30min 后取出，在钢丝网架上滴水 20~30min，以断口相反方向装入制样模具中。用插板控制两个半砖间距为 5mm，砖大面与模具间距 3mm，砖断面、顶面与模具间垫以橡胶垫或其他密封材料，模具内表面涂油或脱模剂。制样模具及插板如图 12-27 所示。

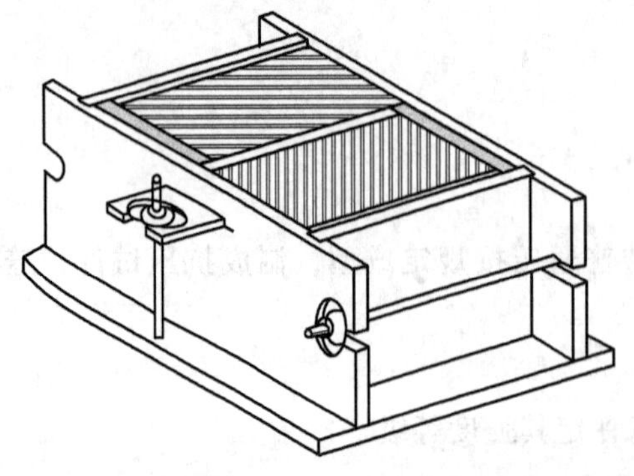

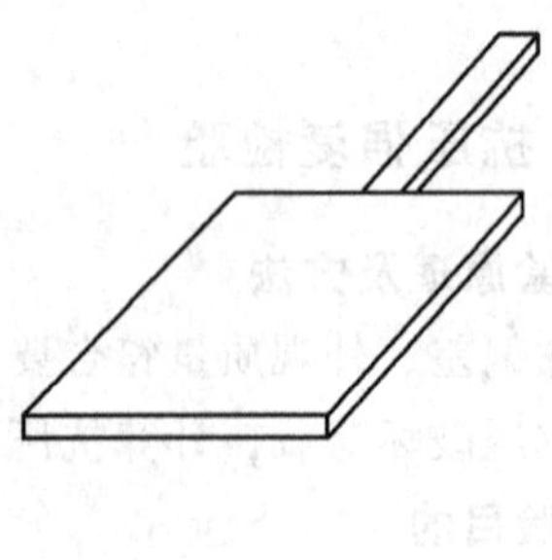

图 12-27　制样模具及插板

③ 将经过 1mm 筛的干净细砂 2%~5%与强度等级为 32.5 级或 42.5 级的普通硅酸盐水泥，用砂浆搅拌机调制砂浆，水灰比 0.50~0.55。

④ 将装好砖样的模具置于振动台上，在砖样上加少量水泥砂浆，接通振动台电源，边振动边向砖缝和砖模缝间加入水泥砂浆，加浆及振动过程为 0.5~1min。关闭电源，停止振动，稍事静置，将模具上表面刮平整。

⑤ 两种制样方法并行使用，仲裁检验采用模具制样。

（2）试件养护 普通制样法制成的抹面试件应置于不低于 10℃ 的不通风室内养护 3d；模具制样的试件连同模具在不低于 10℃ 的不通风室内养护 24h 后脱模，再在相同条件下养护 48h，进行试验。

（3）强度测定 测量每个试件连接面或受压面的长、宽尺寸各两个，分别取其平均值，精确至 1mm。

将试件平放在加压板的中央，垂直于受压面加荷，应均匀平稳，不得发生冲击和振动。加荷载速度以 4kN/s 为宜，直至试件破坏为止，记录最大破坏荷载 P。

5. 结果计算及处理

每块试样的抗压强度按下式计算，精确至 0.01MPa：

$$R_p = P/LB \tag{12-24}$$

式中 R_p——抗压强度（MPa）；

P——最大破坏荷载（N）；

L——受压面（连接面）的长度（mm）；

B——受压面（连接面）的宽度（mm）。

试验结果以试样抗压强度的算术平均值和标准值或单块最小值表示，精确至 0.1MPa。

12.8 防水卷材性能检验

12.8.1 一般规定

1. 取样

取样根据相关方协议的要求，若没有这种协议，可按表 12-7 进行，但不要抽取损坏的卷材。

表 12-7 取样

批量/m^2		样品数量/卷
以上	直至	
—	1000	1
1000	2500	2
2500	5000	3
5000	—	4

2. 抽样方法

抽样方法如图 12-28 所示。

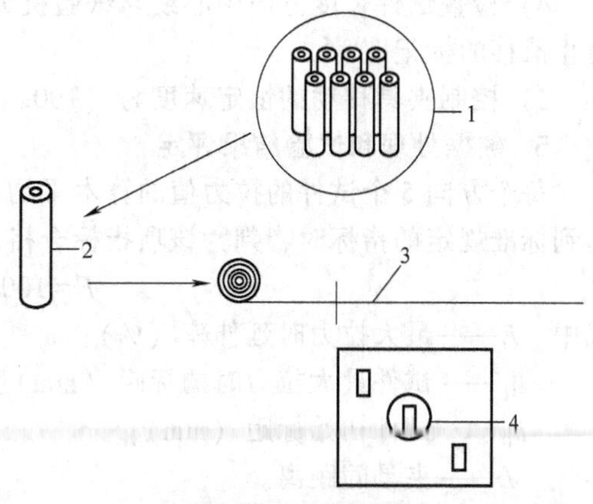

图 12-28 抽样方法

1—交付批 2—样品 3—试样 4—试件

在裁取试件前检查试样，试样不应有由于抽样或运输造成的折痕，保证试样没有 GB/T 328.2—2007 或 GB/T 328.3—2007 规定的外观缺陷。根据相关标准规定的检测性能和需要的试件数量裁取试件。在裁取试样前样品应在（20±10）℃放置至少 24h。无争议时可在产品规定的展开温度范围内裁取试样。

在平面上展开抽取的样品，根据试件需要的长度在整个卷材宽度上裁取试样。若无合适的包装保护，将卷材外面的一层去除。试样能用识别的材料标记卷材的上表面和机器生产方向。若无其他相关标准规定，在裁取试件前试样应在（23±2）℃放置至少 20h。

12.8.2 拉伸性能试验（GB/T 328.8—2007）

1. 试验原理及方法

将试样两端置于夹具内并夹牢，然后在两端同时施加拉力，测定试件被拉断时的最大拉力。

2. 试验目的及标准

通过拉力试验，检验卷材抵抗拉力破坏的能力，作为卷材使用的选择条件，GB/T 328.8—2007 规定，试验平均值应达到标准要求。

3. 主要仪器

1）拉伸试验机有足够的量程（至少 2000N）和夹具移动速度（100±10）mm/min，夹具宽度不小于 50mm。夹具能随着试件拉力的增加而保持或增加夹具的夹持力，对于厚度不超 3mm 的产品能夹住试件使其在夹具中的滑移不超过 1mm，更厚的产品不超过 2mm，这种夹持方法不应在夹具内外产生过早的破坏。

2）切割刀、温度计等。

4. 试验步骤要点

1）制备两组试件，一组纵向 5 个试件，一组横向 5 个试件。试件在试样上距边缘 100mm 以上任意裁取，用模板或用裁刀，矩形试件宽为（50±0.5）mm，长为 200mm +2×夹持长度，长度方向为试验方向。

2）除去试件表面的非持久层。试验前在（23±2）℃和相对湿度 30%～70%放置至少 20h。

3）检查试件是否夹牢。

4）检查试件长度方向中心线与试验机夹具中心在一条线上，夹具间距为 200±2mm，做防止滑移的标记。

5）控制夹具移动的恒定速度为（100±10）mm/min，控制试验温度为（23±2）℃。

5. 数据处理和试验结果评定

每个方向 5 个试件的拉力值的算术平均值，作为试件同一方向结果，试验结果的平均值达到标准规定的指标时，判为该项指标合格。最大拉力时的延伸率按下式计算：

$$E=100(L_1-L_0)/L \tag{12-25}$$

式中 E——最大拉力时延伸率（%）；

L_1——试件最大拉力时的标距（mm）；

L_0——试件初始标距（mm）；

L——夹具间距离。

分别计算纵向或横向 5 个试件最大拉力时延伸率的算术平均值，以此作为卷材纵向或横向延伸率。试验结果的平均值达到标准规定的指标时判为该项指标合格。

12.8.3　不透水性检测（GB/T 328.10—2007）

1. 试验原理及方法

对于沥青、塑料、橡胶有关范畴的卷材，不透水性试验可以通过两种方法进行检测，方法一为测试卷材试件满足60kPa压力24h，在整个试验过程中承受水压后试件表面的滤纸不变色。方法二为试件采用四个规定形状尺寸狭缝的圆盘保持规定水压24h，或采用7孔圆盘保持规定水压30min，观测试件是否保持不渗水，最终压力与开始压力相比下降不超过5%。

2. 试验目的及标准

检测沥青和高分子屋面防水卷材按规定步骤测定不透水性，即产品耐积水或有限面承受水压。

3. 主要仪器

方法一：一个带法兰盘的金属圆柱箱体，孔径150mm，并连接到开放管子末端或容器，其间高差不低于1m，如图12-29所示。

方法二：组成设备装置如图12-29和图12-30所示，产生的压力作用于试件的一面。试件用有4个狭缝的盘（或7孔圆盘）盖上如图12-31所示。开缝盘如图12-32所示。

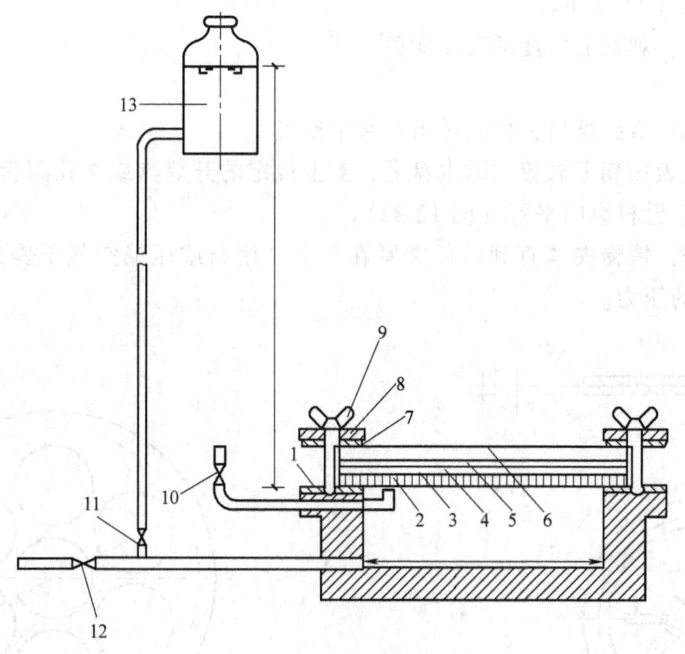

图12-29　低压不透水性装置

1—下橡胶密封垫圈　2—试件的迎水面是通常暴露于大气/水的面　3、5—实验室用滤纸　4—湿气指示混合物，均匀地铺在滤纸上面，湿气透过试件能容易的探测到，指示剂由细白糖（冰糖）（99.5%）和亚甲基兰染料（0.5%）组成的混合物，用0.074mm筛过滤并在干燥器中用氯化钙干燥　6—圆的普通玻璃板，其中5mm厚，水压≤10kPa；8mm厚≤60kPa　7—上橡胶密封垫圈　8—金属夹环　9—带翼螺母　10—排气阀　11—进水阀　12—补水和排水阀　13—提供和控制水压到60kPa的装置

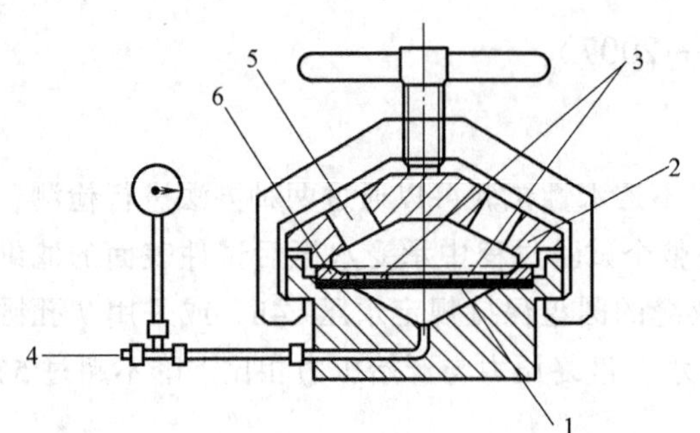

图 12-30　高压力不透水性压力试验装置

1—狭缝　2—封盖　3—试件　4—静压力　5—观测孔　6—开缝盘

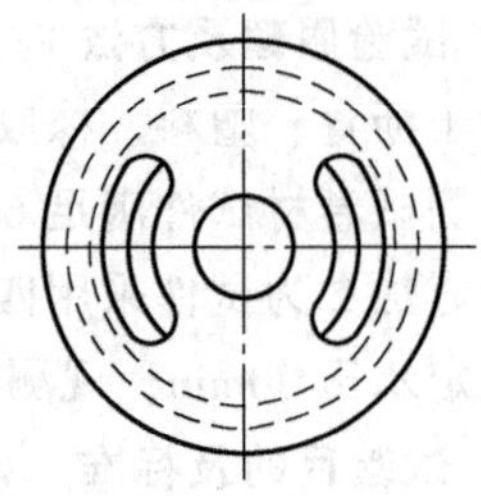

图 12-31　狭缝压力试验装置封盖草图

4. 试验步骤要点

（1）方法一

1）放试件在低压不透水装置上，旋紧翼形螺母固定夹环。打开图 12-29 中进水阀 11 让水进入，同时打开排气阀 10 排出空气，水出来关闭排气阀 10，说明设备已水满。

2）调整试件上表面所要求的压力。

3）保持水压（24±1)h。

4）检查试件，观察上面滤纸有无变色。

（2）方法二

1）装置中充水直到满出，彻底排出水管中空气。

2）试件的上表面朝下放置在透水盘上，盖上规定的开缝盘或 7 孔圆盘（图 12-33)，其中一个缝的方向于卷材纵向平行（图 12-32)。

3）放上封盖，慢慢夹紧直到试件夹紧在盘上，用布或压缩空气干燥试件的非迎水面，慢慢加压到规定的压力。

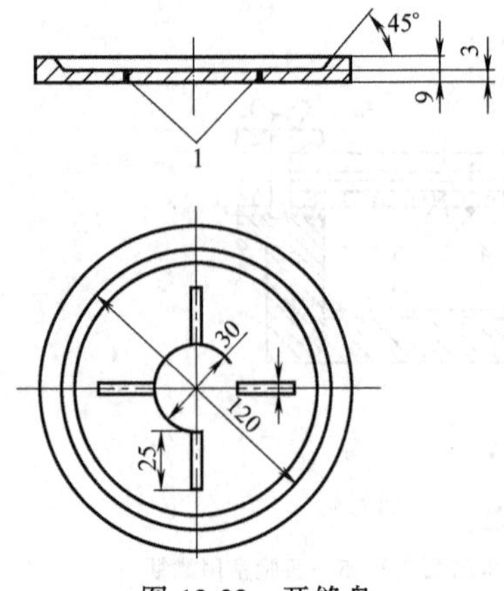

图 12-32　开缝盘

1—所有开缝盘的边都有约 0.5mm 半径弧度

2—试件纵向方向

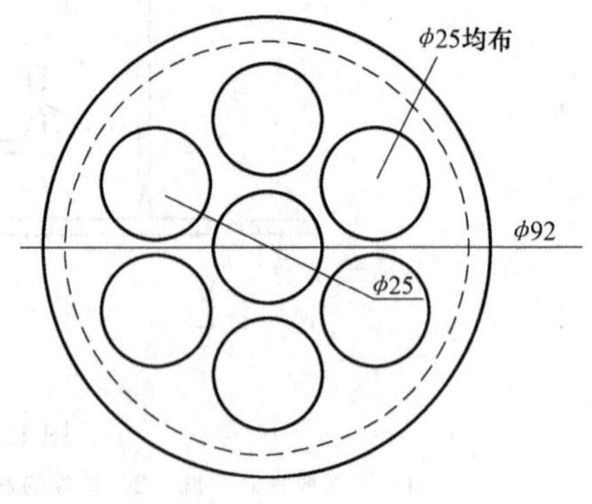

图 12-33　7 孔圆盘

4）达到规定压力后，保持压力（24±1)h［7 孔盘保持规定压力（30±2)min］。

5）试验时观察试件的不透水性（水压突然下降或试件的非迎水面有水)。

5. 数据处理和试验结果评定

方法一：试件有明显的水渗到上面的滤纸产生变色，认为试验不符合。所有试件通过认为卷材不透水。

方法二：所有试件在规定的时间不透水认为不透水性试验通过。

12.8.4　耐热性检测（GB/T 328.11—2007）

1. 试验原理及方法

试件在规定温度分别垂直悬挂在烘箱中，在规定的时间后测量试件两面涂盖层相对于胎体的位移。平均位移超过 2.0mm 为不合格，耐热性极限是通过在两个温度结果间插值测定。

2. 试验目的及标准

通过耐热性检测，评定卷材的耐热性能，作为卷材环境温度要求的选择依据。

3. 主要仪器

1）鼓风烘箱（不提供新鲜空气），在试验范围内最大温度波动±2℃，当门打开 30s 后，恢复温度到工作温度的时间不超过 5min。

2）热电偶，连接到外面的电子温度计，在规定范围内能测量到±1℃。

3）悬挂装置（如夹子），至少 100mm 宽，能夹住试件的整个宽度在一条线，并被悬挂在试验区域。

4）光学测量装置（如读数放大镜），刻度 0.1mm。

5）金属圆插销的插入装置，内径约 4mm。

6）画线装置，画直的标记线。

4. 试验步骤要点

1）整个试验期间，试验区域的温度波动不超过±2℃。

2）试件露出的胎体处用悬挂装置夹住（涂盖层不要夹到）。

3）间隔至少 30mm，将试件垂直悬挂在烘箱的相同高度。开关烘箱门放入试件的时间不超过 30s，放入试件后加热时间为（120±2）min。

4）试件和悬挂装置一起从烘箱中取出，相互间不能接触，在（23±2）℃自由悬挂冷却至少 2h。然后除去悬挂装置。

5）在试件两面画第二个标记，用光学测量装置在每个试件的两面测量两个标记底部间最大距离 ΔL，精确到 0.1mm。

6）耐热性极限对应的涂盖层位移正好 2mm，通过对卷材上表面和下表面在间隔 5℃的不同温度段的每个试件的初步处理试验的平均值测定，其温度段总是 5 的倍数（如 100℃、105℃、110℃）。

5. 数据处理和试验结果评定

1）计算卷材每个面三个试件的滑动值的平均值（0.1mm）。

2）耐热性卷材上表面和下表面的滑动平均值不超过 2.0mm 认为合格。

3）耐热性极限通过线性图或计算每个试件上表面和下表面的两个结果测定，每个面修约到 1℃（图 12-34）。

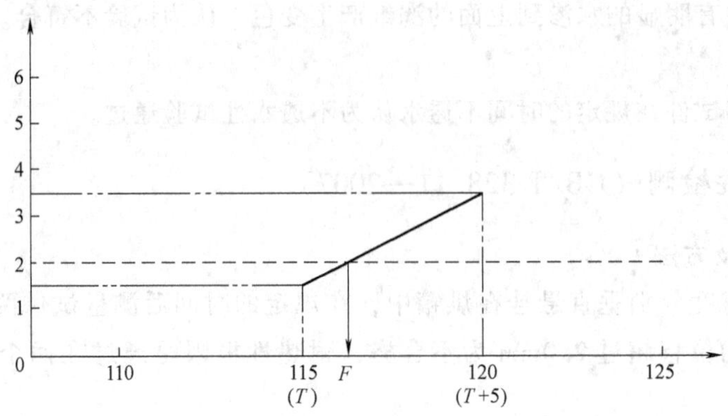

图 12-34　内插法耐热性极限测定（示例）

纵轴：滑动 mm　横轴：试验温度/℃　F　耐热性极限（示例=117℃）。

12.8.5　低温柔性检测（GB/T 328.14—2007）

1. 试验原理及方法

从试样截取的试件，上表面和下表面分别绕浸在冷冻液中的机械弯曲装置上弯曲 180℃。弯曲后，检查试件涂盖层存在的裂纹。

2. 试验目的及标准

通过试验评定试样在规定负温下抵抗弯曲变形的能力，作为低温条件下卷材使用的选择依据（5 个试件中至少 4 个达到标准规定的要求）。

3. 主要仪器

1）冷冻液（丙烯乙二醇/水溶液体积比 1∶1 低至-25℃，或低于-20℃的乙醇/水混合物体积比为 2∶1）。

2）弯曲轴（一个直径为 $\phi(30\pm0.1)$mm 能向上移动的圆筒组成）。

3）固定圆筒（两个不旋转直径为 $\phi(20\pm0.1)$mm 的圆筒）。

4）半导体温度计（热敏探头），精度 0.5℃。

4. 试验步骤要点

将半导体温度计检查试验温度，放入试验液体中与试验试件在同一水平面。试件在试验液体中的位置应平放且完全浸入，用可以动的装置支撑，该支撑装置应至少能放一组五个试件。

试验时，弯曲轴从下面顶着试件以 360mm/min 的速度升起，这样试件能弯曲 180°，电动控制系统能保证在每个试验过程和试验温度的移动速度保持在（360±40）mm/min。裂缝通过项目检查，在试验过程中不应有任何人为的影响，为了准确评价，试件移动路径是在试验结束时，试件应露出冷冻液，移动部分通过设置适当的极限开关控制限定位置，如图 12-35 所示。

5. 数据处理和试验结果评定

一个试验面 5 个试件在规定温度至少 4 个无裂缝为通过，上表面和下表面的试验结果要

分别记录。

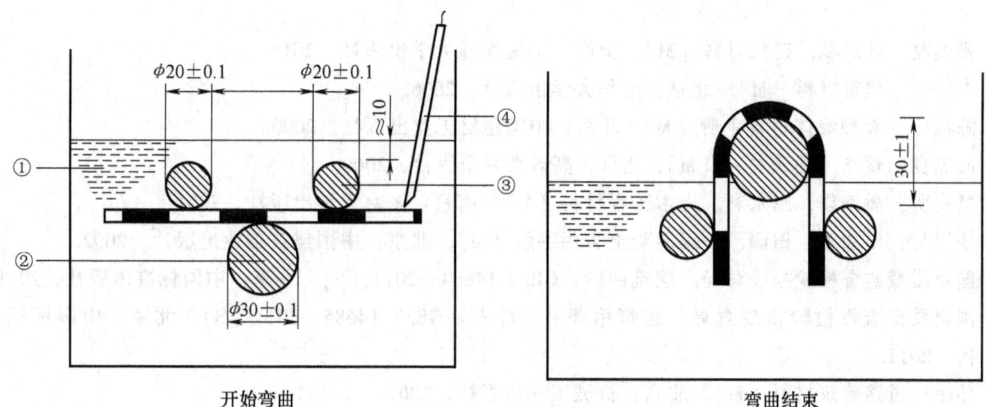

图 12-35　弯曲示意图

参考文献

[1] 张晨霞，孙武斌．建筑材料［M］．上海：上海交通大学出版社，2015.

[2] 卢经扬．建筑材料［M］．北京：清华大学出版社，2006.

[3] 陈福广．新型墙体材料手册［M］．北京：中国建材工业出版社，2000.

[4] 邱忠良，蔡飞．建筑材料［M］．北京：高等教育出版社，2000.

[5] 黄晓明，潘钢华，赵永利．土木工程材料［M］．南京：东南大学出版社，2001.

[6] 杨绍林，田加才，田丽．新编混凝土实用手册［M］．北京：中国建筑工业出版社，2002.

[7] 国家质量监督检验检疫总局．建筑用砂：GB/T 14684—2011［S］．北京：中国标准出版社，2011.

[8] 国家质量监督检验检疫总局．建筑用卵石、碎石：GB/T 14685—2011［S］．北京：中国标准出版社，2011.

[9] 孙凌．道路建筑材料［M］．北京：机械工业出版社，2002.

[10] 王世芳．建筑材料［M］．武汉：武汉大学出版社，2000.

[11] 马眷荣．建筑材料辞典［M］．北京：化学工业出版社，2003.

[12] 魏鸿汉．建筑材料［M］．北京：中国建筑工业出版社，2007.

[13] 韩素芳，王安岭．混凝土质量控制手册［M］．北京：化学工业出版社，2011.

[14] 赵宇晗，孙武斌．建筑材料［M］．上海：上海交通大学出版社，2014.